ENCYCLOPÉDIE-RORET

CARTONNIER

EN VENTE A LA MÊME LIBRAIRIE

MANUELS-RORET

NOUVEAU MANUEL COMPLET DU CARTONNIER

FABRICANT DE CARTON, DE CARTE, DE CARTONNAGES ET DE CARTES A JOUER

CONTENANT :

PREMIÈRE PARTIE
Fabrication du Carton et de la Carte

DEUXIÈME PARTIE
Fabrication des Cartonnages, gros, ordinaires, fins et de pharmacie

TROISIÈME PARTIE
Fabrication des Cartes à jouer, à la main, et à la machine,
suivie des Lois et Règlements relatifs à l'Art du Cartier

Par Georges PETIT
Ingénieur civil

Ouvrage orné de 95 figures dans le texte

PARIS
ENCYCLOPÉDIE-RORET
L. MULO, LIBRAIRE-ÉDITEUR
12, RUE HAUTEFEUILLE, VIe
1903

AVIS

Le mérite des ouvrages de l'**Encyclopédie-Roret** leur a valu les honneurs de la traduction, de l'imitation et de la contrefaçon. Pour distinguer ce volume, il porte la signature de l'Editeur, qui se réserve le droit de le faire traduire dans toutes les langues, et de poursuivre, en vertu des lois, décrets et traités internationaux, toutes contrefaçons et toutes traductions faites au mépris de ses droits.

PRÉFACE

L'industrie du cartonnage est à coup sûr une des plus vastes que l'on connaisse ; aussi n'est-ce pas sans hésitation que nous avons entrepris de rédiger un Manuel qui traite de cette branche tenant à la fois du métier manuel, de la fabrication mécanique et de la conception artistique.

Pouvions-nous aborder tous les sujets auxquels se rattache cette fabrication? Certainement non, car nous aurions déjà de beaucoup dépassé l'étendue de ce volume, si nous avions seulement tenté d'établir leur nomenclature. Le carton, en effet, est utilisé dans tout et partout ; nous le trouvons dans nos objets les plus familiers, et il n'est pas de ménage, si modeste soit-il, qui ne possède ces accessoires variés de la vie courante fabriqués en carton ; tous les commerces, depuis le plus petit jusqu'au plus développé, se servent à tel point du cartonnage qu'il en forme presque une matière première, en tout cas une matière de première nécessité ; il n'est pas d'usine, si peu importante soit-elle, qui n'ait besoin du carton sous ses différentes formes. Il n'est pas exagéré de dire que le carton montre sa présence partout : dans la mécanique, dans la chaudronnerie, dans l'électricité, dans le bâtiment, dans la plomberie, etc., etc. ; ses applications dans ces différentes sections lui imposent des formes, des compositions et des traitements différents dans les détails desquels il nous était impossible d'entrer.

Nous avons donc pensé que dans ce vaste domaine, qui constitue la **Première Partie**, une seule classification était rationnelle : celle reposant sur les différences de principes qui existent d'abord dans la fabrication de la matière première, du carton proprement dit, et ensuite dans la fabrication des objets dans lesquels entre cette matière véritablement précieuse.

Cette classification nous a conduits à parler brièvement des diverses méthodes de fabrication du carton ; dans celles-ci nous avons donné une place assez large à la production manuelle qui, bien que de moins en moins appliquée, présente des avantages très réels. La fabrication mécanique, bien entendu, trouve sa description en raison même de son importance actuelle. A la fabrication du carton s'est jointe tout naturellement celle de la carte, d'un usage au moins aussi répandu que celui du carton.

Dans la **Deuxième Partie** du volume, nous avons envisagé les différents cartonnages tels que les classe le commerce français, en donnant leur fabrication à la main comme l'exécutent encore bien des ateliers, mais en consacrant aussi une place très large à la fabrication mécanique.

Dans toute cette deuxième partie de l'ouvrage, nous nous sommes efforcés de faire ressortir les principes du travail. En ce qui concerne la machinerie spéciale au travail du carton et de la carte, nous n'avons pas voulu examiner tous les outils en usage aujourd'hui et qui, tous, dans chacun de leurs genres, procèdent de la même idée que nous pouvons résumer ainsi : faire vite, bien et à bon marché. L'ensemble de ces desiderata fait l'objet de l'attention constante des mécaniciens, et souvent un simple détail de mécanisme, perfectionné ou ajouté, rend de très signalés services aux fabricants.

Tant que nous l'avons pu, nous avons fait ressortir ces détails, mais le lecteur comprendra que nous n'avons pas pu nous y arrêter longuement, et saura suppléer par son propre savoir à nos abréviations forcées.

Dans une **Troisième Partie,** nous avons traité la fabrication de la carte à jouer. C'est, à vrai dire, une industrie bien limitée, en France du moins, surtout en raison des difficultés d'ordre administratif et fiscal qu'elle présente. Mais du fait même que cette fabrication est détenue par un très petit nombre de maisons, elle se trouve plus ignorée, et comme elle présente une grande connexité avec le cartonnage, nous avons pensé que sa place était tout indiquée à la fin de ce volume.

Enfin, le lecteur nous excusera d'avoir souvent insisté sur la question du prix de revient; c'est que, comme dans toute production d'une matière de première nécessité, la concurrence est très grande et le prix de revient devient une question vitale, sur laquelle on ne saurait trop attirer l'attention du fabricant.

Notre but, en écrivant cet ouvrage, a été de fournir aux amateurs et aux fabricants les meilleures méthodes de travail, et aussi de faire ressortir, ne pouvant pas tout dire, les points où leur ingéniosité et leur adresse doivent s'exercer de préférence.

NOUVEAU MANUEL COMPLET

DU

CARTONNIER

PREMIÈRE PARTIE

FABRICATION
DU CARTON ET DE LA CARTE

CHAPITRE PREMIER

Carton

Sommaire. — I. Matières premières. Triage. — II. Fabrication du carton à la main ou carton à la forme. — III. Fabrication mécanique du carton. — IV. Machines à couper le carton. — V. Machine continue. — VI. Succédanés de la pâte à papier. — VII. Carton doublé, carton blanchi. — VIII. Formats et poids des feuilles de carton.

I. MATIÈRES PREMIÈRES. TRIAGE

Avant d'aborder ce qui constitue l'art du cartonnier proprement dit, c'est-à-dire la transformation du carton en feuilles, en objets aux formes les plus diverses et les plus variées dans leurs destinations,

Cartonnier. 1

nous croyons utile de passer une revue rapide de la fabricatiou du carton, matière première de l'industrie du cartonnage. Il nous semble bon, en effet, que le cartonnier sache comment se fabrique le produit qu'il est appelé à manœuvrer, car de cette connaissance il tirera certainement le moyen le plus sûr d'apprécier les qualités et les défauts du carton, et sachant à quoi sont dues les premières comme les seconds, il peut lui être beaucoup plus facile de les utiliser ou de les corriger au cours même de son travail propre.

Le temps est passé où chaque cartonnier, fabricant de cartonnage, fabriquait lui-même son carton; avec les productions intensives des grandes usines, avec le développement des moyens de communication, avec les tarifs de plus en plus réduits du transport des marchandises, avec enfin la concurrence, le cartonnier trouvera toujours avantage, au moins comme prix, à acheter son carton et à ne pas le faire lui-même. Néanmoins il peut être conduit pour certaines fabrications spéciales à réclamer des sortes de cartons n'existant pas dans le commerce, à ce titre seul, la connaissance de cette fabrication lui devient indispensable.

La matière première de la fabrication du carton est aujourd'hui excessivement variée, aussi devons-nous dire les matières premières et, pour les résumer en peu de mots, nous dirons qu'elles sortent surtout de la hotte du chiffonnier. Le carton, en effet, ne comporte pas de matières premières au sens technique du mot, et il n'utilise que des matières déjà fabriquées en les traitant spécialement et en les mélangeant plus ou moins intimement.

Dans les grands centres, où les résidus de la vie ménagère deviennent volumineux, le chiffonnier est en vérité le premier ouvrier de la cartonnerie. Après avoir rassemblé dans sa hotte les matières les plus hétérogènes et souvent les plus étranges, il porte chez le chiffonnier en gros ce butin péniblement prélevé sur ce que tout le monde rejette. Ici le contenu de sa hotte s'épure ou plutôt s'affranchit des mésalliances et des promiscuités fâcheuses, et prend une échelle hiérarchique très complète et disons-le, très complexe. C'est le triage.

Malgré tout ce que peut avoir de répugnant ce genre de travail, il nous faut avouer qu'il est véritablement merveilleux de voir avec quelle méthode, avec quel soin et avec quelle vitesse il s'effectue chez les puissants chiffonniers en gros de Paris. On y voit, en effet, d'immenses ateliers occupés par d'innombrables ouvrières, qui séparent méthodiquement tout ce qu'apportent les hottes et finissent par catégoriser les produits dont la valeur, dépassant souvent un franc le kilogramme, descend graduellement jusqu'aux prix les plus infimes aux cent kilos. Comme pour toutes marchandises ces prix sont variables, subissent la pression de véritables cours qui montent ou qui baissent en raison de l'abondance de la demande ou de la pénurie de l'offre, qui sont partout le baromètre des transactions commerciales.

Sans entrer dans le détail de ce triage, nous dirons que c'est dans les matières de bas prix que le cartonnier trouve les produits dont il a besoin. En s'adressant au chiffonnier en gros, il trouve en effet, très exactement, la catégorie ou les catégories de matières qui lui sont nécessaires, soit normalement, soit accidentellement. C'est sur ces dernières seulement que nous dirons quelques mots, car si bon nombre de cartonniers s'adressent au chiffonnier en gros, il y en a beaucoup qui s'adressent au petit chiffonnier, et en tous cas, d'où que lui viennent ses matériaux de fabrication, il est indispensable qu'il les vérifie et qu'il sache faire son triage lui-même. C'est la première opération dans la fabrication du carton.

Le triage se fait généralement par des femmes qui font un véritable classement, lequel varie suivant les cartonneries en raison des sortes spéciales de carton qu'elles produisent; d'une façon à peu près générale, on forme les classes suivantes : 1° chiffons; 2° papiers blancs sales ou imprimés; 3° papiers bleus; 4° papiers dits papier goudron; 5° carton, et ce sont là les véritables matières premières du fabricant. Pour faire ce triage, chaque ouvrière est devant un cadre dont le fond est grillagé et sur lequel sont déposés les produits ci-dessus, qu'elle retire en les jetant dans chacun des paniers ou sur chacun des tas afférent à chaque qualité, en ayant soin de remuer de temps en temps le cadre de façon à faire passer au travers du grillage tout ce qui peut nuire à la fabrication.

Le chiffon est la matière précieuse, par conséquent la plus rare dans ce qu'apporte le chiffonnier, qui en connaît la valeur. Le cartonnier, qui l'apprécie également, l'isole du reste de ses produits et s'en servira assez parcimonieusement dans sa fabrication soit pour améliorer des produits de qualité inférieure, soit pour faire du carton de qualité supérieure. Le chiffon, en effet, joue dans le carton le même rôle que dans le papier; grâce à sa texture fibreuse il forme dans la pâte un enchevêtrement qui donne une grande solidité au carton fini.

Le papier blanc, sale, ou noirci par l'impression, tels les journaux, vieux livres, etc., forment à peu près la majeure partie du carton et lui donnent cette couleur grise que nous connaissons tous, mélange du blanc et du noir.

Le papier bleu, en raison de sa couleur très persistante, ne saurait être employé seul, car il fournirait un carton d'une couleur indécise provenant du mélange de tous les tons. Ensuite, comme il émane des fabrications les plus variées, sa coloration est due à des produits très divers qui, une fois mélangés, peuvent réagir les uns sur les autres au détriment de la coloration finale et même de la qualité du carton.

Le papier dit papier goudron ou d'emballage est, à l'état neuf, déjà de qualité tout à fait inférieure; fabriqué lui-même avec des résidus sans valeur, il se prête donc mal à un nouveau traitement et le cartonnier ne doit l'utiliser que mélangé à d'autres papiers, dans des proportions variant suivant la qualité définitive du carton qu'il veut obtenir.

Enfin, le carton lui-même doit être utilisé judicieusement; on conçoit, en effet, qu'en raison de son épaisseur, de sa compacité, du travail qu'il a déjà subi, il se trouve très différent des papiers de toutes espèces et qu'on ne saurait le traiter de la même façon et en même proportion que ces derniers, comme on pourra s'en rendre compte quand nous en serons à la fabrication proprement dite du carton.

II. FABRICATION DU CARTON A LA MAIN OU CARTON A LA FORME

La fabrication du carton à la main comporte neuf opérations successives que nous indiquons dans l'ordre même de leur exécution, savoir : 1° le triage ; 2° le trempis ; 3° le broyage ; 4° le moulage ; 5° le pressage ; 6° l'épluchage ; 7° le doublage ; 8° le réglage, et 9° l'étendage.

Nous allons décrire chacune de ces opérations aussi brièvement que possible, en nous efforçant de faire ressortir surtout son principe, et le but qu'elle tend à faire atteindre ; nos lecteurs comprendront, en effet, qu'il n'est pas rationnel de poser des règles absolues dans une fabrication manuelle qui dépend d'une série de facteurs variant avec chaque usine, tels que : habileté et vigueur des ouvriers, disposition des locaux et appareils mis en œuvre, etc.

Triage

Dans la fabrication du carton à la main, le nom de triage est conservé à la première opération, bien que ce soit plutôt un nettoyage, car il faut supposer que les matières premières sont déjà classées suivant les catégories ci-dessus. Donc le triage consiste à mettre le papier ou le mélange des différentes sortes de papier, mélange approprié au carton que l'on veut produire, dans un appareil dit *cylindre* ou *nettoyeur*, que nous représentons dans sa forme la plus primitive (fig. 1). Cet appareil est, en effet, un cylindre d'environ un mètre de diamètre, formé de deux fonds *a a* réunis entre eux par une série de lattes formant génératrices, lesquelles sont espacées l'une de l'autre d'environ vingt-cinq millimètres. Un axe *b* traverse le cylindre dans toute sa longueur, repose sur des coussinets et se termine à une de ses extrémités par une manivelle *c*.

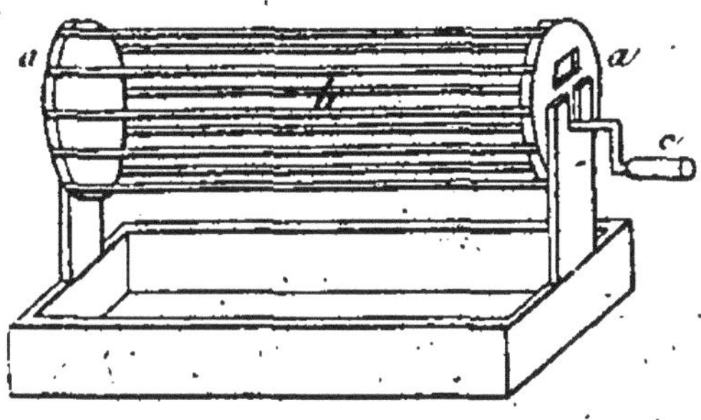

Fig. 1. Cylindre.

Le papier est introduit dans le cylindre par une ouverture pratiquée dans l'un de ses fonds, avec quelques boules en métal d'environ 50 millimètres de diamètre. En faisant tourner le cylindre à l'aide de la manivelle à une vitesse capable de donner aux boules métalliques une certaine force de percussion, ces dernières détachent du papier les grosses impuretés, cailloux, etc., qui passent entre les lattes et sont recueillies dans une boîte placée sous le nettoyeur. Tel est l'appareil et, sachant le rôle qu'il doit remplir, il sera aisé à quiconque d'en combiner un plus ou moins semblable, mais dont le rôle sera de détacher du papier les impuretés capables de nuire à la bonne fabrication du carton.

Trempis

En sortant du triage, les matières sont envoyées chacune, suivant sa catégorie, dans des baquets ou auges au trempis, où on les arrose abondamment d'eau. Quand les matières sont bien arrosées, on les tourne et retourne avec une pelle en bois (fig. 2), de façon à ce qu'elles soient uniformément imbibées dans toute leur masse.

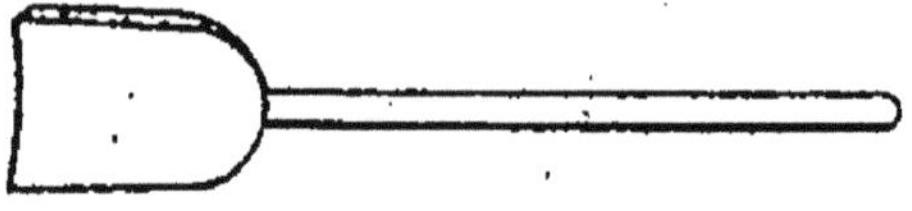

Fig. 2. Pelle à rompre.

Jadis, lorsque le trempis était achevé, on procédait à ce qu'on appelait le pourrissage, que nous ne mentionnons que pour en signaler l'inanité. Pour faire le pourrissage, on mettait toutes les matières sortant des bacs de trempis, en tas de 2 mètres à 2^{m}50 de hauteur, sur le pavé bien propre d'ateliers spéciaux dits pourrissoirs, placés généralement dans les sous-sols ou même dans les caves de l'usine. L'eau s'égouttait et s'écoulait lentement, néanmoins il en restait toujours assez pour que, au bout d'un certain temps, sous son action combinée à celle de l'atmosphère du sous-sol ou de la cave, il se formât une certaine fermentation, à laquelle, au dire de praticiens cependant renommés, il fallait attribuer la bonne qualité de certains cartons. Cette opération, disons-le de suite, ne reposait sur aucun principe que la science puisse admettre. En effet, à l'époque où elle était le plus en vogue, les cartonniers disposaient surtout de chiffons, matières organiques que la fermentation en question ne faisait que désorganiser, annihilant une des qualités essentielles, la solidité, et qui plus est en détruisant une bonne partie de la matière d'une façon complète. Avec les matériaux dont dispose le cartonnier moderne, matériaux comprenant en majeure partie des produits inertes, la fermentation serait sans prise et par suite sans efficacité sur eux.

Cependant, comme il est impossible de supposer que, même il y a cinquante ans, des industriels sérieux aient pu continuer une opération nuisible à leurs intérêts, nous pensons qu'ils pouvaient néanmoins trouver dans le pourrissage du trempis quelques avantages de fabrication, soit qu'il s'opérât à leur insu et grâce à une situation particulière de leur pourrissoir, des fermentations spéciales n'abîmant pas leur produit, soit qu'ils y trouvassent le moyen de déliter profondément leurs produits qui, perdant ainsi de leur valeur comme solidité, gagnaient la qualité d'être très finement divisés. S'ils mélangeaient alors ce produit à d'autres non attaqués par la fermentation, ils pouvaient former une matière réunissant à la fois la ténuité et la solidité : deux qualités essentielles de la pâte pour faire le carton. C'est paraît-il à cette opération qu'il faut faire remonter le terme souvent encore employé du *carton pourri* ou *carton mâché*. Toujours est-il que le pourrissage ne se fait plus et n'est pas à recommander.

Broyage

Chez certains fabricants, la matière ayant subi le trempis est immédiatement passée au broyage; chez d'autres, au contraire, le trempis est poussé plus à fond et constitue un commencement de broyage, ce qui nous pousse à en parler dans ce paragraphe. A cet effet, la matière bien détrempée est fortement remuée, malaxée à l'aide du crochet, sorte de râteau en fer à manche en bois (fig. 3), dans l'auge à trempis. Cette opération déchiquette toute la matière, la divise et constitue une très bonne préparation.

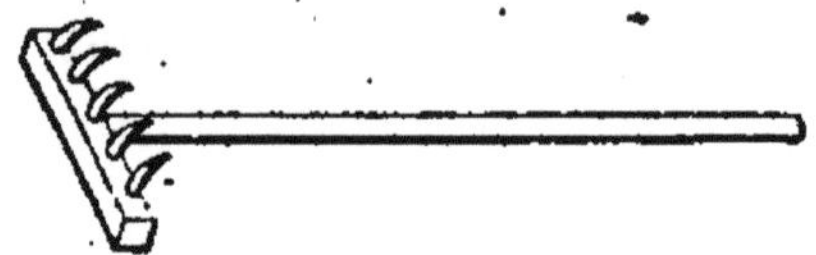
Fig. 3. Crochet.

Quelques fabricants poussent plus loin l'application de cette méthode en remplaçant l'eau froide du trempis qui est évacuée, par de l'eau chaude dont l'action sur la matière est plus énergique.

De quelque façon que l'on opère, le trempis passe au broyeur dont nous donnons, figure 4, un des plus anciens modèles, et qui portait alors le nom de *cuvier conique à broyer*. Ce cuvier *a* est d'environ 1^{m}10 de hauteur, ses deux bases ayant leurs diamètres dans le rapport de 36 à 28. Dans ce cuvier est placé un arbre vertical *b* auquel est solidement fixé un tronc de cône en bois *c*. Toute la surface de ce cône est garnie de bandes de fer mince placées suivant les génératrices et séparées les unes

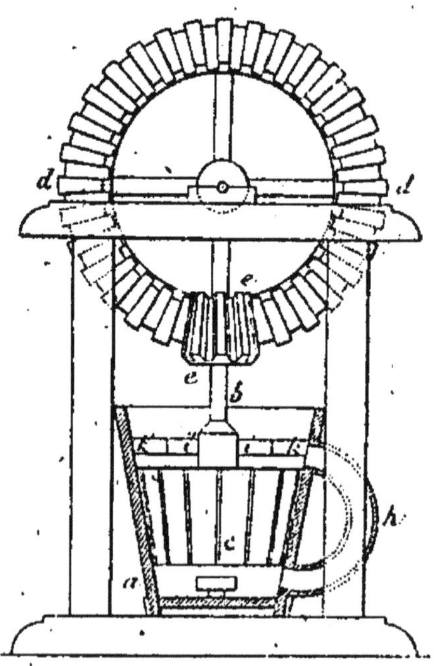

Fig. 4. Cuve conique à broyer.

des autres par un espace d'environ 2 centimètres; ces bandes sont fixées le plus solidement possible au bois du cône, et font sur lui une saillie de 2 à 3 millimètres.

L'arbre *b* porte à sa partie inférieure un pivot qui tourne dans une crapaudine portée par une vis qui traverse le fond du cuvier, de telle sorte qu'on peut facilement élever ou abaisser l'arbre et par suite approcher plus ou moins le tronc de cône de la paroi interne du cuvier. Cet arbre est mis en mouvement par une manivelle qui fait tourner la grande roue dentée *d d* engrenant avec le petit pignon *e e* calé sur l'arbre. Un homme seul fait facilement manœuvrer l'appareil.

La surface intérieure du cuvier est garnie d'une feuille de tôle repiquée, en forme de râpe; les bandes de fer du cône doivent s'approcher très près de cette râpe mais sans la toucher, et la masse du trempis à broyer passe dans l'intervalle laissé libre. Le cuvier porte un tuyau *h* de 10 centimètres de diamètre intérieur environ, dont une extrémité aboutit à la partie supérieure du cuvier et l'autre extrémité à sa partie inférieure, soit au-dessus et au-dessous du cône mobile pour que l'eau et la masse puissent entrer librement dans l'intérieur du baquet et soient maintenues dans un mouvement constant.

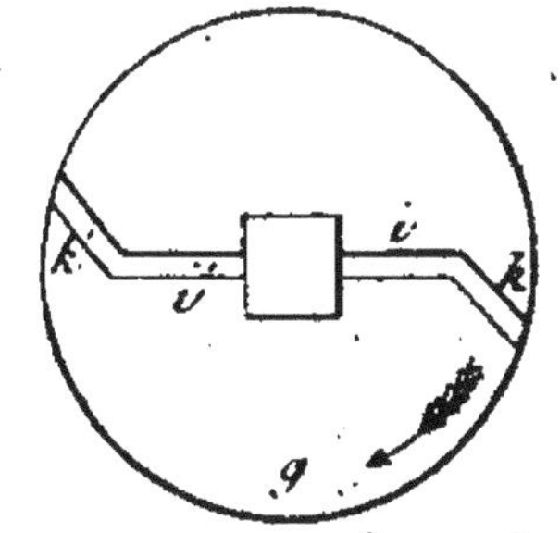

Fig. 5. Volets.

Au-dessus du cône et sur son grand diamètre, sont fixés quatre liteaux *i k*, *i' k'* disposés ainsi que l'indique la figure 5. Ces quatre liteaux appelés *volets* sont arrangés de manière à présenter deux angles obtus placés dans la direction que prend la machine dans sa rotation. Grâce à ce dispositif, la masse est continuellement agitée, et toujours lavée et lancée dans le tuyau qui la porte sous le cône, d'où elle est poussée de bas en haut en vertu de la force centrifuge. Les matières sont écrasées et déchirées par la circonférence extérieure du cône contre la surface intérieure du cuvier et réduites en peu de temps à l'état de pâte. On comprend que plus on travaille la masse, plus elle acquiert de finesse ; quelques fabricants vont même jusqu'à fermer le cuvier à sa partie supérieure et à opérer avec de l'eau chaude.

En résumé, l'appareil a pour effet de réduire en pâte la matière mise au trempis et si cet appareil ne saurait varier à l'infini, il peut subir bien des modifications; nous avons signalé le plus ancien en date, car s'il fait peu de travail il le fait bien et a toujours donné entière satisfaction aux fabricants qui l'employaient. Nous donnons (fig. 6) un autre broyeur qui, pour être moins vieux et plus perfectionné, puisqu'il est mu par un cheval, n'a pas été apprécié comme le précédent. La figure explique suffisamment ce qu'est l'appareil pour nous dispenser d'en faire la description ; nous

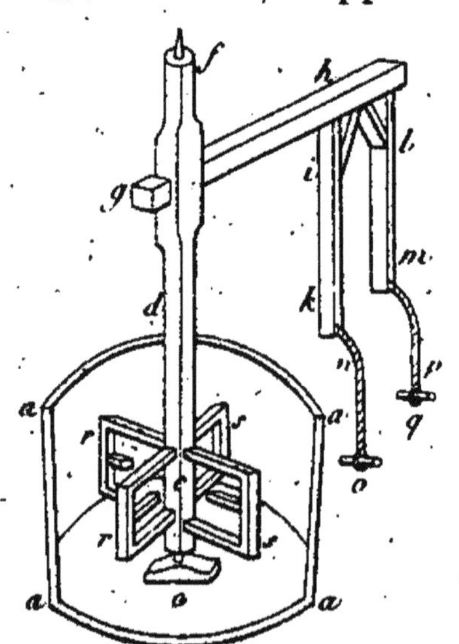

Fig. 6. Moulin à tourner.

avons tenu à le signaler parce qu'il est le premier pas vers la barbotte généralement employée aujourd'hui dans les cartonneries mécaniques, comme nous le verrons plus loin.

Quel que soit l'appareil dont on se serve, on reconnaît qu'il a fini son travail lorsque prenant dans les mains de la pâte qu'il a préparée, on en fait une boule dont on exprime l'eau par compression, et que l'on ne constate la présence d'aucun tampon ou *pâton* rappelant la matière première papier, carton, paille, etc. On doit faire cette prise d'essai de temps à autre jusqu'à ce que plusieurs pelotes ainsi faites donnent le résultat cherché. Cela fait, on retire la matière du cuvier et on l'envoie dans des bâches d'attente d'où on la prendra au fur et à mesure des besoins pour procéder au moulage.

Moulage

Avant de décrire l'opération du moulage, nous allons passer une revue rapide des outils et appareils dont elle exige l'emploi.

C'est d'abord la *cuve*, grand récipient rectangulaire parfaitement étanche, généralement en bois fort, plus long que large et d'environ 1 mètre de profondeur. Au-dessus de la cuve, souvent même placé sur le bord de la cuve, se trouve l'*égouttoir*, représenté figure 7, et qui n'est autre chose qu'une sorte de cuve plate capable de tenir l'eau, dont les parois verticales sont entretoisées par des traverses

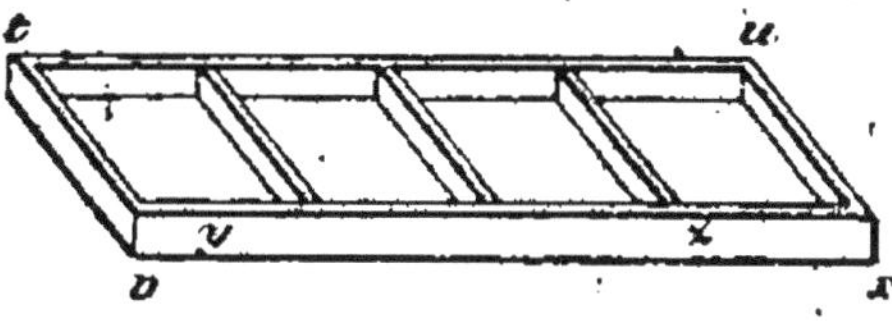

Fig. 7. Egouttoir.

et le fond muni d'un orifice par lequel peut s'écouler l'eau. Puis viennent les *moules* ou *formes* qui, comme l'indiquent leurs noms, serviront à mouler le carton et à lui donner sa forme de feuilles plus ou moins grandes ; aussi le cartonnier doit-il avoir un jeu assez complet de ces formes présentant les différentes dimensions des feuilles de carton qu'il doit produire. La forme, figure 8, est un châssis en bois dont le fond est constitué par une toile métallique en fil de laiton solidement fixée au bois de la forme. Quand celle-ci est un peu grande, on soutient la toile métallique par une série de barres en bois ou mieux en laiton qui s'opposent ainsi à la déformation de cette dernière. Notre figure montre une forme munie de trois de ces traverses.

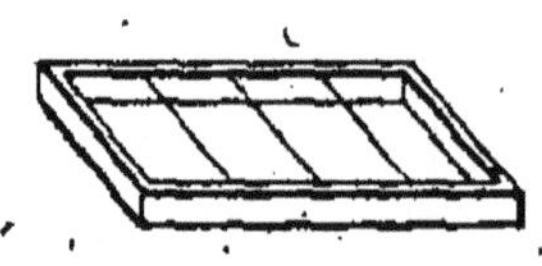

Fig. 8.
Forme ou moule.

La forme ainsi constituée est recouverte d'un *châssis* composé de quatre tringles en bois qui, par une feuillure, s'emboîtent exactement sur la forme ; la hauteur de ce châssis est variable. En résumé, une fois la forme et le châssis ajustés, on a une boîte à fond en toile métallique. Le moulage exige encore un auxiliaire qui est le *lange*, morceau de drap grossier ou de toile de coton. Les langes sont, dans toutes les opérations que nous allons décrire, suivis d'un battoir de blanchisseuse, car il faut les rincer à tout moment et aider au rinçage par un battage énergique.

Maintenant que nous connaissons tout l'outillage, procédons au moulage. La pâte que nous avons mise dans les bâches d'attente y est bien battue au crochet, puis on en emplit la cuve, dont l'ouvrier mouleur, qu'on appelle souvent *leveur*, a soin de bien remuer le contenu ; puis on procède au moulage qui s'effectue de la manière suivante : prenant une forme munie de son châssis et de la dimension correspondant à la feuille de carton à obtenir, le leveur la plonge dans la cuve et la relève bien horizontalement ; il la secoue au-dessus de la cuve comme il le ferait d'un tamis et la dispose sur l'égouttoir, où la forme continue à se débarrasser d'une grande partie de son eau qu'on recueille avec soin dans un baquet. Cette eau, en effet, très riche en colle provenant des vieux papiers, servira dans les nouvelles opérations où elle communiquera à la nouvelle pâte ses qualités spéciales d'encollage et remettra dans la fabrication les débris de pâte qui passent toujours au travers des mailles de la toile métallique. Sur l'égouttoir, la pâte prend déjà une certaine consistance et la forme d'une feuille de carton. Pendant l'égouttage de cette première forme, l'ouvrier prépare un second moulage dans les mêmes conditions ; puis, pendant que sa seconde forme s'égoutte, il revient à la première, la secoue un peu pour faire tomber encore de l'eau et la remet sur l'égouttoir où, après quelques instants de repos, elle est bonne à passer au pressage.

Pressage

Ainsi que l'indique son nom, cette opération a pour effet de presser les feuilles de carton préparées par le leveur, de façon à en faire sortir le plus d'eau possible et à comprimer toutes les molécules de la pâte, de manière à en faire un tout bien homogène. Le pressage se faisait au début avec une presse à vis dont nous donnons (fig. 9) une vue suffisante pour nous éviter de faire la description de cet appareil que tout le monde connaît. C'est généralement le leveur qui met les feuilles de carton sous presse et pour cela faire, il opère comme suit : il prend d'abord le plateau de presse représenté figure 10 et met sur son fond un lange propre et surtout n'ayant pas de faux plis; puis, prenant la première forme mise à égoutter, et après en avoir enlevé le châssis, il la retourne sur le lange; en frappant la forme à petits coups, la feuille de carton encore molle se détache et couvre le lange. Sur cette première feuille il place un lange, puis le contenu d'une seconde forme, et ainsi de suite jusqu'à ce qu'il y ait un nombre suffisant de feuilles pour opérer une pressée; ce nombre varie suivant l'épaisseur donnée au carton et suivant aussi la hauteur de la presse. Il n'y a plus qu'à faire agir la presse, en recueillant l'eau qui s'échappe et qui servira comme celle issue de l'égouttoir. Ici, comme dans presque tous les pressages, il faut se garder de faire trop rapidement une pression énergique.

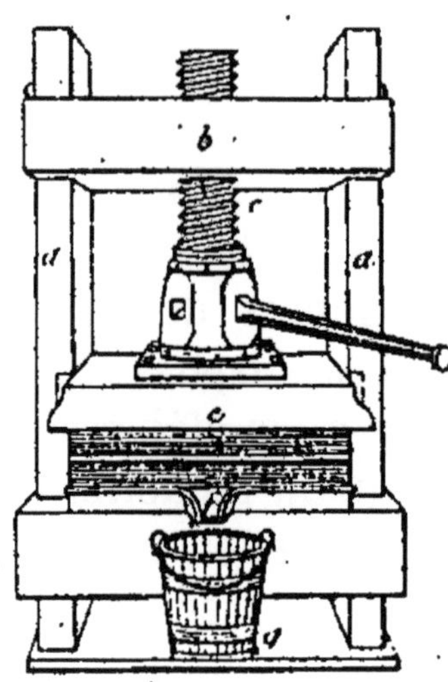

Fig. 9.
Presse du cartonnier.

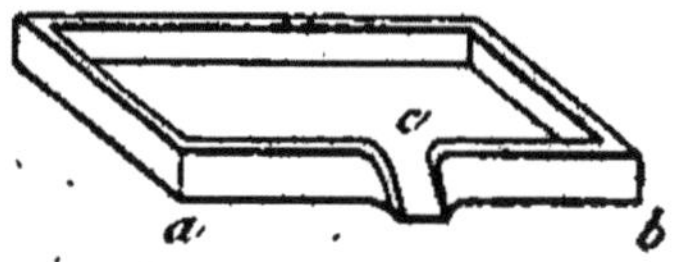

Fig. 10.
Plateau de la presse.

La presse à vis possède à ce point de vue la grande qualité d'obliger l'ouvrier à agir progressivement; au début, il sortira beaucoup d'eau, c'est ce qui devra servir de guide à l'opérateur, car il devra s'attacher à ce que ce départ d'eau soit aussi régulier que possible, ce qui indiquera un effort uniformément croissant. Lorsque la pression a donné toute sa force, on laisse la pressée et l'on en prépare une seconde à côté, comme on a fait pour la première, et il n'y aura qu'à la substituer à celle actuellement sous presse et à recommencer. Ce moment arrivé, on desserre la presse et l'on porte toute la pressée à l'épluchage.

Epluchage

Cette opération, confiée à des femmes, est rendue inutile lorsque le triage et le nettoyage sont bien faits ; mais il peut arriver, pour des raisons quelconques, que l'épluchage soit indispensable, ce qui nous conduit à le décrire. Il ne faut pas oublier qu'à ce moment le carton, bien que passé à la presse, est encore très mou, les ouvrières ne le manœuvrent qu'en se servant des langes. La pressée étant déposée à côté de l'éplucheuse, celle-ci prend la première feuille de carton entre ses deux langes en tenant les quatre coins de ces derniers et pose le tout sur une table bien plane, enlève le lange du dessus qu'elle jette immédiatement dans un baquet d'eau propre, puis, avec un couteau pointu ou de petites pinces, enlève les grosses impuretés : grumeaux durs, petits cailloux, etc. Chaque ordure enlevée laisse un petit creux que l'ouvrière égalise en frottant du doigt, mais très légèrement, car le carton étant encore mou, une pression un peu forte amènerait une déformation qui nuirait à la feuille finie. Cette première face épluchée, l'ouvrière dépose dessus un lange propre et, reprenant les quatre coins des deux langes, retourne sa feuille sur la table, enlève le lange du dessus qu'elle jette dans le baquet d'eau propre et procède au nettoyage comme pour la face précédente. Puis prenant la feuille de carton par le seul lange qui est dessous, la porte sur une autre table. Elle opèrera pour les feuilles suivantes comme pour la première, sauf qu'à partir de la seconde feuille elle ne trouvera qu'un lange en dessous de chaque feuille, de même lorsqu'elle empilera ses feuilles épluchées les unes sur les autres, celles-ci ne seront séparées que par un lange, sauf celle du dessus qui a un lange dessous et dessus.

Nous avons fait remarquer qu'il fallait plonger dans l'eau claire tout lange qu'on cessait d'utiliser, ce qui mérite une explication. L'eau chargée de colle et d'alun qui s'échappe du carton imprègne en effet les langes d'une dissolution gommeuse qui, si elle n'était continuellement enlevée par le lavage, communiquerait aux langes séchés une raideur gênante pour la fabrication, ceux-ci ne s'employant toujours que secs; l'eau de ces lavages doit être recueillie avec soin pour les mêmes raisons que nous avons données plus haut.

Doublage

Comme le lecteur le verra par la suite de ce paragraphe, le doublage ne se fait pas toujours et si nous en parlons maintenant c'est parce que, dans la série des opérations successives, c'est ici qu'il se pratique, c'est-à-dire aussitôt après l'épluchage quand, bien entendu, celui-ci a lieu.

Le doublage a pour but de produire des feuilles de carton d'une épaisseur double à celle que nous venons de voir exécuter. Voici comment se fait cette opération : le leveur prenant possession de la pile que l'éplucheuse a formée, enlève le lange du dessus et l'étend sur le plateau de la presse, puis s'emparant de la première feuille de carton à l'aide du lange qui est dessous il le roule des deux côtés de droite à gauche et de gauche à droite; il porte en cet état la feuille de carton roulée dans son lange et l'étend sur le lange dont il a garni le plateau de la presse; il lui est facile de l'étendre, parce que les deux coins du lange se déroulent presque spontanément.

Ayant ainsi sa feuille de carton bien visible, il dépose dessus le contenu d'une forme égouttée telle qu'elle devrait l'être s'il s'agissait de la mettre seule sous presse, comme dans l'opération précédente. Il pose un lange puis recommence la même opération jusqu'à ce qu'il ait une pressée complète qui, nous n'avons pas besoin de le dire, se composera d'un nombre moitié de feuilles que dans l'opération précédente. En faisant agir la presse, l'eau de la seconde feuille pénètre dans la première feuille déjà partiellement sèche, les deux feuilles se trouvent bientôt au même degré de mouillage et se soudent très naturellement l'une à l'autre, donnant à l'ensemble fini une épaisseur double de celle obtenue à la suite de la première opération. On pourrait de même tripler et quadrupler la première feuille, mais disons de suite qu'une semblable opération ne donne pas toujours une réussite complète, car à la troisième feuille ou à la quatrième, les deux premières feuilles sont déjà trop sèches, et présentent une trop grande différence avec ce qu'on tire des formes, de sorte que leur imbibition est incomplète et la soudure en quelque sorte des feuilles l'une sur l'autre se fait très mal. Pour réussir dans cette opération il faut surtout s'appliquer à avoir les premiers cartons à un degré d'humidité suffisant.

Réglage

Que l'on ait fait des cartons simples ou des cartons doublés, il faut les soumettre au réglage, qui a pour objet de supprimer les bavures qui se sont produites sur les quatre côtés de chaque feuille à la suite des opérations par lesquelles on les a fait passer. Pour faire le réglage, on commence par placer sur la presse un tas de feuilles débarrassées de leurs langes et épluchées et on l'élève jusqu'à une certaine hauteur, ce tas de feuilles s'appelle une *réglée*. On serre alors la presse jusqu'à ce que la réglée se soit comprimée d'une certaine quantité; on desserre et l'on rétablit la hauteur primitive de la réglée en mettant de nouvelles feuilles de carton; on presse encore, puis on recharge, et ainsi de suite jusqu'à refus et jusqu'à ce que l'eau commence à sortir; ce degré de pression indique que l'on est arrivé au terme de l'opération, il n'y a plus qu'à régler. La matière étant ainsi pressée, un ouvrier vient avec un outil ayant à peu près la forme d'un hachoir enlever toutes les ébarbures sur les quatre faces de la réglée et met celle-ci très approximativement à l'équerre. Les déchets qui tombent sont recueillis et repassent à la fabrication. Il n'y a plus qu'à desserrer la presse et retirer les feuilles de carton qui sont alors suffisamment sèches pour être maniées à la main sans langes.

Etendage

Après le réglage, bien que les feuilles aient déjà une certaine raideur, elles contiennent encore beaucoup d'eau et l'étendage a pour but de la faire disparaître par évaporation, en un mot, a pour but de sécher le carton. Tout local bien aéré, convenablement orienté au midi, qu'on pourra facilement chauffer en hiver, formera un bon séchoir, exactement comme pour le linge. Quant aux méthodes de placer les cartons, pour les sécher, elles ont à peu près toutes leurs qualités et leurs défauts; cependant celle qui paraît être la meilleure consiste à pendre les feuilles de carton dans toute leur longueur en les soutenant sur des liteaux ou tringles en fer, par l'intermédiaire de supports spéciaux, tels que les pinces en bois dites épingles de blanchisseuses. Les feuilles se placent alors par rangées, ces dernières étant dirigées de façon à assurer le libre passage de l'air sur les deux surfaces des cartons, car on sait que le séchage le plus efficace est encore celui produit par un fort courant d'air. Il est presque inutile de dire que l'étendage du carton en tas n'est pas recommandable. Le séchage en mettant les feuilles à plat même sur une surface bien plane est également mauvais, car la surface externe sèche plus vite que celle qui repose sur le support et cet effet se traduit par des gondolements de la feuille.

Comme nous l'avons dit plus haut, on ne procède pas toujours à l'épluchage et au doublage, de sorte que du pressage, le carton passe de suite au réglage et à l'étendage. Le carton, une fois sec, est bon à être employé pour les travaux du cartonnage. Si le carton est destiné à la vente en feuilles, on lui donne les dimensions adoptées dans le commerce et que nous indiquerons plus loin, en le passant à la cisaille, dont nous parlerons également plus loin, de façon à ce que les feuilles présentent une section bien nette et rigoureusement d'équerre.

Telle est, aussi résumée que possible, la fabrication du carton à la main ou, comme on l'appelle plus souvent, du carton à la forme, nom qui lui vient du moule dans lequel on le fait et qui se désigne presque toujours sous le nom de forme.

C'est à dessein que nous avons présenté toute cette fabrication avec son matériel le plus rudimentaire, afin de montrer que cet outillage peut se fabriquer partout sans recourir au mécanicien. Un bon menuisier aidé d'un charron ou d'un serrurier peuvent fort bien établir tout le matériel nécessaire à la fabrication du carton à la forme. Mais il est de toute évidence qu'avec les progrès réalisés de nos jours dans la construction mécanique, tout le matériel ci-dessus décrit, peut être avantageusement remplacé par des appareils plus perfectionnés, comme ceux que nous allons décrire dans la fabrication mécanique, et que seule la forme pourra être maintenue pour la fabrication à la main.

Avantages et inconvénients de la fabrication du carton à la forme

Bien que de moins en moins utilisée, la fabrication du carton à la forme n'en garde pas moins encore de sérieux avantages qui font que sa fabrication, perfectionnée quant à l'outillage, s'effectue encore de nos jours et que des cartonneries mécaniques de grande importance lui ménagent encore une petite place à côté des gigantesques machines, produisant journellement des milliers de kilogrammes de carton en feuilles de toutes dimensions et de toutes épaisseurs. C'est que la production du carton à la forme se prête beaucoup mieux à faire des sortes très différentes, et que le genre du produit peut être modifié pour ainsi dire à tout instant, ce qu'on ne saurait faire avec une machine qui, réglée pour la fabrication d'un article déterminé, exige un arrêt souvent très long pour être réglée à nouveau et modifiée, afin de fabriquer un produit ne différant quelquefois que très peu du premier.

En outre, si l'homme dans son travail, n'apporte pas la précision mathématique d'une machine, il lui apporte par contre son intelligence, ce qui vaut mieux. Prenons le leveur, par exemple, s'il connaît bien son métier, outre qu'il produira un article toujours très uniforme, il saura remédier, au cours même de son travail, à des défauts provenant par exemple, de la pâte dont il se sert. Pour la machine au contraire, que la pâte soit bonne ou mauvaise, elle travaillera toujours de la même façon et fournira en fin de compte un produit qui peut être invendable. De plus, en raison même de la limite de ses forces, l'homme ne peut mener à bout un travail déterminé que par des étapes successives, en procédant d'une façon progressive, ce qui dans bien des genres de travaux et dans la fabrication du carton en particulier, est la meilleure méthode. Ainsi, pour n'en donner qu'un exemple, le carton doublé fait à la main par un ouvrier habile, a toutes les chances d'être bien fait. Nous avons vu en effet, que sa réussite dépendait de la bonne imbibition de la feuille déjà faite, par celle provenant de la forme; supposons qu'au moment de l'opération, le leveur s'aperçoive que sa première feuille est trop sèche, il fera sa seconde plus humide, en l'égouttant moins longtemps, en secouant moins sa forme. Si le travail au contraire, était fait mécaniquement, la machine ne ferait aucune différence dans sa fabrication et, dans l'exemple choisi, donnerait un mauvais résultat.

Du reste, le carton à la forme a été longtemps et est encore considéré comme un produit de choix.

Par contre, le carton à la forme présente aussi des inconvénients dont le plus grave est son prix élevé, qui s'explique par la dépense de main-d'œuvre qu'il nécessite et par sa faible production. En outre, le carton à la forme ne peut jamais présenter la même régularité que le carton mécanique; or, lorsqu'une industrie comme celle du gros cartonnage, que nous verrons plus loin, est appelée à produire un même objet à une infinité d'exemplaires, que chacun d'eux doit peser le même poids très exactement, ou présenter mathématiquement le même volume, ce n'est jamais au carton à la forme qu'elle pourra s'adresser, elle risquerait trop de déconvenues par suite du manque de régularité du carton. Tandis qu'au contraire, si elle s'adresse au carton mécanique, et surtout en prenant le carton produit par une même opération, elle trouvera pour ainsi dire, une régularité mathématique depuis la première feuille jusqu'à la dernière.

Aussi la fabrication du carton à la forme s'est-elle spécialisée aujourd'hui à la production de cartons spéciaux dont la consommation n'exige pas de grandes quantités à la fois.

III. FABRICATION MÉCANIQUE DU CARTON

La fabrication mécanique du carton est, de beaucoup, la plus en usage aujourd'hui dans tous les pays du monde ; elle permet, comme nous l'avons dit au début, une production intensive et des prix de revient qui ont fait du carton une matière vendue presque à vil prix, et dont la valeur, dans le commerce en gros, ne s'estime plus à la feuille mais bien aux 100 kilogr., et même à la tonne. C'est, du reste, par 5,000, même par 10,000 kilogr. que s'estime la production journalière des grandes usines, c'est dire implicitement l'importance qu'a prise l'industrie du cartonnage capable d'absorber de telles quantités de matière.

Cette fabrication bien qu'à peu près automatique et dont le soin est confié pour ainsi dire exclusivement à des engins mécaniques, se divise comme pour le carton à la forme en une série d'opérations qui sont les suivantes : 1° nettoyage et blutage ; 2° trempage ; 3° passage à la barbotte ; 4° passage à la pile ; 5° passage au cuvier à pâte ; 6° passage à la machine qui peut être soit l'enrouleuse, soit la machine continue. Enfin, nous signalerons le lessivage qui ne s'opère pas dans toutes les cartonneries et auquel on ne procède que pour produire des cartons de qualités supérieures.

Nettoyage et blutage

Nous ne reviendrons pas sur le triage des différentes sortes de matières, ni sur leur classification, opérations qui restent les mêmes pour le carton mécanique que pour le carton à la forme. Ici, en raison de la grande quantité de matières employées, on conçoit que les appareils de nettoyage doivent être très puissants et fournir un débit considérable. Aussi trouvons-nous pour procéder à cette opération des blutoirs qui se composent d'un cylindre incliné d'une longueur de 3 mètres et souvent plus avec un diamètre d'au moins 1 mètre. Il est formé par un grillage à mailles d'environ un centimètre carré et traversé par un arbre en fer portant des bras placés en hélice qui entraînent la matière, la battent et la frottent contre le grillage avec une vitesse qui atteint parfois 150 tours à la minute. En même temps, un ventilateur d'une puissance en rapport avec celle du blutoir entraîne la poussière fine dans une haute cheminée ou dans une chambre à poussières, tandis que les impuretés trop denses, passent à travers le grillage du blutoir. Cet appareil est mis en mouvement à l'aide d'engrenages ou de courroies, par une transmission recevant son mouvement de la machine génératrice de l'usine. Généralement les produits que le blutoir est destiné à traiter lui sont fournis mécaniquement, c'est-à-dire que vis-à-vis de l'orifice d'entrée du blutoir, qui se trouve à la partie haute du cylindre incliné, fonctionne une toile sans fin mue par des tambours et qui, recevant les papiers, les déverse dans le blutoir. La sortie des matières nettoyées s'effectue à l'extrémité opposée du cylindre bluteur. Elles s'étalent alors sur un plancher tenu en bon état de propreté où des ouvriers, généralement un de chaque côté du cylindre, les recueillent à l'aide de râteaux, de fourches ou même de pelles et les repoussent plus loin où ils sont mis en tas pour passer au traitement suivant.

Trempage

C'est, en somme, la première opération par laquelle les matières premières subissent un commencement de transformation. Le trempage, qui correspond au trempis de l'ancienne fabrication, s'effectue dans de grandes cuves cylindriques en ciment, dont les dimensions varient suivant les cartonneries, mais dont la contenance est souvent de plusieurs dizaines de mètres cubes, et dont le diamètre est souvent supérieur à la hauteur. Les papiers nettoyés par l'opération précédente y sont très largement mouillés par une grande quantité d'eau qu'on maintient à une douce température de

35° environ, soit simplement par un jet de vapeur, soit par un tuyau de vapeur qui traverse la cuve vers son fond, fournissant ainsi à la masse la quantité de calorique dont elle a besoin. Le trempage dure plus ou moins longtemps suivant les cartonneries et suivant les matières traitées, mais on peut fixer comme durée moyenne, quarante-huit heures environ. Sous l'action de l'eau à la température ci-dessus, la colle du papier se ramollit et les fibres sont humectées jusqu'à leur centre. Il est bien entendu que les matières soumises au trempage sont fréquemment remuées, soit à la main par des ouvriers armés d'espèces de râteaux, soit d'une façon mécanique. Cette précaution est indispensable, parce que dans des cuves aussi grandes, contenant de fortes quantités de papier, celui-ci tend à se mettre en paquets plus ou moins épais qui s'opposeraient, si on les laisse se former, à la pénétration de l'eau jusqu'en leur centre.

Comme précédemment, nous ne donnons ici que les principes mêmes de la fabrication, les détails peuvent varier jusqu'à l'infini et chaque usine a les siens propres, nécessités soit par ses principes ou son organisation du travail, soit par la ou les qualités différentes du produit qu'elle fabrique, soit par des conditions locales, etc., etc.

Ainsi, en ce qui concerne les cuves de trempage, une cartonnerie peut n'en posséder que deux, et cela malgré une très forte production, puisque chacune d'elles sera occupée quarante-huit heures, il y en aura une de vidée tous les jours et celle-ci pourra être remplie de suite pour poursuivre ainsi le cycle continu du trempage. Dans d'autres usines, au contraire, on préfère avoir des cuves moins grandes et plus nombreuses, deux, trois et même plus alimentent journellement la fabrication, et assurent ainsi des rechanges en cas de réparation. D'autres cartonneries encore préfèrent, pour des raisons de pure fabrication, avoir autant de cuves de trempage qu'elles traitent de sortes différentes de papiers ; enfin d'autres encore, sont forcées de multiplier le nombre de ces cuves par suite du local dont elles disposent, et qui leur permet d'avoir plusieurs petites cuves et leur interdit souvent l'emploi d'une seule grande cuve. Nous le répétons, ce sont des questions de détails que le lecteur nous permettra de ne pas envisager, notre but étant seulement de lui indiquer les principes essentiels de la fabrication.

Barbotte

La barbotte est un appareil qu'on nomme souvent barboteur ou malaxeur, qui reçoit les papiers sortant du trempage et leur fait subir une première trituration. La barbotte que représente notre dessin figure 11 et que construit la maison P. Blache, 20, rue Manin à Paris, se compose d'un grand cylindre en fonte ouvert en haut, fermé en bas, et qui peut être solidement fixé au sol ou au plancher par des boulons de fondation traversant des oreilles venues de fonte. Ce cylindre porte fixés à sa paroi et pénétrant dans son intérieur jusqu'à une certaine distance de son centre une série de bras en fer disposés hélicoïdalement suivant la périphérie intérieure. Ces bras sortent à l'extérieur du cylindre où ils se terminent par un œil que l'on peut goupiller pour maintenir le bras en place. A

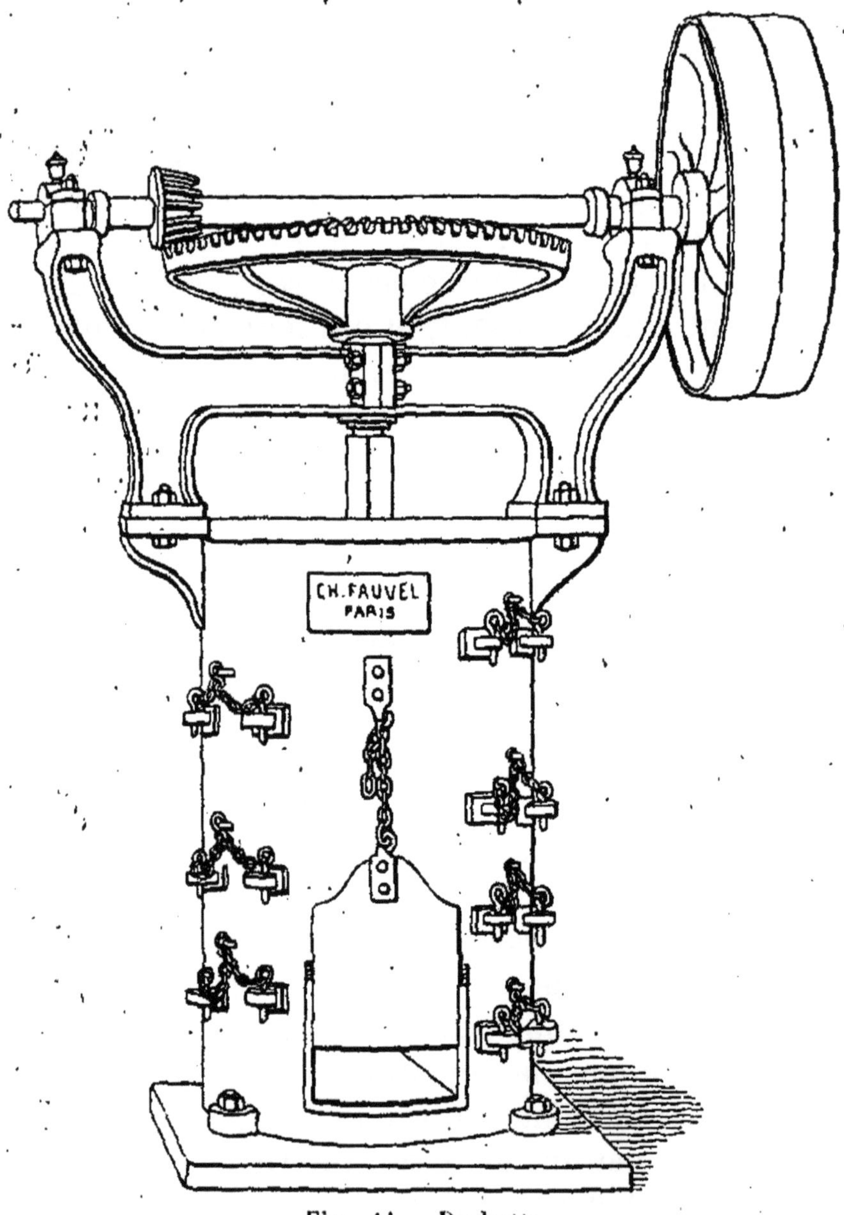

Fig. 11. Barbotte.

l'intérieur ce bras est carré, les angles du carré étant verticaux et non horizontaux. Cette manière de fixer les bras est dictée par les besoins du service de cet appareil, service très dur, et qui a pour effet d'user rapidement et de casser souvent les bras, nécessitant ainsi leur remplacement assez fréquent. En outre, comme ils constituent dans l'intérieur de la barbotte une série de chicanes et d'obstacles, il faut pouvoir les enlever facilement pour le démontage ou le nettoyage de l'appareil.

A l'intérieur de la barbotte tourne un arbre de section carrée, dont la partie inférieure, terminée en pivot, tourne dans une crapaudine. L'arbre porte sur sa hauteur une série de bras qui lui sont attachés par des colliers très fortement serrés. Ces bras sont disposés de façon à passer, dans la rotation de l'arbre, entre les bras fixés au cylindre. Nous insistons sur la fixation de ces bras sur l'arbre, qui se fait par l'intermédiaire de colliers et non en passant au travers de l'arbre, comme cela se faisait dans l'origine. Cette disposition était en effet très défectueuse car elle affaiblissait énormément l'arbre qui, nous le répétons, est soumis à un travail fort dur et subit par conséquent des efforts considérables.

La partie supérieure de l'arbre, arrondie à partir de cet endroit, est guidée dans un coussinet vertical logé dans un support de forme spéciale qu'on voit sur le dessin, et se termine enfin par une grande roue dentée engrenant avec un petit pignon calé sur un arbre horizontal muni à l'autre extrémité d'une poulie fixe et d'une poulie folle; c'est dire que cet appareil est mû mécaniquement. On remarque également la grande différence qui existe entre le diamètre du pignon et celui de la roue dentée, ceci indique que l'arbre de la barbotte doit fonctionner à une faible vitesse comme dans tous les appareils soumis à des efforts puissants.

Les matières sortant du trempage sont mises graduellement dans la barbotte, celle-ci étant préalablement embrayée et mise en mouvement et la porte du bas étant fermée. Son fonctionnement s'explique dès lors presque seul. Les papiers provenant du trempage sont saisis par les bras de l'arbre et entraînés dans son mouvement circulaire; à chaque bras fixe du cylindre qu'ils rencontrent, ils se trouvent brisés, déchirés et déchiquetés, une partie continue son chemin avec l'arbre, tandis que le reste pend accroché aux bras fixes, mais au second tour de l'arbre, ces dépôts seront repris en échange d'autres qui, nouvellement apportés, resteront accrochés et ceci jusqu'au bas de la barbotte. Comme les bras fixes sont placés suivant une hélice, les papiers ainsi déchiquetés descendront graduellement du haut de l'appareil jusqu'en bas. Là, ils trouvent deux bras de forme spéciale rappelant un peu l'hélice d'un bateau et diamétralement opposés, dont le rôle est de ramasser toute la matière et de la repousser vers la paroi du cylindre. On comprendra que si l'on ouvre alors la porte placée au bas du cylindre, la matière, repoussée comme nous venons de le dire, sortira de la barbotte et pourra être recueillie pour passer aux opérations suivantes.

Faisons remarquer pour en terminer avec cette opération, que les papiers qui sont mis dans l'appareil sont suffisamment imbibés, et entraînent assez d'eau pour que la trituration donne lieu à une véritable pâte, mais beaucoup trop consistante pour la fabrication et qui sera mouillée à nouveau et davantage dans l'opération suivante.

Enfin disons encore que, dans la pratique, on ne manœuvre guère la porte de la barbotte qu'à la mise en marche de l'appareil pour la fermer et que dès l'arrivée des premières portions de matières on l'ouvre et on la laisse ouverte pendant tout le temps du fonctionnement, lorsque l'entrée et la sortie de la matière se font d'une façon régulière.

Ce que nous venons de dire de cette opération explique pourquoi les bras carrés fixes n'ont pas leurs parties plates horizontales et verticales. Placés comme nous l'avons expliqué, ces bras présentent leurs parties angulaires aux papiers à triturer, formant ainsi une série de couteaux qui coupent les papiers, tandis que les parties plates se trouvent inclinées à 45° et permettent au produit de la trituration de rester plus difficilement accroché.

Comme pour l'appareil précédent, la barbotte peut présenter des formes ou des dispositions différentes ; les bras fixes peuvent être polygonaux, de manière à présenter plus d'arêtes vives et déchiqueter plus facilement les papiers ; toute la transmission de mouvement peut être reportée en dessous de l'appareil de façon à dégager la partie supérieure et laisser plus libre l'entrée des papiers dans la barbotte ; les bras fixes au lieu d'être retenus par des goupilles peuvent l'être par des boulons, etc... Chacune de ces variantes dans la construction présente ses avantages et ses inconvénients et c'est au fabricant à choisir les modèles qui souvent même pour des raisons étrangères à la fabrication, lui conviennent le mieux.

La barbotte fait dans la cartonnerie mécanique à peu près le travail que fait l'ouvrier dans la fabrication à la main, lorsqu'avec le crochet il remue et déchire partiellement les papiers placés dans le bac au trempis, sauf cependant que dans ce dernier cas, l'action se fait en présence d'une plus grande quantité d'eau. Aussi le produit qui sort de la barbotte à l'état de pâte grossière contenant de très gros grumeaux encore durs, ayant l'aspect de mottes informes passe ensuite à la pile, qui est à la cartonnerie mécanique ce qu'est le cuvier de broyage à la cartonnerie à la forme.

Pile

Le mot *pile* est employé d'une façon ordinaire pour désigner la machine dont nous donnons une vue figure 12, que nous empruntons encore au matériel de la maison Blache, de Paris; on la désigne souvent encore sous le nom de pilon, d'où vient du reste l'expression « envoyer un livre ou du papier au pilon » ce qui désigne l'opération de destruction complète, elle est en somme très vraie, comme nous allons le voir par ce qui suit : Le véritable nom de cette machine devrait être : pile raffineuse et défileuse. Ces deux qualificatifs sont des plus exacts, car la pile créée à l'origine pour former la pâte provenant des chiffons, devait défiler ces derniers de façon à couper ensuite les filaments; elle méritait en outre le nom de raffineuse parce que c'est elle qui raffinait la pâte, l'amenait

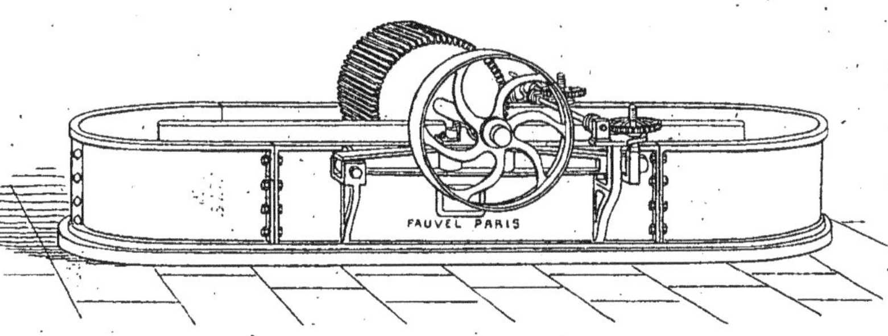

Fig. 12. Pile.

à ce degré de finesse nécessaire pour faire du bon papier. Bien que toujours construite de la même façon, la pile n'a plus beaucoup besoin d'être une défileuse, étant donné que, comme nous l'avons dit plus haut, le chiffon est rare dans la constitution de la pâte de carton; elle a néanmoins tout de même à défiler le peu de fibres contenues dans les vieux papiers modernes et aussi les bouts de ficelles et les déchets d'étoupe que le cartonnier introduit souvent dans sa fabrication pour donner plus de tenacité à son carton fini. Cette observation était indispensable pour faire comprendre l'utilisation de cette machine créée pour le traitement de matières un peu différentes de celles qui lui sont fournies aujourd'hui.

La pile telle que nous la représentons figure 12, est une grande caisse en fonte dont la longueur peut atteindre et même dépasser trois mètres ; elle est arrondie à ses extrémités, et se trouve partagée en deux parties suivant sa longueur par une cloison médiane incomplète dont les extrémités sont éloignées des parois cylindriques d'une distance égale à celle qui sépare cette cloison des parties latérales droites de la cuve. Il en résulte que cette cuve présente un canal en forme de circuit fermé et allongé.

Au milieu de ces parties latérales et perpendiculairement à la cloison est placé au-dessus de la cuve un fort arbre, tournant dans trois coussinets placés, un sur la cloison et les deux autres chacun sur une des parois de la cuve; l'arbre est mis en mouvement soit directement par une poulie et une courroie, soit par l'intermédiaire d'un train d'engrenages. Sur l'arbre et dans l'espace compris entre la paroi latérale de la cuve et la cloison est calé un gros cylindre sur lequel sont fixées un certain nombre de lames solides en fer et légèrement inclinées par rapport à l'axe du cylindre. Ce cylindre tourne donc en même temps que l'arbre. Dans le canal correspondant à ce cylindre, qui tourne par exemple de droite à gauche, le sol se relève suivant une pente douce et régulière jusqu'au-dessous du cylindre où se trouve encastrée une platine formée de lames en acier boulonnées les unes contre les autres et serrées par des coins en bois ou un scellement au plomb. Après la platine le fond se relève brusquement de façon à former une portion de surface cylindrique concentrique au gros cylindre, puis il descend suivant une pente rapide pour redevenir horizontal et atteindre le niveau du second canal. Grâce à ces dispositions, la pâte qui provient de la barbotte, ainsi que l'eau qu'on a ajoutée en grande quantité, sont entraînées par le mouvement de rotation du cylindre à lames, circulent de droite à gauche, remontent le plan incliné, passent entre le cylindre et la platine où s'opère une friction plus ou moins énergique, suivant le nombre des lames de la platine, et viennent redescendre le plan incliné pour recommencer leur circuit et revenir entre les lames. Les clous, les pierres et autres débris durs qui auraient échappé au nettoyage ou qui seraient tombés accidentellement dans la pile, sont retenus dans une série de rainures pratiquées dans le sol ou plancher de la cuve.

Au début de l'opération, il ne faut pas songer à faire passer toute la pâte sortant de la barbotte entre les lames dont nous venons de parler, elle est encore trop compacte, trop dure et risquerait de caler la machine ou de briser les lames soit du tambour, soit de la platine, il faut donc ménager l'effort exercé par le cylindre et le faire agir d'une façon progressive. C'est pour atteindre ce but que l'on peut voir sur la droite de la fig. 12, un petit arbre parallèle à l'arbre du cylindre et terminé à l'arrière de notre dessin par une petite roue à manette. Cet arbre porte deux parties de vis sans fin, engrenant chacune avec une roue dentée, calée sur un arbre vertical dont l'extrémité inférieure est liée rigidement à un ensemble qui supporte le coussinet de l'arbre du cylindre. En agissant sur la manette on fait tourner uniformément les deux roues dentées qui forment écrou fixe et élèvent ou descendent les petits arbres verticaux, lesquels entraînent les coussinets dans leur mouvement. A l'aide de ce dispositif, on peut élever l'arbre et par suite le cylindre au début de l'opération et au fur et à mesure que la pâte est déliée on abaisse le cylindre jusqu'au fond de sa course, de façon à forcer la pâte à passer et repasser entre les lames où elle est déchiquetée et réduite en une sorte de pulpe très légère, très fluide et qui semble ne faire qu'un avec l'eau dans laquelle elle nage.

La durée du travail de la pile varie suivant la matière qu'on lui donne à traiter, suivant sa quantité, enfin suivant ses dimensions propres. Il est donc difficile de spécifier un temps fixe au bout duquel la pâte sera amenée à l'état voulu. Nous dirons que le conducteur de la pile s'en rend compte lorsque, faisant des prises d'échantillons comme dans la fabrication du carton à la forme, il reconnaît par des compressions successives dans ses mains, que la masse entière est arrivée au degré de finesse et de fluidité voulu.

Nous ne quitterons pas cet appareil sans faire une recommandation expresse dans son emploi, c'est d'avoir soin de couvrir le cylindre, de façon à éviter des accidents graves. Au début, l'usage de cet appareil, faute de prendre cette précaution, a fait de nombreuses victimes, car le cylindre à lames tourne assez vite pour qu'on ne s'aperçoive point qu'il porte des engins terribles et en s'en approchant sans précaution, un trop grand nombre d'ouvriers malheureusement, ont subi des blessures de la plus haute gravité.

La pile est une machine qui fournit un travail excellent sous tous les rapports, et depuis son invention due à la Hollande où elle a été appliquée depuis la fin du dix-huitième siècle, elle n'a pas trouvé de remplaçant. Les piles se font dans toutes les dimensions; on les établit aussi avec cuve en maçonnerie, cuve en bois, ou cuve en tôle rivée comme un réservoir. Elle a évidemment subi quelques perfectionnements depuis sa création, mais ça n'a été en somme que des perfectionnements de détails que les progrès incessants de l'industrie mécanique rendaient presque obligatoires aux constructeurs de ce genre de machines. Aussi nous est-il impossible de dire, à son sujet, qu'on peut lui substituer tout autre appareil produisant un travail analogue, nous n'en connaissons pas, et nous pouvons dire que son emploi est général dans toutes les cartonneries.

Avant d'aller plus loin dans la description des engins mécaniques de la fabrication du carton, nous ferons remarquer que tout ce que nous venons de dire jusqu'à présent à son sujet, conviendrait absolument à la production du carton à la forme. Il suffira, en effet, de prendre la pâte préparée par la pile, de la mettre dans une cuve *ad hoc*, dans laquelle le leveur plongera ses formes et poursuivra son travail comme nous l'avons vu plus haut. Du reste, les cartonneries mécaniques qui font également du carton à la forme n'en n'agissent pas autrement et préparent généralement la pâte mécaniquement, jusqu'à la pile inclusivement, le travail manuel ne commençant qu'au leveur.

Cette digression nécessaire étant faite, reprenons la fabrication mécanique au point où nous venons de la quitter, ce qui nous amène à la machine à faire le carton et qui existe en deux modèles, à savoir : l'enrouleuse et la machine continue.

Enrouleuse

La machine à faire le carton, que ce soit l'enrouleuse ou la machine continue, est très volumineuse, comporte une grande quantité de pièces et paraît à première vue très compliquée ; cependant les principes sur lesquels est basé son fonctionnement sont très simples et nous nous efforcerons de les dégager de tous leurs détails accessoires dans la description qui va suivre.

Tout d'abord, en tête de la machine, se trouve le cuvier à pâte qui, comme l'indique son nom, contient la pâte prête à faire le carton et telle qu'elle sort de la pile. Le rôle du cuvier à pâte ou plutôt les conditions auxquelles il est appelé à répondre, en font un organe de la plus haute importance, car c'est lui qui va fournir la pâte et il doit la donner : 1° très mélangée; 2° en quantité constante pour une même sorte de carton. Très bien mélangée, le lecteur le sait déjà, puisqu'il a vu le leveur remuer fréquemment la pâte dans son cuvier pour y plonger ses formes. En quantité constante, demande une explication. En effet, puisqu'il s'agit ici d'une fabrication mécanique, c'est dire implicitement qu'elle est automatique et continue, c'est-à-dire qu'au fur et à mesure que sera distribuée la pâte, celle-ci par un processus que nous verrons plus loin se transformera en feuilles de carton. Or, pour que ces feuilles soient de la même épaisseur, il faut fournir toujours la même quantité de pâte, et c'est au cuvier que revient ce service, c'est pourquoi on l'appelle quelquefois, improprement du reste, le régulateur de la machine.

Examinons donc, avant d'aller plus loin, comment le cuvier à pâte remplit les deux conditions essentielles : fournir une pâte bien mélangée, et la fournir en quantité constante.

En ce qui concerne la première condition, le lecteur nous a déjà devancé et a déjà imaginé un agitateur tenant continuellement la pâte en mouvement. C'est, en effet, ainsi que l'on procède; néanmoins une remarque s'impose : on a fait et l'on fait encore des agitateurs verticaux, simple axe vertical muni de palettes plus ou moins larges tournant dans la masse; ce procédé présente de gros inconvénients. Comme cet agitateur tourne à une vitesse faible, pour ne pas projeter la pâte très liquide en dehors du cuvier, il en résulte que la pâte finit par participer au mouvement de l'agitateur dans toute sa masse et forme ainsi, par le fait du frottement régulier, des pelotonnements de la pulpe le long des parois de la cuve comme le long de l'axe, qui s'épaississent, se feutrent, abandonnent une notable partie de l'eau, qui elle à son tour, prend un mouvement régulier et, il y a véritable séparation entre les deux produits : eau et pulpe, qu'on cherchait précisément à bien mélanger. C'est pour cela qu'on préfère l'agitateur horizontal. C'est encore tout simplement un arbre horizontal muni de deux ou quatre palettes et qui tourne lentement dans le cuvier; il n'est pas complètement noyé dans la pâte, et, dans son mouvement, les palettes émergent en partie. Ce mélangeur exige que le cuvier à pâte ait son fond formé d'un demi-cylindre.

A première vue, il peut paraître surprenant que le simple changement dans la position de l'arbre amène une modification très notable dans l'effet obtenu. Il en est ainsi pourtant et cela s'explique. Dans le mélangeur vertical, la pâte se classe par ordre de densité des matières qu'elle renferme, les plus légères en haut, les plus lourdes en bas et grâce au mouvement lent et régulier du mélangeur, ce classement persiste et s'accentue même par le fonctionnement. Avec le mélangeur à axe horizontal, au contraire, il y a continuellement transport de toute la masse de bas en haut, c'est-à-dire destruction du classement des produits par ordre de densité, d'où mélange bien complet.

Dans quelques cartonneries on pousse encore plus loin le souci du bon mélange en imprimant au mélangeur horizontal un mouvement circulaire alternatif ou oscillatoire qui permet d'avoir les palettes toujours noyées dans la masse de la pâte.

Quant à la distribution de la pâte en quantité constante, on l'obtient à l'aide d'appareils divers. C'est une pompe, une noria, et plus généralement une roue à écoper, mais toujours une combinaison réalisant un débit de la pâte liquide par volume proportionnel à la vitesse du moteur qui actionne la machine à carton ; cet appareil est véritablement le régulateur de l'épaisseur et par conséquent du poids de la feuille de carton. La capacité de ce régulateur est variable, mais une fois qu'elle est réglée elle-même, pour une épaisseur donnée, le régulateur la maintient malgré les variations accidentelles de vitesse de la machine à faire la feuille de carton ; aussi est-il lié à la marche de celle-ci, et son débit reste-t-il constamment proportionnel à l'épaisseur et à la largeur de la feuille à obtenir.

Telle est la première partie de la machine, partie qui s'établit toujours à part et en dehors de la machine proprement dite, mais qui, comme on vient de le voir, lui est intimement liée par le mouvement du régulateur, lequel, nous ne saurions trop le faire remarquer, doit suivre exactement celui de la machine, débitant moins lorsque sa marche se ralentit, ou inversement. C'est pour cela que nous avons cru bon de donner la description du cuvier à pâte, en tête même de celle de la machine.

Celle-ci, dont nous donnons une vue longitudinale (fig. 13), se divise en plusieurs parties que

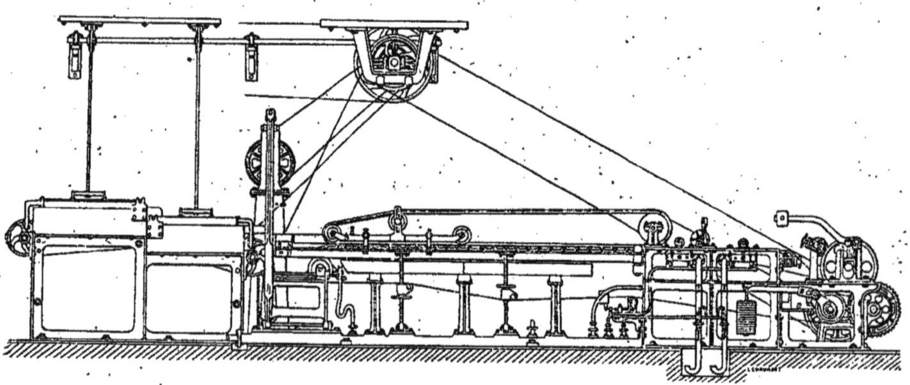

Fig. 13. Enrouleuse.

nous allons étudier en suivant l'ordre dans lequel marche la pâte pour se terminer en carton.

Du cuvier à la machine, la distribution de la pâte s'effectue donc par le régulateur que nous venons de voir et l'écoulement est dirigé dans le premier compartiment rectangulaire que l'on voit à gauche du dessin. C'est une caisse nommée épurateur, bien étanche, et pour cela généralement doublée de zinc; elle est formée, suivant les machines, de un ou plusieurs compartiments sur lesquels se placent d'autres caisses dont le fond est fait d'un grillage métallique (en cuivre) et qui se trouve placé à une certaine distance du fond de la première caisse. La pâte versée dans la ou les caisses passe au travers du grillage, et ne restent sur celui-ci que les corps étrangers qui auraient passé par accident, et surtout ce qu'on appelle en terme de métier, les *boutons*, qui sont de petites agglomérations de pâte formées par feutrage de celle-ci en dépit du mélangeur, si bien qu'il soit compris et si bien qu'il fonctionne. Pour aider au passage de la pâte à travers le tamis, celui-ci est doué d'un mouvement oscillatoire obtenu par une tige verticale qui en bas est reliée au tamis par une fourchette et en haut à l'arbre de transmission par l'intermédiaire d'un excentrique. Le tamis, comme l'indique notre dessin, repose d'un côté (à droite) sur deux tourillons, et de l'autre côté sur une pièce mobile latéralement, ce qui lui assure un mouvement de va-et-vient ou oscillatoire. Ce dispositif est évidemment variable suivant les constructeurs, mais il a toujours pour effet de secouer la pâte sur le grillage et de la faire ainsi passer au travers.

De l'épurateur la pâte passe à une autre caisse semblable à la première et où elle peut déposer encore certaines impuretés, tel le sable.

De cette seconde caisse la pâte, toujours bien mélangée par des agitateurs, s'échappe par une vanne dont l'ouverture est réglée par un contrepoids, puis par une série de coulisses qui l'obligent à se répandre en nappe de la largeur voulue sur une toile métallique (en cuivre). Cette dernière, que l'on voit occupant le milieu de notre dessin, est une toile sans fin circulant sur des petits rouleaux qu'on aperçoit vers le bout; elle est mise en mouvement d'une façon continue par une poulie à chacune de ses extrémités tout comme une courroie, sauf qu'elle est maintenue bien horizontale sur le dessus de la machine par une bonne tension et par son appui sur les petits rouleaux. L'ensemble de la toile métallique et des rouleaux s'appelle la *forme* ou la *table de fabrication*. De ces deux appellations, la première rappelle la fabrication manuelle, et c'est bien en effet la partie de la machine qui remplace la forme dont se sert le leveur. Nous allons voir que sa fonction est la même et mêmes aussi les opérations qu'elle fait. La pâte s'écoulant régulièrement sur la toile métallique s'y tasse, s'y feutre et l'eau passant au travers des mailles de la toile, tombe dans une longue caisse plate placée dessous et de là est renvoyée au cuvier. C'est en somme, mécaniquement accompli, le mouvement du leveur qui relève sa forme du cuvier et la laisse égoutter un instant. Mais nous avons vu que le leveur favorise ce départ de l'eau en secouant sa forme, c'est ce que fait aussi la table de fabrication.

En effet, cette dernière est douée d'un léger mouvement de va-et-vient latéral obtenu par ses supports qui, mobiles, lui impriment de légères secousses. Si la forme se limitait à ce que nous venons de décrire, la pâte déborderait de chaque côté et serait perdue, il faut donc que nous assurions la largeur sur laquelle il faut qu'elle s'étende et qu'il ne faut pas qu'elle dépasse; en un mot, il faut que nous la munissions d'un châssis tout comme dans la fabrication à la main. Ce châssis doit être sans fin comme la forme. C'est ici une véritable courroie généralement en caoutchouc de 2 centimètres d'épaisseur et que l'on nomme souvent *couverte*. On la voit indiquée sur notre dessin par un trait épais. Son mouvement, pareil à celui de la forme, est assuré par une poulie placée à l'exmité (à droite) de la table de travail; elle passe à l'autre extrémité sur un galet placé au-dessus de la table et revient à la poulie après avoir passé sur deux autres galets qui appuient la courroie ou couverte sur la toile métallique. On voit sur notre dessin que ces trois galets font partie d'une monture spéciale ; elle est destinée à permettre le réglage de la couverte; celle-ci, en effet, si elle est trop lâche, peut être tendue en élevant un peu le galet vertical; enfin l'application plus ou moins énergique de la couverte sur la forme s'établit à l'aide des deux galets inférieurs qu'on peut élever ou abaisser en élevant ou en abaissant tout l'équipage qui supporte les trois galets, à l'aide des boulons que l'on voit à l'avant du dessin.

Cette disposition, qui se répète de l'autre côté de la table, limite la largeur sur laquelle s'étend la pâte. Qui plus est, comme on peut rapprocher à volonté les couvertes l'une de l'autre, on peut avec une forme de largeur donnée, faire toutes les largeurs de cartons inférieures.

Continuant notre analogie de la fabrication mécanique avec la fabrication à la main, nous voyons que la machine a fait le travail du leveur jusqu'au moment où celui-ci place sa forme sur l'égouttoir, autrement dit la machine doit encore égoutter la feuille de carton pour qu'elle prenne une certaine consistance. C'est en effet ce qu'elle accomplit. De la forme, telle que nous venons de la décrire, le carton, encore très mou, passe sur une seconde toile métallique, mais fixe cette fois, et que notre dessin montre à droite reposant sur un cadre en fonte. Sous cette seconde table, et embrassant toute la toile métallique, par dessous est une caisse métallique munie de deux tuyaux qui en descendent et passent dans le sol. On fait dans cette caisse métallique un vide partiel qui aspire une bonne partie de l'eau contenue dans le carton, eau qui s'écoule par les deux tuyaux dont nous venons de parler, qui est recueillie et renvoyée au cuvier. Le carton est alors égoutté au moins au degré où nous l'avons trouvé dans la fabrication à la main lorsque le leveur va le porter sur le plateau de la presse, c'est-à-dire qu'il est déjà maniable, sans trop de brusquerie bien entendu.

De cette seconde table que les cartonniers appellent souvent *sucette*, la feuille de carton, très molle encore, passe sur le cylindre enrouleur, qui vaut à la machine qui en est munie, son nom d'enrouleuse.

Ce cylindre qui se voit au-dessus de deux autres

à l'extrémité droite de notre dessin, exige une description. C'est un cylindre en fonte, creux, bien poli à sa surface et quelquefois même garni d'une feuille de laiton. Il porte suivant une de ses génératrices, sur toute sa longueur, une petite rainure, quelquefois deux, diamétralement opposées. Le carton sortant de la seconde table est dirigé par des rubans, de façon à passer sous le cylindre et à l'entourer complètement. Si, lorsque le cylindre a fait un tour complet, on suppose que tout s'arrête, on aura autour du cylindre une feuille cylindrique de carton d'une épaisseur déterminée et alors, si l'on passe dans la rainure une lame de couteau et qu'on retire le cylindre de carton, qu'on le place sur une table, on aura une feuille plate dont la largeur sera celle fournie par l'écartement des couvertes, et la longueur celle du développement du cylindre, c'est-à-dire de son diamètre multiplié par 3.1416. On comprend donc qu'en donnant au cylindre un diamètre suffisant pour qu'il fournisse les feuilles de la plus grande longueur commerciale adoptée, cette machine avec un seul cylindre enrouleur satisfera à toutes les demandes, puisque pour faire les cartons plus petits, il suffira de couper celui obtenu sur le cylindre.

Supposons maintenant qu'au lieu d'arrêter la machine au bout d'un tour du cylindre, nous ne le fassions qu'au bout de deux, trois, quatre, etc., tours, nous aurons des feuilles deux, trois, quatre, etc., fois plus épaisses. C'est le principe de l'enrouleuse, qui permet de faire des cartons sinon de toutes épaisseurs, du moins d'épaisseurs variables, suivant la demande.

Pour bien faire saisir le fonctionnement de l'enrouleuse, nous avons supposé que nous arrêtions la machine, il est évident que, dans la pratique, tout se passe d'une façon continue et que le fonctionnement est plus complexe.

D'abord, comme le montre notre dessin, grâce aux cylindres appuyant sur l'enrouleur, le carton subit une certaine pression, ce qui permet à la feuille simple de prendre du corps et aux feuilles doubles, triples, quadruples, etc., de se coller ensemble pour ne faire qu'une. La pression est réglée d'avance par l'écartement des cylindres, à l'aide d'un contre-poids que l'on voit en haut à droite de la figure 13. L'épaisseur de la feuille de carton est elle-même réglée par un petit appareil que l'on voit à gauche du cylindre enrouleur ; dès que l'épaisseur est arrivée au point voulu, la feuille de carton enroulée touche un petit buttoir qui actionne une sonnerie et avertit ainsi l'ouvrier qu'il doit couper la feuille sur le cylindre par la rainure à cet effet ; la feuille se déroule dans le mouvement du cylindre, tombe sur une table ou ais d'où on la prendra pour la soumettre aux opérations suivantes. C'est encore l'analogue de la fabrication à la main, lorsque l'ouvrier met sous la presse deux ou plusieurs feuilles de carton pour former les épaisseurs requises, sauf qu'ici l'opération se fait plus logiquement et mieux, parce que les feuilles successives de carton sont à un degré plus uniforme d'humidité.

Là s'arrête la machine proprement dite à faire le carton. Mais le carton n'est pas fini lorsqu'il en sort, car malgré l'aspiration faite par le vide, malgré la pression opérée sur le cylindre enrouleur par les cylindres qui s'appuient dessus, le carton est encore très humide et surtout n'est pas refoulé sur lui-même comme il l'est dans la pression qu'il subit à la presse. Aussi lorsque les feuilles formées comme nous venons de le dire, sortent de la machine, on les fait passer au laminoir, dont nous donnons la représentation figure 14.

Fig. 14. Laminoir.

Comme tous les laminoirs, celui du cartonnier se compose de deux cylindres, dont un seul, le cylindre inférieur est mis en mouvement, l'autre étant entraîné par la rotation du premier. Celui-ci d'ailleurs a ses tourillons reposant sur des coussinets fixes; le cylindre supérieur, au contraire, a ses tourillons pris dans des coussinets qui peuvent monter et descendre dans des guidages ménagés dans les montants mêmes ou cage du laminoir, et sont reliés chacun à un arbre vertical sortant par le haut de la cage, terminé par une roue dentée conique. Ces deux roues sont mises en mouvement chacune par un petit pignon, calés tous deux sur un arbre horizontal qu'on peut faire tourner par une roue manette que notre dessin montre sur la gauche et en haut. En avant du laminoir se trouve une tablette en fonte bien lisse dont le dessus est exactement au niveau du dessus du cylindre inférieur. L'opération du laminage se comprend de suite : un ouvrier placé devant le laminoir glisse la feuille de carton sur la planchette et lorsqu'elle atteint le cylindre inférieur qui tourne, elle est entraînée par ce mouvement et, si l'on a eu soin de serrer au préalable le cylindre supérieur, de façon à ne laisser entre lui et le cylindre inférieur qu'un espace inférieur à l'épaisseur d'une feuille de carton, celle-ci dans son entraînement donne lieu à un frottement énergique à la suite duquel le cylindre supérieur se met à tourner et la feuille est comprimée ; un ouvrier placé de l'autre côté du laminoir la reçoit et l'envoie au séchoir où elle achève d'abandonner l'eau qu'elle contient.

C'est pour plus de simplicité que nous avons décrit l'opération de cette façon. En pratique, au premier passage des feuilles de carton au laminoir, on écarte suffisamment les deux cylindres pour y faire passer deux, trois et quelquefois plus encore de feuilles. Puis elles passent à un second laminoir où on ne les lamine que par une à la fois. La seconde opération peut se faire avec le même laminoir que la première, à condition de faire passer par plusieurs feuilles à la fois une provision déterminée de carton, puis on serre le laminoir pour faire passer ensuite le carton feuille par feuille.

Le laminage de carton présente l'avantage non seulement de comprimer le carton, comme la presse, mais encore de lui donner un certain poli. d'en unir les deux surfaces.

Dans certaines cartonneries, on remplace le laminoir par la calandre. Cet appareil n'est autre chose qu'un laminoir, mais les cylindres sont creux et chauffés à la vapeur, de sorte que le carton est soumis à la fois à la compression et au chauffage, ce qui donne un meilleur aspect au carton fini et présente l'avantage d'avancer beaucoup son séchage.

Il est même des usines où les calandres, au lieu d'avoir deux cylindres, en ont trois et même davantage; le carton passant entre les deux premiers cylindres est envoyé entre les deux autres, etc... Dans ce cas le chauffage peut être suffisant pour que le carton sorte de l'appareil assez sec pour être mis en pile dans des séchoirs où il achève de perdre la très faible quantité d'eau qu'il contient encore.

IV. MACHINES A COUPER LE CARTON

Le carton une fois sec est bon à livrer, il ne reste plus qu'à le couper aux dimensions admises dans le commerce, opération qui s'effectue à l'aide de cisailles spéciales dont nous allons décrire trois types différents que nous empruntons à la maison Hachée, 122 et 124, faubourg Saint-Martin, à Paris.

Nous nous étendrons un peu sur ces appareils, car ils sont d'un usage très courant non seulement chez le fabricant de carton, mais encore dans toute l'industrie du cartonnage.

Cisaille à main

La plus simple de ces cisailles est celle dite à main que représente notre dessin (fig. 15). Elle comprend un solide plateau en bois dur supporté par quatre pieds légèrement obliqués vers le dehors, pour donner au tout une assiette solide ; les quatre pieds sont entretoisés en bas par de solides traverses assemblées avec eux à tenons et mortaises. Vers le milieu de la hauteur comprise entre le sol et le plateau, on dispose généralement une tablette sur laquelle le cartonnier peut placer différentes pièces appartenant à la cisaille ou dépendant de son service, telles que : lames de rechange, écrous et boulons, clefs de serrage, tournevis, pierre à affûter, etc.

Le plateau porte à sa partie supérieure une rainure dans la partie inférieure de laquelle peut se mouvoir à frottement doux la tête carrée d'une forte vis qui sort par le haut de la rainure hors du plateau ; cette vis elle-même porte deux plats à sa partie non filetée, de façon à être très exactement guidée par les parois supérieures de la rainure, parois dont l'écartement est évidemment moins grand que là où glisse la tête de la vis, et qui sont garnies sur le bord vertical et sur le dessus du plateau par une cornière bien dressée d'équerre et entrant dans le bois du plateau par sa face externe, de façon à ne pas faire surélévation et laisser le plateau bien lisse.

Fig. 15. Cisaille à main.

Une règle en fer, parfaitement dressée et généralement en forme d'équerre beaucoup plus longue que haute, est munie d'un trou sur un des côtés dans lequel s'engage la vis dont nous venons de parler et applique ce côté de l'équerre solidement et bien à plat sur le plateau ; lorsqu'on place et qu'on serre le boulon sur la vis, l'autre côté de l'équerre s'élève perpendiculairement au plateau. Cette pièce constitue le guide.

Un des bords de la rainure sur le plateau est très exactement divisé soit en centimètres, soit aux mesures des formats usuels de carton. Sur le bord du plateau, très exactement parallèle à la rainure, est fixée une règle en fer parfaitement dressée, règle immobile et qu'on voit à la gauche de notre dessin. Suivant le format auquel on veut couper le carton, on déplace le guide jusqu'à l'amener à la graduation voulue, et on le fixe solidement. En appuyant la feuille de carton contre le guide et en abaissant le couteau que notre dessin représente élevé, on coupe la feuille à la longueur ou largeur voulue; elle sera mise exactement à l'équerre en plaçant la feuille appuyée à la fois contre le guide et la règle fixe.

Quant on veut faire des coupes très précises ou que l'on veut couper plusieurs feuilles minces à la fois, les feuilles une fois bien butées contre les deux règles (guide et règle), on abaisse en la serrant une pièce que l'on voit sur le dessin parallèle au guide. Cette pièce serre les feuilles sur le plateau et les empêche de se déplacer.

La lame du couteau est mobile et fixée dans le porte-lame, pièce en fonte assez épaisse, qui se termine par une poignée; la fixation de la lame se fait à l'aide d'un certain nombre de vis à tête fraisée qui, une fois vissées à fond, ne font pas saillie sur le porte-lame. L'extrémité postérieure de ce dernier se termine par un contrepoids et un système de leviers. Le contrepoids a pour but de faire relever le couteau tout seul ; le système de leviers a pour but d'aider le coupeur à abaisser le couteau, en agissant sur le contrepoids dont la masse est ainsi annihilée.

La lame du couteau passe dans une rainure aussi juste que possible lorsqu'on l'abaisse, de façon à donner au carton, maintenu des deux côtés, une section très nette. On voit que cette lame est légèrement courbe, ce qui a pour but de faire la section graduellement d'un bout à l'autre de la feuille, au lieu de la faire d'un coup. Cette disposition donne une meilleure section et diminue l'effort que doit faire l'ouvrier.

Telle est dans son ensemble cette cisaille ; chaque constructeur lui apporte quelques variantes de dispositif, la simplifiant quand il lui faut faire un bas prix et répondre à un travail très ordinaire, la compliquant au contraire d'accessoires souvent fort utiles pour augmenter la précision de son travail ou sa solidité ; mais les principes généraux sont les mêmes dans tous les modèles.

Coupoir ou Massicot

La machine à couper que nous donnons figure 16, et qu'on appelle très souvent massicot, est relativement peu employée par le cartonnier ; par contre, elle est d'un usage général pour couper le papier. Le cartonnier fait un usage restreint de cette machine, parce qu'elle n'est avantageuse que pour couper sur de grandes épaisseurs à la fois ; or le carton est une matière relativement dure, et lorsqu'il est sur une épaisseur un peu grande, il devient très dur et abîme énormément les lames. Par contre, le cartier ou le cartonnier travaillant la carte principalement, peut trouver un avantage réel à l'emploi de cet outil, ce qui nous fait en parler ici.

Fig. 16. Massicot.

Le massicot tel que le représente notre dessin se compose d'un support en fonte robuste formant quatre pieds solidement entretoisés dans le sens de la longueur et supportant d'une part une tablette bien horizontale et bien dressée en fonte ; d'autre part, une partie supérieure formée de deux flasques en fonte laissant un certain intervalle entre elles et une large et haute ouverture au-dessus de la tablette.

A l'avant la tablette est unie et plane; à l'arrière elle porte deux rainures sur presque toute la largeur, c'est-à-dire que ces rainures ne viennent pas tout à fait jusqu'au-dessous des flasques; dans chaque rainure passe une tige liée invariablement à un guide en équerre, dont un des côtés fait saillie sur la tablette; c'est contre ce guide qu'on appuie le tas de carton à couper. Ce guide porte en son milieu et passant sous la tablette un œil fileté à l'intérieur, dans lequel se place une vis terminée à l'avant de l'appareil par une petite manivelle.

Lorsque le coupoir est au repos, toute la voûte que forme l'ensemble des deux flasques au-dessus de la tablette est libre. En arrière, la flasque opposée à celle qu'on voit sur le dessin porte venu de fonte avec la flasque et en son milieu un renflement vertical percé dans toute sa hauteur et taraudé à l'intérieur. Dans ce vide s'engage une vis terminée à la partie supérieure par un volant-manette qu'on voit en haut du dessin, et à la partie inférieure par une platine en fonte qui prend toute la largeur des flasques et dont les extrémités sont guidées dans des rainures pratiquées dans la flasque de derrière. En faisant tourner le volant-manette on lève ou on baisse la platine.

Enfin, entre les flasques manœuvre le porte-couteau qui a une forme trapézoïdale arrondie dans le haut; on voit cette dernière partie dépassant les flasques à gauche du dessin. Un évidement dans ce porte-couteau, qui est constitué par une lourde plaque de fonte, lui permet d'être guidé par un boulon qui sert en même temps à réunir les flasques à gauche. Ce guidage est encore complété par une partie en relief venue de fonte avec le porte-couteau et qui, convenablement dressée, s'engage dans une rainure ménagée à l'arrière de la flasque d'avant. Le porte-couteau est relié à l'aide de bielles à un train d'engrenages mis en mouvement par une roue en fonte munie d'une manivelle ; il porte à sa partie inférieure une lame tranchante qui lui est fixée à l'aide de vis à têtes fraisées ne faisant pas saillie sur l'épaisseur de la lame. Très exactement à l'aplomb de la lame, la tablette en fonte est séparée en deux parties, laissant un léger intervalle entre elles, intervalle très peu supérieur à l'épaisseur de la lame du couteau.

Pour se servir de cet appareil, on procède comme suit : sur la tablette d'arrière, on met les feuilles de carton en pile bien appuyées contre le guide, la feuille supérieure portant un trait de crayon indiquant où doit se faire la coupure, pour que toutes les feuilles aient la même dimension. Le tas de feuilles bien empilées, bien alignées entre elles. et tout le vide des flasques au-dessus de la tablette bien libre, l'opérateur fait tourner la petite manivelle qui est à l'avant et amène ainsi approximativement le trait de crayon à l'aplomb du couteau. Puis en tournant doucement la roue à manivelle qui commande les engrenages, il fait descendre le couteau presque sur le carton et voit alors s'il prend bien sur le trait du crayon. Suivant que ce dernier est trop en arrière ou trop en avant, il règle exactement sa place en agissant sur la petite manivelle du guide. Dans la pratique il vaut mieux que le trait de crayon soit tenu un peu en arrière, le guide actionné par sa manivelle amène le tas de carton très exactement sous le couteau. Cela fait, le coupeur remonte son couteau, puis agissant sur le volant-manette placé au-dessus du coupoir, il fait descendre la platine qu'il appuie énergiquement sur le tas de carton pour que les feuilles qui le constituent ne puissent pas bouger. Puis tournant vigoureusement la roue à manivelle qui commande le train d'engrenages, il fait descendre le couteau qui coupe le carton et descend légèrement dans la rainure de séparation de la tablette ; arrivé là, le couteau est au bout de sa course.

Dans les premiers appareils de ce genre, lorsque le couteau était arrivé au bout de sa course, il fallait pour le relever tourner la manivelle dans le sens opposé ; dans ceux qu'on fait aujourd'hui, le jeu de bielles est conçu de telle sorte que lorsque le couteau arrive au bas de sa course, en continuant à tourner dans le même sens il se relève et retourne à sa position initiale. Ce perfectionnement a une très grande importance surtout pour le coupoir actionné à la main, car l'ouvrier qui tourne la manivelle au moment de couper, peut y mettre toute sa force, donner tout l'élan qu'il veut à la machine, le coupage ne s'en fait que mieux et ce qui reste de cet élan n'est pas perdu, il est utilisé à remonter le couteau.

Bien qu'ici le couteau soit droit, il ne coupe pas non plus le carton d'un coup en agissant perpendiculairement dessus ; d'après la forme même du porte-couteau on voit que la lame tout en appuyant perpendiculairement agit aussi par un certain mouvement latéral de déplacement de la gauche vers la droite.

Comme pour la cisaille à main, chaque constructeur de ces machines a son modèle plus ou moins perfectionné, mais les principes généraux restent ce que nous venons de dire. Ces coupoirs marchent aussi à la machine, le train d'engrenages est alors commandé par poulies fixe et folle et par courroie. La maison Hachée, entre autres, fait ces machines pour marcher au moteur de telle façon que le débrayage s'opère automatiquement en haut de course, et s'opère à la main ou au pied avec une pédale, pour arrêter instantanément la lame dans n'importe laquelle de ses positions.

Cisaille circulaire

Nous signalerons enfin la cisaille circulaire, la plus utile et la plus employée chez les cartonniers et les fabricants de cartonnages ; chez ces derniers surtout parce qu'elle se prête à une série de combinaisons fort ingénieuses et très simples qui permettent l'accomplissement de plusieurs travaux à la fois, dont le coupage. Nous donnons, figure 17, une vue de ce genre d'appareil, empruntée au catalogue de la maison Hachée, de Paris.

La cisaille circulaire se compose d'une tablette en fonte bien unie, portée sur des pieds également en fonte entretoisés dans le sens de la longueur. La tablette est divisée en deux parties ; vers son milieu, dans le sens de sa largeur et entre ces deux parties règne un vide dont nous verrons l'utilisation. La tablette d'avant supporte une règle bien dressée, guidée dans trois rainures pratiquées dans l'épaisseur de la fonte; cette règle peut se manœuvrer, c'est-à-dire avancer vers le vide ménagé au milieu de la table, ou s'en éloigner à l'aide d'une

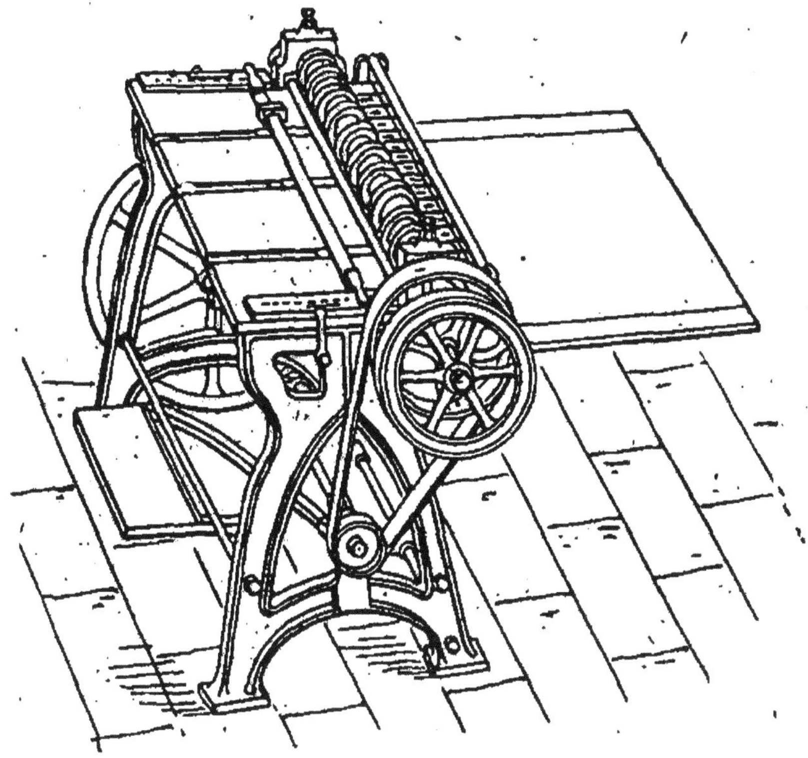

Fig. 17. Cisaille circulaire.

petite manivelle placée sur le côté; elle porte en outre un curseur bien d'équerre avec elle et qui peut se déplacer le long de la règle. Ces deux pièces forment le guidage de la feuille de carton à couper.

Au-dessous de la table et au milieu du vide passe un arbre sur lequel on peut caler une série plus ou moins grande de disques épais en fonte, ce sont les porte-lames. Sur ces disques sont assujetties à l'aide de vis des lames circulaires, ce sont les couteaux. L'arbre qui supporte ces porte-lames et couteaux est placé de telle sorte que les lames dépassent de très peu au-dessus de la table. Si maintenant nous imaginons le même arbre, muni des mêmes porte-lames et des mêmes couteaux placé au-dessus de la table et de telle sorte que les couteaux du bas et ceux du haut se touchent par leur plat et qu'ils se dépassent les uns les autres de l'épaisseur du carton à couper, nous aurons notre cisaille circulaire. Chaque arbre est mis en mouvement par engrenages actionnés par une poulie commune ; les engrenages qui commandent un arbre sont d'un côté de la machine, ceux qui commandent l'autre arbre sont de l'autre côté, de façon à leur imprimer un sens de rotation différent.

La poulie peut être mise en marche à la main, par une manivelle, ou au moteur par poulies fixe et folle, ou enfin au pied par une pédale; c'est ce dernier moyen que représente notre dessin.

Quant au moyen de se servir de cette cisaille, le voici : étant donnée la feuille de carton, on peut avoir à la couper en plusieurs morceaux, ces morceaux seront égaux ou inégaux, peu importe. On commencera donc à tracer au crayon, sur un carton, les lignes suivant lesquelles devront se faire les sections et, la machine étant au repos, on place cette feuille de carton bien appliquée contre la règle et le curseur, puis à l'aide de la petite manivelle on fera avancer le carton jusqu'au bord des lames que porte l'arbre supérieur. On décale alors les porte-couteaux et, suivant le nombre des sections à faire, on ajuste autant de couteaux qu'il y a de sections, de manière à ce qu'ils soient bien contre les traits de crayon. Si l'arbre porte plus de couteaux qu'il n'en faut, on repousse tous les autres vers l'extrémité de l'arbre où le carton ne passera pas; on les fixe pour qu'ils ne bougent pas le long de l'arbre pendant le mouvement de la cisaille.

Cela fait, on ajuste les couteaux de l'arbre inférieur d'après la position de ceux de l'arbre supérieur, puis, s'il y a trop de couteaux, on les repousse à l'extrémité comme on a fait des couteaux supérieurs. La machine est prête à fonctionner. On la met en marche et l'on passe une première feuille de carton en la poussant légèrement par le guide actionné par la manivelle; ce guide, à moins de disposition spéciale, ne permettra pas de couper jusqu'au bout la feuille de carton, il s'en faudra de très peu de chose, on achève de pousser la feuille à la main en poussant vers son milieu et à un endroit compris entre deux coupures. Il est plus prudent, au lieu de pousser la feuille à la main, de le faire avec un petit bout de carton de façon à tenir la main toujours loin des lames. D'autres opérateurs mettent entre la règle et la feuille à couper, une petite bande de carton bien d'équerre qui permet de pousser la feuille jusqu'à sa section complète; la bande de carton est légèrement entaillée, mais dans les coupes suivantes ces entailles serviront de chemin aux lames lorsque la feuille sera coupée, et pourront servir pendant toute l'opération.

La première feuille étant coupée, on vérifie les

mesures, si elles sont exactes c'est que les couteaux ont été bien ajustés, si au contraire elles ne le sont pas, il faudra procéder à leur nouvel ajustage.

Celui-ci bien obtenu, la machine servira pour opérer toutes les coupes pareilles sans qu'on n'ait plus à se préoccuper de tracer les sections. Il suffira de l'alimenter en feuilles pour obtenir des morceaux mathématiquement identiques. Les parties coupées passent sur la tablette d'arrière, où elles sont recueillies.

Cette machine est très pratique, elle ne nécessite qu'un tracé, l'ouvrier n'a pas à s'inquiéter de bien placer la ligne de coupe vis-à-vis de la lame, il lui suffit de poser sa feuille bien d'équerre contre le guide et son curseur, enfin elle peut faire plusieurs coupes à la fois et donnant des morceaux de largeur différentes. Nous dirons d'elle comme des précédentes, que nous n'en exposons que le principe, chaque constructeur ayant ses dispositifs de détails spéciaux ; en outre ses dimensions sont variables.

Nous ferons encore une observation qui s'applique à tout appareil pour couper le carton, c'est que celui-ci use énormément les couteaux et les émousse très vite, c'est pourquoi il est de première importance d'avoir des lames de rechange, de pouvoir les démonter facilement de leurs supports pour les affûter, enfin qu'il ne faut jamais chercher à couper de trop grosses épaisseurs d'un coup. Nous avons vu en effet, dans une cartonnerie très importante une disposition fort ingénieuse pour couper d'un coup une très forte épaisseur de carton ; la machine, bien que plus simple, était très analogue à une raboteuse mécanique et le côuteau n'était autre qu'un outil tel qu'on s'en sert pour couper le fer, eh bien cet outil très robuste et très dur s'usait à peu près aussi rapidement que s'il travaillait du fer.

Le carton bien sec et coupé aux dimensions usitées dans le commerce, le travail proprement dit de la fabrication du carton est terminé.

V. MACHINE CONTINUE

Dans toute cette fabrication nous n'avons envisagé que l'emploi de l'enrouleuse, il nous faut donc revenir sur nos pas pour parler de la machine continue; sa description nous sera, du reste, très facilitée par ce que nous avons dit de l'enrouleuse, la machine continue, en effet, restant identique à la première jusqu'au cylindre enrouleur exclusivement. Reprenant donc l'enrouleuse, enlevons-lui son cylindre et remplaçons-le par une table qui aura comme largeur la longueur du cylindre et une longueur aussi grande que nous voudrons l'imaginer ; nous aurons, en principe, pour ainsi dire théoriquement, la machine continue. En effet, le carton suffisamment égoutté et sortant de la table fixe passera sur la table que nous venons d'imaginer et si, par un système quelconque nous faisons glisser ce carton encore humide, sur la table en question, nous pourrons avoir une feuille continue aussi longue que nous le voudrons, d'où est venu le nom de machine continue.

Naturellement, dans la pratique les choses ne se

passent pas ainsi, car à quoi servirait au cartonnier d'avoir des feuilles d'une longueur trop grande? Et comment manœuvrerait-il un tel ruban d'une matière encore très molle? Aussi voici comment fonctionne en général la machine continue : la table remplaçant le cylindre enrouleur a la longueur voulue pour donner la feuille de carton la plus longue de celles commercialement usitées et, lorsque la machine a produit cette longueur de carton, on coupe ce dernier, qui subit la suite des opérations que nous venons d'indiquer.

On le voit, la machine continue ne diffère de la précédente que dans une des parties de son organisme général.

Nous avons tenu, dans cette description de la fabrication mécanique, à isoler chaque machine et chaque opération, d'abord parce qu'au point de vue technique, c'est cette division qu'il faut faire dans la fonction de chaque organe de la fabrication, ensuite parce que c'est encore ce processus qui est suivi dans bien des cartonneries. Il en est d'autres cependant, et généralement des plus importantes, qui combinent les différents appareils qui fonctionnent à la suite de la machine à faire le carton, de telle sorte que le visiteur inexpérimenté, examinant le fonctionnement, voit entrer la pâte de carton à un bout de la machine et à l'autre extrémité sortir le carton en feuilles coupées aux dimensions requises et qui lui semblent prêtes à être vendues. Cet examen peut lui faire croire que telle est la véritable machine à faire le carton, alors qu'en réalité elle ne comprend que ce que nous en avons dit plus haut, c'est-à-dire s'arrêtant au cylindre enrouleur ou à la table.

Expliquons en quelques mots cette erreur très possible et aussi très admissible.

Quand la place, ou l'organisation, ou même le principe de travail le permettent, il est possible de placer après le cylindre enrouleur : 1° le laminoir vers lequel on dirigera automatiquement, sur des rubans, véritables courroies sans fin, les feuilles de carton à comprimer ; 2° au sortir du laminoir, dirigées de la même façon, les feuilles de carton se rendront à une calandre où, chauffées, elles se sècheront en grande partie ; 3° de là on fera passer les feuilles sous un véritable massicot établi d'une façon spéciale qui coupera les feuilles dans le sens de la largeur ; 4° enfin, du massicot, on amènera les feuilles progressivement sur une cisaille circulaire qui les coupera dans le sens de leur longueur aux dimensions voulues.

Cette combinaison de ces différentes machines, les unes à la suite des autres, est d'autant plus réalisable que leurs fonctionnements sont absolument solidaires les uns des autres et que, ainsi que nous l'avons vu, comme toutes ces machines sont réglables suivant la nature du travail qu'elles ont à accomplir, on peut les régler toutes suivant le travail de la machine à faire le carton, que ce soit l'enrouleuse ou la machine continue. Quant aux vitesses respectives de chacun des appareils, ce n'est plus qu'une question de diamètre des poulies ou de nombre de dents d'engrenages qui peuvent se calculer assez exactement pour que chaque organe agisse au moment précis où il doit produire son travail. A ce point de vue encore, il est impossible de fournir des données fixes, chaque cartonnier devant appliquer celles qui conviennent à la fois à sa machine à faire le carton, à la disposition de son local, etc.

Nous ne saurions quitter la fabrication mécanique du carton, sans faire un court aperçu mettant en parallèle l'enrouleuse et la machine continue.

L'enrouleuse présente certains avantages : elle permet de faire des cartons d'épaisseurs différentes d'un seul coup, c'est-à-dire présentant un caractère d'homogénéité suffisante ; elle permet de régler le débit de la machine une fois pour toutes, et néanmoins, au cours de son fonctionnement, de produire des feuilles d'épaisseurs différentes, puisqu'il n'y a qu'à agir sur le cylindre enrouleur sans toucher au reste de la machine. Par contre, avec l'enrouleuse, on ne peut produire que des feuilles d'une longueur limitée.

Avec la machine continue, on peut produire des feuilles de toute longueur ; par contre, l'épaisseur du carton ne peut varier que dans de faibles limites et encore à la condition de régler toute la machine depuis le régulateur, ce qui ne peut se faire pratiquement que pour une fabrication d'une certaine importance.

Ces deux machines ont donc des qualités qui leur sont propres, et le choix à faire de l'une plutôt que de l'autre, dépend exclusivement du genre de fabrication que le cartonnier s'est imposé.

Enfin, sous le rapport du travail accompli, nous avons déjà dit que la fabrication à la machine donne un produit beaucoup meilleur marché et plus régulier que celui fait à la main, mais au point de vue d'égalité de résistance, il n'en est pas de même. Tandis que le carton à la forme présente la même résistance sur sa longueur que sur sa largeur, le carton fait mécaniquement offre une résistance à la traction bien moins considérable sur sa longueur que sur sa largeur, ce qu'indiquent très exactement des machines à essayer spéciales. Du reste, le fait peut être mis en évidence par quiconque, en opérant sur une feuille de papier faite à la machine, dont la fabrication est en somme identique à celle du carton, sauf qu'il est plus mince et fait avec des matières premières différentes. Pour faire cette expérience, il suffit de prendre une feuille de papier, la mouiller avec une éponge ; une fois mouillée, cette feuille se roulera sur elle-même, le sens de l'enroulement donnera déjà le sens de sa longueur dans le cours de la fabrication ; si maintenant on prend son bord entre le pouce et l'index, on reconnaîtra de suite qu'il faudra un effort de traction beaucoup plus faible sur la longueur que sur la largeur pour en arracher la petite parcelle qu'on tient entre les deux doigts. S'il s'agit de papier timbré, par exemple, qui est fait à la forme, la résistance à la traction sera bien la même sur les deux sens.

On explique ce fait en supposant que dans le mouvement de la pâte, sur la table de fabrication, les fibres tendent à se placer dans le même sens, tandis que, limitées dans leur mouvement transversal par la couverte, elles s'enchevêtrent davantage et offrent par suite plus de résistance. Dans le travail à la forme, le mouvement de la pâte étant limité sur les quatre côtés, l'enchevêtrement des fibres et leur feutrage se fait uniformément. Enfin, d'autres spécialistes mettent ce rangement des fibres sur le compte du laminage.

En tout cas, cette observation permet de déterminer de suite une des qualités essentielles du carton à la forme et par conséquent d'employer ce dernier aux usages où cette qualité est indispensable.

VI. SUCCÉDANÉS DE LA PATE DE PAPIER

Comme nous l'avons dit en passant, la fabrication du papier est en tous points analogue à celle du carton, ce dernier en effet pouvant être assimilé à un papier très épais. Aussi, mais il y a fort longtemps, la matière première du carton a-t-elle été, comme pour le papier : le chiffon. Peu à peu celui-ci est devenu de plus en plus rare dans la fabrication du carton, dans laquelle il n'entre pour ainsi dire plus du tout maintenant. Le chiffon a été graduellement remplacé par le vieux papier, puis celui-ci venant lui-même à manquer, soit parce que l'on produisait trop de carton, soit parce qu'il fut moins rémunérateur à recueillir, il fallut songer à combler le vide par des succédanés à bas prix; c'est alors que s'introduisirent dans la fabrication du carton les produits tels que la pâte de bois, la pâte de paille, la pâte d'alfa et la pâte d'une série d'autres matières végétales dans lesquelles on a recherché surtout, avec le bas prix de la matière, à avoir des produits assez filamenteux pour donner au carton la ténacité qui en fait la solidité et la valeur.

Parmi tous ces succédanés, c'est la pâte de bois et la pâte de paille qui sont le plus utilisées, et, sans entrer dans de grands détails sur leur fabrication, nous allons néanmoins en dire quelques mots, le cartonnier ne devant pas ignorer la fabrication de ces produits, au moins dans ses lignes générales.

Pâte de bois

Les premiers essais, qui remontent déjà à une époque éloignée, pour utiliser les bois comme matière première dans la fabrication du carton, appliquèrent celui-ci à l'état de poudre. Pour préparer cette dernière, on ne se servait que de moyens purement mécaniques et l'on recherchait principalement les bois blancs, tels que le bouleau, le peuplier, etc. Les bois étaient d'abord bien écorcés, les nœuds enlevés à la tarière, puis débités en petites bûches maniables. Celles-ci étaient présentées alors à une meule qui les râpait ; en même temps un filet d'eau s'écoulant sur la meule entraînait tout le bois râpé et empêchait un échauffement anormal de la pierre, par le frottement continuel du bois. La poudre mélangée d'eau tombait sur un tamis qui ne retenait que les éclats de bois et quelques corps durs provenant des nœuds et que la meule n'avait pu entamer. La poudre fine mélangée d'eau était recueillie, pressée, et livrée à l'état humide aux cartonniers.

A cet état la pâte de bois ne peut guère servir dans la fabrication du carton que comme matière inerte (*charge*, voir plus loin) destinée à emplir les pores laissés entre les fibres qui se sont feutrées, rôle qu'elle peut jouer avec avantage pour le cartonnier, mais qui la réduit plutôt à l'état d'auxiliaire de la matière première, ne la remplace pas et ne peut lui être substituée complètement. C'est alors qu'on a cherché à produire la pâte de bois par d'autres procédés lui donnant les qualités requises, entre autres celle d'être filamenteuse, ce qui paraissait parfaitement réalisable puisque le bois est lui-même constitué par une série de fibres juxtaposées, et ce sont les procédés chimiques qui ont réalisé ce desideratum.

Ces procédés chimiques empruntent, bien entendu, l'aide de la mécanique, mais d'une façon en quelque sorte accessoire. Le premier de ces procédés, dû à Aussedat, n'employait comme réactif que la vapeur d'eau sous pression assez élevée, 5 atmosphères, par conséquent à une température d'environ 140°, produite par une chaudière chauffée généralement avec les déchets de bois ne pouvant servir à la fabrication de la pâte. En principe, voici comment on opère par ce procédé : dans une grande chaudière de 1m50 de diamètre et 3 mètres environ de hauteur dont la partie inférieure est munie d'une grille, on range des bûches de bois préalablement décortiqué et d'une longueur d'un mètre environ. La cuve une fois pleine on fait arriver la vapeur qui, grâce à sa pression, s'infiltre dans toutes les cellules du bois et dissout toutes les matières gommeuses en les entraînant au-dessous de la grille sous forme d'un liquide très fortement coloré, presque noir. Il faut avoir grand soin d'évacuer ce liquide presque au fur et à mesure qu'il se produit ; en tout cas, il est indispensable de l'empêcher de toucher les bûches, qui se trouveraient fortement colorées par ce contact. Au bout de trois heures, l'opération est terminée et l'on peut retirer les bûches qui présentent alors une coloration rougeâtre, coloration qui reste dans la pâte et n'est pas sans gêner le fabricant de carton.

On préfère souvent à cette action rapide de la vapeur, une action plus lente à plus basse température et à plus basse pression (3 atmosphères) ; l'opération dure alors de cinq à six heures, et le bois qu'on obtient est moins coloré, donnant une pâte plus blonde. Ce premier traitement constitue une véritable désagrégation des filaments ligneux qui se trouvent pour ainsi dire séparés les uns des autres, ou du moins privés de la matière qui les reliait ensemble.

Les bûches ainsi traitées sont alors sciées en rondelles de 2 centimètres d'épaisseur, puis ces rondelles passées à une déchiqueteuse dont il s'est fait des modèles très variés, mais c'est la broyeuse à noix qui paraît avoir donné les meilleurs résultats ; on obtient ainsi des fibres d'égale longueur. En passant ensuite la matière sous des meules avec de l'eau, on obtient une pâte qui peut, employée seule, faire déjà d'excellent carton.

Aujourd'hui, si ce procédé n'est pas entièrement abandonné, il est loin d'être général et on lui en préfère d'autres plus rapides, plus économiques et donnant d'excellents résultats. Nous ne saurions les examiner tous ici, chaque fabricant ayant sa formule plus ou moins compliquée, ou plus ou moins modifiée de la formule générale suivant la nature spéciale des bois qu'il emploie ; mais maintenant ce sont bien des procédés chimiques, mettant en œuvre des réactions basées sur les propriétés spéciales de produits donnés. On peut diviser ces procédés chimiques en deux groupes distincts : 1° ceux où l'on traite le bois par les acides (chlorhydrique ou sulfurique) ; 2° ceux dans lesquels on emploie les liqueurs caustiques, surtout la soude en vase clos et à haute pression.

Dans la préparation avec acides, le bois est préalablement scié en rondelles de 2 centimètres d'épaisseur et ces rondelles jetées dans des cuves qu'on achève de remplir avec de l'eau et de l'acide. On chauffe le tout par un jet de vapeur et l'opération est terminée au bout de 18 heures environ. Le bois est ensuite lavé le mieux possible à l'eau afin de faire disparaître toute trace d'acide, puis passé aux concasseurs et aux moulins. Ce procédé donne une pâte brune fournissant un bon produit apte à faire du carton de bonne qualité. La couleur brune peut être gênante pour certaines fabrications, ce qui a conduit à soumettre la pâte à un demi-blanchiment, qui lui donne la couleur du papier bulle, parfaitement acceptable en cartonnerie.

Aujourd'hui la pâte de bois est au moins aussi employée dans la fabrication du papier que dans celle du carton, mais pour la première, elle doit être absolument blanchie et sa fabrication emprunte à la fois l'action des acides et des alcalis, l'acide étant généralement l'acide sulfureux, qui jouit de la propriété de décolorer les matières végétales, combiné à un alcali, la soude par exemple et plus souvent la chaux. Ce mode de préparation est pratiqué en principe avec la suite des opérations que nous venons de signaler, l'acide étant remplacé par le bisulfite de soude et plus souvent par le bisulfite de chaux, d'où le nom généralement adopté de pâte au bisulfite.

Pâte de paille

La pâte de paille se prépare aux alcalis, et l'on procède de la façon suivante : la paille est d'abord triée, généralement à la main, par des ouvrières qui s'attachent à en séparer surtout les graines, les chardons et les plantes à tiges ligneuses, seules matières gênantes. La paille triée est écrasée entre deux cylindres pour en briser les nœuds, puis hachée en bouts de 3 à 4 centimètres de long et blutée pour en enlever les poussières, le sable et les matières étrangères adhérentes à la paille. Dans cette dernière opération, on utilise souvent le ventilateur.

La paille hachée et blutée est introduite dans le lessiveur. On emploie des lessiveurs fixes, avec ou sans agitateurs intérieurs, ou des lessiveurs rotatifs; ces derniers sont généralement préférés aux premiers. Les lessiveurs fixes sont chauffés soit directement, soit par la vapeur; les lessiveurs rotatifs le sont par double enveloppe, par serpentin ou simplement par injection de vapeur. La paille introduite dans le lessiveur, on y introduit le produit caustique à raison de 30 0/0 de son poids quand c'est du carbonate de soude à 80° ou 85°

d'alcalinité, et une quantité d'eau suffisante pour que la paille soit bien imbibée, puis on chauffe dix heures à une pression de 6 atmosphères. Après la cuisson, la paille doit être complètement désagrégée ; elle baigne dans un liquide noir que l'on extrait avec soin, car il est traité lui-même en vue de récupérer la soude qu'il renferme encore et qui peut servir à des opérations ultérieures. La pâte de paille ainsi formée, après avoir été lavée à l'eau, doit être encore une fois broyée, broyage qui se fait à la pile. Puis on l'égoutte et on la débarrasse de la plus grande quantité d'eau possible par pressage ou par turbinage, et c'est ainsi qu'on la livre au cartonnier en pains ou en forme de véritables plaques ressemblant à s'y méprendre à du carton un peu humide, au point même que quand cette matière vient de l'étranger, les exportateurs sont obligés de la livrer criblée de trous pour qu'elle ne paye pas les droits de douane afférents au carton.

La pâte de bois aux alcalis se prépare comme la pâte de paille, le bois étant débité en petites rondelles de deux centimètres d'épaisseur et la quantité d'alcali doublée.

Ce n'est que pour mémoire que nous avons signalé la pâte d'alfa, plante textile qui croît en abondance en Algérie, car cette pâte est de qualité tout à fait supérieure, et n'est pour ainsi dire jamais employée dans le carton proprement dit. La pâte d'alfa s'obtient comme la pâte de paille, en n'employant que 10 0/0 d'alcali et ne chauffant qu'à 3 atmosphères.

Comme qualités on peut classer les pâtes de succédanés dans l'ordre suivant : 1° pâte d'alfa ou de sparte, 2° pâte de bois, 3° pâte de paille de seigle, 4° pâte de paille de froment, 5° pâte de paille d'avoine, 6° pâte de paille d'orge, 7° pâte de paille de sarrasin. D'ailleurs, on peut faire des pâtes avec une foule de produits végétaux, du moment qu'ils offrent des tiges ou des branches à textures fibreuses ; c'est ainsi qu'il existe dans un musée de Londres un volume dont le papier est fait avec de la pâte produite par trente-deux espèces différentes de plantes.

Charge

On appelle charge dans la fabrication du carton, le produit d'origine minérale et réduit en poudre qu'on mêle intimement à la pâte au moment d'envoyer celle-ci sur la table de fabrication. La charge en cartonnerie est presque toujours du kaolin, du sulfate de baryte, ou même de la terre glaise. Le mot charge vient de ce que ces produits sont beaucoup plus lourds que la pâte et augmentent considérablement le poids du carton en feuille, en un mot le chargent. En raison de leur inertie même, les produits constituant la charge ne donnent aucune qualité au carton en dehors du poids ; la charge, toujours à l'état de poudre, vient simplement se loger dans les intervalles des fibres de la pâte, mais sans aucun lien avec elles. Les cartonneries faisaient grand usage de la charge lorsque leurs matières premières étaient chères ou peu abondantes, ce n'est plus le cas aujourd'hui. En somme la charge était une sophistication. Cependant nous devons pour être juste dire qu'il est des usages pour lesquels le carton chargé vaut beaucoup mieux que le carton pur. Ainsi pour l'encadrement et pour les usages où le carton peut avoir à craindre l'humidité, le carton chargé et principalement de kaolin ou de terre glaise, sera bien préférable au carton naturel, parce que, beaucoup moins hygrométrique, il restera bien droit sans gondoler. Cette remarque est surtout importante pour l'encadreur; en effet, le cadre est généralement appelé à être, sinon toujours, appliqué contre un mur, du moins à s'en trouver très rapproché, or, dans une enceinte quelconque, c'est toujours sur les murs que s'opèrent les condensations ou dépôts de buée plus ou moins abondants. Le carton d'un cadre se trouve donc participer aux variations parfois brusques du mur qu'il touche et s'il est hygrométrique il ne peut pas garder sa forme primitive, il joue. Mais, et c'est là une conséquence grave, quand ce carton porte une gravure de prix appliquée contre un verre, le léger gondolement, la plupart du temps invisible, laisse le passage à la poussière entre le verre et la gravure; on ne s'aperçoit du fait que quand la gravure est endommagée et quelquefois quand le mal ainsi produit est sans remède.

VII. CARTON DOUBLÉ. CARTON BLANCHI

Comme nous l'avons vu plus haut, la bonne fabrication du carton n'admet pas sa production sur des épaisseurs illimitées, et les besoins du fabricant de cartonnages exigent parfois des cartons bien plus épais que ne le fournissent les machines. Les cartonneries font alors ce qu'elles appellent le carton doublé, qui n'est autre chose que du carton ordinaire dont on a assemblé deux ou plusieurs feuilles en les collant ensemble.

De même les cartonneries font couramment ce qu'elles appellent du carton blanchi sur une ou sur deux faces. Ce n'est autre chose que du carton ordinaire, gris ou jaune sur lequel on colle une feuille de papier blanc sur un côté ou sur deux côtés. On conçoit qu'il est possible de faire de la sorte des cartons de toutes les couleurs. Comme le fabricant de cartonnages peut avoir grand intérêt à faire lui-même ce genre de carton, nous en verrons la confection plus loin.

VIII. FORMATS ET POIDS DES FEUILLES DE CARTON

Les cartonneries vendent le carton en feuilles à des dimensions déterminées comme longueur et largeur; à moins de stipulations spéciales dans une vente, l'épaisseur n'est jamais donnée en mesures linéaires, elle se trouve implicitement fournie par ce qu'on désigne sous le nom de force, qui désigne le poids de 100 feuilles d'une longueur et d'une largeur déterminées. Ainsi on dira : du double carré de la force de 50 kilogr., de 60 kilogr. ou de 70 kilogr. (les 100 feuilles), ce qui veut dire que le premier aura une épaisseur des 5/6 du second ou des 5/7 du troisième. Il est encore un autre cas particulier dans la spécification des feuilles de carton, de dimensions courantes dans le commerce. Il y a des formats qui ont des noms spéciaux alors que d'autres se désignent par leurs deux dimensions, longueur et largeur; enfin, celles-ci s'indiquent soit en centimètres, soit en pouces. Cette dernière désignation, disent les uns, provient du vieil usage de mesurer et de façon à permettre la comparaison avec le carton à la forme ancien ; au dire des autres, c'est pour avoir des mesures à peu près analogues aux mesures des cartons anglais. Nous penchons plutôt à croire que la première raison est la meilleure et il est désirable qu'en cartonnerie comme partout ailleurs, les seules mesures adoptées ressortent du système métrique.

Quoi qu'il en soit, et pour nous conformer à l'usage, nous donnons ci-dessous les dimensions commerciales des feuilles de carton en centimètres, en pouces et avec leur nom spécial quand il existe pour une grandeur déterminée. Nous devons ce renseignement à l'obligeance de MM. Ozouf et Leprince, grands fabricants de carton à Paris, 83, rue de Lourmel.

Cartons gris

FORMATS ORDINAIRES

Noms	Centimètres	Pouces
	106 × 78	38 × 28
	102 × 74	36 × 26
Double Raisin.	102 × 68	36 × 24
	96 × 68	34 × 24
Grand double carré	96 × 62	34 × 22
	90 × 62	32 × 22
	85 × 62	30 × 22
	85 × 38	30 × 20
	78 × 62	28 × 22

Noms	Centimètres	Pouces
Double carré	92 × 58	
Jésus	78 × 58	28 × 20
Petit Jésus	73 × 57	26 × 20
Couronne	78 × 54	28 × 18
Raisin	67 × 51	
Carré	61 × 48	
Pot	65 × 45	
Ecu	55 × 45	

GRANDS FORMATS

Noms	Centimètres
Petit aigle	110 × 80
Grand aigle	120 × 90
Grand monde	140 × 100
Petit univers	150 × 105
Grand univers	175 × 115
	90 × 90
	100 × 100

Cartons blancs, 1 et 2 côtés

GRANDEURS Désignation des formats		POIDS DES 100 FEUILLES Force ordinaire	Forces au-dessus de la force ordinaire
Double carré	92 × 57	**50k**	60 70k
36 × 26	101 × 73	**70**	75 80 90 100 120 140k
Double raisin	101 × 67	**65**	70 80 90 100k
Affiche	90 × 65	**55**	
36 × 22	101 × 62	**60**	
36 × 20	101 × 57	**55**	
36 × 18	101 × 51	**50**	
34 × 26	95 × 73	**65**	
34 × 24	95 × 67	**60**	65 70 80 100k
34 × 22	95 × 62	**56**	
34 × 20	95 × 57	**52**	
34 × 18	95 × 51	**48**	
32 × 26	90 × 73	**63**	

GRANDEURS		POIDS DES 100 FEUILLES	
Désignation des formats		Force ordinaire	Forces au-dessus de la force ordinaire
32 × 24	90 × 67	58k	
32 × 22	90 × 62	53	55 60 70 80k
32 × 18	90 × 51	45	
30 × 30	84 × 84	68	
30 × 28	94 × 78	64	
30 × 26	84 × 73	60	65 70k
30 × 24	84 × 67	55	60 70 80k
30 × 22	84 × 62	50	55 60 70 80k
30 × 20	84 × 57	45	50 60k
30 × 18	84 × 51	40	
28 × 28	78 × 78	58	
28 × 26	78 × 73	54	
28 × 24	78 × 67	50	
28 × 22	78 × 62	47	
28 × 20	78 × 57	43	45 50 60k
28 × 18	78 × 51	39	45 50k
26 × 26	73 × 73	50	
26 × 24	73 × 67	46	
26 × 22	73 × 62	43	
26 × 20	73 × 57	40	45 50 60k
24 × 24	67 × 67	43	
24 × 22	67 × 62	40	
24 × 20	67 × 57	38	
22 × 22	62 × 62	36	
22 × 20	62 × 57	34	
20 × 20	57 × 57	32	

En dehors de ces dimensions absolument courantes, on peut obtenir à peu près toutes celles que l'on veut, étant donné qu'avec la machine continue on peut faire des feuilles aussi longues que l'on veut, la largeur seule est limitée par celle de la table de fabrication. Mais pour cela il faut que la commande soit assez importante pour mériter un réglage spécial de la machine; d'une façon générale, les cartonniers ne consentent pas à faire des dimensions hors des leurs à moins d'une commande de 500 feuilles.

CHAPITRE II

Carte

Sommaire. — I. Lessivage. — II. Blanchiment. — III. Colle de pâte. — IV. Collage à la main. — V. Pressage. — VI. Machine à coller.

On désigne généralement sous le nom de carte, le carton mince. Cette locution s'est ainsi répandue dans le monde des cartonniers, mais la véritable carte doit bien être, en effet, un carton mince, mais obtenu par le collage entre elles de plusieurs feuilles de papier à l'aide de colle de farine. La plus belle carte est la carte dite bristol; on l'obtient par le collage d'un nombre de feuilles de papier qui varie de trois à douze et qui va quelquefois à vingt; le bristol fort est employé à différents usages et entre autres pour recevoir les épreuves photographiques; le plus faible est surtout employé dans l'industrie du cartonnage pour faire de menus objets comme nous aurons occasion de le voir plus loin. Les bristols anglais, justement réputés, sont obtenus par le collage de deux ou trois feuilles; leur supériorité tient à l'emploi de papiers de belle qualité que l'on réunit avec de la colle d'amidon. Nous verrons plus loin comment se fait ce collage, car ceci nous amène à parler accessoirement de la fabrication du papier et surtout du lessivage et du blanchiment, deux mots que nous avons prononcés déjà sans nous y arrêter.

Comme nous ne pouvons pas, dans ce petit manuel, traiter à fond chaque industrie se rattachant à celle du cartonnage, et que nous nous sommes déjà fort étendu sur la fabrication du carton, bien que nous l'ayons donnée encore très incomplètement au point de vue technique, nous résumerons en quelques mots la fabrication du papier en disant qu'elle est à très peu de chose près pareille à celle du carton, avec ces différences : 1° que le papier sortant de la table de fabrication, étant beaucoup plus mince que le carton, partant moins solide, est manié avec beaucoup plus de précaution par les organes mécaniques qui suivent la machine proprement dite. Jusqu'à ce qu'il soit fini ou presque, il circule sur des feutres qui le mènent aux calandres, aux laminoirs, etc.; 2° que le papier pour faire la carte blanche comme le bristol doit être lui-même blanc; 3° enfin que si le papier se fait beaucoup aujourd'hui avec les succédanés du chiffon, tels que la pâte de bois, il contient encore plus ou moins de chiffons. Or, pour faire du papier bien blanc, il faut se servir de chiffons propres, d'où le lessivage, et ce lessivage doit être complété par le blanchiment. Quelques mots sur ces deux opérations ne seront pas inutiles, car de leur bonne exécution dépend souvent non seulement la beauté, mais aussi la qualité du papier et plus tard de la carte.

I. LESSIVAGE

Le lessivage des chiffons se fait immédiatement après leur triage; très analogue au triage des vieux papiers et ainsi que son nom l'indique, cette opération a pour but de les débarrasser de toutes les impuretés qu'on ne peut leur enlever par des moyens mécaniques et de les préparer au blanchiment. Il sert également à assouplir les chiffons, notamment les sortes dures, ce qui facilitera le travail de la pile.

Les chiffons sont lessivés à l'aide de solutions alcalines portées à une température élevée. Les alcalis les plus employés sont la soude et la chaux, et cette dernière surtout à cause de son bas prix; on ne se sert guère de la soude que pour des chiffons fins, qui n'ont besoin que d'un faible traitement. Il n'y a pas de règle absolue sur la quantité de chaux à employer, elle varie en effet suivant la nature des chiffons, mais on peut dire qu'en moyenne il faut de 10 à 15 0/0 de chaux par rapport au poids de chiffons. On doit employer de la chaux fraîche, c'est-à-dire caustique. On en fait un lait en mettant assez d'eau pour bien imbiber les chiffons; ce lait se fait dans un grand cuvier en bois et une fois toute la chaux délitée, en un mot, le lait fini, on le tamise d'abord en le faisant passer sur une toile métallique à maille assez large nommée sablier, qui le débarrasse des pierres et des morceaux un peu gros, puis sur un tamis également métallique qui retient les petites particules solides.

Un des lessiveurs les plus simples consiste en un grand cuvier en bois muni en bas d'un faux fond percé d'un grand nombre de trous; ce cuvier a environ 2 mètres de diamètre et 1m20 de hauteur, le faux fond est à 20 centimètres du fond. Sur celui-ci se placent les chiffons à lessiver, étant donné qu'un tube ouvert à ses deux extrémités passe du dessous du faux fond et va presque en haut du cuvier. Entre le faux fond et le fond est mis le lait de chaux et au fond du cuvier débouche une conduite de vapeur, tandis que le cuvier est fermé d'un couvercle reposant simplement dessus. La manœuvre se comprend de suite. Par le tuyau la vapeur arrive dans la lessive, l'échauffe graduellement et l'oblige à passer dans le tube central; arrivée à son sommet elle retombe sur les chiffons, passe au travers de toute leur masse, revient au fond par les trous du faux fond pour recommencer le même trajet. Suivant la nature des chiffons, le lessivage est fini dans l'espace de deux à six heures.

Nous avons intentionnellement donné le modèle de lessiveur le plus simple. On en fait qui sont de grands récipients en tôle, sphériques ou cylindriques, qui sont de véritables autoclaves où la pression atteint jusqu'à quatre atmosphères. Ces lessiveurs sont rotatifs et mis en mouvement mécaniquement de manière à ce que toute la masse des chiffons soit bien mise en contact avec la lessive. Ces lessiveurs contiennent jusqu'à 2,000 et 2,500 kilogr. de chiffons. Lorsque le lessivage est terminé, on lave la masse à grande eau pour enlever toute trace de chaux et les chiffons sont nettoyés mais sans être encore blancs. Ils passent alors à la pile qui les réduit en pâte comme nous l'avons vu pour le carton, et la pâte une fois prête on la soumet au blanchiment qui la rend très blanche et apte à faire du beau papier.

II. BLANCHIMENT

Qu'il s'agisse de pâte de chiffon ou de pâte de bois ou de paille dont nous avons donné le mode d'obtention plus haut, les méthodes de blanchiment sont les mêmes. Le plus ancien procédé de blanchiment est celui au chlore gazeux. Pour l'appliquer, les usines produisent du chlore dans des appareils spéciaux et l'envoient par des tubes en plomb, en grès ou en papier asphalté dans des caisses où se trouve la pâte sortant de la pile (qui prend alors le nom de défilée) et égouttée. Les caisses de blanchiment se construisent de différentes façons ; les plus solides sont en briques et ciment, comportant à l'intérieur trois étages de claies sur lesquelles on dispose la défilée (pâte) par petits paquets, de façon à ce que le chlore la pénètre bien. La cuve est fermée par un couvercle à joint hydraulique, afin d'éviter toute déperdition de chlore.

Le chlore gazeux produit un excellent blanchiment, mais il a l'inconvénient d'être d'un maniement dangereux en ce sens que des fuites se produisent facilement et rendent le travail très pénible aux ouvriers. En outre le chlore est préparé par la réaction d'acides qui se trouvent entraînés en plus ou moins grande partie sur la pâte et l'abîment soit immédiatement, soit même plus tard, quand celle-ci est à l'état de papier. Il faut donc nettoyer le chlore avec beaucoup de soin, ce qui entraîne des pertes de ce gaz et un prix de revient plus élevé.

Aussi lui préfère-t-on l'emploi du chlore liquide. Ce procédé consiste à dissoudre du chlorure de chaux dans de l'eau et à traiter la pâte avec ce liquide. Les résultats obtenus sont généralement très bons. L'action de cette solution est très énergique au point de vue du blanchiment et à peu près nulle sur les fibres de la pâte, alors que le chlore gazeux, quand on pousse son emploi trop loin, attaque assez profondément ces fibres pour abîmer la pâte.

Ce dernier procédé a même fourni l'occasion de le pratiquer dans la pile même, ce qui paraissait tout au moins rationnel, supprimant ainsi la cuve de blanchiment et réduisant alors à une seule opération le travail de défilage et de blanchiment. Depuis, l'expérience a montré que cette méthode était mauvaise, par suite d'une réaction chimique qui se produit entre l'acide carbonique de l'air et la solution de chlorure de chaux contenue dans la pile. Il a fallu revenir au cuvier fermé. La pâte quand elle a bien trempé dans ce liquide est très blanche; on fait écouler le liquide, on lave à grande eau et l'opération est terminée.

Nous avons passé très rapidement sur cette opération du blanchiment pour en faire voir seulement le principe. Il existe encore de nombreux autres procédés, par exemple par l'hypochlorite de soude, véritable eau de javelle concentrée ; il n'est pas jusqu'à l'électricité qui n'ait été mise à contribution pour blanchir les pâtes à papier. Il n'en résulte pas moins que c'est surtout les dérivés du chlore qui restent le plus en usage. Bien que paraissant fort simple, l'opération du blanchiment exige une grande attention et un soin particulier. C'est ainsi que le chlorure de chaux dissous, d'allure tout à fait inoffensive sur la pâte, et c'est vrai, peut être très funeste au papier fini et même longtemps après sa fabrication. Si, en effet, après blanchiment, la pâte n'est pas très bien lavée, elle peut renfermer du chlore sous une forme parfois très complexe qui passe dans le papier. Quand celui-ci se trouve soit à l'humidité atmosphérique, soit même à l'air seul, ces produits chlorés se décomposent, se transforment en acide chlorhydrique qui détruit le papier. Du reste tout le monde a pu en faire l'expérience et trouver dans un livre, par exemple, une ou plusieurs feuilles qui s'effritent, se désagrègent. C'est une preuve que la pâte contenait encore des traces de chlore.

Maintenant que nous savons comment on obtient de la pâte très blanche, que nous connaissons approximativement la fabrication du papier, nous concevons qu'on puisse l'obtenir très blanc et par suite faire de la carte blanche. Ces quelques explications étaient nécessaires pour que le fabricant de cartonnages connaisse bien sa matière première.

Il est de toute évidence aussi que, puisqu'il est possible d'obtenir du papier blanc, on puisse obtenir du carton blanc ; il suffirait en effet, dans la fabrication de dernier, de n'utiliser que les mêmes matières que celles qui servent à la fabrication du papier et, si on ne le fait pas d'une façon générale, c'est parce que le carton reviendrait à un prix élevé et puis aussi parce que le carton étant un produit épais, généralement recouvert d'une enveloppe, de tissus, de papier ou autre matière, en un mot qu'il est rendu invisible, peu importe que sa couleur soit grise, jaune ou blanche.

Mais, comme nous l'avons vu au début de ce chapitre, on désigne aussi sous le nom de carte du carton mince, c'est-à-dire un produit sortant de chez le cartonnier ; celui-ci peut donc être appelé à faire du carton mince. Il le produit, en effet, mais alors c'est un peu un article exceptionnel pour lui, ou du moins un article figurant pour une faible quantité dans sa fabrication. Il s'en tire alors en n'employant à cet effet que des matières premières blanches qu'il trouve d'une part dans ses triages de vieux papiers et d'autre part en achetant les déchets ou *cassés* des papeteries. On désigne sous ce nom, les morceaux de feuilles déchirées en cours de fabrication. Il trouve encore des ressources en papiers blancs et neufs chez les relieurs, les papetiers et les façonneurs, c'est-à-dire ceux qui, prenant du papier en grandes feuilles, le réduisent à des formats divers avec des pertes.

Nous sommes donc en présence de deux cartes : le bristol et le carton mince. Il en reste une troisième qui prend le nom de carte doublée. Cette dernière n'est autre chose qu'une feuille de carton mince, gris ou jaune, recouverte sur une de ses faces, ou sur les deux, d'un certain nombre de feuilles de papier collées les unes sur les autres. C'est en un mot de la carte avec une âme en carton.

Quand nous désignons plus haut sous le nom de bristol toute carte faite avec des feuilles de papier blanc, notre classification n'est pas très exacte et n'indique qu'un nom générique, car le vrai bristol est une carte de qualité toute spéciale, tandis qu'il est possible de faire de la carte et l'on en fait avec toutes sortes de papiers ; elle aura donc des qualités plus ou moins grandes, suivant celles du papier employé. D'une façon générale, une belle carte bristol ou dite bristol, doit être très blanche, présenter une certaine translucidité sans être transparente, son grain doit être très fin, donnant un toucher doux ; pliée, elle ne doit pas casser au pli et doit offrir une grande résistance à la traction. Enfin si l'on froisse une carte bristol de bonne qualité, elle ne doit pas présenter de cassures aux plis ni de séparation dans son épaisseur. Sa déchirure doit être nette et ne pas laisser apercevoir les différentes couches de papiers.

Plus on s'éloigne de ces différentes propriétés et plus la carte est de mauvaise qualité. C'est ainsi que, pour l'obtention de certains objets de bas prix, on utilise de la carte telle, qu'il suffit de la ployer légèrement pour obtenir la séparation des différentes couches de papier qui la forment. Il en est d'autre faite avec des papiers contenant une telle quantité de charge qu'en la déchirant, elle laisse échapper un trait continu d'une poudre blanche (kaolin ou sulfate de baryte). Entre ces deux genres de cartes, se classe toute une longue série d'intermédiaires, que seules la grande habitude du cartonnier et la connaissance approfondie des besoins de son industrie, rangeront par ordre de mérite, à son point de vue tout au moins.

Les cartes bristol ou imitations étant faites avec du papier, suivent, dans le commerce, les dimensions de ce dernier, que nous rappelons ici avec leurs noms : le pot 31 × 40 ; la couronne 36 × 46 ; la coquille 44 × 56 ; le carré 45 × 56 ; le cavalier 46 × 62 ; le raisin 50 × 65 ; le jésus 55 × 72 ; le colombier 63 × 88 ; atlas ou journal 65 × 94 ; le grand aigle 75 × 106, etc.

La carte doublée peut se faire sur toutes dimensions comme le carton.

Bien que la carte fasse aujourd'hui, dans les grands centres, l'objet d'une fabrication toute particulière, bien qu'il y ait des spécialistes dans cette fabrication, chez lesquels le cartonnier trouvera le plus grand choix de la matière première dont il a besoin, il est des cas cependant où le cartonnier est appelé à faire sa carte lui-même. Ainsi lorsqu'un cartonnier doit exécuter en carte un objet quelconque dont l'extérieur et l'intérieur doivent recevoir soit du texte, soit des images imprimées, il devra coller sur sa carte dessus et dessous ces feuilles imprimées, autant dire qu'il devra faire sa carte lui-même. Nous allons donc indiquer comment on procède dans cette fabrication.

III. COLLE DE PATE

Quel que soit le genre de carte qu'on ait à faire, bristol ou doublée, le mode de pratiquer est le même ; il peut s'exécuter soit à la main, soit à la machine et, après le papier, la matière première la plus importante pour le cartonnier, c'est la colle. Celle dont il fera une très grande consommation sera la colle de pâte, dont la préparation est très simple. On délaie de la farine ordinaire plus ou moins belle avec un peu d'eau bouillante pour bien humecter tous les grumeaux, puis on augmente graduellement et par petites quantités l'eau bouillante jusqu'à former un liquide presque aussi clair que du lait. Ce dernier est versé alors dans un chaudron propre, de préférence un récipient en tôle ou en fonte émaillée et l'on chauffe doucement de manière à ne pas dépasser la température de 75° et en remuant sans cesse pour éviter que la colle n'adhère au fond, qu'elle n'attache, comme on dit en matière de cuisine. Le liquide s'épaissit et, après un bouillon de quelques minutes, on le retire du feu et on le transvase dans un baquet bien propre où, par refroidissement, la colle se prend en gelée. Il est de première importance que la colle ne contienne pas de grumeaux, aussi en la versant dans le baquet est-il bon de la passer par un tamis de soie assez fin. La colle une fois froide et prise en gelée est bonne au service, mais pas dans cet état. On a soin au moment de faire la carte de prendre cette gelée et d'y ajouter de l'eau douce presque tiède, de manière à la rendre très fluide. La fluidité devra être d'autant plus grande que le papier qui servira à faire la carte sera plus mince.

Enfin, après cette opération, il sera encore bon de tamiser la colle avant de s'en servir pour en écarter tout grumeau, qui lors de l'encollage du papier ferait une petite bosse sur la carte.

La farine étant une matière organique, destructible à une température relativement basse, il ne faut pas dépasser la limite de 75° que nous avons indiquée. Aussi quand la chose est possible, ou dans la fabrication en grand, se sert-on de la vapeur pour le chauffage. Dans un petit atelier, on peut remplacer la vapeur en faisant la cuisson au bain-marie. Enfin, comme la colle en gelée dans le baquet peut se corrompre assez rapidement, surtout l'été, ou si l'atelier est chaud, il est une précaution à recommander c'est d'y mêler un peu d'acide salicylique, quelques grammes par baquet de 100 kilogr. de colle suffiront sinon à l'empêcher de surir, du moins à retarder considérablement cet effet.

Quand le cartonnier veut faire un travail soigné, au lieu de colle de farine il prendra de la colle d'amidon. Il opèrera comme avec la farine, c'est-à-dire en ne dépassant pas la température de 75°. En mettant, en poids, une partie d'amidon bien pur avec 15 parties d'eau, il obtiendra une excellente colle qui se présente sous forme de gelée presque transparente. Dans cette colle il mettra un peu d'alun pour l'empêcher de se gâter, et il opèrera ensuite comme avec la colle de farine.

Après la colle, l'auxiliaire indispensable de la fabrication de la carte à la main vient le pinceau, ou mieux les pinceaux, car le cartonnier devra en avoir de plusieurs dimensions suivant la grandeur des cartes à obtenir ; il sera bon aussi qu'il en ait de dureté différente, de façon à avoir des pinceaux très doux pour coller entre eux les papiers fins ou fragiles. Les pinceaux à recommander pour ce travail sont les pinceaux plats dits queues de morue, qui permettent d'encoller la feuille très exactement d'un bord à l'autre sans dépasser la feuille.

IV. COLLAGE A LA MAIN

Pour faire le collage à la main, l'ouvrier opère de la façon suivante : sur une table et à sa gauche, il place le tas du papier qui doit lui servir à faire la carte, et à sa droite le pot de colle. Celui-ci peut être d'une forme quelconque, mais généralement c'est une terrine en poterie ou en tôle émaillée ; il est bon de disposer au-dessus, reposant sur les bords de la terrine et retenue d'une façon quelconque, une ficelle tendue contre laquelle le colleur frottera son pinceau pour enlever de chaque côté l'excès de colle. Il est bon également de tenir en permanence dans le pot à colle un gros pinceau qui servira à agiter la colle de temps à autre pour la tenir toujours au même degré de fluidité. L'ouvrier a soin de préparer sa colle avant de commencer, c'est-à-dire d'y mettre l'eau en quantité voulue, pour qu'elle ait la fluidité réclamée par le genre de travail à faire. Ces premiers préparatifs terminés, l'ouvrier pose devant lui, sur la table, une planche bien unie et bien propre plus grande que la carte qu'il se propose de faire ; il passe sur cette planche une éponge mouillée légèrement, puis une feuille de papier propre, plus grande aussi que la carte à faire. Son installation est finie. Il pose alors une première feuille de papier et l'enduit de colle avec son pinceau, qui ne doit être ni trop chargé ni trop pauvre en colle ; celle-ci ne doit pas faire couche sur le papier, elle doit juste l'humecter sans laisser un point non encollé. L'ouvrier doit avoir soin d'enlever, dès qu'il en voit, les impuretés qui peuvent venir avec la colle, tels que grumeaux ou grosses poussières, ou encore, ce qui est fréquent, les soies qui s'échappent de la brosse, etc. Toutes ces précautions prises et la feuille encollée, l'ouvrier saisit une seconde feuille des deux mains et l'applique exactement sur la première ; il achève l'application en passant partout soit un chiffon très doux et absolument propre, soit une brosse douce ; le second moyen est préférable, et ceci de façon à ce qu'il ne se produise aucune boursouflure ni aucun pli. Il encolle cette seconde feuille et en place une dessus et ainsi de suite jusqu'à ce qu'il ait collé le nombre de feuilles voulu. Il laisse la dernière sans colle, place dessus la première de sa carte suivante et continue comme pour la première opération, jusqu'à ce qu'il ait atteint une hauteur devenue gênante pour continuer ce travail.

Ce que nous disons pour la carte bristol s'applique absolument à la carte doublée, qui se fait avec la même série d'opérations et de manœuvres.

V. PRESSAGE

Lorsque l'ouvrier a fait un tas de carte suffisant, il pose dessus une feuille de papier propre, puis une planche pareille à celle qui est sur la table et il porte le tout sous une presse, analogue à la presse du cartonnier à la forme, et serre la presse légèrement pour ne pas faire sortir trop de colle. Ensuite il donne un petit coup de serrage de temps en temps, tous les quarts d'heure par exemple, pendant qu'il s'occupe de faire un autre tas de cartes. Ce dernier fini, il le porte à la presse pour remplacer le premier, qu'il emporte sur une autre table où soit un ouvrier, soit une ouvrière, fera ce que l'on appelait avant le torchage, opération qui consiste à prendre un pinceau doux, généralement un blaireau et qui, bien imbibé d'eau propre, sert à laver en quelque sorte les tranches des tas de cartes, car malgré les soins les plus minutieux, la presse a toujours fait sortir de la colle qui, si elle était laissée, collerait toutes les cartes ensemble par leurs tranches. Sous l'action de l'eau du pinceau cette colle se délaye et s'affaiblit assez pour ne plus risquer de coller les cartes ensemble; on les sépare et on les envoie au séchoir, où elles sont disposées comme nous l'avons déjà dit à la fabrication du carton à la forme.

Telle est la fabrication de la carte faite à la main, réduite à ses lignes générales et applicable à tous les genres de carte. Aujourd'hui, avec les exigences non seulement de la clientèle, mais de l'industrie du cartonnage elle-même, on peut dire qu'il y a autant de genres et de qualités de carte que l'ingéniosité du fabricant peut l'imaginer, et qu'il doit aussi adopter en vue de l'obtention d'un prix de revient déterminé et par suite du bénéfice qu'il s'est alloué. En effet, si l'on peut faire une carte avec une série de feuilles du même papier, le fabricant peut aussi faire une carte avec un papier très ordinaire au centre, un peu moins ordinaire de chaque côté de cette âme et du très beau papier sur le dessus. Il peut ainsi faire varier le prix de revient de sa marchandise. Il est d'autres cas où il fera le classement des différentes couches dans un ordre tout à fait inverse, d'autres encore ou sa carte, pour la fabrication d'objets spéciaux, devra avoir en quelque sorte un endroit et un envers; il commencera par une certaine qualité de papier, chaque feuille successive ayant respectivement une qualité de moins en moins bonne. Enfin il peut être amené à avoir besoin sur une face de sa carte d'un papier très dur et peu extensible, alors que ce sera le contraire qu'il faudra sur l'autre face. Si l'on ajoute à ces cas, très variés et très variables, les questions de couleur du papier recouvrant une face de la carte ou les deux, ces dernières n'étant pas de la même nuance, si l'on ajoute les feuilles de couverture que lui fournissent souvent ses clients, parce qu'elles portent des impressions, des marques ou des images, on voit que la carte peut varier à l'infini, que le spécialiste si bien assorti qu'il soit ne peut avoir en fabrication courante qu'une série déterminée, enfin on voit par là que le fabricant de cartonnages peut avoir besoin souvent de faire sa carte lui-même.

VI. MACHINE A COLLER

Comme le lecteur devait s'y attendre, le même travail qui se fait à la main peut aussi s'exécuter à la machine, c'est-à-dire avec une rapidité plus grande. Voici une machine (fig. 18) à coller ou doubler le papier ou le carton que nous trouvons dans le catalogue de la maison A. Kaindler, 60, rue Saint-André-des-Arts, à Paris. Elle se compose, comme le montre notre dessin, d'un solide bâti en

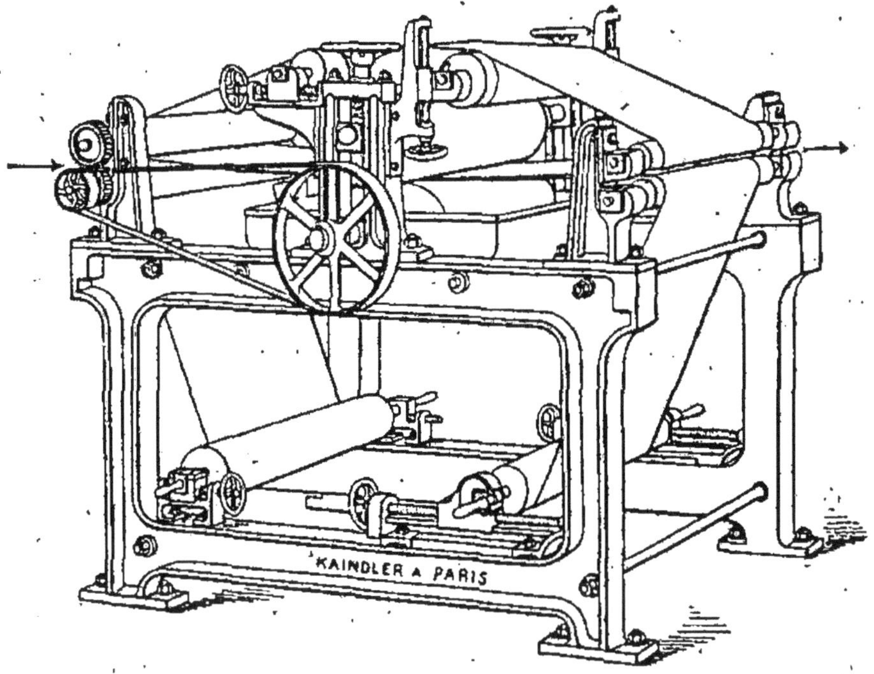

Fig. 18. Machine à coller.

fonte formé de deux montants reliés entre eux par une série d'entretoises, qui supportent tout le mécanisme, d'ailleurs très simple, et que nous allons résumer en peu de mots, pour le réduire à ses principes essentiels. Ce mécanisme comprend deux toiles métalliques sans fin entraînées dans un mouvement continuel par leur passage sur des cylindres. De ces toiles sans fin, l'une, que nous appellerons la toile inférieure, passe sur un cylindre à gauche de la figure, pose sur un cylindre au centre,

6.

dont nous verrons le rôle dans un instant, puis, continuant son chemin, passe sur un rouleau à droite, descend entre les pieds de la machine en passant sur deux rouleaux et vient se rejoindre à son point de départ. L'autre, la toile sans fin supérieure, entre dans la machine parallèlement à la première, passe au centre au-dessus du même cylindre que la première et au-dessous d'un cylindre parallèle au premier, sort vers la droite pour passer sur un cylindre, gagne le dessus de la machine où elle passe sur deux cylindres et vient se rejoindre à elle-même à son point de départ. Le cylindre inférieur qui est au centre, et que nous appelons l'encolleur, baigne dans une auge contenant de la colle et tourne constamment par l'intermédiaire de la poulie que nous voyons au centre de la figure, cette poulie, à l'aide d'une courroie, fait tourner le premier cylindre de la toile inférieure, lequel porte un engrenage et fait tourner le premier cylindre de la toile supérieure.

Quant à l'encollage du papier ou du carton, voici comme il s'opère : une ouvrière placée à gauche de notre dessin introduit deux cartons dans le sens indiqué par la flèche ; ces deux cartons seront entraînés par la toile sans fin et, arrivés au cylindre encolleur, le carton du dessous recevra la colle distribuée par le cylindre supérieur et qui en aura été muni au moment de la mise en marche de la machine par le cylindre encolleur sur lequel il roule doucement. Les deux cartons sont donc munis de colle sur une de leurs faces et sortent à droite comme l'indique la flèche où ils sont pris par une autre ouvrière. Supposons qu'il s'agisse de faire de la carte avec deux feuilles, on aura eu soin de mettre sur une table un carton non encollé et, dès que l'ouvrière recevra de la machine la première paire de carton, elle la posera sur la feuille que nous venons de préparer. La machine continuant son travail, il n'y aura qu'à empiler les uns sur les autres les paires de cartons et l'on aura ainsi une série de deux cartons collés l'un à l'autre. S'il s'agissait de faire trois épaisseurs de carton, on ferait passer alternativement dans la machine deux feuilles de carton superposées et une seule feuille.

Nous avons toujours prononcé le mot carton dans cette explication, nous aurions aussi bien dit papier, la même machine pouvant coller des papiers de toute épaisseur ou des cartons; en effet, comme on le voit sur le milieu du dessin, les coussinets du cylindre central supérieur sont mobiles, ce cylindre peut donc s'élever ou s'abaisser, c'est-à-dire laisser passer entre lui et l'encolleur des feuilles plus ou moins épaisses. La machine est en outre pourvue d'une série de dispositifs de réglage qu'on voit en bas pour la toile inférieure et qui sont constitués par le réglage des cylindres sur lesquels passe la toile. Celle-ci peut être plus ou moins tendue suivant qu'on maintient plus ou moins grande la distance qui sépare les deux cylindres ; ce réglage s'opère à l'aide de deux volants manettes terminés par des vis auxquelles sont fixés les supports des coussinets de ces cylindres.

La toile supérieure est réglée par la variation de hauteur et d'écartement des deux cylindres supérieurs sur lesquels passe la toile métallique. Leur déplacement dans le sens de la hauteur permet de faire varier l'écartement entre les deux toiles métalliques, de façon à permettre le passage des feuilles de toutes épaisseurs ; leur déplacement dans le sens horizontal permet de donner à la toile la tension voulue.

Ne quittons pas cette machine sans dire que l'application de la colle par le cylindre se fait d'une façon très régulière; de plus, comme la colle est appliquée en passant au travers de la toile métallique, il y a véritable tamisage de celle-ci et par suite suppression des grumeaux ou autres impuretés. Tous les rouleaux ou cylindres sont recouverts d'une feuille de cuivre de façon à éviter l'oxydation. Le bac à colle est en tôle galvanisée, muni d'une soupape en bronze avec tuyau de vidange pour évacuer la colle et faire le nettoyage du bac. La production de cette machine varie avec l'habileté des ouvriers ou des ouvrières qui la desservent, mais avec un personnel moyen, elle peut produire une rame (500 feuilles), à l'heure de carte de deux feuilles, ou environ 300 feuilles de carte en trois feuilles. On voit par ces chiffres la rapidité d'exécution que l'on peut obtenir.

En sortant de cette machine, les cartes empilées suivent le même cours d'opérations que dans la fabrication à la main, c'est-à-dire le pressage et le séchage. Cependant, nous devons dire que dans une fabrique de carte bien outillée, les différentes opérations suivantes se font également d'une façon mécanique. La presse est alors remplacée par le laminoir, en tous points analogue à celui du fabricant de carton (fig. 14), et le séchage au séchoir par la calandre. Le laminoir présente sur la presse l'avantage de satiner la carte, ce qui est exigé pour certaines fabrications et ce qui lui donne meilleur aspect.

La carte obtenue par un des procédés que nous venons d'indiquer, peut servir telle que pour la fabrication des objets de cartonnage; si elle doit être vendue à l'état de feuille, le fabricant n'a plus qu'à la couper aux dimensions voulues à l'aide de la cisaille à main (fig. 15) ou mieux du massicot (fig. 16), lorsqu'il aura à débiter de la carte genre bristol, c'est-à-dire faite de papier et qu'il aura un nombre important de feuilles à couper au même format; ou à la cisaille circulaire (fig. 17).

La carte est au moins aussi utilisée dans la fabrication des cartonnages que le carton; elle présente sur ce dernier les avantages suivants : elle est plus flexible, plus résistante à la traction et plus légère. De son côté, le carton est plus résistant à la flexion, plus rigide, et son épaisseur donne aux objets dans la fabrication desquels on le fait entrer, un certain corps qui, dans bien des cas, peut rivaliser avantageusement avec le bois. Nous verrons, du reste, dans les chapitres suivants, les différentes applications de ces deux matières dans l'art du cartonnier et les immenses services qu'elles rendent à l'industrie et au commerce.

Nous ne saurions fermer ce chapitre qui termine la fabrication de la matière première essentielle du cartonnier, sans dire que la production du carton comme celle du papier qui sert à faire la carte, constitue certainement une des premières merveilles de la science appliquée à l'industrie,

C'est en effet l'utilisation la plus complète des résidus sans valeur, et l'on ne peut s'empêcher d'un mouvement de grande admiration pour cette industrie, quand on pense que les beaux objets étalés dans les vitrines des grands confiseurs, que les écrins qui renferment des trésors de gemmes de toutes sortes chez les bijoutiers, empruntent leur constitution au modeste carton qui a été fabriqué avec tout ce que le chiffonnier ramasse sur les tas d'ordures des grandes cités.

DEUXIÈME PARTIE

FABRICATION DES CARTONNAGES

CHAPITRE III

Sommaire. — I. Outils à main du fabricant de cartonnages. — II. Tracé des lignes sur le carton. — III. Tracé des surfaces.

L'art du fabricant de cartonnages a pris, depuis une vingtaine d'années, un développement considérable et l'on peut dire qu'il est aujourd'hui sans limites, puisque le cartonnier, tout comme la modiste, tout comme le couturier, crée tous les jours des modèles nouveaux, pour la confection soit d'objets de luxe pur, soit d'objets d'utilité, soit même d'objets d'un usage tout nouveau ou encore destinés à en remplacer qui se faisaient jusqu'alors en bois, en fer-blanc ou en tôle. Il est donc impossible, dans un manuel comme celui-ci, de prétendre envisager tous les objets que le cartonnier peut être appelé à fabriquer, leur nomenclature seule dépasserait les limites de notre volume, et puis, pour être complet, il faudrait noter tous les jours les créations nouvelles, et elles sont nombreuses. Le cartonnier, en effet, dispose pour sa fabrication de deux produits, le carton et la carte, dont nous avons fait ressortir les propriétés au cours des chapitres précédents et qui jouissent à des degrés évidemment moindres, des qualités du papier, du bois, du fer-blanc, voire même de la tôle. On peut donc dire que dans une certaine mesure, le cartonnier peut se substituer au papetier, au menuisier; même au forgeron. Ayant affaire à un produit différent de ceux qu'utilisent ces différents artisans, ses procédés de fabrication doivent aussi différer et, comme dans tout métier, ils peuvent se classifier en une série de règles très générales que nous nous efforcerons de donner d'une façon aussi complète que possible avec quelques exemples de confection, laissant au praticien toute sa liberté d'imagination pour concevoir des modèles nouveaux, des types d'un coût moins élevé, des combinaisons dans son mode de travail qui se prêtent le mieux à son genre d'industrie, à son installation, aux exigences de sa clientèle.

De même que dans les autres industries, la création de machines nouvelles, l'application de procédés spéciaux a révolutionné l'art du cartonnier, qui peut aujourd'hui entreprendre et mener à bonne fin pour sa réputation et ses intérêts, des fabrications auxquelles il lui était impossible de prétendre avant la création des nouvelles machines. Le progrès qu'elles ont amené dans cette industrie peut se résumer en quelques mots : extension considérable des objets fabriqués en carton, diminution très notable des frais de main-d'œuvre, diminution au moins aussi considérable dans l'effort manuel, dans le temps de fabrication, dans les déchets. Aussi consacrerons-nous une large place à ces différentes machines si utiles, qu'on peut les dire presque indispensables au cartonnier. Nous n'omettrons pas pour cela de signaler aussi toutes les méthodes purement manuelles qui, nous l'avons déjà vu pour le carton à la forme, donnent souvent des produits d'un prix plus élevé, mais aussi des produits de qualité supérieure. Malheureusement, à notre siècle de vie à la vapeur, la solidité, le durable ne sont plus aussi appréciés que jadis; on aime mieux, et c'est un sentiment très général, payer moins cher, avoir moins bon et changer plus souvent. Du reste, la mode est là, reine autocrate qui commande et, dans sa puissance s'étend impitoyable sur les cartonnages comme sur tous les autres articles d'un usage courant; or, quoi qu'on fasse, il lui faut obéir. Nous n'en citerons qu'un exemple : à l'époque du premier janvier, nous voyons s'étaler dans tous les magasins les cartonnages les plus beaux; il font notre admiration par leur luxe, le bon goût de leurs ornementations, par l'harmonie de leurs formes. Que nous les revoyions l'année suivante à côté des modèles nouveaux, nos souvenirs, qui ne datent cependant que d'une année, ne leur accordent plus aucune qualité et, qu'on nous permette le mot, nous trouvons rococo ce qui faisait, peu de temps avant, l'objet de notre juste admiration. Ce sentiment n'est pas exclusif pour les objets de luxe, il se manifeste avec la même intensité pour les objets de première utilité, et il n'est pas étranger à ce goût moderne pour les choses peu durables qu'il est donc indispensable de produire avec économie et rapidité.

Ainsi que nous l'avons fait précédemment, nous commencerons par le travail manuel et nous allons indiquer sommairement, avec une courte description, l'outillage à main dont a besoin le cartonnier; quant à l'outillage mécanique, il comprend un nombre de machines trop considérable pour que nous songions à lui consacrer un paragraphe spécial, nous l'examinerons au fur et à mesure des spécialités que nous nous proposons d'envisager dans l'art du cartonnage.

I. OUTILS A MAIN DU FABRICANT DE CARTONNAGES

Les outils à main d'un atelier de cartonnages sont nombreux, nous indiquerons ici les principaux, chaque praticien étant à même d'en compléter la série en faisant des emprunts aux outils d'autres corps de métier qui peuvent lui être utiles dans l'exécution de travaux spéciaux.

L'outil le plus fréquemment employé est le couteau ou tranchet (fig. 19); il se compose : 1° d'une

Fig. 19. Couteau.

lame d'acier *b*, dont l'extrémité est aiguisée à quatre faces, en forme de pointe dans le genre d'un grattoir de bureau; 2° de deux manches en bois entre lesquels il est emmanché; 3° d'une ficelle qui l'enveloppe sur toute sa hauteur jusqu'à 3 ou 4 centimètres de la lame. Tel est ce couteau dans sa forme pour ainsi dire classique, il peut recevoir une série de perfectionnements divers, entre autres dans son manche qui peut être un tube en fer ou autre métal, dans lequel entre la lame; une vis de pression *c* retient la lame dans le manche à la hauteur voulue. En tout cas, quel que soit son modèle, il est essentiel que la lame soit mobile, car ainsi que nous l'avons dit, le carton émousse vite les lames et les pointes, il faut donc être à même de pouvoir la repasser et l'affûter facilement. Parmi les autres couteaux, à signaler les tranchets identiques à ceux du cordonnier et qui trouvent leur grande utilité dans un atelier de cartonnages. Ces outils, bien entendu, doivent être en nombre suffisant relativement à l'importance de l'atelier, et assortis en leurs dimensions pour se prêter au travail des cartons de toutes épaisseurs.

Le fabricant de cartonnages se sert encore avantageusement du ciseau. Cet instrument (fig. 20) est en acier, le tranchant bien affilé *b* peut avoir les largeurs les plus variées, mais doit présenter une ligne bien droite pour faire des sections elles-mêmes bien droites. Le manche *a*, qui n'est que le prolongement de l'outil et en même métal, a de 8 à 10 centimètres de hauteur afin que l'on puisse frapper dessus avec un marteau. Le fil doit être très tranchant et mince, de façon à faire une coupure nette sans présenter de talus à son endroit. Ce genre de ciseau n'a rien de particulier, il existe en dimensions très variées dans le commerce car c'est le même dont se servent les serruriers pour ferrer les portes et les fenêtres.

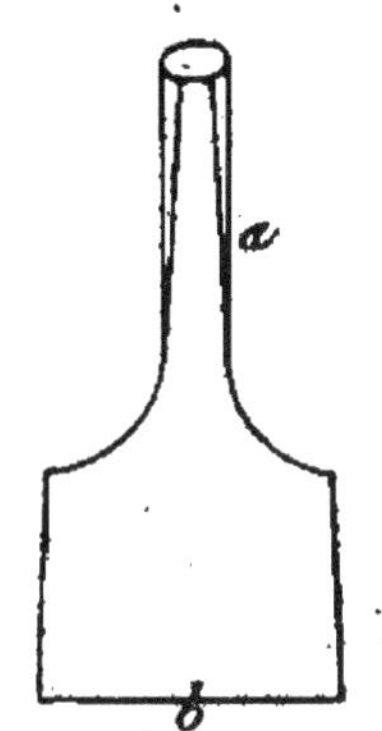

Fig. 20. Ciseau.

Lorsque le carton doit être perforé, on se sert

d'emporte-pièces de tous calibres; c'est encore un outil courant qu'on trouve dans toutes les quincailleries et sur lequel nous n'avons pas à insister.

Pour achever les coupes ou rogner quelques parties de carton ou même produire des encoches, le fabricant de cartonnages doit recourir à la cisaille (fig. 15) quand la section est suffisamment longue et le carton dur, ou à une cisaille de petit modèle analogue à celle ci-dessus, ou enfin à une cisaille à main ou à une simple paire de ciseaux solides.

Dans la confection de certains articles, le fabricant peut avoir besoin d'un genre de carton très comprimé et présentant une surface parfaitement nette. Bien que toutes les cartonneries vendent cette sorte de carton obtenu par un laminage très énergique, le fabricant peut le préparer lui-même en prenant du carton ordinaire qu'il bat sur un bloc de pierre bien uni. Cette pierre doit être très dure et pour éviter de la casser par les chocs qu'elle reçoit, on la scelle généralement soit dans le sol, soit dans un établi bien solide en ne la laissant dépasser que de quelques centimètres au dehors.

Le carton placé sur cette pierre y est battu avec le marteau dit de relieur. Ce marteau d'une forme particulière (fig. 21) est formé d'une masse de fer plus large à la tête ou partie inférieure, qu'à la partie supérieure. La première est carrée et présente 10 centimètres environ de côté. Les vives arêtes de ce carré sont arrondies afin que le batteur ne soit pas exposé à couper les feuilles dans le cas où le marteau vacillerait dans sa main. La surface de la

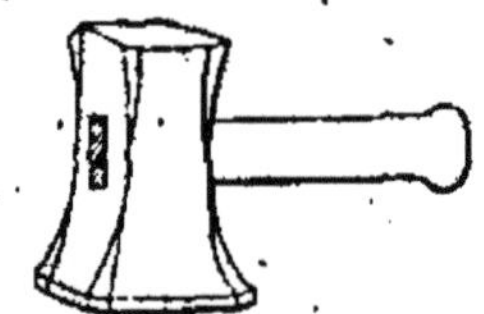
Fig: 21. Marteau.

tête du marteau est légèrement convexe afin que dans le travail on touche moins fort sur les bords qu'au milieu du carton. Le manche en est court et gros pour limiter la force du choc.

Le carton ne devant jamais être coupé qu'aux dimensions et à la forme voulues, un atelier de cartonnages doit disposer d'instruments de mesures. Les premiers et les plus simples sont les mètres qui ne sont autre chose que des règles plates en fer ou en cuivre graduées en centimètres et millimètres, il est bon d'en avoir plusieurs; puis viennent les règles plus petites permettant de mesurer jusqu'à 50 centimètres, divisées comme la précédente; enfin il n'est pas inutile d'avoir des règles de 30 centimètres, pour prendre les mesures de petits objets. Dans un atelier bien organisé, il faut veiller à ce que seules ces règles soient utilisées dans les mesures et prohiber l'emploi des mètres pliants en bois, d'abord parce que du fait qu'ils se plient, on n'est pas toujours assuré d'une exactitude absolue, ensuite parce que ces mètres, qui s'établissent aujourd'hui à très bon marché, ne sont pas rigoureusement semblables entre eux. Tandis qu'avec les règles ci-dessus, en admettant même qu'elles ne soient pas d'une exactitude rigoureuse, leur emploi cause bien une erreur, mais toujours la même, en trop ou en moins, et l'on est assuré au moins que les mêmes objets auront bien les mêmes dimensions.

Viennent ensuite les équerres à deux côtés inégaux (fig. 22) ; ces équerres en fer présentent sur le côté le plus court *b d* un épaulement qui fait saillie au-dessus et au-dessous de ce côté de quelques millimètres, ce qui permet d'assujettir parfaitement l'équerre sur les bords du carton. Suivant l'importance de l'atelier et le genre de travaux qu'il exécute, on peut avoir un certain nombre de ces équerres et assorties comme dimensions à celles des travaux à faire.

Il est aussi un genre de mètre utile au cartonnier, et que nous représentons figure 23 ; c'est une

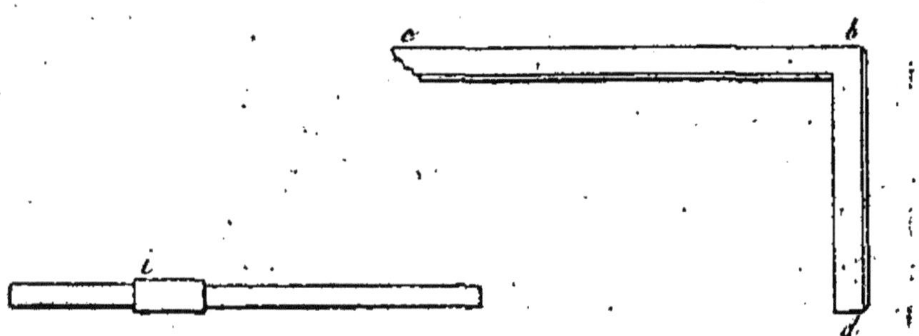

Fig. 23. Mètre à curseur. Fig. 22. Equerre.

règle en bois ou de préférence en métal muni d'un curseur *i* embrassant la règle à frottement assez doux pour se déplacer à la main, et assez dur pour ne pas se déplacer seul, même si l'on agite la règle. Ce mètre est commode pour le patron ou le contremaître lorsque, surveillant un travail s'effectuant entre plusieurs mains, et par des ouvriers assez éloignés les uns des autres, il doit prendre une mesure pour aller la vérifier plus loin, souvent même dans un autre atelier. Avec ce mètre, au lieu de s'en rapporter à sa mémoire, qui peut le tromper, le contre-maître a sa mesure inscrite. Souvent le curseur est à frottement très doux; mais alors il peut être serré sur la tranche de la règle à l'aide d'une vis de pression.

Des compas ordinaires, tels qu'en utilisent tous les menuisiers, seront d'une grande utilité pour tous les ouvriers ; mais infiniment plus utile est encore le compas représenté figure 24, muni d'un arc de cercle gradué en centimètres et millimètres, et muni d'une vis de pression ; celle-ci devant le maintenir ferme à une ouverture voulue. Ce compas doit avoir au moins quatre pointes de rechange en acier trempé entrant dans l'extrémité de ses branches et s'y fixant à l'aide d'une vis de pression. La première pointe *a* est simplement ce qu'on appelle une pointe sèche, c'est-à-dire triangulaire et finissant en pointe à corps cylindrique ; la seconde *b* est méplate et coupante par le bout ; la troisième *c*, placée à côté de la pointe *b*, présente une pointe obtuse formant un cône très évasé, renversé ; cette pièce est très utile pour découper les ronds au centre desquels on ne veut pas faire de trou ; enfin la quatrième *d* est la pointe à roulette. Cette roulette est en acier dur présentant une grande analogie avec la molette d'un éperon de cavalier, et dont les pointes sont très acérées ; elle sert dans le cas où la pièce méplate est insuffisante.

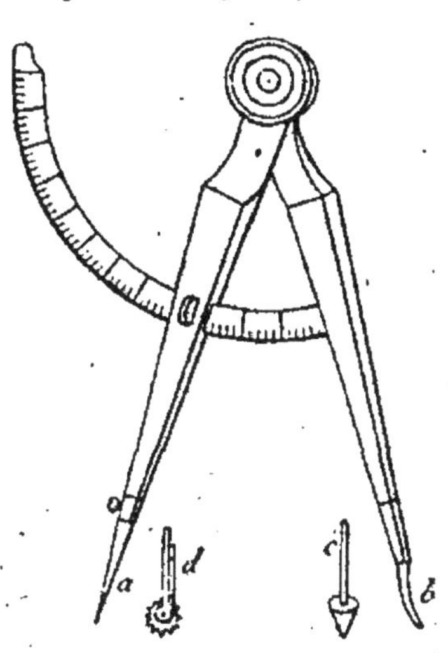

Fig. 24. Compas.

Une autre sorte de compas, fort utile au fabricant de cartonnages, c'est le compas droit (fig. 25). Il se compose : 1° d'un manche ayant environ 15 centimètres de long ; la partie supérieure *c* s'enfonce dans une forte poignée en bois semblable à celle d'une vrille ou d'un tire-bouchon *k*, et la partie opposée *f* se termine par une extrémité pointue *g* ; 2° d'une barre transversale *h i*, longue de 16 à 20 centimètres environ, large de 10 millimètres et épaisse de 4 millimètres. Cette barre glisse à volonté dans la coulisse *j*, placée entre le manche et son extrémité pointue ; afin que la barre horizontale ne puisse vaciller en aucune façon, il y a un ressort dans la coulisse ; on fixe la barre au point convenable par une vis de pression. Il est de toute importance que la barre transversale graduée en centimètres puisse être parfaitement fixée par la vis ; de ce simple détail dépend presque toute la qualité du compas, car c'est de ce point que dépend son exactitude. L'extrémité de la règle horizontale divisée porte une lame *l* à deux tranchants. Cette lame est généralement mobile et retenue par une vis de pression. L'avantage principal de ce compas, c'est qu'on peut le tenir à pleine main, condition très favorable pour le coupage, dans lequel il faut toujours déployer une certaine force.

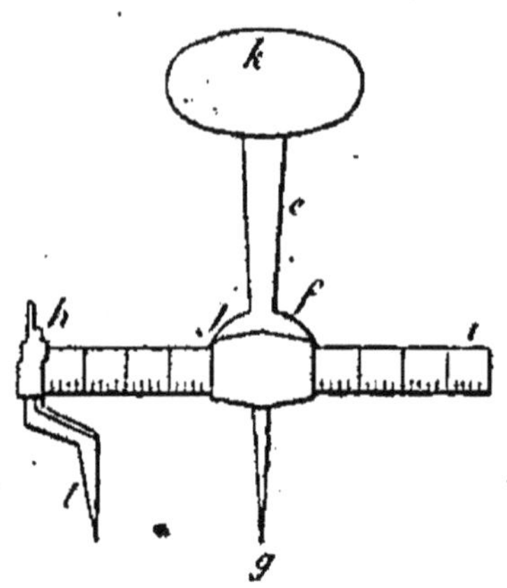

Fig. 25. Compas droit.

Viennent ensuite les polissoirs à carton. Le plus simple, représenté par la figure 26, c'est une pièce en bois dur, en buis généralement, affectant la forme d'une massue et assez pointue à une extrémité. L'ouvrier s'en sert à tout moment pour polir des petites places du carton qu'il travaille, en opé-

Fig. 26. Polissoir en buis.

rant, suivant le cas, avec la pointe ou la partie arrondie supérieure. L'autre polissoir, qu'on appelle fer à polir, est représenté par la figure 27; c'est un fer *p*, de forme elliptique, taillé en biseau *q* et

Fig. 27. Fer à polir.

placé au bout d'un manche *a* d'environ 35 centimètres de longueur. Le polissage ne se fait qu'avec le biseau de fer, et l'homme qui le manœuvre se trouve agir avec beaucoup plus de force.

Il existe encore bien des outils dont se sert le fabricant de cartonnages, mais ils sont très usuels, se trouvent partout, ne sont pas spéciaux au métier; nous croyons donc inutile de les énumérer, chaque cartonnier les choisissant suivant ses habitudes ou ses préférences.

Enfin, il existe aussi bon nombre d'autres outils dont se sert le cartonnier, mais pour l'exécution de travaux tout à fait spéciaux et que nous examinerons par la suite lorsque nous passerons en revue chaque spécialité du fabricant actuel de cartonnages.

II. TRACÉ DES LIGNES SUR LE CARTON

Le cartonnier devant construire, en quelque sorte, les objets les plus divers en partant du carton ou de la carte en feuille, doit pouvoir à l'avance définir les formes et les dimensions de l'objet qu'il est appelé à confectionner. Il lui faut, à l'avance encore, donner la forme et les dimensions de chacune des parties composantes de tout ce qu'il cherche à réaliser. En un mot, le cartonnier, s'il n'est pas dessinateur dans toute l'acception du mot, doit posséder les principes fondamentaux du dessin. Notre intention n'est pas de faire ici un cours de dessin ; ceux de nos lecteurs qui voudraient s'instruire dans cet art éminemment utile trouveront dans la collection de l'*Encyclopédie-Roret* des Manuels traitant le sujet avec une compétence que nous n'avons pas. Néanmoins, nous croyons utile de donner les notions principales de dessin linéaire, notions puisées dans la géométrie et dont l'ouvrier en cartonnages trouvera l'application à tout moment de son travail.

On comprend en effet que s'il s'agit seulement de couper une feuille de carton, encore faut-il le faire d'une façon régulière, et pour cela tracer la ligne régulière de coupure ; a-t-on besoin de couper un carré parfait, il faut en tracer les quatre côtés d'une façon exacte. Ces seuls exemples choisis parmi les plus simples suffisent, croyons-nous, à justifier l'utilité du dessin ou du tracé. Ce dernier, bien appliqué, répond encore à une autre utilité ; il apprend à tirer d'une feuille de carte ou de carton le parti maximum, avec le minimum de déchet ; c'est donc l'intérêt primordial du cartonnier qui se trouve en jeu.

Principes géométriques. — Suivant leur direction, les lignes prennent trois dénominations distinctes. On appelle ligne droite, celle qui va, par le chemin le plus court, d'un point à un autre ; ligne courbe, celle qui s'éloigne insensiblement de la ligne droite et finit graduellement par la rejoindre ; ligne brisée, celle qui est formée d'un nombre indéterminé de lignes droites plus petites et se joignant par leurs extrémités sans être dans la même direction.

Quant à leur situation relativement au centre de la terre, les lignes reçoivent aussi trois noms différents. On nomme ligne verticale, celle qui se dirige vers le centre de la terre par le plus court chemin. Le fil à plomb, par exemple, fournit la ligne verticale.

La ligne horizontale, au contraire, est celle dont les points sont également éloignés du centre de la terre, celle dont les deux extrémités sont dirigées vers l'horizon. Les bras d'une croix par exemple, sont sur une ligne horizontale.

On nomme ligne oblique, celle qui n'a ni l'une ni l'autre de ces positions et qui est inclinée par rapport à l'horizon.

Relativement à la position des lignes entre elles, on désigne par le nom de ligne perpendiculaire à une autre ligne, celle qui, partant d'un point quelconque; vient joindre l'autre au point directement opposé, sans pencher d'aucun côté. On indique au contraire sous le nom de parallèle à une autre ligne, celle dont tous les points sont également éloignés d'une autre ligne, et qui ne s'en éloigne ni ne s'en approche jamais, de sorte qu'on pourrait les prolonger à l'infini sans qu'elles se rencontrassent. Dans ce sens encore, la ligne oblique est celle qui croise une autre ligne en penchant plus ou moins d'un côté ou de l'autre. De ces définitions, il résulte que la ligne horizontale est parallèle à l'horizon et que la ligne verticale est perpendiculaire à la ligne horizontale.

Deux lignes qui se rencontrent forment entre elles ce qu'on appelle un *angle*. On dit qu'un angle est plus ou moins grand, suivant que les lignes qui le forment et qu'on appelle les *côtés*, s'écartent plus ou moins l'une de l'autre. Le point où les deux côtés de l'angle viennent se couper s'appelle le sommet de l'angle. Deux lignes qui se rapprochent constamment l'une de l'autre forment un angle, bien que le sommet ne soit pas visible ou accessible. Quand les côtés de l'angle sont perpendiculaires l'un sur l'autre, on dit que l'angle est *droit*; si l'angle est plus petit que l'angle droit, on dit que c'est un angle *aigu*; si au contraire il est plus grand, on dit qu'il est *obtus*. Mesurer un angle consiste à prendre la mesure de l'écartement de ses deux côtés.

Pour mesurer un angle, on se sert du rapporteur; mais avant de parler de cet instrument très simple, disons sur quel principe il est établi. Si l'on prend une circonférence et qu'on la divise en 360 parties égales et qu'on joigne chacun des points ainsi obtenus au centre de la circonférence, on aura 360 angles égaux entre eux. Chacun de ces angles, égal à 1/360 de circonférence, est dit angle de un degré; en d'autres termes, la circonférence se divise en 360 degrés et c'est à ces divisions qu'on rapporte la mesure des angles; ajoutons que chaque degré se divise en 60 parties égales appelées minutes, et chaque minute en 60 parties égales qu'on appelle des secondes. On voit que la grandeur de la circonférence ne change en rien la valeur des angles quant à leur mesure, puisque si nous divisons une circonférence comme nous venons de le dire, en 360 angles égaux, et que nous tracions du même centre des circonférences de plus en plus petites, chacune d'elles sera coupée par les 360 lignes, en autant de parties égales, c'est-à-dire en angles d'un degré. C'est sur ce principe qu'est basé le rapporteur (fig. 28), figure dans

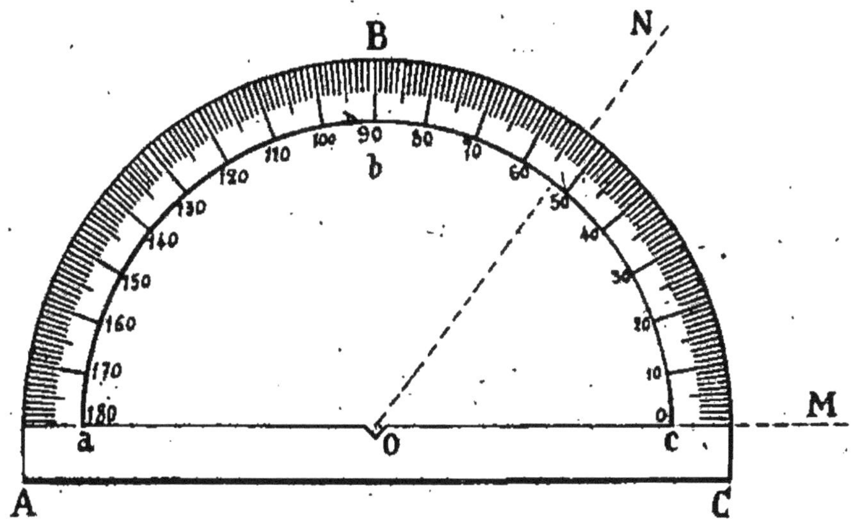

Fig. 28. Rapporteur.

laquelle le lecteur ne doit considérer d'abord que ce qui est en traits pleins. Il est généralement fait dans une feuille de cuivre mince, la partie intérieure *a b c* étant enlevée ; le demi-cercle A B C est divisé en 180 degrés, et chaque degré en demi-degré ou plus, si la place le permet ; aussi est-il bon de prendre les rapporteurs aussi grands que possible, afin d'avoir un grand nombre de subdivisions du degré. La ligne *a c* doit être très droite et porter en son centre une petite encoche O en forme de V.

Voyons maintenant comment on se sert de cet instrument : Supposons que nous ayons à mesurer l'angle M O N formé par les lignes pointillées. Prenant le rapporteur, nous le plaçons de façon à ce que la ligne O M suive très exactement la ligne du rapporteur O *c* qui passe par le zéro, et aussi de façon que le sommet de l'angle à mesurer soit bien au milieu de la petite encoche dont nous avons parlé ; l'autre côté de l'angle prendra une direction quelconque, mais si nous lisons sur les divisions en partant du zéro, nous voyons la ligne O M tomber sous les divisions 53, notre angle a donc 53 degrés.

Cet instrument nous permettra également de tracer des angles d'une ouverture quelconque ; supposons, en effet, que nous voulions tracer sur un carton un angle de 30 degrés partant d'un point déterminé : de ce point pris sur le carton, nous tracerons au crayon une ligne droite avec une règle bien droite ; ce sera la ligne O M de la figure 28. Sur cette ligne, nous poserons le rapporteur de façon que le point déterminé d'où doit partir l'angle, ou son sommet, soit bien dans le centre de l'encoche et que la ligne O M passe bien par le zéro du rapporteur, puis à la division 30 degrés, nous tracerons un point avec la pointe du crayon, nous enlevons le rapporteur, et en joignant avec notre règle plate ce point au point O, nous aurons notre angle de 30 degrés.

Les petits rapporteurs se font souvent en corne très transparente ou en celluloïd, ce qui permet d'avoir la plaque entière et sans évidement, puisque l'on voit au travers et qu'une fois sur le dessin, on perçoit toutes les lignes de celui-ci. Mais ce genre de rapporteur ne vaut pas ceux en cuivre, d'abord parce qu'on ne peut pas les faire très grands, et ensuite parce que la corne, comme le celluloïd, se gondole sous l'influence de la température et donne alors des indications fausses.

La circonférence est, on le sait, une ligne courbe fermée sur elle-même et dont tous les points sont à égale distance d'un point intérieur nommé *centre*. On appelle *diamètre* toute ligne droite qui, partant d'un point de la circonférence, va jusqu'à un autre point de la circonférence en passant par le centre. Le rayon est la ligne droite qui joint un point quelconque de la circonférence à son centre. On appelle *tangente*, toute ligne extérieure à la circonférence, et qui ne la touche qu'en un seul point sans la couper.

On appelle *triangle* la figure géométrique qui se compose de trois lignes se coupant deux à deux. Un triangle est dit *isocèle* quand il a deux côtés égaux, il est dit *droit* quand il a deux côtés perpendiculaires entre eux.

Le *carré* est formé de quatre côtés égaux et perpendiculaires deux à deux, c'est-à-dire que les quatre angles d'un carré sont des angles droits.

On appelle *rectangle* la figure géométrique formée de quatre côtés perpendiculaires entre eux deux à deux et dont les côtés opposés sont seuls égaux entre eux ; on désigne quelquefois le rectangle sous le nom de carré long, ce qui est une fausse dénomination.

Le *parallélogramme* est encore une figure à quatre côtés, qui comme dans le rectangle, a ses côtés opposés seuls égaux entre eux, mais dont les côtés ne sont pas perpendiculaires deux à deux, par conséquent dont les angles ne sont pas des angles droits.

Le *losange* est un parallélogramme dont les quatre côtés sont égaux, et qui comporte deux angles aigüs opposés et deux angles obtus opposés.

Le *trapèze* est une figure géométrique à quatre côtés dont deux seulement sont parallèles.

On appelle d'une façon générale *polygone* une figure géométrique fermée dont le nombre des côtés est quelconque. Néanmoins, le polygone à cinq côtés prend le nom de *pentagone*, celui à six côtés s'appelle *hexagone*, celui à sept côtés *heptagone*, celui de huit côtés prend le nom d'*octogone*. Enfin on donne le nom général de *polygones réguliers* aux polygones dont tous les côtés sont égaux entre eux.

Nous avons tenu à rappeler ces différentes locutions géométriques pour ne plus y revenir dans la suite et nous passerons immédiatement aux notions élémentaires du tracé.

1° *Tracer une ligne droite.* — Pour tracer une ligne droite on se sert de la règle et, comme la ligne droite est déterminée par deux points plus ou moins distants l'un de l'autre, on pose la tranche ou le biseau de la règle exactement sur les deux points et, avec un crayon taillé en pointe fine, on rejoint les deux points en appuyant la pointe du crayon contre la règle. Au lieu d'un crayon, on peut se servir d'une pointe acérée, si toutefois il n'y a pas inconvénient à entamer légèrement le carton. En opérant ainsi, on est sûr de tracer une ligne bien droite si la règle elle-même est droite, ce qui nous amène à parler de la vérification des règles et des équerres.

Pour faire cette vérification, on se donne, sur une surface bien plane recouverte d'une feuille de papier blanc, deux points aussi éloignés que le permet la longueur de la règle à essayer, puis on trace une ligne joignant les deux points, comme nous venons de l'expliquer. Cette ligne tracée on retourne la feuille de papier de façon à ce que la partie qu'on avait en haut soit en bas, puis remettant la règle sur les points et traçant la ligne de jonction des deux points, les deux tracés doivent coïncider exactement, si la règle est droite. Si elle est courbe en dedans, les deux lignes de crayon présenteront un certain intervalle entre elles, si elle est courbe en dehors, les deux lignes chevaucheront. On vérifiera de la même façon les équerres. Cette vérification est toujours bonne à faire quand on vient d'acheter ces instruments, on reconnaît de cette façon si le marchand a fait une livraison consciencieuse de ce qu'on lui a commandé.

2° *Tracer une circonférence.* — Une circonférence est donnée soit par son rayon soit par son diamètre, or celui-ci est égal au double du rayon. Donc, étant donnée une circonférence à tracer, prendre le compas et l'ouvrir d'une quantité égale au rayon. Appuyer légèrement la pointe du compas sur la carte ou le carton et l'autre pointe étant munie d'un crayon, tourner sur la pointe, et le crayon tracera la circonférence demandée. Cette opération doit se faire avec beaucoup de légèreté, et surtout en tenant le compas par sa partie tout à fait supérieure de façon à ne pas appuyer du tout contre les branches qui alors se fermeraient un peu au fur et à mesure du tracé et, lorsqu'on arriverait au point de départ du tracé, la circonférence ne serait pas fermée. Quand on opère sur du carton principalement, qui est toujours un peu rugueux, il faut agir légèrement sans quoi les rugosités tendant à dévier le crayon dans sa marche, feraient ouvrir légèrement la branche du compas portant le crayon et par suite la circonférence ne se fermerait pas. Un bon traceur doit pouvoir faire faire plusieurs tours à son compas sans qu'il y ait trace de double trait.

3° *Tracer un angle égal à un autre.* — Le moyen le plus simple consiste à mesurer exactement l'angle au rapporteur et le tracer à nouveau. Ne jamais opérer comme nous l'avons vu faire souvent, c'est-à-dire : étant donné un angle en carton et devant le répéter, se servir de cet angle en carton et de tracer l'autre en faisant contourner le crayon contre le premier. Cette méthode n'est applicable qu'avec un gabarit en tôle mince ou en zinc, dont les tranches seront parfaitement réglées.

4° *Diviser un angle en plusieurs parties égales.* —

Cette division se fait très facilement avec le rapporteur. On place cet instrument absolument comme si l'on voulait mesurer l'angle, comme nous avons dit plus haut, on en prend la mesure et en divisant cette mesure par le nombre de nouveaux angles à établir, on marquera, par ces points contre le rapporteur, la division voulue et après avoir enlevé le rapporteur, en joignant ces points au sommet, l'angle sera divisé.

3° *Tracer une ligne perpendiculaire à une autre.* — Cette opération peut se présenter sous des conditions différentes : 1° Si on veut que la perpendiculaire passe par le milieu de la ligne on opère comme suit : on prend avec le compas une ouverture sensiblement supérieure à la moitié de la ligne, puis, portant la pointe sèche sur une des extrémités de la ligne on trace un cercle ; avec la même ouverture de compas on porte la pointe sèche sur l'autre extrémité de la ligne et on trace un autre cercle. Les deux cercles ainsi tracés se coupent en un point au dessus de la ligne, et en un autre au dessous, en joignant ces deux points par une ligne droite, celle-ci est perpendiculaire à la première et en son milieu. Quand on est un peu habitué au tracé, on se dispense de tracer les cercles entiers, on se contente de tracer des arcs de cercles juste suffisants pour montrer leur intersection et permettre de tracer la ligne joignant ces deux intersections.

2° Le point par lequel on veut faire passer la perpendiculaire est à un endroit quelconque de la ligne ; pour mener la perpendiculaire en ce point, on opèrera comme suit : avec une ouverture de compas quelconque, on placera la pointe sèche sur le point en question et on tracera un cercle qui coupera la ligne en deux points situés à égale distance à droite et à gauche du premier ; autrement dit le point donné en premier lieu d'une façon quelconque sur la ligne, se trouve être au milieu des deux nouveaux que nous venons de déterminer en traçant le cercle, c'est-à-dire que nous retombons dans le cas précédent, en considérant la ligne sur laquelle il faut élever la perpendiculaire comme comprise seulement entre les deux nouveaux points.

3° Enfin, le point par lequel doit passer la perpendiculaire est en dehors de la ligne à laquelle il faut la mener. L'opération s'effectue de la manière suivante : à ce point donné, on place la pointe sèche du compas et avec une ouverture suffisamment grande pour que le cercle qu'on va tracer coupe la droite, tracer un cercle, il coupera la ligne en deux points que nous appellerons A et B. De ces points, sans changer l'ouverture du compas, tracer une partie de circonférence au-dessous de la ligne, ces deux parties de circonférence se couperont en un point C par exemple; en joignant ce point C à celui donné en dehors de la ligne, on aura la perpendiculaire cherchée.

Le point donné par lequel doit passer la perpendiculaire peut être sur la ligne et à son extrémité, dans ce cas on prolonge la ligne et on rentre dans le cas examiné en 2°. Mais si ce tracé doit se faire au bout d'une feuille de carton, ou qu'on ne puisse pas prolonger la ligne, il faudra opérer de la façon suivante : d'un point quelconque pris comme centre au-dessus ou au-dessous de la ligne, on tracera, en ouvrant convenablement le compas, un cercle qui doit remplir la double condition de toucher la ligne à l'extrémité où on veut mener la perpendiculaire et de couper cette ligne dans un autre point, ce qui est toujours possible. Par le point où la ligne sera coupée et par le centre du cercle qu'on vient de tracer, on fait passer un diamètre ; le point où ce diamètre coupe la circonférence de l'autre côté de la ligne, appartient à la perpendiculaire cherchée ; donc, en le joignant à l'extrémité de la ligne, on a la perpendiculaire demandée.

6° *Diviser une ligne en deux parties égales.* — Il faut, à l'aide du premier procédé indiqué au 5°, abaisser une perpendiculaire qui coupe cette ligne par le milieu.

7° *Tracer une ligne parallèle à une autre.* — Elever deux perpendiculaires sur deux points quelconques de la ligne à laquelle on veut trouver une parallèle ; marquer sur chacune de ces perpendiculaires, en partant du point où elles touchent la ligne, la distance qui doit séparer les deux parallèles, et mener une ligne par les deux points ainsi obtenus sur les perpendiculaires ; cette ligne sera la parallèle cherchée. On agit avec plus de rapidité, mais aussi avec moins de précision, en écartant les branches du compas à la distance qui doit séparer les deux lignes ; on place la pointe sèche sur une des extrémités de la ligne donnée et l'on trace un arc de cercle assez grand ; on se porte ensuite à l'autre extrémité où l'on répète la même opération ; en traçant ensuite à la règle une ligne qui touche seulement, qui soit tangente aux deux cercles, on aura la parallèle demandée. Cette opération est absolument exacte au point de vue géométrique, mais en pratique et sur du carton principalement un peu rugueux, il sera toujours difficile de mener très exactement la tangente aux deux cercles.

8° *Trouver le centre d'un cercle.* — Etant donné un cercle dont on n'a pas le centre et qu'il faut trouver, on procède comme suit : on prend sur la circonférence trois points aussi distants que possible les uns des autres et on les joint, le premier au second et le second au troisième, on a ainsi deux lignes droites nommées *cordes.* Sur le milieu de chacune de ces cordes, on mène une perpendiculaire par la méthode indiquée en 5°. Le point où ces deux perpendiculaires se coupent dans l'intérieur du cercle, est le centre cherché.

9° *Diviser un arc de cercle en parties égales.* — Etant donné un arc de cercle pour le diviser en plusieurs parties égales, on commence par le diviser en deux ; pour cela on trace la corde, c'est-à-dire qu'on joint par une ligne droite les deux extrémités de l'arc, il suffit alors de mener une perpendiculaire sur le milieu de cette corde, ce que nous avons appris à faire en 5°, le point où cette perpendiculaire prolongée coupe l'arc de cercle, divise ce dernier en deux parties égales. Si l'on joint ce point à chacune des extrémités de l'arc primitif, on aura deux nouvelles cordes qui, par la même méthode de tracé, nous fourniront le moyen d'avoir la moitié de chaque demi-arc. En joignant successivement tous les points de division de l'arc ainsi obtenu, on aura de nouvelles cordes qui permettront, toujours par le même moyen, d'obtenir des points de division de l'arc de cercle.

10° *Trouver le centre d'un triangle.* — Décrire un cercle passant par les trois sommets d'un triangle. C'est une opération qui n'est en résumé qu'une application de l'exercice précédent; en effet, si nous considérons les trois côtés du triangle comme les trois cordes d'un même cercle, en élevant une perpendiculaire sur le milieu de chaque côté, leur point de rencontre dans l'intérieur du triangle en donnera le centre. Si maintenant de ce point, avec une ouverture de compas allant de ce point à l'un des sommets du triangle, on trace une circonférence, elle passera par les trois sommets. C'est ce qu'on traduit en langage de géométrie en disant que : trois points non en ligne droite déterminent une circonférence.

11° *Trouver le centre d'un polygone régulier.* — Cela se réduit à trouver un cercle qui passe par le sommet de tous les angles du polygone. Or, il est démontré en géométrie que le cercle qui passe par le sommet de trois angles d'un polygone régulier, passe par le sommet de tous les autres. Il suffit donc de choisir trois angles voisins l'un de l'autre, et d'opérer pour leurs trois sommets comme pour les trois points dans l'exercice que nous avons signalé en 8°. S'il s'agissait des polygones à quatre côtés : le carré, le rectangle, ou le losange, on pourrait opérer comme nous venons de le dire, mais il est plus expéditif de tracer leurs diagonales, le point de rencontre de ces dernières donne le centre cherché. On évite ainsi des tracés assez longs.

12° *Construire un triangle égal à un autre triangle.* — On commence par tracer une ligne égale à la base du triangle donné comme modèle, la base pouvant être indifféremment l'un quelconque des côtés. De l'extrémité droite de cette base prise pour centre, et avec une ouverture de compas égale en longueur au côté de droite du triangle à imiter, on trace un arc de cercle au-dessus de la ligne : de l'extrémité gauche de la même ligne et avec une ouverture de compas égale à la longueur du côté gauche du triangle, on trace un autre arc de cercle qui coupe le premier en un point ; si l'on joint ce point aux deux extrémités de la ligne tracée comme base, on aura un triangle en tous points égal à celui donné comme modèle.

13° *Construire un rectangle égal à un autre rectangle.* — On tire une ligne droite égale en longueur à la base du rectangle ; à chaque extrémité de cette ligne, on élève une perpendiculaire ; sur chacune de ces dernières et à partir de la base on porte une longueur égale aux côtés du rectangle modèle. On réunit les deux derniers points obtenus de la sorte par une ligne droite et l'on a le rectangle demandé.

14° *Trouver la longueur de la circonférence d'un cercle, connaissant son diamètre.* — On démontre en géométrie qu'il n'y a pas de rapport simple entre la longueur d'une circonférence de cercle et la longueur de son diamètre ou de son rayon. En d'autres termes, on ne peut pas multiplier le diamètre par un nombre fini pour obtenir la longueur d'une circonférence, ou inversement on ne peut pas diviser la longueur d'une circonférence par un nombre fini pour avoir la longueur du diamètre. Aussi désigne-t-on en mathématiques ce nombre par la lettre grecque π. Le calcul a montré que ce nombre π est un nombre fractionnaire et bien des calculateurs ont poussé la recherche des décimales très loin ; nous nous contenterons de donner le nombre π avec ses... vingt-quatre décimales, ce qui donne $\pi = 3{,}141592653589793238462643...$ en nous hâtant de dire que le cartonnier n'aura jamais besoin de tant de décimales que cela. D'une façon générale, comme le cartonnier n'aura jamais à tracer de circonférence dépassant beaucoup 1 mètre de diamètre, s'il se contente de prendre $\pi = 3{,}415$, il fera déjà une erreur qui ne dépassera pas le millimètre, et comme dans les décimales, on voit que la cinquième est un 9, on a pris l'habitude dans tous les métiers de prendre pour π la valeur 3,1416, c'est-à-dire qu'on force la quatrième décimale. Donc, étant donné un diamètre, pour trouver la longueur de la circonférence qui lui correspond, il faudra multiplier le diamètre par 3,1416. Inversement, quand on connaîtra la longueur d'une circonférence, pour avoir son diamètre, il suffira de diviser cette longueur par 3,1416.

Ce genre d'opérations se rencontre souvent dans la fabrication du cartonnage, en voici un cas fréquent : étant donné une boite cylindrique en carton à recouvrir de papier ; le cartonnier a vite fait d'en prendre le diamètre, en multipliant ce diamètre par 3,1416, il aura de suite la longueur de papier qu'il lui faut pour faire le tour de la boite, il laissera en plus la petite quantité pour le recouvrement. Inversement s'il veut connaître quel diamètre aura une boite faite par l'enroulement d'une feuille de carton dont il dispose, il divisera la longueur de sa feuille de carton par 3,1416 et il aura ainsi le diamètre cherché. Ayant eu soin, bien entendu, au préalable, de défalquer de la longueur de sa feuille la petite bande nécessaire au recouvrement.

Comme nous avons semblé ne pas prendre en grande considération la recherche du très grand nombre de décimales du π, nous devons nous défendre d'un pareil sentiment. Il est des cas en effet, où il faut utiliser beaucoup de ces décimales. Un simple exemple le montrera : étant donnée la circonférence de la terre qui est de 40,000,000 de mètres, pour avoir son diamètre avec une erreur qui ne dépasse pas le centimètre, il faudra prendre π avec onze décimales. Et en astronomie, par exemple, où les calculs de circonférences et de diamètres d'astres ou d'orbite d'astres portent sur des centaines et des milliers de kilomètres, on voit de quelle utilité, pour arriver à une approximation convenable, deviennent les nombreuses décimales du nombre π.

15° *Raccordement des arcs de cercle avec une ligne droite.* — Le fabricant de cartonnages a souvent besoin de recourir à l'emploi simultané des lignes droites et des arcs de cercle se poursuivant sans interruption, c'est ce qu'on appelle en dessin graphique raccorder des courbes à des droites ; or, pour qu'un travail comportant cette disposition soit bien exécuté, il faut que l'œil passe de la ligne droite à la ligne courbe, sans constater ni coude ni jarret. Quelquefois ce sont des arcs de cercle de différents rayons qui se continuent dans le même sens ou dans des sens divers, sans que l'œil puisse apercevoir où finit l'un et où commence l'autre. Nous allons voir comment on obtient ces effets.

On élève une perpendiculaire à l'extrémité de la ligne où doit commencer la courbe, on pose la pointe sur cette extrémité et, avec une ouverture du compas bien exactement égale au rayon de l'arc de cercle qui doit se raccorder à la ligne droite, on trace un petit arc de cercle qui coupe la perpendiculaire en un point donné; de ce point comme centre et sans changer l'ouverture du compas, on trace la courbe. Avec cette précaution et un peu de pratique, on arrive à des raccordements tellement précis que, si la perpendiculaire est effacée, il est impossible de voir où finit la ligne droite et où commence la ligne courbe.

16° *Raccordement d'une ligne droite avec un arc de cercle.* — Supposons que nous ayons un arc de cercle à continuer par une droite; pour y arriver avec précision, voici comment on opère : on cherche le centre de l'arc de cercle par la méthode que nous avons indiquée à l'exercice 8°, puis on joint ce centre à l'extrémité de l'arc où doit se faire le raccordement, ce qui donne un rayon ; il suffit alors d'élever une perpendiculaire à ce rayon au point de raccordement pour que le cercle soit continué par une ligne droite sans coude ni jarret.

17° *Raccorder deux arcs de cercle avec la courbure opposée.* — Ce problème, comme on le voit, consiste à tracer une courbe continue qui ait la forme d'un S. Supposons que l'arc de cercle supérieur qui nous est connu ait sa concavité tournée à droite, ce sera par conséquent aussi à droite que sera son centre : on mène de ce centre à l'extrémité inférieure de la courbe une ligne qu'on prolonge à gauche d'une longueur égale au rayon qu'on veut prendre pour tracer le second arc de cercle, et plaçant une des pointes du compas sur la ligne qu'on a tracée, et l'autre pointe sur l'extrémité inférieure du premier arc, on obtiendra la courbe cherchée en faisant tourner cette seconde pointe du compas autour de la première.

19° *Arrondir régulièrement le sommet d'un angle.* — Soit, figure 29, l'angle *b a c* que l'on veut arrondir; supposons que le point où l'on veut faire commencer le rond soit celui qui est marqué par la lettre *d*; on marque de l'autre côté de l'angle en *e* un point qui soit aussi éloigné du sommet *a* que le point *d*; on mène *d f* perpendiculaire sur *a c*; *f e* perpendiculaire sur *a b*; du point *f* où ces deux perpendiculaires se coupent, et avec un rayon égal à *f d* on décrit l'arc de cercle *e d* qui arrondit l'angle convenablement.

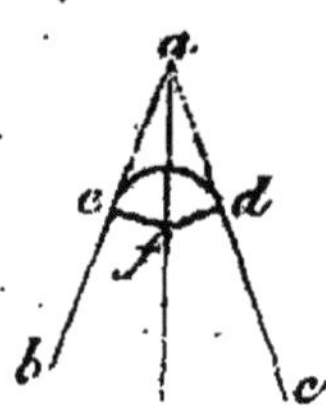

Fig. 29. Arrondir le sommet d'un angle.

20° *Tracé de l'ellipse dite ovale du jardinier.* — Cette figure peut être tracée avec la plus grande facilité. Soit *a b* (fig. 30) la longueur que l'on veut donner à l'ovale. On tire par le milieu de *a b* une perpendiculaire *f o e*, dont la partie supérieure soit égale à la moitié de *f e* et la partie inférieure égale aussi à la moitié de *f e*; avec une ouverture de

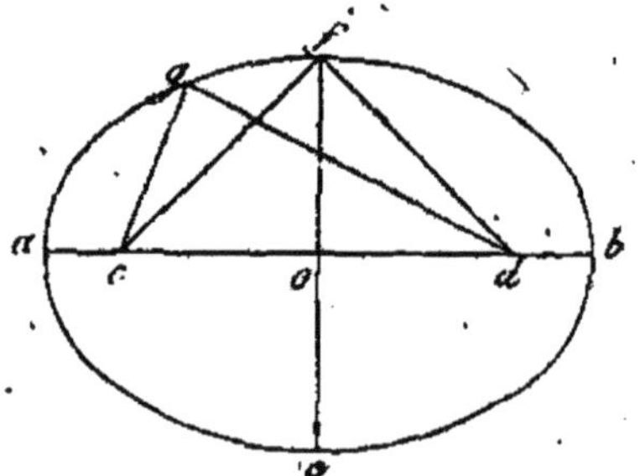

Fig. 30. Ellipse ovale du jardinier (1re méthode).

compas égale à *o a* on porte une des pointes en *f* et l'autre pointe du compas sur *a b*; à droite et à gauche de *f e* on marque les points *c* et *d* où cette pointe touche la ligne *a b*. On prend alors un cordeau fin et aussi inextensible que possible d'une longueur égale à *a b*; on fixe une des extrémités en *c* et l'autre en *d* avec un clou ou toute autre pointe entrant dans le carton et présentant au-dessus une tige ronde bien lisse. Avec un crayon ou une pointe tenue bien d'aplomb on tend le cordeau jusqu'en *f* et, en le tenant toujours tendu, on fait glisser la pointe de *f* en *a* puis de *f* en *b*; dans ce mouvement le crayon tracera la moitié de l'ovale; on aura l'autre moitié en tendant ensuite le cordeau vers *e*, et en faisant glisser la pointe ou le crayon de *e* en *a* et puis de *e* en *b*.

21° *Seconde méthode de tracer l'ellipse.* — On trace d'abord les deux axes perpendiculaires *a b* et *d e* pour marquer les sommets *a* et *b*, le centre *c* et la dimension en longueur et en largeur. Ces lignes sont toujours perpendiculaires et chacune coupe l'autre par moitié (fig. 31). Sur le bord d'une règle *m n*, ou d'une bande de papier, on porte les longueurs *m i*, *m k*, à partir du bout *m*; ces longueurs étant celles des demi-axes *a c* *c d*, on aura les points *k* et *i*. Cela fait, présenter la règle ou la bande de papier, de façon que le point *k* tombe quelque part sur le grand

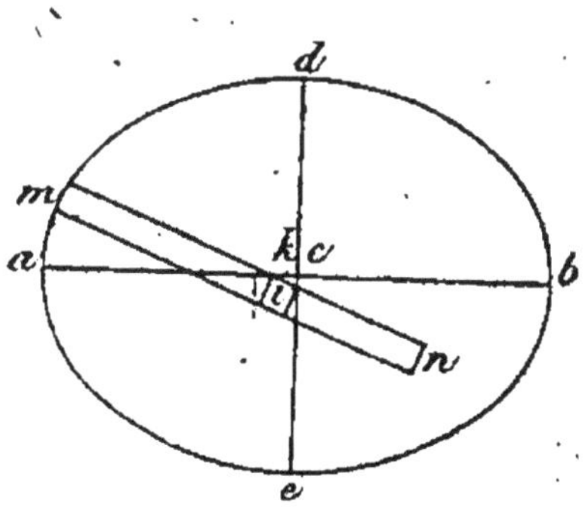

Fig. 31. Ellipse (2e méthode).

axe *ab*, et le point *i* sur l'un des points du petit axe *de*; l'extrémité *m* sera sur l'ellipse. En tournant la règle *mn* de toutes les manières possibles, sans cesser de satisfaire à cette condition, le bout en tracera toute l'ellipse.

22° *Troisième méthode de tracer l'ellipse.* — On trace d'abord les deux axes comme dans le cas précédent; puis du centre *c* (fig. 32) on décrit deux cercles *cd*, *cb*, qui aient ces axes pour diamètre; c'est entre ces deux courbes qu'est enfermée l'ellipse qu'on veut tracer. On mène un rayon *cn* et une perpendiculaire *pn* sur l'axe *ab*. Ces lignes passant en un point quelconque de la grande circonférence par le point *q* où ce rayon rencontre le petit cercle, on mène *qm* parallèle à l'axe *ab*, on a un point de cette ligne qui sera sur l'ellipse; ce sera celui où elle coupera la perpendiculaire *pn*. En répétant cette opération, on obtient successivement un grand nombre de points de l'ellipse, que l'on réunit ensuite par un trait continu à main levée.

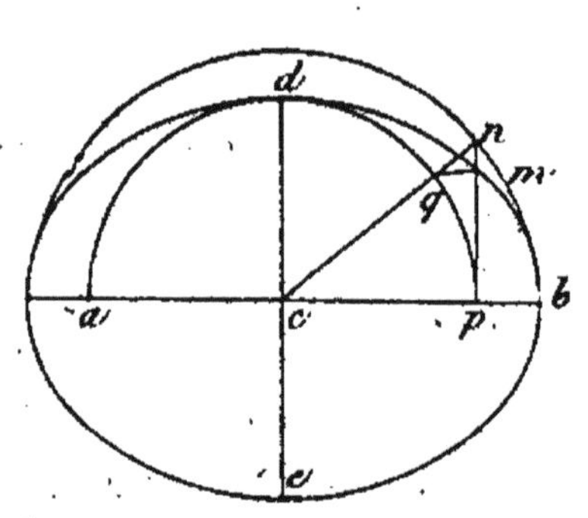

Fig. 32. Ellipse (3e méthode).

Nous avons donné tous les exercices ci-dessus sous la forme la plus élémentaire possible, en ne faisant intervenir la géométrie que dans les cas où elle était tout à fait indispensable. Bien de nos lecteurs certainement, qui connaissent le dessin linéaire et les principes géométriques qui en sont la base, compléteront ce que nos indications ont d'incomplet et s'ils sont hommes du métier, c'est-à-dire cartonniers, ils emploieront avec avantage des procédés à la fois plus exacts et plus rationnels que ceux que nous donnons ci-dessus, mais dont la description nous aurait pris une place dont nous ne disposons pas et nous aurait forcé à faire un véritable cours de géométrie qui ne serait pas à sa place ici. Nous nous sommes efforcés jusqu'à présent, et nous comptons continuer, de parler un langage simple, un langage d'homme du métier, ce qui nous oblige en bien des cas de laisser complétement de côté la partie technique, presque scientifique, qui est loin d'être sans intérêt, mais qui concerne plutôt l'ingénieur.

III. TRACÉ DES SURFACES

Notre paragraphe précédent, traitant du tracé des lignes, nous amène à parler du tracé des surfaces; car au point de vue géométrie pure, la ligne quelle qu'elle soit, droite, brisée ou courbe, est une conception idéale en ce sens qu'on ne lui suppose ni épaisseur ni largeur, on ne lui accorde qu'une seule dimension : la longueur. Les surfaces, toujours au point de vue géométrique, deviennent déjà des conceptions réalisables puisqu'on leur accorde une longueur et une largeur, et qu'en un mot on limite dans deux de leurs dimensions sur trois, celles que possède tout corps solide. Le tracé des surfaces devient par ce fait plus important sous le rapport de la pratique et, nous n'aurons pas besoin d'un grand nombre d'exemples pour le démontrer tout particulièrement en ce qui concerne l'art du cartonnage. Quel que soit en effet l'objet que doit former le cartonnier, cet objet comportera une ou plusieurs surfaces. Si ce n'est qu'une simple feuille de carton, c'est une surface ; si c'est un objet plus compliqué, une boîte par exemple, ce sera la réunion de plusieurs surfaces. On voit déjà que, dans son travail, le cartonnier aura toujours à tracer des surfaces et, parmi celles-ci, les plus importantes pour lui seront les surfaces de développement, c'est-à-dire celles qui, en leur place définitive, représentent un objet déterminé, mais qui peuvent pour ainsi dire se développer et se mettre à plat. Ainsi un cylindre offre une surface de développement ; en effet, si nous supposons que nous prenions un cylindre en carton souple et que nous le fendions suivant une ligne droite (*génératrice*) sur toute la longueur, nous pourrons le dérouler, le mettre à plat et il nous donnera dans cette dernière position un rectangle. Si nous prenons une boîte rectangulaire sans fond ni couvercle, nous pourrons également l'ouvrir comme le cylindre et la développer comme lui, obtenant encore un rectangle. Inversement, prenant un rectangle et l'enroulant sur un mandrin, nous ferons un cylindre, ou, en le pliant exactement en quatre, nous formerons une boîte rectangulaire. On voit, par ces seuls exemples, l'intérêt que peuvent offrir au cartonnier les surfaces de développement, elles lui permettent de partir d'une feuille plate et sans coupure, sans collage, d'arriver à la forme d'un objet déterminé.

Mais tous les cas que peut rencontrer le cartonnier dans son métier très complexe ne sont pas aussi simples que les deux exemples que nous venons de citer plus haut ; il peut en effet rencontrer dans la pratique des cas très variables, nous ne saurions les examiner ici ; mais nous le renverrons volontiers au *Manuel du Chaudronnier*, de l'Encyclopédie-Roret, qui contient en appendice un petit cours élémentaire de tracé où les cas les plus variés des surfaces de développement se trouvent signalés avec les méthodes pratiques de les tracer à plat. Pour le chaudronnier, il s'agit de cuivre ou de tôle qu'il plie ou qu'il arrondit en fixant leurs extrémités par des rivets ; pour le cartonnier, ce sera de la carte ou du carton mince dont les extrémités se fixent à la colle.

Bien que, comme nous venons de le dire, nous ne puissions pas donner ici tous les exemples de tracé à plat du carton, nous en indiquerons quelques-uns très usités pour montrer au lecteur l'importance de cette opération.

1° *Tracé du cylindre.* — Le cas le plus simple est celui du cylindre. Supposons que nous ayons à faire un cylindre en carte ou en carton léger, tel que ceux dont on se sert très fréquemment aujourd'hui pour l'expédition par la poste de papiers qu'on ne veut ni plier ni risquer d'abîmer dans le transport, tels qu'épreuves de photographies, dessins, gravures, etc. Ce cylindre est représenté figure 33, nous en avons le diamètre A B et la hauteur A C, cela nous suffit. Pour débiter convenablement la matière qui servira à le faire, nous tracerons, sur le carton plat, une droite A' C' de la longueur exactement égale à AC ; à chacune des extrémités A' et C' de cette droite, nous élèverons les perpendiculaires A'B' et C'D' et nous prendrons sur chacune d'elles la même longueur égale au diamètre AB du cylindre multiplié par 3,1416. Nous aurons ainsi le rectangle A'B'C'D' qui, une fois

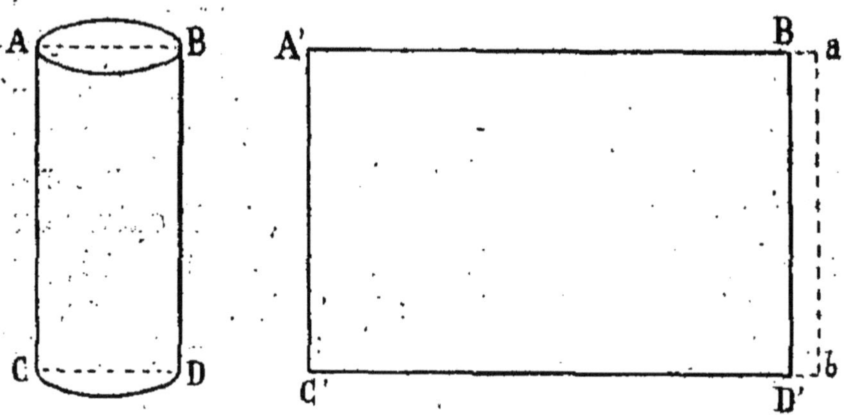

Fig. 33. Cylindre (développement).

roulé, de façon que B'D' vienne joindre A'C' nous donnera le cylindre identique au modèle. Dans notre tracé nous ajouterons une petite bande B'*ab*D' destinée à faire le recouvrement et qui sera collée.

On nous objectera peut-être que voilà bien des précautions pour confectionner un article fort simple et sans grande valeur, et qu'il serait bien plus simple d'enrouler simplement un morceau de carton sur un mandrin en bois de dimensions voulues, de coller et couper.

L'objection aura toute sa valeur s'il ne faut faire qu'un objet, mais elle n'en aura plus si le même objet doit être fait à un grand nombre d'exemplaires ; d'abord parce qu'en procédant comme nous venons de le dire immédiatement, on n'est pas assuré de donner exactement le même recouvrement, par conséquent lorsque celui-ci sera trop grand, le cartonnier dépensera trop de matière, lorsqu'il sera trop petit l'objet perdra de sa solidité ; ensuite parce que sans tracé préalable, l'ouvrier ne peut pas utiliser aussi bien son carton, ce n'est que quand il aura utilisé un certain nombre de feuilles qu'il se rendra compte de la manière de les prendre pour en tirer le plus grand nombre de cylindres possible ; d'où des déchets qu'on aurait pu éviter par le tracé préalable. Celui-ci a encore l'avantage de permettre de se rendre compte à première vue que tel résidu de feuille peut ou ne peut faire un ou plusieurs cylindres, ce qui permet d'utiliser des fausses coupes ou des chutes qui sans cela iraient aux déchets.

Il est bien entendu que dans le cas de la fabrication d'un nombre considérable d'objets identiques, le tracé ne se fait qu'une fois, il sert de gabarit à l'aide duquel le cartonnier coupera toutes ses feuilles ensemble ou par paquets au massicot (fig. 16), où dont il se servira pour régler une fois pour toutes sa cisaille circulaire (fig. 17). Enfin, s'il s'agissait d'une fabrication courante, le cartonnier ferait son gabarit en zinc et, pour faire son tracé, il collera sur le zinc une feuille de papier blanc, celle-ci une fois sèche il fera son tracé sur les indications données plus haut et, il n'aura plus qu'à faire couper ou à couper lui-même cette feuille de zinc, suivant le tracé qu'il aura fait. Ce gabarit, quand on ne s'en servira pas, devra être rangé soigneusement, d'abord pour le trouver dès qu'on en aura besoin et aussi pour qu'il ne risque pas d'être abîmé et faussé. Une bonne mesure sous ce rapport, consiste à munir le gabarit d'un trou qui permet de l'accrocher contre un mur de l'atelier, à l'abri des chocs et des détériorations.

2° *Tracé d'un parallélipipède ou boîte rectangulaire.* — Supposons que nous ayons à confectionner une boîte rectangulaire représentée figure 34, il nous faudra d'abord en faire le tracé, seule manière d'en avoir les dimensions exactes. Le moyen à coup sûr le plus simple, sera de tracer quatre rectangles (ce que nous savons faire), égaux à celui indiqué en A B C D, en supposant, bien entendu, que les quatre côtés A B, B F, F E et E A, sont égaux, c'est-à-dire que le dessus et le fond soient carrés; puis de tracer deux carrés *a b f e* et *c d g h* (fig. 35), et nous aurons tous les éléments de notre boîte qu'il ne s'agira plus que de réunir entre eux. Bien meilleur est le tracé du même objet que nous indiquons figure 36, à laquelle le lecteur voudra bien se reporter en ne considérant que les lignes pleines du dessin, sans tenir compte des lignes pointillées. Ici, nous commençons par tracer une ligne droite A' C' égale exactement à A C, puis à chaque extrémité de cette ligne, nous menons une perpendiculaire, et sur chacune d'elles nous portons A' B' =

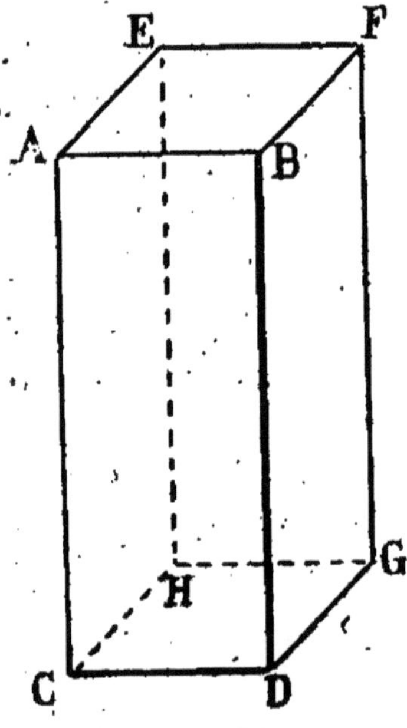

Fig. 34.
Boîte rectangulaire.

B' F' = F' E' = E' A'' = au côté du carré A B F E; par les points de divisions ainsi obtenus nous menons des parallèles à A' C' et nous avons déjà le développement de notre boîte; en pliant ce développement suivant les lignes B' D', F' G', E' H' et joignant A'' C'' à A' C', nous aurons notre boîte avec un seul joint à faire, il nous suffira en haut et en bas d'adapter le dessus et le fond indiqués figure 35 pour avoir l'objet complet.

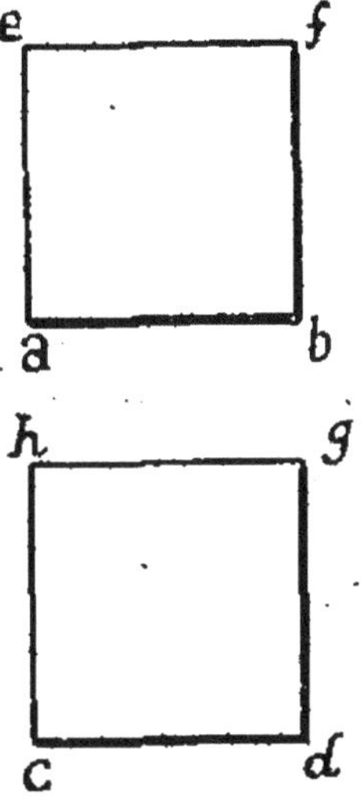

Fig. 35. Fond et dessus de la boîte rectangulaire.

Ce tracé peut encore être perfectionné; pour cela reportons-nous à la figure 36, mais cette fois en tenant compte des lignes pointillées; nous avons le développement total de notre boîte, y compris le fond et le dessus. Il nous a suffi pour cela de tracer le développement de la boîte comme précédemment, puis de prolonger le côté A' B' d'un carré A' B' *e f* et le côté C' D' d'un carré C' D' *c d* pour avoir le dessus et le fond. En ménageant le long du côté A'' C'' une petite bande A'' *a'* C'' *b'* nous avons de quoi faire le joint des deux côtés A' C' et A'' C''; en ménageant sous chacun des trois derniers côtés une petite bande, indiquée en trait pointillé, nous avons de quoi assujettir notre fond. En un mot, notre boîte est là au complet. Nous plierons comme nous avons dit plus haut, nous plierons encore et à l'intérieur chacune des petites bandes sous les côtés, nous plierons la bande limitée en *a' b'* et enfin nous plierons le fond C' D' *c d*. En mettant de la colle sur la bande A'' C'' $a' b'$, on joindra les deux arêtes A' C' et A'' C''. En mettant de la colle sur chacune des petites bandes inférieures elles viendront se fixer au fond C' D' $c d$

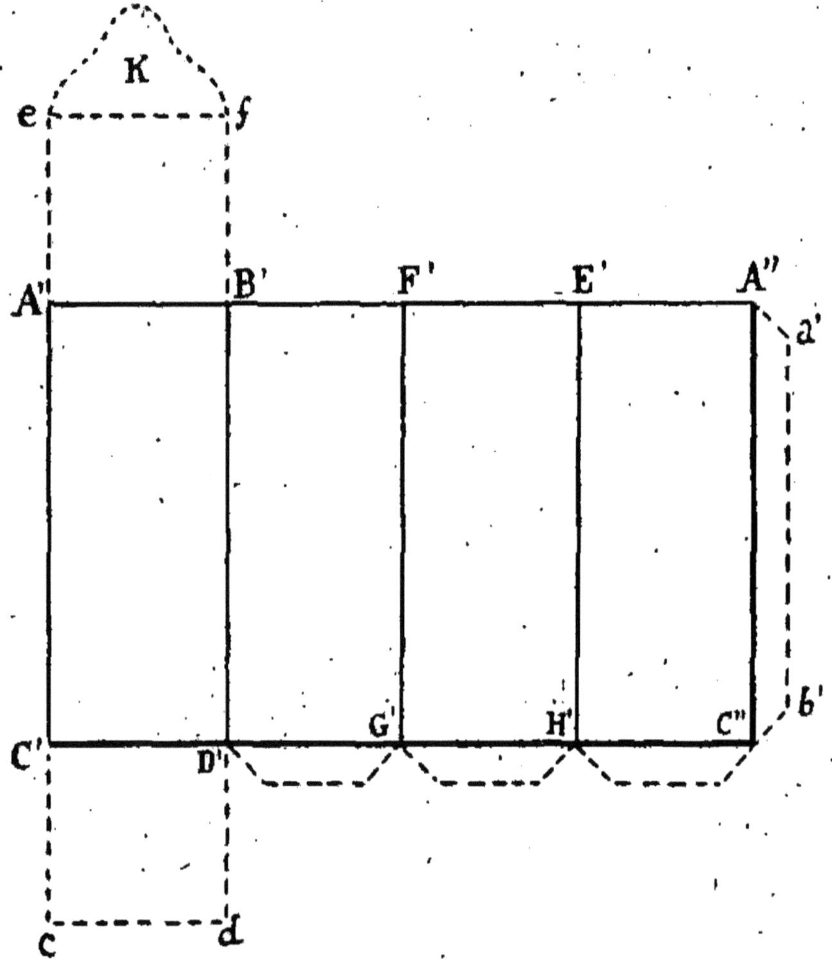

Fig. 36. Développement de la boîte rectangulaire.

plié suivant C' D' et relevé ; en un mot, notre boîte sera finie, complète. Nous pourrons même munir son couvercle d'une petite patte K, qui en fera une fermeture à la fois simple et commode.

Les avantages d'un tracé semblable sont nombreux. D'abord une fois exécuté on peut presque dire que l'objet est terminé; ensuite dans le cas d'un grand nombre d'objets identiques, un seul tracé suffira pour les établir tous; enfin comme ce tracé comporte toute la matière nécessaire à la confection d'une boîte, il est facile au fabricant de se rendre compte d'un simple coup d'œil, combien il pourra tirer d'objets d'une même feuille de carton; il pourra aussi disposer son modèle tracé, de toutes les façons possibles sur sa feuille de carton, de manière à utiliser celle-ci de la façon la plus complète et à s'éviter des déchets inutilisables, qui grèvent de leur valeur inutilisée le prix de revient de chaque objet fabriqué.

3° *Tracé d'un tronc de cône.* — Nous donnons, figure 37, la représentation d'un tronc de cône qui

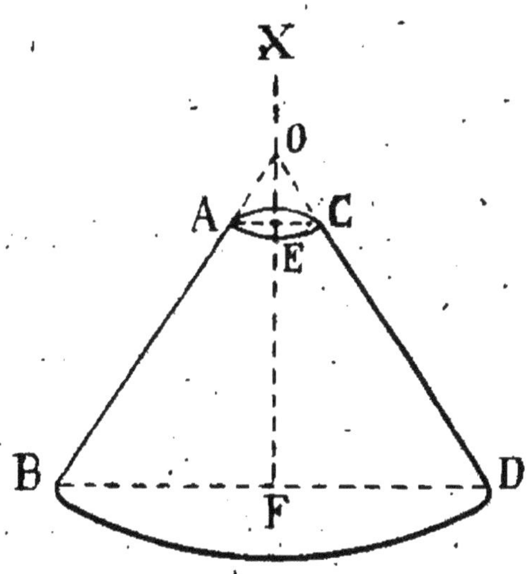

Fig. 37. Tronc de cône.

est encore une surface de développement et que nous allons apprendre à tracer à plat, d'autant plus que c'est la représentation d'un objet d'usage courant, l'abat-jour ordinaire. Deux cas peuvent se présenter au cartonnier chargé d'exécuter l'objet : soit qu'on lui donne un modèle, soit qu'on lui donne les dimensions finales que doit avoir l'abat-jour.

Premier cas. — Si nous avons le modèle représenté figure 37 en traits pleins, voici comment nous l'utiliserons pour en faire le tracé : comme nous avons besoin de la hauteur du tronc de cône pour notre traçage, nous la déterminerons le plus exactement possible de la façon suivante : nous poserons l'abat-jour donné comme modèle sur une planche ou une table parfaitement horizontale, puis sur la petite ouverture du haut nous placerons une règle légère de façon à ce que sa tranche divise ladite ouverture à peu près par moitié. Cela fait nous glisserons une règle graduée de 30 centim. ou de 50 centim. par l'ouverture du haut jusqu'à ce que son extrémité inférieure repose nettement sur la table, et nous l'appuierons légèrement contre la règle horizontale et lirons la division de la règle verticale contre le dessous de la règle horizontale, ce qui nous donnera la hauteur E F cherchée. Muni de cette dimension et du modèle nous avons tout ce qu'il faut pour opérer le tracé à plat.

Sur une feuille de papier ou de carton nous reproduirons d'abord ce qu'on appelle la projection de l'abat-jour, c'est-à-dire le trapèze A C D B. Pour cela nous tracerons une ligne droite B D bien exactement de la longueur du grand diamètre du tronc de cône ou abat-jour ; sur le milieu de cette ligne nous mènerons une perpendiculaire indéfinie F X ; sur cette perpendiculaire et à partir du point F nous prendrons une longueur égale à la hauteur que nous avons déterminée, ce qui nous donnera le point E. En ce point nous menons une perpendiculaire à F E, et nous portons de chaque côté du point E, sur cette perpendiculaire, une longueur égale à la moitié du diamètre de la petite ouverture que nous avons pu mesurer exactement sur le modèle ; ce qui nous donne les deux points A et C. Joignons A et B par une ligne droite jusqu'à la rencontre de la droite F X, cette rencontre se fait en un point O, qui est le sommet du cône auquel appartient notre abat-jour. Dès lors nous avons tout ce qu'il faut pour faire le tracé à plat. Cependant, à titre de vérification, pour voir si notre dessin est exactement fait, nous pouvons joindre le point D au point C, et si nous avons bien opéré, la ligne D C doit couper exactement la ligne F X au même point O.

Procédons maintenant au tracé du développement (fig. 28). Avec une ouverture de compas égale à O B ou O D, nous décrivons une circonférence et, de son centre O, nous menons un rayon quelconque O *a* ; du point *a*, en nous dirigeant de gauche à droite, nous prenons un arc *a m b* de cette circonférence, dont la longueur soit exactement égale à la longueur de la circonférence entière de la grande base du tronc de cône, ce qui nous donne le point *b* ; en joignant *b* au centre O, les deux lignes *a o* et *b o* étant tracées, nous aurons le cône ; mais pour avoir l'ouverture du haut, du point O comme centre avec une ouverture de compas égale à O A de la figure 37, nous tracerons un arc de cercle limité entre les deux rayons *oa* et *ob*, nous aurons exactement l'arc *c n d* égal à la longueur totale de la circonférence du haut de l'abat-jour. En découpant alors notre dessin (fig. 38) suivant les lignes pleines et en ménageant une petite bande *a c f e* pour le collage, nous n'aurons qu'à joindre exactement la ligne *d b* contre la ligne *a c* pour avoir l'abat-jour demandé.

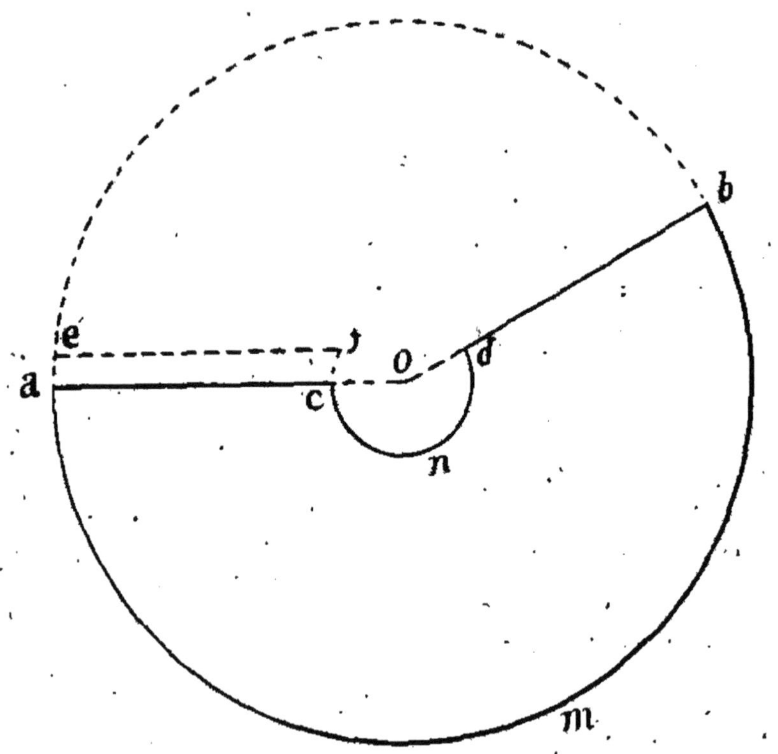

Fig. 38. Développement du cône.

Dans cette méthode de tracé, une observation s'impose, savoir : comment reporter la longueur totale de la circonférence de l'abat-jour sur la circonférence de la figure 38 pour déterminer l'arc voulu *a m b*? Il y a deux moyens : 1° de calculer la longueur de la circonférence, ce que nous ferons en multipliant le diamètre B D (fig. 37) par 3,1416; cela nous donnera une longueur quelconque, nous pourrons alors diviser cette longueur en vingt parties égales et en prenant une ouverture de compas égale à une de ces petites divisions, nous porterons cette ouverture de compas vingt fois sur la grande circonférence (fig. 38) depuis le point *a* et en allant vers la droite. Cette méthode nous amènera très approximativement au point *b*, surtout si l'ouverture du compas n'est pas trop grande, ne dépasse pas par exemple un centimètre pour une longueur totale à mesurer de un mètre, c'est-à-dire que nous aurions alors à porter l'ouverture de compas cent fois.

2° La seconde méthode fournit la longueur très exactement, elle évite aussi de faire la multiplication de B D par 3,1416. Voilà en quoi elle consiste : on trace sur un carton une circonférence ayant B D comme diamètre et on découpe très soigneusement ce carton suivant le trait ainsi figuré. On a donc un rond parfait, on fait sur le bord de ce rond un petit trait de repère et en mettant le rond en carton debout sur sa tranche de façon à ce que le repère soit exactement en *a*, on fait tourner légèrement et régulièrement le rond sur l'arc *amb*. Quand le repère arrive de nouveau sur l'arc, c'est-à-dire quand le carton a fait un tour complet, on a le point *b* cherché. Cette seconde méthode est théoriquement la plus exacte et la plus mathématique, mais à la condition : d'abord de découper très exactement le carton devant former le rond, ensuite de le faire rouler très bien sans glissement ni en avant ni en arrière, sans quoi l'arc *amb* serait trop petit ou trop grand. Avec un peu de pratique on prend facilement l'habitude d'exécuter le mouvement de roulement d'une façon convenable ; reste la confection du rond à laquelle il faut apporter un grand soin.

Nous dirons comme pour l'exemple précédent, que si l'on avait beaucoup d'abat-jour de même modèle à faire il serait pratique de faire un gabarit en zinc du développement donné figure 38, à l'aide duquel on ferait le tracé de tous les abat-jour. Dans ce cas on pourra sacrifier assez de temps et de soins pour arriver à faire un gabarit très exact, ce sacrifice sera vite récupéré par la suite en promptitude dans l'exécution des tracés.

Second cas. — Nous supposons maintenant que l'on ne nous donne pas de modèle de l'abat-jour, mais qu'on nous en donne les dimensions, c'est-à-dire le diamètre de la grande base du tronc de cône, le diamètre de la petite base et la hauteur.

Dans ce cas, nous voyons que nous avons tout ce qu'il nous faut pour tracer la projection de notre tronc de cône, par conséquent nous rentrons dans le cas précédent, même avec une simplification, puisque la hauteur nous est donnée et que nous n'avons pas à la déterminer.

Mais on peut encore nous fournir les dimensions de l'abat-jour en nous donnant le diamètre de sa grande base, le diamètre de sa petite base et la longueur de son côté, c'est-à-dire la longueur de la ligne A B ou C D de la figure 37, ligne qu'on appelle une génératrice du tronc de cône. Il s'agit avec ces éléments de trouver la hauteur du tronc de cône. Pour y arriver sans calcul on fait une construction géométrique très simple que nous indiquons figure 39 et qu'on exécute comme suit : on trace une droite F X et, en un point quelconque E de cette droite, on lui mène une perpendiculaire sur laquelle on prend de part et d'autre de E d'abord E A = E C = la moitié du diamètre de la petite base, puis E B = E D = la moitié du diamètre de la grande base. Du point A comme centre, avec

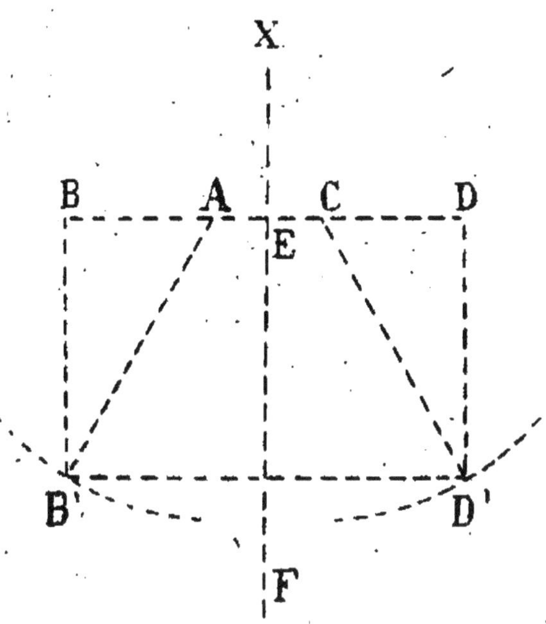

Fig. 39. Détermination de la hauteur du tronc de cône.

une ouverture de compas égale à la longueur du côté de l'abat-jour, ou génératrice du tronc de cône, on trace un arc de cercle, puis du point B on mène une parallèle à F X ou une perpendiculaire à la droite B D, le point B' où cette parallèle ou perpendiculaire vient couper le cercle détermine la droite B B' qui est la hauteur cherchée du tronc de cône. On possède alors tous les éléments pour construire la projection du tronc de cône comme nous l'avons indiqué plus haut. On peut même se servir de cette construction pour tracer la projection, il suffira de répéter en C ce qu'on a fait en A, c'est-à-dire tracer un arc de cercle avec la longueur du côté de l'abat-jour comme rayon ; du point D mener une parallèle à F X qui coupe l'arc en D' et l'on joint D' B'. Le trapèze A B' D' C est la projection du tronc de cône, il n'y a plus qu'à achever le cône comme nous l'avons vu en premier lieu, pour avoir tous les éléments nécessaires au tracé sur la feuille de carton du tronc de cône ou de l'abat-jour qui répond aux mesures indiquées.

Tracé d'un tronc de cône très peu prononcé. — Nous venons d'examiner un cas assez simple, c'est celui d'un tronc de cône très prononcé et dont le sommet O était accessible, mais si l'on nous avait donné un tronc de cône comme celui indiqué en traits pleins (fig. 40) et qui rappelle l'abat-jour style Empire, le sommet va se trouver très loin et nous pouvons même ne pas avoir de feuille de carton suffisamment grande pour tenir toute la circonférence du développement. Il nous faut donc agir d'une autre façon et construire notre développement par la méthode dite : par points, qui s'applique de la façon suivante : nous traçons sur notre carton la projection du tronc de cône suivant A B C D (fig. 41), après avoir tracé l'axe O X d'une

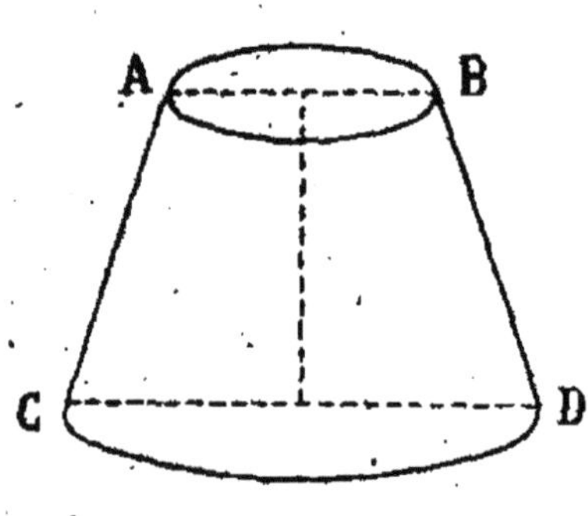

Fig. 40. Tronc de cône peu prononcé.

longueur indéterminée et de façon que A B et C D lui soient bien perpendiculaires. Puis du point D nous menons une perpendiculaire D K à la ligne B D et nous divisons en deux parties égales l'angle C D K par une droite D R qui rencontre l'axe en R. Les trois points C R D appartiennent à la courbe

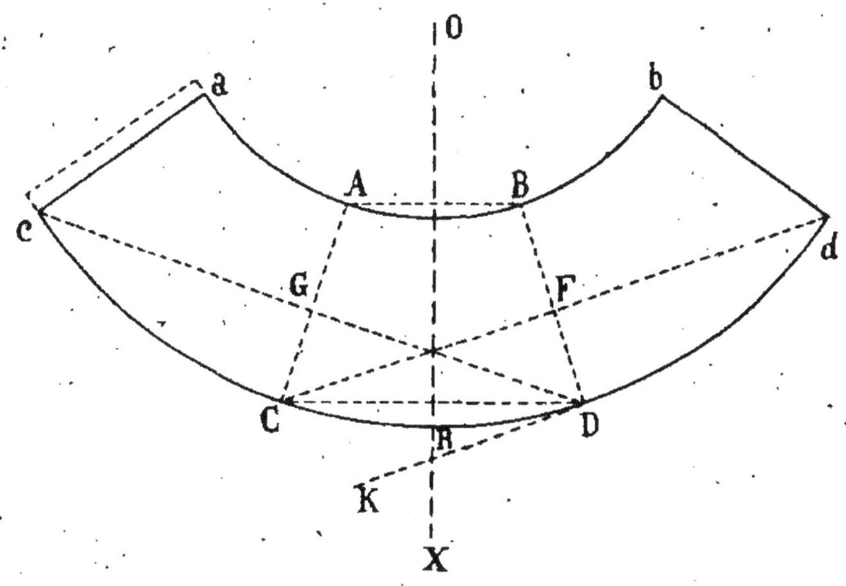

Fig. 41. Développement du tronc de cône.

qui donne le développement de notre grande base, ils sont assez rapprochés pour qu'on puisse sans grande erreur tracer l'arc C R D. Si maintenant du point C nous menons une perpendiculaire C F à la ligne B D et que du point F où elle coupe B D nous la prolongions d'une longueur F d = C F, le point d appartiendra encore à la courbe de développement et sera même son point extrême à droite. De même, si du point D nous menons D G perpendiculaire à A C et que du point G, rencontre de ces deux droites, nous prolongions D G d'une longueur G c

égale à G D nous aurons encore au point *c* un point de la courbe que nous voulons tracer, ce point étant le point extrême à gauche. De sorte que nous voilà déjà en possession de cinq points. Si l'on en veut davantage il suffit de prendre d'autres points sur la courbe C R D et par eux de mener des perpendiculaires soit sur B D, par tous les points choisis à gauche de l'axe, soit sur A C par tous les points choisis à droite de l'axe, et en prolongeant ces perpendiculaires au delà de B D ou de A B de la même longueur que celle qu'elles ont en deçà, on obtiendra une série de points intermédiaires entre D et *d* et entre C et *c* qui permettront de tracer d'une façon très exacte la courbe *c* C R D *d* qui est le développement de la circonférence de la grande base du tronc de cône.

Il s'agit maintenant de tracer la courbe représentant le développement de la circonférence de la petite base. Ici, le procédé graphique est de tâtonnement, mais avec un peu de pratique on l'exécute facilement et exactement. Voici comment on opère : on prend une ouverture de compas égale à A C ou B D, puis en en portant la pointe sèche sur des points très rapprochés de la courbe *c* C R D *d* on trace une série de petits arcs de cercles au-dessus de cette courbe et l'on réunit ensuite les points les plus élevés de chacun de ces petits arcs de cercles par une courbe qu'on fait à main levée, ce qui donne la courbe *a* A B *b* qui est le développement cherché; en ménageant une petite bande supplémentaire à gauche, par exemple, et que nous avons indiquée en pointillé le long de *a c*, on a de quoi faire le collage. En découpant enfin le dessin suivant les deux courbes *c* C R D *d* et *a* A B *b* ainsi que suivant *b d* et *a c* avec la bande de collage en plus, on a l'abat-jour à plat, il suffit de l'arrondir de façon que *b d* vienne le long de *a c*, opérer le collage, et l'objet est fini.

Comme précédemment, on peut donner au cartonnier, soit le modèle, soit les dimensions avec la hauteur, soit sans cette dernière dimension, mais alors avec la longueur du côté. Dans tous les cas, pour faire le tracé de la projection, il faudra se reporter à ce que nous avons dit pour le tronc de cône ordinaire.

Nous arrêtons ici la partie du tracé des surfaces de développement, non pas que le sujet soit épuisé, il est au contraire excessivement vaste, trop vaste pour les dimensions de notre modeste traité. Nous avons cité ces quelques exemples surtout pour faire voir l'importance de l'étude du tracé dans le métier du cartonnier, importance d'autant plus grande qu'elle comprend en fait deux règles primordiales : la théorie qui consiste dans la confection de véritables épures qui, pour la plupart, ne comportent qu'une solution dont il n'y a pas à s'écarter, et la pratique qui avec l'application de la théorie doit amener le cartonnier à disposer des épures de telle sorte qu'il arrive à utiliser le maximum de la surface de son carton, et fasse le minimum de déchets. Mais c'est précisément dans cette seconde partie, où nous ne pouvons pas donner de règles absolues, car elles varient suivant la méthode de travail de chaque atelier. C'est ainsi que nous émettons le principe de faire les tracés en se créant le moins de déchets possibles ; or, il peut y avoir des ateliers où au contraire il faudra tracer et tailler largement, à son aise, parce que les chutes de matière qui résulteront de l'application de cette méthode auront leur utilisation à la confection d'objets de plus petites dimensions et d'une fabrication courante. C'est à ce point de vue une recommandation que nous ferons aux cartonniers, de ne jamais jeter les déchets d'une coupe, sans qu'ils se soient bien assurés qu'ils ne peuvent pas en tirer parti pour autre chose. En résumé, c'est toujours dire au praticien d'éviter de transformer une matière qui lui coûte 20, 30 et même 50 francs les 100 kilogr., en matière qui ne vaut plus que de 3 à 5 francs. C'est, du reste, la loi générale qu'il faut s'astreindre à appliquer dans tous les genres d'industrie. Quelle que soit la nature du déchet, c'est presque toujours une perte sèche pour l'industriel.

L'opération du tracé est toujours suivie de celle du découpage. Nous n'en avons pour ainsi dire pas parlé, parce que les méthodes de découpage varient suivant le genre de cartonnage que l'on fait, car, ainsi que nous l'avons dit plus haut, ceux-ci varient aujourd'hui à l'infini et chaque cartonnier a cru, comme bien d'autres industriels, du reste, se spécialiser et faire de préférence une ou deux catégories de cartonnages, rarement trois, car dans ce cas le matériel nécessaire devient énorme.

Nous allons donc classer les différentes spécialités de cartonnages et nous les passerons en revue successivement. Cette classification, qui n'a rien d'officiel, peut s'établir comme suit :

Cartonnage plat.
Gros cartonnage.
Cartonnage courant.
Cartonnage demi-fin.
Cartonnage fin.
Cartonnage dit de pharmacie.
Cartonnage moulé.
Cartonnage estampé.

CHAPITRE IV

Cartonnage plat

SOMMAIRE. — I. Découpage. — II. Assemblage. — III. Propriétés générales du carton plat. — IV. Carton pour peinture artistique.

La fabrication des cartonnages plats est sans contredit la plus vaste, car elle embrasse non pas une fabrication spéciale, mais l'emploi général du carton ou de la carte en feuilles, telle que les livre la fabrique et, à ce point de vue, tout le monde est fabricant, car quelle est la personne qui n'a pas taillé plus ou moins, dans un morceau de carton ou de carte, l'objet dont elle avait besoin, et qu'elle a exécuté souvent soit comme simple amateur, soit encore pour éviter de passer par le spécialiste. Dans la vie pratique, on peut dire que le carton remplace le bois, ou pour nous exprimer avec plus de vérité, partout où il n'est pas besoin de la solidité spéciale propre au bois, on recourt à l'usage du carton: Un seul exemple suffira pour justifier notre dire : dans l'encadrement, lorsqu'il s'agit d'une photographie, d'une gravure, d'une aquarelle, etc., en un mot quand l'objet à encadrer n'est qu'une feuille de papier, sur quoi l'applique-t-on pour l'entourer ensuite d'un cadre? Sur du carton. Parce que dans ce cas, l'objet n'a besoin en somme que d'être maintenu, il ne demande pas grand effort à son soutien. Si au contraire on veut encadrer une glace, à moins qu'elle ne soit de très petites dimensions, comment forme-t-on le fond du cadre? Avec du bois ; ce qu'en miroiterie on appelle un parquet. Parce que, dans ce cas, l'objet à encadrer est lourd, et le fond qui le maintient et qui peut à un moment donné le soutenir, exige une résistance particulièrement forte que n'a pas le carton. D'ailleurs, ces parquets de glaces eux-mêmes se font en planches plus ou moins épaisses suivant les dimensions de la glace.

Donc, pour en revenir au cartonnage plat, il remplace le bois avec les avantages suivants : d'être d'un travail plus facile, et d'offrir une matière première d'un prix moindre. Aussi, ne trouvons-nous dans le cartonnage plat qu'un nombre assez restreint d'opérations qui peuvent se résumer en deux mots pris dans leur acception générale : le découpage et l'assemblage.

I. DÉCOUPAGE

Quand il s'agit de découper du carton ou de la carte suivant des lignes droites, les moyens et outils à employer sont ceux que nous avons déjà indiqués : faire le tracé à la règle ou au gabarit et passer suivant le cas à la cisaille à main, au massicot ou à la cisaille circulaire (fig. 15, 16 et 17).

Les outils ci-dessus ne sont plus applicables quand il faut débiter le carton suivant des lignes courbes. Si l'on doit découper simplement des ronds (circonférences) de diamètres assez réduits, on peut se servir du compas droit (fig. 28) avec sa lame acérée bien coupante. Quelquefois dans ces découpages, il peut être important, indispensable même, de ne pas faire de trou au centre, et comme d'autre part on est obligé de faire un effort assez considérable sur la poignée du compas pour aider l'entrée de la branche à lame dans le carton, l'effet à obtenir n'est pas aisé. On y arrive cependant par un petit artifice qui consiste à placer au centre un petit morceau de bois dur, dans lequel la pointe ne pénètre que difficilement, mais qui en tout cas, n'est pas perforé de part en part avant que le rond en carton ne soit coupé et détaché de la feuille. Quand on a ce genre de travail à faire et surtout à répéter un certain nombre de fois, il est bon, au préalable, de faire un tracé au crayon, qui servira non seulement de guide au moment du découpage, mais encore qui permettra au cartonnier d'utiliser son carton de la façon la plus économique.

S'il s'agit de ronds de petit diamètre, et que l'on en ait un nombre important à découper, il sera préférable de faire la dépense d'un emporte-pièce du calibre voulu et l'on détachera les ronds avec cet outil et un marteau. Du reste, l'emporte-pièce est un outil très courant, il en existe chez tous les quincailliers et, à moins de diamètres spéciaux, le cartonnier en peut toujours trouver de tout faits répondant à ses besoins.

Doit-on faire des quarts de ronds tels qu'on en fait pour arrondir les angles d'un carton plat, c'est encore au compas droit qu'il faudra recourir.

S'agit-il de découper le carton suivant des contours curvilignes, dont les centres ne sont pas accessibles, ou appartenant à des courbes que le compas ne peut pas tracer, le cartonnier devra faire son découpage à la main, en suivant très exactement les lignes qu'il aura d'abord eu soin de tracer. Lorsque l'objet à faire doit se reproduire à un nombre considérable d'exemplaires, le cartonnier agira sagement en faisant établir un gabarit des courbes, en tôle par exemple, de façon à n'avoir qu'à en suivre le contour avec un tranchet ou tout autre instrument coupant. C'est au praticien de se rendre compte, suivant l'importance du travail qui lui est commandé, s'il a avantage à faire faire ce gabarit ou non.

Aujourd'hui, cependant, avec les progrès constants de l'industrie, avec les perfectionnements apportés dans toutes les fabrications, il s'est créé des spécialités dans tous les genres, et c'est ainsi qu'il existe des maisons établissant spécialement des emporte-pièce de tous les genres, de toutes les dimensions, dont le fabricant de cartonnages peut faire un usage fort pratique, en raison du temps qu'il économise dans sa production. C'est ainsi qu'au lieu de découper les arrondis au compas ou au tranchet, il peut avoir grand intérêt à faire faire un emporte-pièce de l'arrondi en question et d'opérer avec cet outil qui donne déjà une notable économie de main-d'œuvre.

Tout ce que nous venons de dire pour le carton s'applique évidemment à la carte quelle qu'elle soit. Néanmoins, dans ce dernier cas, le fabricant de cartonnages aura encore un autre instrument à sa disposition, c'est la paire de ciseaux; ces derniers étant bien entendu d'une force proportionnée à l'épaisseur de la carte à travailler.

Telles sont brièvement résumées les opérations de découpage les plus fréquentes qui se présentent dans les cartonnages plats avec les moyens de les exécuter d'une façon purement manuelle, avec le concours peut-être d'outils, mais sans machines proprement dites. Quant nous aurons compris dans cette catégorie de travail le perçage du carton qui peut s'exécuter avec des emporte-pièce de différents calibres, nous aurons embrassé tout ce qui constitue le coupage.

Comme nous venons de le dire, toutes ces opérations se font sans le secours de machines, mais nous n'entendons pas, par là, qu'elles ne peuvent pas se faire à la machine, bien au contraire. La mécanique s'est introduite dans tous les corps d'état et elle n'a pas négligé non plus le cartonnage, auquel elle apporte son concours pour économiser la main-d'œuvre, pour produire rapidement, et pour fabriquer avec une exactitude mathématique. Aussi devons-nous examiner les quelques machines les plus usuelles dont on peut faire un très bon usage dans les ateliers à fabriquer les cartonnages plats.

Machine à arrondir les coins

C'est d'abord la machine à arrondir les coins (fig. 42), construite par la maison Kaindler. Comme on le voit, cette machine est montée sur une base plate solide qui peut se fixer sur une

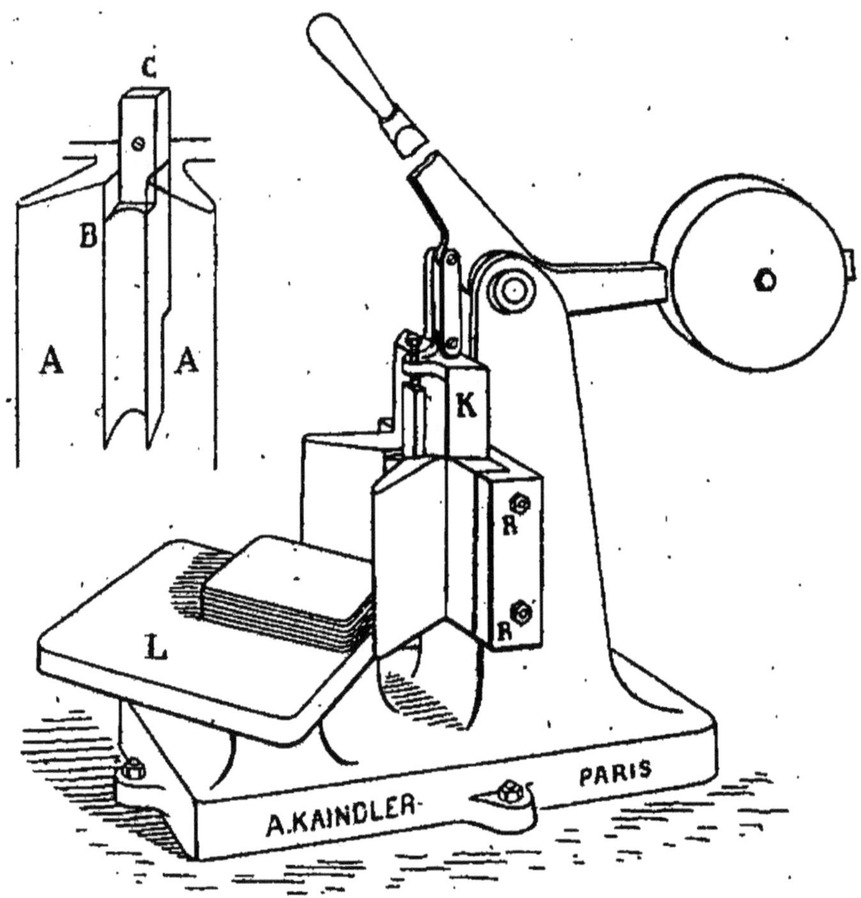

Fig. 42. Machine à arrondir les coins.

table à l'aide de tire-fond; avec cette base fait corps une partie verticale, venue de fonte avec elle et qui, à sa partie supérieure, présente dans le sens de la longueur un évidement dans lequel peut tourner un levier muni d'un long bras à l'avant et d'un contre-poids à l'arrière. Sur la partie verticale, que nous appelerons le bâti, est solidement maintenue une pièce de forme spéciale qui, à l'avant, présente deux plaques faisant entre elles un angle droit, le sommet de cet angle étant enlevé. C'est dans cette pièce que glissera la lame destinée à couper le carton arrondi; la figure 42 montre à gauche cette portion de l'outil vue de face. A A sont les deux plaques formant entre elles un angle droit, B représente la contre-lame et C la lame. La contre-lame B est fixée à la pièce A A qu'on appelle l'équerre, tandis que la lame C est fixée dans une pièce mobile K (fig. 42) que peut faire abaisser le levier. A la partie inférieure de la machine, et venue de fonte avec la base, existe une sorte de table bien dressée sur laquelle on peut déposer un plateau L en fonte également bien dressé, qui est mobile et destiné à recevoir le carton à couper. Voici maintenant comment fonctionne l'appareil : sur le plateau L on place le carton dont on veut arrondir les angles, le plateau ayant lui-même ses angles arrondis. Le carton est supposé bien entendu préalablement coupé exactement d'équerre; en l'avançant dans l'équerre de la machine, chacun de ses côtés est bien guidé, et comme l'équerre de la machine est sans sommet, le coin du carton va se loger dans le fond de l'équerre, au-dessus de la contre-lame. L'ouvrier chargé du travail doit avoir soin d'appliquer très exactement son carton, de façon qu'il porte bien contre les deux côtés de l'équerre et, cela fait, il le maintient solidement d'une main, tandis que de l'autre il abaisse le levier. Le carton pris entre la lame et la contre-lame est coupé à l'arrondi de ces dernières. Sur notre dessin (fig. 42), au lieu d'être une feuille de carton qui est présentée à la machine, c'est un paquet de plusieurs cartes. Dès que la coupure est faite, l'ouvrier abandonne le levier qui se relève de lui-même, grâce au contre-poids.

Il est évident qu'avec une machine de ce genre on ne peut faire que l'arrondi donné par la lame, en d'autres termes, chaque arrondi doit avoir sa lame et sa contre-lame; mais il suffit d'en avoir un jeu répondant aux besoins de l'atelier. Enfin cette machine peut servir aussi à faire les coins droits, c'est-à-dire abattre l'angle suivant une ligne droite, mais alors les lame et contre-lame sont droites et exigent une équerre spéciale qui peut du reste prendre la place de l'équerre à arrondis, laquelle est fixée à l'aide des boulons R R sur le bâti de la machine. Notre dessin (fig. 42) montre d'ailleurs la lame C droite.

Cette machine, on le voit, est très simple, elle n'exige aucun apprentissage spécial pour sa manœuvre, un peu de soin et d'attention suffisent.

Nous donnons, figure 43, cette même machine, construite par la même maison, munie d'un perfectionnement fort important, surtout lorsqu'il s'agit d'arrondir les angles d'un paquet formé d'un assez grand nombre de cartes, cas dans lequel l'ouvrier peut éprouver quelque difficulté à maintenir convenablement toutes les cartes à la fois, risquant alors de les arrondir d'une façon différente, suivant leurs places respectives dans le paquet. Le perfectionnement en question a pour but d'obvier à cet inconvénient en faisant agir une presse sur le paquet de cartes pour les maintenir sans qu'elles puissent bouger.

Nous ne reviendrons pas sur le principe d'après

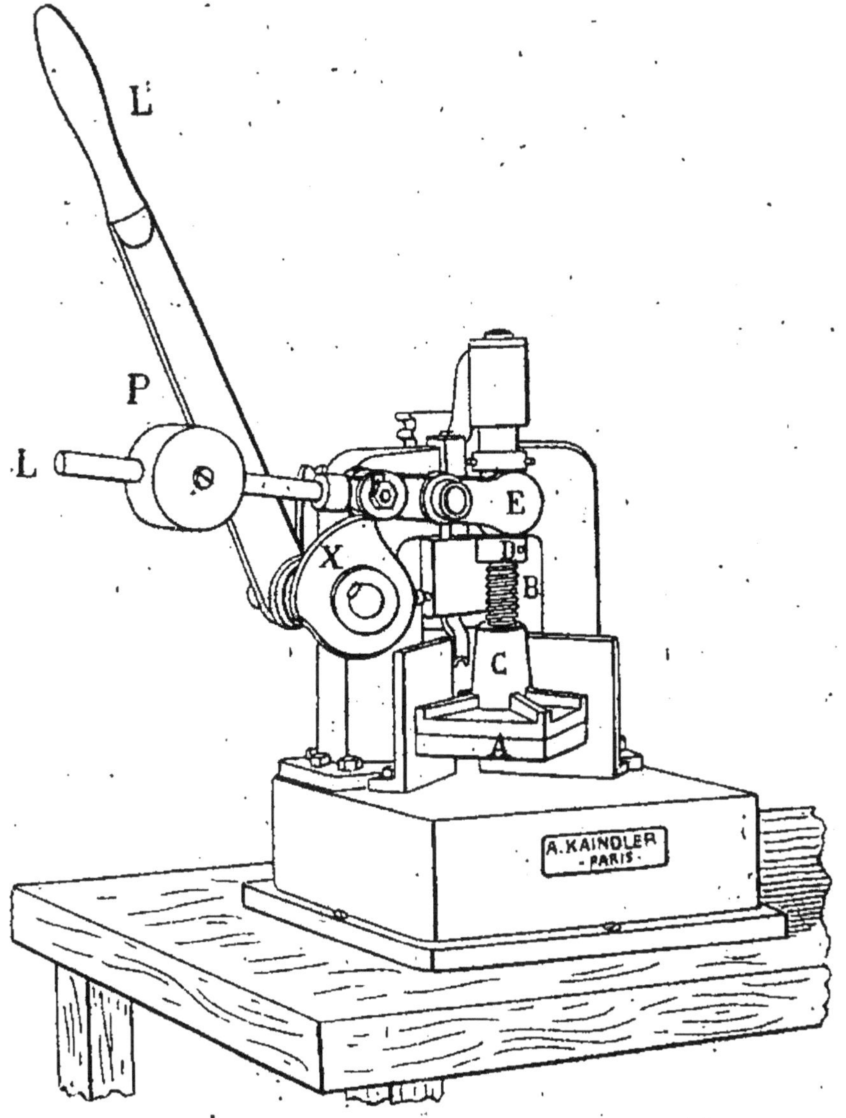

Fig. 43. Machine avec presse automatique.

lequel cette machine opère le coupage en arrondi, principe qui est le même que celui précédemment expliqué, et que le lecteur appliquera ici en tenant compte du léger changement de forme du bâti, en raison de la présence de la presse dont seule nous avons à nous occuper dans ce cas. Cette presse se compose d'un plateau carré A ne touchant pas les deux plaques verticales formant ici l'équerre; le plateau est soutenu par une vis B qui peut être plus ou moins entrée dans le manchon C taraudé à l'intérieur et faisant corps avec le plateau; on règle la hauteur de la vis dans le manchon par l'écrou D, ce qui permet d'élever plus ou moins le plateau au-dessus de la table. L'ensemble de ces pièces qui constitue la presse proprement dite, peut se lever et s'abaisser dans une très faible mesure grâce au levier L qui embrasse par une fourchette E le sommet de la vis et peut tourner autour de l'axe F. De son côté, le levier L' qui fait abaisser la lame du coupoir, porte en avant du dessin une came X. Voici maintenant comment on utilise ce dispositif : on règle d'abord la hauteur du plateau A, de façon à pouvoir facilement glisser dessous le paquet de cartes dont on veut arrondir les coins; on place donc ce paquet comme précédemment, de façon qu'il butte exactement contre les deux faces de l'équerre et s'enfonce à fond dans l'ouverture qu'elle présente. On régularise bien le tas de manière que toutes les cartes superposées soient bien alignées, qu'il n'y en ait pas une qui dépasse les autres. Cela fait, on agit sur le levier L' qui, dans la disposition de notre dessin doit fonctionner de gauche à droite pour opérer le découpage. Dans ce mouvement du levier L', la came X tourne et soulève le levier L qui, par sa fourchette E, appuie sur l'écrou D et applique la presse sur le tas de cartes à arrondir, de sorte que celles-ci ne peuvent plus bouger. Quand la coupure est faite, le levier L' est relevé, mais en même temps le levier L s'abaisse par la force du contrepoids P, et les cartes coupées ne sont plus serrées, ce qui permet de les enlever et de les remplacer par un autre paquet.

Ainsi qu'on le voit, par la manœuvre que nous venons d'indiquer, les deux opérations de coupage et de pression se font en même temps ou du moins sans qu'on ait deux manœuvres à faire, car pour être exact, nous devons dire que les deux mouvements ne sont pas absolument simultanés. Il faut en effet que la pression s'exerce sur les cartes un peu avant que ne commence le coupage, car c'est ce dernier qui provoque le dérangement des cartes en vertu de la pression qu'il exerce, et qui ne se répartit pas uniformément sur toutes les feuilles en même temps.

Cette machine a le grand avantage de dispenser l'ouvrier d'appuyer sur ses cartes ou son carton, manœuvre dans laquelle il peut apporter plus ou moins de vigueur et par conséquent obtenir un résultat plus ou moins régulier. Or il est des travaux, même de très bas prix, qui exigent une régularité mathématique et qu'on ne peut être assuré d'obtenir que par la machine. Ce modèle que nous venons de décrire est très utilisé pour arrondir les coins de cartes à jouer, de cartons et même des carnets en papier.

Machine à découper

Nous avons vu plus haut, dans le travail à la main, que nous signalions à maintes reprises l'emploi de l'emporte-pièce; or si, dans l'opération, il faut faire usage du maillet pour frapper sur la tête de l'emporte-pièce, la machine peut, elle aussi, exécuter cette partie du travail, sauf qu'ici elle remplace le choc intermittent produit avec le maillet par un effort continu et graduel.

Notre dessin (fig. 44) donne le modèle d'une machine de ce genre, construite par la maison Hachée de Paris. Cette machine se compose d'un bâti formé de deux flasques A A en fonte épaisse, solidement reliées entre elles par des entretoises BBBB. Ce bâti supporte une table C bien dressée, au-dessus de laquelle peut s'élever et s'abaisser une pièce en fonte D très lourde, très épaisse et terminée à sa partie inférieure par une surface plane elle aussi très bien dressée et parfaitement horizontale. Le mouvement de descente et de levée de cette pièce, est donné par un excentrique E E, placé à l'extérieur et en bas de chaque flasque, excentrique qui est mis en mouvement par un train d'engrenages commandé par une roue avec manivelle. Chacun des excentriques commande une tige F, qui commande elle-même une des extrémités du plateau mobile en fonte aux points G. Quand on agit sur la manivelle, on met tout le train d'engrenages en mouvement et par suite les deux excentriques E qui, dans leur demi-rotation, font descendre le plateau mobile puis le font remonter dans leur seconde demi-rotation, par l'intermédiaire des bielles F.

Si maintenant on place sur la table fixe C le carton à découper, sur le carton l'emporte-pièce de la forme voulue et qu'on fasse descendre le plateau

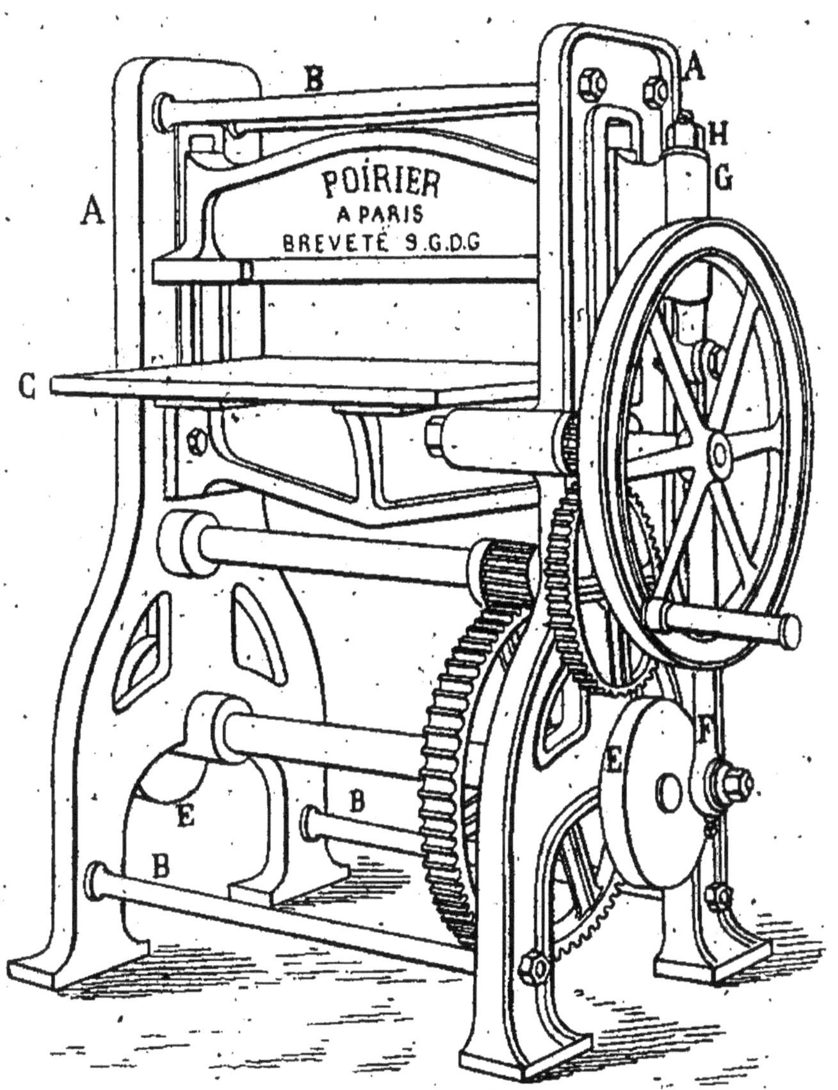

Fig. 44. Machine à découper.

mobile D, il appuiera avec une telle force que l'emporte-pièce pénètrera dans le carton, découpant celui-ci au dessin de l'emporte-pièce.

Comme avec cette machine, on doit pouvoir faire usage de toutes sortes d'emporte-pièce et que ceux-ci, suivant leur forme même, peuvent être plus ou moins hauts, on doit pouvoir faire varier aussi la hauteur du plateau mobile D, but qu'on atteint facilement à l'aide des boulons H.

L'excentrique étant une pièce mécanique d'une exactitude parfaite, limite forcément la levée et l'abaissement du plateau mobile et par suite l'enfoncement de l'emporte-pièce; de sorte que, théoriquement du moins, on devrait pouvoir manœuvrer cette machine, de façon à ce que le coupant de l'emporte-pièce vienne joindre très exactement la table fixe C, après qu'il a opéré son travail de coupage et, le mouvement devrait être à tel point exact, que la tranche de l'emporte-pièce ne devrait pas s'émousser sur la fonte. Mais ce serait beaucoup demander à un appareil mécanique; aussi lorsqu'on veut faire, avec une machine de ce genre, du coupage à l'emporte-pièce, a-t-on soin de mettre sur la table C une ou deux feuilles de carton sacrifiées, sur lesquelles on vient placer la ou les feuilles à découper.

Quand on se propose de découper plusieurs feuilles de carton à la fois, il faut avoir grand soin de le spécifier au fabricant d'emporte-pièce, de manière à ce qu'il fasse ces derniers en conséquence, c'est-à-dire qu'il tienne parfaitement droite toute la partie utile de l'outil de coupage, et cette partie aura la hauteur totale des cartons à couper à la fois, alors que plus haut il donnera à l'emporte-pièce du biais vers le dehors, pour lui fournir plus de résistance et plus de force de pénétration, en même temps qu'il donnera le même biais à l'intérieur pour former une dépouille plus considérable, c'est-à-dire pour que le carton emprisonné dans l'intérieur de l'emporte-pièce puisse être dégagé facilement.

Notre dessin (fig. 44) représente une machine à découper fonctionnant à bras; mais on comprend que si l'on remplaçait la roue à manivelle par une poulie fixe et une poulie folle, on pourrait faire la commande au moteur. Comme on le voit sur ce dessin, la machine est munie d'un train d'engrenages important, c'est ici pour éviter un trop grand effort de l'homme qui actionne l'appareil, mais c'est aussi pour obtenir une grande réduction de vitesse, tous les appareils de ce genre devant accomplir leur travail avec une certaine lenteur, car comme nous l'avons déjà dit plus haut, le carton est une matière très dure qui émousse rapidement les tranchants de tous les outils et qui leur résiste assez pour les casser net, si leur mouvement était trop brusque.

Les machines à découper présentent au fabricant de cartonnages de grands avantages : d'abord du fait que leur action est lente et progressive, les tranches qu'elles pratiquent dans le carton sont très nettes, et les objets finis absolument identiques les uns aux autres. Ensuite, elles ménagent énormément les emporte-pièce puisque ceux-ci, n'étant plus frappés à grands coups de maillet, ne courent plus le risque d'être ébréchés par suite d'un coup appliqué, soit trop violemment, soit à **faux** ; en outre, quelle que soit l'adresse de l'ouvrier qui manie le maillet, l'effort qu'il imprime à l'emporte-pièce peut très bien se répartir inégalement. Si en effet l'outil trouve sous son coupant des parties de duretés différentes, le choc du maillet fera incliner l'outil davantage, du côté le moins dur et par suite le choc portera à faux. Enfin, les emporte-pièce destinés à être manœuvrés à la main, ne peuvent avoir que des dimensions réduites, tandis que ceux actionnés par la machine, peuvent avoir comme longueur celle du plateau D et sa largeur. Il nous faut également dire que les emporte-pièce pour machines sont d'une construction plus simple, par suite moins coûteux, puisqu'ils n'ont pas besoin d'avoir leur contour relié à une tige verticale, sur laquelle frappe le maillet. Les emporte-pièce allant avec les machines à découper, sont de simples feuilles d'acier contournées suivant la forme voulue présentant une de leurs tranches coupante et l'autre ayant toute l'épaisseur de la feuille d'acier brut.

Nous avons intentionnellement donné comme exemple une machine à découper d'une dimension assez grande, mais le lecteur imaginera sans difficulté des machines fournissant un travail analogue mais plus faible. C'est ainsi qu'il se fait des machines destinées à marcher avec de petits emporte-pièce, dans lesquelles la table C est ronde et placée d'équerre sur un bâti en fonte et le plateau mobile également rond, n'est mis en mouvement que par un seul excentrique. Fidèle à ce que nous nous sommes imposé dans la rédaction de ce petit manuel, nous indiquons le principe sur lequel est basée la disposition de la machine, quant aux détails le lecteur saura les distinguer suivant les différents constructeurs.

II. ASSEMBLAGE

Sous ce titre, que nous donnons d'une façon tout à fait générale, nous entendons toutes les opérations qui ont pour effet, soit de réunir ensemble plusieurs feuilles de carton, soit de réunir le carton à diverses matières telles que le papier, la toile, la toile cirée, la peau, les tissus divers, etc.

Le mode d'assemblage le plus fréquemment employé dans le cartonnage plat, c'est celui à la colle. Nous avons déjà vu au chapitre qui traite de la carte, comment on faisait la colle de pâte et comment on l'employait, nous n'y reviendrons pas. Disons seulement qu'elle est très employée et signalons les cas où elle sert principalement.

La colle de pâte est utilisée toutes les fois que du carton doit être recouvert d'une matière qu'elle peut facilement imbiber. Ainsi quand on veut coller du papier blanc ou de couleur, uni ou marbré, sur du carton, c'est à la colle de pâte que l'on a recours. Pour qu'un collage ainsi pratiqué soit bien fait et tienne bien, il faut, comme nous l'avons dit, que la colle soit bien liquide et surtout exempte de grumeaux qui feraient des bosses à la surface, quand le travail sera sec. Aussi, est-il bon de passer la colle abondamment sur le carton qui, par sa texture poreuse en absorbera une certaine quantité ; lorsque toute la surface du carton à recouvrir est bien humide, on y place le papier préalablement passé d'une couche légère de colle, bien uniformément appliquée. On oblige le papier à s'appliquer complètement sur la surface du carton, en le tamponnant légèrement avec un chiffon doux et propre, ou avec une brosse douce, de manière à éviter la formation de plis ou de cloques dues à l'emprisonnement de l'air. Quand il se produit des plis trop accentués pour être effacés avec le tampon ou la brosse douce, on relève la feuille de papier jusqu'à l'endroit où s'est formé le pli à effacer et on la rabaisse ensuite sur le carton mais progressivement et en tamponnant au fur et à mesure que le papier touche le carton. Cette manière d'opérer est à recommander, principalement lorsque le papier à coller a de grandes dimensions. Dans ce dernier cas, il est une autre recommandation à faire : comme la surface du carton est elle-même grande, et que la colle une fois couchée dessus s'imbiberait rapidement, il est bon de tenir le papier encollé prêt d'avance; pour cela on l'enduit de colle et on le plie en deux sans marquer le pli et colle sur colle; de cette façon, celle-ci ne sèche pas, on a tout le temps de préparer le carton et, ce dernier prêt, on déplie la feuille de papier et on l'applique sur le carton avec les précautions que nous venons d'indiquer.

C'est encore avec de la colle de pâte que le cartonnier devra coller les feuilles de carton entre elles, quand il lui faudra obtenir une épaisseur qui n'existe pas dans le commerce ou simplement quand il voudra utiliser les seules épaisseurs qu'il possède en magasin. Nous avons vu la façon d'opérer dans la fabrication du carton doublé.

La colle de pâte peut encore servir pour coller sur le carton des tissus assez serrés tels que la toile fine, le calicot, etc.

Colle forte

Dans d'autres cas, que nous allons examiner, le fabricant aura à se servir de la colle forte, ou colle de Givet. Quelques mots sur cet article et sur sa préparation à l'usage du cartonnier ne sont pas inutiles. Sans entrer dans le détail de la préparation de la colle forte, ce qui nous entraînerait très loin et complètement hors du cadre de cet ouvrage, voici comment se prépare la colle forte : on soumet les tissus des animaux tels que : peaux, cartilages, etc., à l'action de l'eau bouillante et l'on en extrait ainsi une série de substances diverses parmi lesquelles on distingue principalement la gélatine, et qui ont la propriété de se prendre en gelée. Les matières les plus usitées à cette préparation de produits gélatineux sont les *rognures*, composées des déchets recueillis dans les tanneries et retirés des peaux avant le travail du tannage; les *vermicelles* formés de peaux de lapins, de lièvres, de rats, etc., obtenus à l'état de lanières très fines pendant l'opération de la tonte qui en sépare le poil, et enfin d'autres résidus provenant des abattoirs et pris dans les déchets. Ces matières soumises à l'eau bouillante en présence de certains réactifs chimiques abandonnent leur gélatine, celle-ci est reprise et concentrée, c'est-à-dire séparée de la majeure partie de l'eau qu'elle renferme, puis amenée à l'état visqueux. On la découpe à cet état en tablettes rectangulaires qu'on pose sur des filets placés dans des séchoirs. La colle se solidifie alors, devient cassante. La bonne colle forte sèche, doit être transparente, avoir une couleur se rapprochant le plus possible du blond, elle doit être cassante et ne pas plier sous l'effort de flexion qu'on lui imprime, sans quoi c'est que la colle contient encore beaucoup trop d'eau.

Pour préparer la colle dont il doit se servir, le cartonnier la prend en plaques et la met à fondre avec un peu d'eau, au bain-marie. Plus on met d'eau et plus la colle est claire, mais elle est aussi plus longue à sécher et colle moins. En général, le cartonnier utilise la colle forte à deux et même à trois degrés d'épaisseur. La colle la plus épaisse doit être fondue au bain-marie avec presque pas d'eau. Les deux autres degrés sont rendus plus clairs par addition d'eau. La colle forte, même peu épaisse, doit s'employer à chaud, aussi le cartonnier doit-il être pourvu de pots à colle, tout comme le menuisier ou l'ébéniste; il doit s'attacher à ce que sa colle fondue soit bien propre, exempte de grumeaux et il doit l'appliquer avec des pinceaux bien propres, qu'il nettoiera souvent, en les faisant tremper un temps suffisamment long dans l'eau chaude.

La colle forte sert au cartonnier à coller sur le carton les produits qui ne s'imbibent pas facilement tels que le parchemin, la peau, la toile cirée etc., il se servira encore de la colle forte pour coller sur le carton des tissus très clairs, tels que les tulles, les toiles à maroufler dites toiles d'emballage, etc. Il emploiera la colle la plus épaisse avec les matières les plus dures, et au contraire les colles les plus claires, avec les matières moins dures. Il fera encore emploi de la colle la plus épaisse quand la nécessité de son travail exigera que la colle soit rapidement sèche ou prise; il diminuera son épaisseur, suivant qu'il désirera que le séchage se fasse plus lentement. La colle forte a un pouvoir adhésif très grand, à tel point qu'il arrive fréquemment d'arracher le carton à l'endroit où elle a séché, plutôt que de séparer les parties réunies.

Il est bon de ne pas recharger trop souvent de la colle neuve sur de la colle déjà ancienne; en un mot, tant que faire se pourra, le cartonnier devra épuiser complètement la provision de colle fondue qu'il aura préparée et en préparer à nouveau de la fraîche. Il est à remarquer, en effet, que lorsque la colle subit souvent l'action de la fonte, même au bain-marie, elle perd de ses excellentes propriétés; un moyen très simple de juger à l'œil qu'une colle commence à devenir mauvaise, c'est de constater la couleur. A l'état frais, la colle forte liquide doit être blonde; quand elle fonce de couleur, c'est un signe qu'elle perd de ses qualités. C'est un fait reconnu dans les fabriques même, et on a constaté qu'il se produit une réaction chimique qui tend à solubiliser la matière gélatineuse quand la colle est trop longtemps au contact de la chaleur.

L'action de la colle forte au point de vue de son adhérence est assez complexe et ne saurait s'expliquer d'une façon très nette; elle imbibe assez peu profondément le carton sur lequel on l'étend, mais assez cependant pour le pénétrer très légèrement, puis lorsque la colle est sèche elle fait absolument l'effet d'un vernis. Les surfaces se sont donc trouvées réunies par la solidification par refroidissement d'une matière d'abord liquide, solidification qui s'est faite au travers même des pores du carton. C'est à ce point de vue qu'il faut se placer pour rejeter du cartonnage l'emploi de la colle faite avec de la gomme arabique ou de la dextrine. Avec ces genres de colle, en effet, ce n'est plus une solidification de la matière qui se produit, mais bien une dessiccation, c'est-à-dire une transformation par abandon de l'eau de dissolution. Aussi se produit-il alors une certaine perte de quantité, un certain déplacement des molécules qui enlèvent toute solidité à la colle. Du reste, l'expérience est facile à faire : si l'on étend une couche mince de colle forte sur de la carte, par exemple, on pourra rouler encore la carte sans que la colle ne bouge, elle se roulera en même temps, épousant la nouvelle forme qui lui est donnée; au contraire, si l'on opère avec de la gomme arabique ou de la dextrine, lorsqu'on roulera la carte, cette colle craquèlera et finira même par tomber en poussière.

Assemblages divers

Le carton, par sa dureté et sa ténacité, peut encore se réunir soit avec lui-même soit avec d'autres matières à l'aide de parties métalliques. Nous avons tous vu clouer des feuilles de carton sur du bois. Mais il est bon d'ajouter que dans cet exemple, si le carton tient sur le bois, c'est grâce à ce que le clou qui le traverse tient en réalité dans le bois, c'est le bois en somme qui joue le rôle prépondérant. Mais il ne faudrait pas essayer de clouer entre elles deux feuilles de carton ; le clou, en effet, forme son trou dans le carton et y reste à l'état libre, ce qui est dû à ce que le carton n'est que très peu fibreux, ou du moins n'a que des fibres très courtes qui s'écartent ou se brisent au passage du clou. Dans le bois, les fibres ont toutes la longueur de la planche, de sorte que lorsqu'on y enfonce un clou, celui-ci brise bien quelques fibres, mais il ne fait qu'écarter les autres, et comme celles-ci se trouvent allongées de force, elles n'en serrent que davantage le clou qui est ainsi retenu vigoureusement. Donc, si avec le carton il ne faut pas songer à utiliser l'assemblage avec clous, par contre on peut utilement se servir de rivets en ayant soin d'interposer entre les têtes de rivets et la surface du carton une petite rondelle métallique. C'est sur ce principe, d'ailleurs, qu'est basée la jonction à l'aide d'œillets métalliques tels qu'on en met sur les chaussures à lacets; ils constituent un véritable rivetage.

Le carton plat a les usages les plus variés. La plupart des articles de papeterie ou de bureau demandent l'emploi du carton plat, depuis le sous-main plus ou moins agrémenté, le bloc-notes sur lequel est fixé le cahier de papier, le cartable, la chemise à dossiers, etc., autant d'objets en carton plat. Il se retrouve encore dans maintes applications; la reliure, l'encadrement, sont tributaires du carton plat; il n'est pas jusqu'à l'industrie de la chaussure qui ne l'utilise pour faire la semelle intérieure des pantoufles ou des chaussures à bon marché. En chaudronnerie, le carton léger sert dans la fabrication des réservoirs; on interpose, en effet, presque toujours, une bande de carte grise entre les tôles à river; en mécanique, le carton est encore très utilisé à la confection des joints. Enfin on est allé, en Amérique, jusqu'à l'employer dans la construction des bâtiments, en faisant des briques en carton ; et l'on parle de faire des roues de wagon en carton.

L'usage très répandu de cette matière, qu'on produit actuellement à des prix très bas, explique son énorme production, dont nous donnions au début quelques chiffres. On comprendra donc qu'il nous soit impossible d'examiner en particulier chaque objet auquel le carton peut donner naissance, et d'en fournir le mode de fabrication. Ce dernier découle naturellement des principes généraux que nous avons émis, sur le coupage et l'assemblage, que le cartonnier doit encore savoir appliquer judicieusement suivant le genre d'objet, suivant la quantité qu'il doit fabriquer et, point essentiel avant tout, suivant le prix de revient auquel il veut arriver.

Le cartonnage à plat, comme nous l'avons dit au début, ne saurait faire l'objet d'une spécialité unique, et on peut presque dire que tout imprimeur, tout papetier, en est fabricant. Ces deux spécialistes ne font guère que certains genres tout à fait appropriés à leur spécialité, mais celle-ci comprend une partie notable du cartonnage à plat. L'imprimeur, en effet, est appelé journellement à faire des impressions sur carte ou carton ; son impression faite, il découpe ses cartes ou cartons aux dimensions et à la forme demandées. Le papetier, presque toujours relieur, fait également métier de cartonnage à plat. Enfin comme nous le disions il y a un instant, le chaudronnier et le mécanicien ne font-ils pas œuvre de fabricants de cartonnage à plat quand le premier découpe sa carte ou son carton à la forme des rivures qu'il doit exécuter, quand le second dessine et découpe son carton aux formes les plus variées que lui présentent les joints de machines qu'il lui faut faire.

III. PROPRIÉTÉS GÉNÉRALES DU CARTON PLAT

Nous terminerons ce chapitre par quelques indications sur les propriétés du carton, qui serviront de guides à son emploi dans les divers usages.

Le carton, nous l'avons déjà dit, est très hygrométrique, c'est-à-dire absorbant facilement l'humidité; comme il est constitué par un véritable feutrage des éléments qui le constituent, cette humidité s'infiltre dans ses pores et, malgré son épaisseur, a vite fait de l'envahir dans tout son corps. En conséquence, éviter de l'employer dans les endroits humides où il absorbera l'eau, se déformera, et pourra même se décomposer en effectuant seul l'opération que nous avons signalée dans sa fabrication : le pourrissage.

Le carton offre une résistance assez grande à la traction; ainsi, une feuille de carton suspendue verticalement par sa tranche dans une mâchoire suffisamment aplatie pour ne pas la couper, pourra supporter à son extrémité un poids assez considérable. Par contre il n'offre, pour ainsi dire, aucune résistance à la flexion. Si l'on prend une feuille de carton et qu'on la place sur deux points d'appui à ses deux extrémités, non seulement elle sera incapable de supporter un poids notable, mais encore, si la feuille est un peu longue, elle fléchira sous l'action de son propre poids. Du reste, il suffit d'entrer dans un magasin de cartons en feuilles pour voir l'effet de cette flexion. Aussi, dans tous les usages, devra-t-on éviter de soumettre le carton aux efforts de flexion; ainsi par exemple on ne devra se servir de carton pour faire des tablettes d'étagères qu'à la condition que ces tablettes ne soient pas trop longues, ou alors qu'elles soient soutenues en dessous en des points d'appui très rapprochés.

Le carton peut se peindre à l'eau, à la colle, à l'huile. La peinture du carton est certainement la moins bonne et la plus difficile à réaliser d'une façon convenable, en raison de sa propriété spongieuse qui tend à absorber la partie liquide de la peinture au fur et à mesure qu'on l'applique. La peinture à la colle est déjà plus facile à faire et meilleure dans ses effets, car cette peinture à base de colle de peau, genre de gélatine, se solidifie rapidement, et sa partie liquide n'a pas le temps de pénétrer tout le carton.

De toutes les peintures que peut recevoir le carton, c'est la peinture à l'huile qui donne les meilleurs résultats et présente le plus de facilités dans son exécution. L'huile imbibe assez bien le carton, mais il en faut très peu pour que cette imbibition soit complète, et, dès qu'elle s'est produite, le peintre a devant lui une surface grasse sur laquelle il peut opérer tout à son aise. L'emploi de la peinture à l'huile sur le carton a pour effet de le conserver facilement et de le faire mieux résister à l'action de l'humidité. Dans maintes circonstances, c'est à ce moyen qu'on a eu recours pour préserver les cartons contre l'effet de l'humidité. Une fois le carton peint, il peut recevoir une couche de vernis gras qui lui donne très bel aspect.

IV. CARTON POUR PEINTURE ARTISTIQUE

L'utilisation du carton à la peinture, voire même à la peinture artistique, est très répandue et nous pourrions signaler nombre d'œuvres d'art exécutées sur carton ; tous les marchands d'articles pour artistes peintres ont en magasin, à côté des toiles, des feuilles de carton de dimensions variées destinées à recevoir des sujets de tableaux. Dans cette application, néanmoins, le carton exige une certaine préparation préalable, car ce n'est pas à l'état de carton gris qu'il est débité pour cet emploi.

D'abord le carton destiné à la peinture doit être spécial et avoir la propriété de ne pas se gondoler facilement comme le carton ordinaire. Nous avons vu qu'on obtenait ce résultat au cours même de sa fabrication, en introduisant dans la pâte de la charge qui sera dans le cas présent de la terre glaise ou bien du kaolin. Ce genre de carton obtenu, on le prépare de la façon suivante quand il est bien sec : on passe sur la surface appelée à recevoir la peinture : 1° une couche d'impression ; c'est une couche de peinture blanche ou légèrement crème formée par de la céruse ou du blanc de zinc délayé assez clair, dans un mélange par parties égales d'huile de lin et d'essence de térébenthine ; quelquefois, on force même la dose en essence pour être sûr d'avoir une couche d'impression bien mate. La quantité de céruse ou d'huile est assez faible pour colorer assez peu le carton lorsque l'impression sera sèche. Cette première couche a pour but principalement d'imbiber le carton du liquide gras. 2° Par-dessus cette teinte d'impression, il suffit de passer une couche de peinture blanche ou un peu crème pour que l'artiste soit en possession d'un panneau sur lequel il pourra exercer la verve de son talent.

Il est des cas cependant où l'on peut pousser les choses plus loin, en vue d'obtenir un meilleur résultat. Sur la teinte d'impression, on passe ce qu'on appelle un enduit ; celui-ci n'est autre chose que de la céruse en pâte additionnée de blanc de Meudon et d'un peu d'huile jusqu'à obtenir une consistance à peu près analogue à celle du mastic de vitrier. Ce genre de mastic s'étend sur le carton à l'aide d'un couteau à enduire, ou lame d'acier très mince, très souple et assez large ; on met le mastic sur ce couteau et on l'étend en l'aplatissant à l'aide de ce dernier, de façon à ce que l'épaisseur de la couche soit aussi mince que possible. Lorsque l'enduit est très sec, on peut le passer au papier de verre très fin, ou même à la pierre ponce avec un peu d'eau. On obtient ainsi une surface excessivement lisse et parfaitement imperméable. Cette manière de procéder a l'avantage de faire disparaître les rugosités du carton, l'enduit se logeant dans toutes les cavités.

L'inconvénient des cartons ainsi préparés, c'est

que leur surface contient de la céruse qui, outre le danger de son emploi pour les enduiseurs, a le grave défaut de noircir sous l'effet des vapeurs, même très légèrement sulfureuses, qui règnent en permanence dans l'atmosphère en général, et dans les atmosphères confinées en particulier. Dès qu'une pièce est munie de l'éclairage au gaz ou d'un chauffage quelconque, il s'y dégage des vapeurs sulfureuses qui noircissent toutes les peintures à base de céruse; c'est ce que les peintres en bâtiment traduisent en disant que la peinture *plombe*. Or, pour les œuvres artistiques, ce noircissement du fond peut avoir de très funestes conséquences. Aussi, engageons-nous les fabricants de ce genre de carton à ne faire usage que du blanc de zinc; celui-ci, il est vrai, ne donne jamais de bons enduits et il est très difficile de les passer soit au papier de verre, soit à la pierre ponce. Cependant la chose est réalisable par des tours de mains divers, mais elle s'exécute encore mieux avec du blanc de zinc absolument pur, préparé spécialement comme nous l'avons personnellement fait dans maintes circonstances.

On voit par cette dernière application que le carton, produit issu en grande partie de matières de rebut, peut en certains cas se prêter aux révélations artistiques les plus grandioses qui en font des œuvres d'un prix souvent inestimable.

CHAPITRE V

Gros cartonnage

Sommaire. — I. Traçage. — II. Refoulage. — III. Coupage. — IV. Assemblage. — V. Cartons renforcés. — VI. Cartonnages mixtes. — VII. Outillage mécanique.

C'est assurément le développement intensif du confort et les goûts de luxe de notre civilisation actuelle qui ont déterminé les immenses progrès réalisés dans le gros cartonnage, et l'énorme production à laquelle donne lieu cette industrie. Par gros cartonnage il faut entendre toutes les boîtes en carton servant à l'emballage des marchandises les plus diverses et, dans ce genre, la classification n'est même plus possible tant sont variées les dimensions, les formes, les sortes de cartons employés. Aujourd'hui on ne se contente plus d'un paquet enveloppé dans du papier même de qualité, la clientèle qui achète un objet quelconque dans un magasin, veut l'emporter dans un carton. Cette mode, ou cette exigence, s'est à un tel point ancrée dans nos mœurs modernes qu'il n'est aucune branche de commerce qui ne doive recourir à l'emballage dans un carton. Depuis la dentelle, qui se vend à des prix atteignant plusieurs centaines de francs le mètre jusqu'au sucre de l'épicier vendu par kilog, jusqu'à l'article à treize sous et même à moins du bazar populaire, tout cela se vend et se livre à l'acheteur, emballé dans un carton. Il va sans dire que la qualité du carton, en tant que matière et en tant que produit fini, varie suivant le prix et l'objet qu'il est appelé à enfermer, d'où la classification que nous avons faite à la fin du troisième chapitre.

Nous nous proposons dans le chapitre présent de donner quelques principes de la fabrication du gros cartonnage, c'est-à-dire du cartonnage d'emballage, spécialement celui que nous voyons circuler sur nos chemins de fer comme colis postal, celui que nous voyons aux mains de nos élégantes sortant de faire leurs emplettes dans les magasins de nouveautés en renom, celui que nous voyons en piles gigantesques, véritables tours Eiffel, dans les magasins de gros et renfermant les articles par douzaines, par centaines ou par grosses.

Dans l'industrie de ce cartonnage les sortes de carton les plus employées sont : le carton jaune, le carton gris, le carton blanchi, sortes qui elles-mêmes se subdivisent en qualités nombreuses suivant ce que l'on désire obtenir comme cartonnage tant au point de vue de la solidité que de l'élégance et du prix de revient. Ajoutons cependant que, dans le gros cartonnage, une des grosses préoccupations du fabricant doit être l'obtention d'un bas prix de revient, en même temps que la recherche dans le bon aspect. En effet, le carton d'emballage est, la plupart du temps, pour le commerçant qui l'emploie un surcroît de dépense, une diminution de bénéfices, par conséquent il recherchera le prix le plus bas ; d'autre part tout bon commerçant tient à parer sa marchandise, donc dans le choix de son modèle de carton, il prendra de préférence celui qui lui paraîtra le plus agréable à l'œil. De cet ensemble d'exigences, il résulte pour le cartonnier un problème toujours difficile à résoudre, à savoir : vendre beau et bon marché. C'est à réunir ces deux conditions tant soit peu contradictoires que le cartonnier devra s'appliquer; aussi, dans cette industrie plus que dans toute autre peut-être, n'est-il pas de petites économies qu'il faille faire autant sur la matière première que sur la main-d'œuvre.

Nous n'entreprendrons pas de donner la fabrication de tous les genres de cartons appartenant à la classe du gros cartonnage, ce qui nous conduirait à des répétitions multiples, nous nous bornerons à exposer les principes les plus usuels mis en œuvre en indiquant surtout leur but et leur raison d'être, de façon que le lecteur soit à même de choisir l'application se rapportant le mieux à ses besoins, et nous prendrons pour modèle uniforme le carton rectangulaire avec son couvercle, en supposant d'abord une fabrication à la main. Dans ce genre de fabrication, il y a quatre opérations bien différentes à faire qui sont : le traçage, le refoulage, le coupage et l'assemblage.

1. TRAÇAGE

Supposons que nous ayons à faire un carton rectangulaire (fig. 45), dont la largeur nous est donnée par la dimension a, la longueur par b, la hauteur par c, nous avons tous les éléments pour en faire le traçage. Pour cela, prenant une feuille de carton de l'épaisseur voulue, nous tracerons le rectangle A B C D (fig. 46) comme nous avons appris à le faire, nous aurons ainsi le fond ; puis prolongeant chacun de ses côtés d'une longueur égale à la hauteur *c* imposée, et menant à l'extrémité des lignes

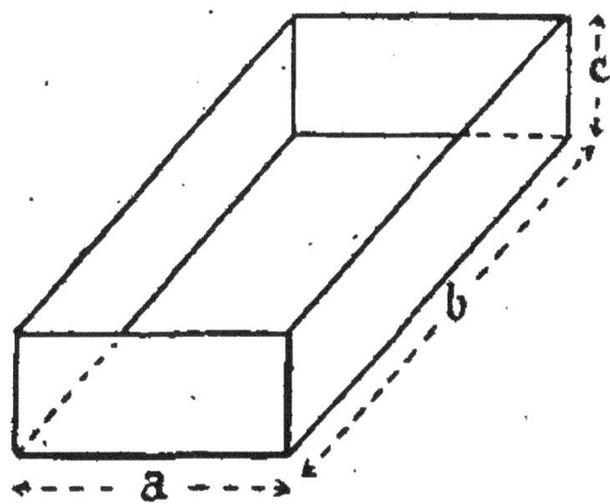

Fig. 45. Vue d'un carton rectangulaire.

bien parallèles aux premières, nous obtiendrons ainsi un nouveau rectangle O P S R enveloppant le premier. Il est évident que dans chacun des petits rectangles O P I L, F P S H, M S R K et G R O E supposés relevés à angle droit sur le fond, nous avons les éléments des côtés de notre carton ; mais si nous pouvons bien relever deux de ces petits rectangles opposés, nous ne pouvons pas les relever tous les quatre en même temps, ayant du carton de trop à chacun des angles. Le procédé le plus simple consistera donc à supprimer les quatre petits carrés A E O I, B F P L, M D H S, et C G R K ; cela fait, rien ne s'oppose plus au relèvement de nos quatre côtés à la fois et par conséquent à obtenir notre carton dans sa forme définitive. Mais comment ferons-nous le relevage des quatre côtés suivant les lignes A B, B D, D C, C A ? par le refoulage.

II. REFOULAGE

Le refoulage consiste à produire sur les lignes le long desquelles doit se produire un pli du carton, un sillon qui n'entame pas le carton, mais le comprime, le refoule sur toute la longueur de la ligne en question. Ce refoulage peut se faire par toutes sortes de procédés ; on peut, plaçant une règle le long de AB, passer sur ce trait en s'aidant de la règle, une pointe en bois dur ou en fer, pointe bien arrondie qui enfoncera, refoulera le carton tout le long de la règle, mais ne le coupera pas. Au lieu de la pointe on peut prendre une roulette ayant sa gente suffisamment aiguë pour entrer dans le carton sans le couper ; c'est d'ailleurs de là que vient le nom de refoulage ; il s'agit en effet d'obtenir un refoulement de la matière qui produira ainsi un sillon, il deviendra dès lors très facile de relever le côté grâce à ce sillon, et sans avoir diminué en rien la force du carton à l'angle qu'on aura formé, car si, à cet endroit, le carton est plus mince, comme il n'y a pas de matière enlevée, celle-ci est plus serrée et la résistance reste la même.

III. COUPAGE

Le refoulage fait comme nous venons de le dire, il n'y a plus qu'à abattre les quatre petits carrés, soit à la cisaille à main, soit avec un ciseau tel que le représente notre dessin (fig. 20) et dont le tranchant devra avoir une largeur au moins égale au côté du petit carré. Nous disons au moins égale, car pour opérer rapidement, il faut pouvoir faire la section d'un seul coup, ce qu'on n'obtiendrait pas avec un ciseau plus petit que le côté du carré ; donc à défaut de l'outil à la dimension exacte, il sera bon d'en prendre un qui soit un peu plus grand.

Les quatre côtés abattus, on passe à l'opération suivante :

IV. ASSEMBLAGE

L'assemblage consistera à relever les quatre côtés du carton et à assembler entre elles les lignes AI et AE, BF et BL, MD et DH, CG et CK, qui vont former les quatre coins de notre carton. Ici l'opération peut être conduite de plusieurs façons. S'il s'agit de cartonnages à très bon marché et n'exigeant pas une très grande solidité on pourra se contenter de coller à la colle de pâte une petite bandelette de papier s'appuyant sur chaque côté relevé ; cette petite bandelette allant autant que possible depuis le bas jusqu'en haut du carton. S'il s'agit d'un article plus soigné, on fera partir la bandelette depuis le dessous du carton, elle longera l'angle sur toute sa longueur, passera par-dessus le bord et aboutira à l'intérieur du carton. Faut-il, tout en gardant le bon marché avoir un article plus solide ? On remplacera la bandelette de papier par une bandelette de toile qu'on collera à la colle forte. Enfin, s'il fallait joindre à la solidité une certaine élégance, on collerait d'abord la bandelette de toile comme nous venons de le dire et, par-dessus, une bandelette de papier, généralement de couleur, surtout si le bord du carton doit être lui aussi garni d'une petite bande de papier de couleur.

Telle est, dans sa forme la plus simple, la méthode de fabrication d'un carton de ce modèle. Nous ne dirons rien du couvercle qui s'établira identiquement de la même façon, les côtés étant plus petits, et le fond de quelques millimètres plus grand en longueur et en largeur pour offrir le jeu nécessaire.

Avant de pousser plus avant dans cette fabrication il nous faut faire quelques observations. Il est de toute évidence que ce que nous venons d'indiquer, s'applique à n'importe quel genre ou qualité de carton employé; mais il sera rationnel de proportionner la qualité du carton employé au degré de fini qu'on veut donner à l'objet terminé. Il se fait de ces genres de cartons qui n'ont du cartonnage que le nom; les coins sont assemblés par une légère bande de papier qui embrasse à peine la moitié ou le quart de la hauteur du coin et qui est souvent collée tout de travers, en un mot, on sent dans ce genre, le travail hâtif cherchant la plus grande économie possible de la main-d'œuvre et de la matière; dans un cas semblable, il est rationnel d'employer les sortes de carton les plus ordinaires et de dresser le personnel, ouvriers et ouvrières, à produire vite et beaucoup, au détriment de la qualité et de la beauté. Les cartonnages de ce genre se font en grandes quantités et servent moins d'emballage que de séparation des objets. On les voit utiliser beaucoup dans l'expédition d'objets bon marché, ces cartons étant eux-mêmes emballés dans des caisses en bois.

Par contre, il existe dans le gros cartonnage des articles soignés; dans ce cas, le chef de l'atelier devra veiller à ce que la coupe soit très exactement faite, que le refoulage lui-même soit exécuté avec soin, suivant très exactement les lignes de traçage, de manière qu'une fois le carton fini, celui-ci se présente à la vue sous des formes rigoureusement géométriques. Il veillera à ce que l'assemblage soit convenablement exécuté; que les bandelettes de papier ou de toile ou même que les deux soient collées bien droit, qu'elles ne présentent pas plus de largeur sur un côté que sur l'autre, c'est-à-dire que le milieu de la bandelette soit juste sur l'angle du carton ; que si la bandelette doit passer par-dessus le bord du carton pour aboutir à l'intérieur, elle se présente à l'intérieur avec la même longueur aux quatre angles. Enfin, à moins d'ordres ou de choix spéciaux du client, il devra exercer son goût à assortir convenablement les nuances des bandelettes d'angles avec celles du corps du carton, pour donner à l'ensemble un aspect flatteur à l'œil. Tous ces détails ne sont pas à négliger, de l'un d'eux souvent, dépend le succès d'une livraison et assure la clientèle d'une maison.

Dans le court résumé que nous venons de faire des opérations qui président à la fabrication d'un carton que nous avons pris pour modèle, nous avons envisagé la fabrication d'un seul objet. Mais, ainsi que nous l'avons dit plus haut, l'usage du carton comme mode d'emballage s'est tellement répandu que c'est par centaines, par milliers que le cartonnier est appelé à faire un unique modèle, il doit donc savoir diriger son travail en vue d'obtenir la plus grande économie de temps et de main-d'œuvre, ce qui nécessitera de sa part la subdivision raisonnée du travail comme nous allons l'indiquer rapidement.

Pour arriver à ce résultat, voici comment il pourra pratiquer pour accroître sa production et éviter les fausses manœuvres toujours préjudiciables en matière d'industrie; nous ne donnons la marche à suivre qu'à titre d'exemple, chaque cartonnier pouvant la modifier à sa guise, en conformant ses intérêts à son outillage, au personnel dont il dispose, à son local, etc., toutes conditions qui ne sont pas sans influence sur la méthode de production.

Étant donnée une quantité importante de ces cartons à faire, le cartonnier devra préparer d'abord sa matière. Il fera, à cet effet, le premier tracé d'un carton qui se bornera à faire le rectangle O P S R; son tracé fait, il le vérifiera avec soin aux mesures qui lui sont données; il fera le tracé d'une seconde feuille de carton en se servant de la première comme gabarit, et sur cette seconde feuille tracera le développement complet du carton à exécuter comme l'indique notre dessin (fig. 46) le vérifiera scrupuleusement, fera le refoulage et le coupage; puis, redressant les côtés, se rendra compte par ce premier essai de la perfection de son œuvre. S'il a bien opéré, tout doit se présenter convenablement et il peut alors se mettre à l'ouvrage. Son premier carton lui servira de gabarit pour découper ses feuilles aux dimensions voulues, quel que soit l'appareil de coupage dont il se serve et que nous avons mentionné plus haut (fig. 15, 16 et 17).

Cette première partie du travail faite, utilisant son second carton comme gabarit, le cartonnier tracera exactement les lignes suivant lesquelles doit se faire le coupage. Pour abattre les petits carrés permettant de relever les côtés (fig. 46), il opè-

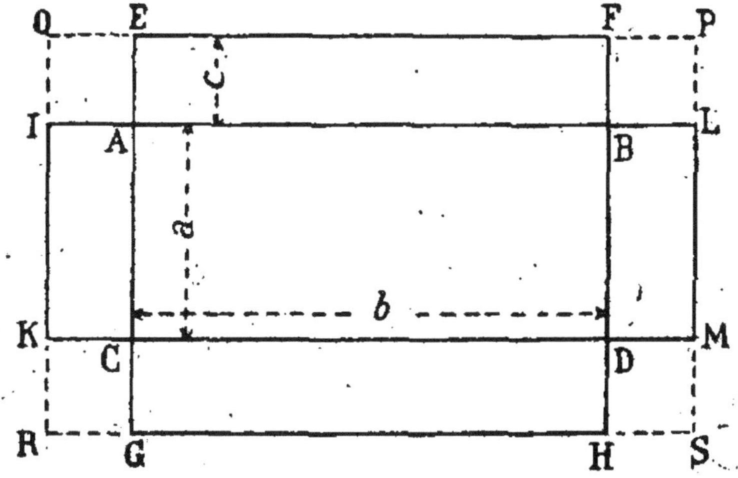

Fig. 46. Développement du carton.

rera comme nous l'avons dit, de préférence avec un ciseau; il pourrait également se servir de la cisaille à main, mais celle-ci n'ayant pas une lame limitée, il lui faudra une grande attention pour ne pas dépasser le point où doit s'arrêter le coupage, ce qui peut donner un certain ralentissement dans l'opération. Si la quantité des cartonnages est assez grande pour justifier cette dépense, le cartonnier pourra se faire confectionner un ciseau à angle droit, véritable emporte-pièce qui lui permettra de faire sauter chaque carré d'un seul coup de maillet, ce qui pour cette seule opération réduira la durée du travail de moitié. Un autre procédé pour mener l'opération d'une façon plus expéditive encore, consistera à faire le coupage sur plusieurs feuilles de carton à la fois ; mais dans ce cas le cartonnier devra prendre toutes les précautions nécessaires pour que, sous le choc imprimé par le coup de maillet, les feuilles de carton ne glissent pas l'une sur l'autre, ne se déplacent pas, de façon à occasionner une fausse coupe.

Le coupage de toutes les feuilles étant exécuté et celles-ci convenablement empilées, il faut passer au refoulage. Si cette opération est faite par un homme seul, il faudra opérer le refoulage d'abord sur les deux lignes parallèles A B et C D ou A C et B D, puis passer aux deux autres lignes parallèles afin de ne tourner la feuille de carton qu'une seule fois, à chaque opération. Ici encore le refoulage peut être abrégé si, au lieu d'une simple règle en fer, le cartonnier dispose d'une équerre plate de dimensions suffisantes, en en appliquant exactement le sommet en A, par exemple (fig. 46) ; quand une des branches coïncidera bien avec la droite A B, l'autre branche coïncidera forcément avec la droite A C, l'ouvrier aura donc son refoulage guidé sur deux lignes d'un coup ; il pourra l'exécuter à la façon ordinaire, puis, retournant son équerre et appliquant son angle en D, il pourra opérer le refoulage suivant C D, puis suivant B D. De cette manière, il n'aura pas eu à remuer sa feuille de carton. Le refouleur peut encore activer son travail en s'arrangeant pour que sa feuille de carton soit toujours placée de la même façon et exactement à la même place devant lui. Pour cela il fixera d'une façon quelconque sur la table où il pose son carton deux petits taquets suivant la ligne E F et deux autres petits taquets suivant la ligne L M ; en appuyant toujours très bien contre ces quatre taquets le carton à refouler, ce dernier sera constamment dans la même position et les tâtonnements pour aligner convenablement l'équerre le long des traits à refouler seront largement réduits.

Tous les cartons refoulés et empilés, le cartonnier passe au relevage des bords et enfin au collage des coins, étant bien entendu qu'il a préparé d'avance toutes ses bandelettes de papier ou de toile et que sa colle est prête.

Pour les couvercles on opèrera comme ci-dessus.

Telle est la suite des opérations à faire pour agir d'une façon rationnelle et rapide. Il serait très défectueux, au point de vue productif, d'opérer en procédant à la confection complète d'un carton, les divers temps d'arrêt et de changement de place pour passer du premier coupage au second, du second coupage au refoulage, du refoulage au relevage et à l'assemblage des bords, sont autant de perte sèche pour la production; en outre, tout le monde sait que lorsque l'on fait pendant longtemps le même travail on y devient progressivement plus habile et, par conséquent, plus expéditif. Enfin, pour l'opération de l'assemblage en particulier, au bout de peu de temps l'ouvrier a les doigts pleins de colle et devient maladroit pour les autres opérations.

Dans tout ce que nous venons de dire, nous supposons un ouvrier travaillant seul. Il est bien entendu que s'il s'agit d'un atelier, on peut affecter un ouvrier à chaque coupage, un ouvrier au refoulage, une ouvrière au relevage des bords et une ouvrière au collage des coins. Dans ce cas, toutes les opérations peuvent s'accomplir simultanément. De même que le travail pourrait être fractionné d'une autre manière encore, si l'atelier ne comprenait que trois employés ou même deux.

De toute cette série d'opérations nous ne saurions trop insister sur celle du refoulage ; on voit que grâce à elle, on peut abréger de beaucoup le travail et le temps passé, puisque c'est d'une seule et même feuille plate que sort l'objet fini. Avant qu'on ait pensé à se servir de ce procédé, on découpait séparément le fond et les quatre côtés et l'on reliait le tout par des bandelettes collées telles que celles dont on fait usage pour les coins seulement. On économise donc ainsi : 1° le papier et la colle qui étaient usés à l'assemblage du fond avec les côtés ; 2° la différence du temps passé entre cet assemblage et celui du refoulage, ce dernier étant considérament moindre que le premier; en outre, la boîte finie présente une bien plus grande solidité.

La méthode que nous venons d'indiquer pour la confection d'un carton, surtout au point de vue du coupage, peut subir de nombreuses modifications que nous allons passer rapidement en revue. Elle s'applique sur une très vaste échelle et convient tout particulièrement à la fabrication des boîtes faites en carton mince ou en carte, par ce fait que le papier ou la toile collée aux angles n'a pas besoin d'une grande résistance; elle convient encore aux cartons d'emballage à très bas prix et dans la confection desquels on ne prend pas grands soins de former très exactement les angles ni d'y coller le papier d'une façon bien symétrique ni bien exacte; enfin elle convient aussi aux cartons dans la fabrication desquels on apporte, au contraire, beaucoup de soin. En effet, lorsque le coupage est bien exécuté, lorsque le collage est bien fait, lorsque les bandes de papier sont d'une couleur agréable, on peut obtenir un objet fini ayant très bon aspect et si l'on ajoute quelques motifs de décoration sur le couvercle ou sur les côtés, on peut avoir en définitive un carton revêtant un certain caractère d'élégance.

Cependant, comme en toute industrie l'économie d'une faible partie de la main-d'œuvre est toujours à considérer, voici une autre méthode de coupage qui donne de très bons résultats. Pour l'expliquer, reprenons la figure 46. Le tracé se fera identiquement comme nous l'avons déjà expliqué, mais au coupage on ne fera pas sauter les petits carrés des angles du grand rectangle, on se contentera de donner un coup de ciseau suivant les lignes AI, BL, DM et CK; la feuille de carton reste alors dans son entier simplement avec quatre fentes. On fait ensuite le refoulage comme précédemment, mais en opérant sur toute la ligne EG et sur toute la ligne FH, puis on relève les côtés comme nous l'avons dit précédemment et, en pliant le carton suivant les lignes AE, FB, DH et CG, on les amène à être d'équerre sur les deux côtés formés par les rectangles ABFE et CDHG, on loge les petits carrés, que nous supprimions précédemment, à l'intérieur du carton où ils viennent s'appliquer contre les deux autres petits côtés BLMD et ACKI. Si l'on met un peu de colle forte entre ces petits carrés et les petits côtés, le carton se trouve assemblé avec ses coins faits et collés sans le secours d'une autre matière telle que toile ou papier.

Cette méthode d'assemblage a ses avantages et ses inconvénients. Parmi les premiers, il faut signaler l'économie de matière provenant de la suppression des bandes de papier ou de toile, l'économie de temps, d'abord dans le coupage puisqu'il n'y a qu'une fente à faire au lieu de deux, et l'économie de temps dans le collage, car celui-ci est beaucoup plus rapide que celui à l'aide des bandes de papier; voilà pour les avantages au point de vue de la fabrication. Mais il en existe encore sous le rapport de l'aspect, car avec cette méthode, le carton fini présente un aspect parfaitement uniforme, ce qui n'a pas lieu lorsque l'on voit à chaque coin, du papier d'une couleur forcément différente de celle du carton, enfin au point de vue de la solidité, ce mode d'assemblage est bien préférable, le carton même refoulé à ses angles étant bien plus solide que le papier dont on se sert pour faire les coins.

Quant aux inconvénients, le seul qui puisse être reproché d'une façon un peu sérieuse, c'est qu'à l'intérieur, ces surépaisseurs du carton sont disgracieuses et puis si le carton est un peu fort, font perdre sur toute la longueur du côté une place correspondante à l'épaisseur du carton. Enfin quand il s'agit de boîtes qui doivent avoir un poids limité comme celles prévues pour l'expédition de certaines marchandises par colis postaux, ce supplément de carton peut facilement faire dépasser la limite qu'on s'est imposée, étant donné surtout que le carton est doué d'une densité assez élevée.

Pour obvier à ce dernier inconvénient, certains cartonniers, au lieu de laisser en entier les petits carrés A E O I et B F P L (fig. 47), n'en laissent sub-

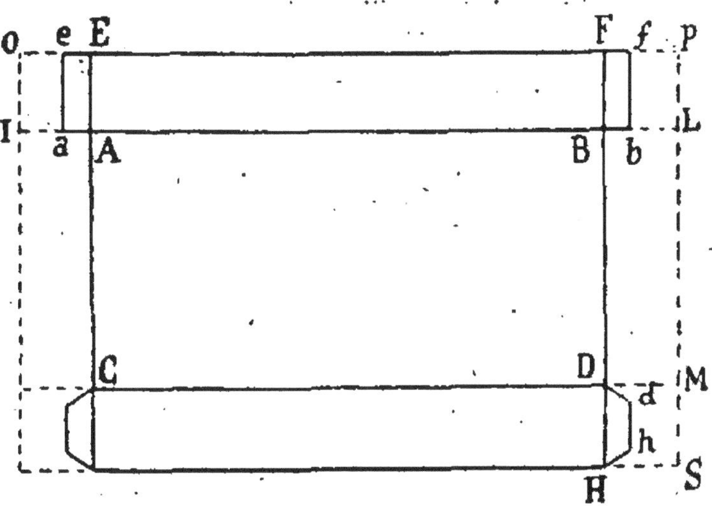

Fig. 47. Développement avec coins spéciaux.

sister qu'une petite partie ou languette A E*ae*, BF*fb* comme l'indique la partie supérieure de la figure ci-dessus. D'autres vont encore plus loin et abattent aussi les angles de ces languettes, les réduisant à la forme DH*hd* indiquée au bas du même dessin. Cette méthode de coupage réduit très notablement la surépaisseur du carton et son poids, mais elle présente sans contredit une plus grande main-d'œuvre. La seconde forme de languette offre sous ce dernier rapport le même inconvénient; par contre, elle est à certains points de vue meilleure que la première. D'abord elle diminue le poids et ensuite, grâce aux angles abattus, principalement ceux qui sont vers le fond de la boîte, le relevage des côtés se fait avec beaucoup plus de facilité.

Il est bien entendu que si nous avons indiqué que le collage se fait à l'intérieur, il peut également se faire à l'extérieur du carton; il y a là une question de choix à faire par le cartonnier et qui dépend absolument de lui ou de son client. La seule indication que nous puissions donner à ce sujet est la suivante: si l'on tient que le carton fini ait meilleur aspect à l'intérieur qu'à l'extérieur, c'est de ce dernier côté qu'on fera le collage des coins; si au contraire, et c'est le cas plus général des cartons d'emballage, on tient à ménager l'aspect extérieur, c'est à l'intérieur qu'on collera les coins.

Enfin, depuis quelque temps, on fait des cartonnages où la colle ne figure plus dans l'assemblage, elle est remplacée par des fils métalliques ou des agrafes également métalliques; mais l'application de ce mode d'assemblage exige l'emploi de machines spéciales que nous examinerons dans la seconde partie de ce chapitre, ne voulant encore traiter la fabrication qu'au point de vue de son exécution exclusivement manuelle.

V. CARTONS RENFORCÉS

Dans les cartonnages du genre que nous venons de signaler, le cartonnier doit savoir, d'après la destination de l'objet, la force du carton, c'est-à-dire l'épaisseur à employer de façon à proportionner cette dernière au poids de la matière que doit contenir le carton. En ce qui concerne la qualité du carton à employer, elle est uniquement dictée par le prix de revient auquel veut arriver le fabricant ; à ce point de vue nous ne saurions lui donner de conseils, lui seul reste juge de son choix.

Nous avons vu que le carton, tel que le fabriquent les cartonneries, a une épaisseur limitée ; nous avons vu plus loin que le cartonnier pouvait augmenter cette épaisseur en doublant ses feuilles de carton, c'est-à-dire en collant deux feuilles l'une sur l'autre. Ce procédé peut donc lui permettre de faire des cartons pour ainsi dire de toutes les forces et c'est un moyen de renforçage bon à appliquer dans certains cas. Néanmoins nous devons dire qu'une telle mesure a une limite assez étroite, car on arriverait rapidement à un prix et un poids tels qu'il serait préférable pour le consommateur de renoncer au carton pour prendre la boîte en bois.

Le cartonnier peut cependant renforcer les objets de sa fabrication par d'autres procédés que nous allons indiquer. Etant donné le poids que doit contenir un carton, le fabricant peut se rendre compte immédiatement s'il sera suffisamment solide pour le contenir en le faisant à la façon ordinaire, avec un carton d'une force déterminée. Si de ce rapide examen il conclut à la négative, il lui faudra rechercher un moyen simple et économique de vaincre la difficulté. Or, d'après ce que nous avons dit des propriétés du carton, nous avons vu que s'il résistait bien à la traction, il n'offre qu'une faible résistance à la flexion ; examinons donc ce qui se passera dans un carton trop chargé.

Tout le poids portant sur le fond, celui-ci aura tendance à fléchir dans le sens de la plus grande longueur ; grâce au refoulage, les angles du fond où le carton travaille à la traction, offriront une résistance suffisante, mais cette même traction s'opérant dans un sens perpendiculaire aux côtés verticaux, se manifestera sur ces derniers par une flexion vers l'intérieur; les quatre côtés seront appelés à se rapprocher. En un mot, une boîte en carton trop chargée voit ses côtés se gondoler et se courber vers l'intérieur. Toute la faiblesse réside donc dans la partie supérieure des côtés de la boîte, c'est là que nous devons chercher à obtenir le renforcement et pour cela faire, nous collerons sur les quatre côtés verticaux, à partir de leur bord supérieur; une lame de carton suffisamment haute pour raidir assez chacun de ces côtés qui, ainsi armés, pourront résister à la traction exercée sur eux par la surcharge du fond.

Si l'on craint que cette armature ne soit pas suffisante parce qu'étant encore en carton elle résiste mal à la flexion, on remplacera les petites bandes en carton par des baguettes de bois qu'on collera sur le carton et à l'intérieur, avec de la colle forte. Aux angles il faudra tailler ces baguettes en biseau à 45° de façon que le joint entre la baguette du côté longueur avec celle du côté largeur soit aussi net, aussi précis que possible. On arrive par ce procédé à raidir très suffisamment le carton pour augmenter, dans une très grande mesure, sa force portante.

Ce procédé de construction est encore très recommandable quand on fait des cartons de grandes dimensions, même sans qu'ils soient appelés à porter de fortes charges. Dans ce cas, en effet, les côtés verticaux tendent toujours à se déformer, et la baguette en bois collée à l'intérieur et tout au bord de la partie supérieure des côtés, s'opposera très efficacement à cette déformation.

Ce dispositif présente bien l'inconvénient de former un rebord intérieur au carton, mais l'inconvénient est bien léger et largement compensé par l'augmentation notable de la solidité. Si le carton doit être garni à l'intérieur, c'est-à-dire recouvert de papier blanc ou de couleur, la baguette en bois peut être prise telle qu'elle sort de la scierie ; dans le cas contraire, il sera préférable qu'elle soit bien unie, et comme rabotée. Quant à cette ingérence du bois chez le cartonnier elle ne peut pas l'effrayer, étant donné qu'aujourd'hui ces baguettes toutes prêtes et par longueur de plusieurs mètres, sont d'une fabrication à peu près courante dans toutes les scieries.

VI. CARTONNAGES MIXTES.

Puisque nous venons de parler du bois allié au carton, disons qu'on peut faire, et que l'on fait souvent des cartons dans lesquels le bois entre dans une proportion autrement grande que les petites baguettes que nous venons de signaler. Ce genre de cartonnage, que nous appellerons cartonnage mixte, ne donne pas des produits d'une solidité supérieure à ceux confectionnés entièrement en carton, mais répondent à des applications spéciales dans lesquelles le carton se montrerait de qualité inférieure. Ainsi lorsqu'on emploie des cartons comme tiroirs, pour le classement d'objets légers, et qu'on a souvent besoin d'ouvrir et de fermer, si le côté d'avant était en carton, la poignée qu'on y fixera pour la manœuvre résistera très peu de temps, qu'elle soit en tissu collé sur le carton ou en métal avec des attaches traversant le carton. Dans un cas semblable, on préfèrera avoir à l'avant une petite planchette en bois qui offrira beaucoup plus de résistance et une durée plus longue que le carton. Et alors, pour la facilité de la fabrication, on fait les deux côtés opposés en bois, le restant, fond et côtés latéraux, étant en carton. Dans ce genre de cartonnage, les procédés d'assemblage varient suivant les cartonniers ; les uns se contentent de clouer les côtés latéraux et le fond sur les planchettes de bois, lês autres les collent à la colle forte. Chaque méthode a du bon et du mauvais. Le clouage du carton n'offre jamais une bien grande solidité, comme nous avons déjà eu l'occasion de le voir ; de plus, comme dans ces applications il est impossible de faire usage de bois d'une épaisseur bien grande, il faut se servir de pointes très fines, les enfoncer avec soin pour qu'elles pénètrent bien dans l'intérieur du bois et ne risquent pas de sortir en dehors ou en dedans de la planchette. Le collage à la colle forte, de son côté, présente l'inconvénient d'une mauvaise adhérence, au moins sur la tranche de sciage de la planchette, aussi le travail du collage doit-il être fait avec grand soin. Nous croyons que les inconvénients de ce genre de travail sont principalement ceux inhérents au mélange de corps de nature très différente.

Cependant l'on voit ce procédé de fabrication usité même pour des cartonnages d'emballage d'une classe déjà supérieure, et les grands magasins de nouveautés les emploient d'une façon très courante sans que nous sachions qu'ils leur fassent de sérieux reproches. Dans des cas semblables, ce genre de cartonnage reçoit une garniture de papier blanc ou de couleur, tant en dehors qu'en dedans et le consommateur, à moins d'être de la partie, ne fait aucune différence avec le cartonnage entièrement en carton. C'est pour cette raison que nous avons tenu à le signaler ; sa fabrication peut devenir avantageuse dans certains cas spéciaux, par exemple quand un cartonnier aura l'occasion de se procurer de ce bois comme déchet d'une autre fabrication.

Nous signalerons pour mémoire un genre d'emballage qui s'est assez répandu depuis quelques années pour l'expédition d'objets légers et où le carton, pour ne pas occuper la place principale, joue néanmoins un rôle important, ce sont les caisses à claire-voie, faites de lattes de bois assez minces et dont l'intérieur est garni de carton. Dans le cas présent, la fabrication de ces caisses est du ressort de l'emballeur qui se procure le carton coupé aux dimensions voulues et à l'aide de quelques clous le fixe intérieurement sur les panneaux des caisses sans grand souci d'ailleurs d'un ajustage soigné, le carton ne servant qu'à combler les vides qui existent entre les lattes ; cette condition remplie, il importe peu que le carton soit plus ou moins bien placé. Nous le répétons, cet emballage n'est utilisable que pour le transport d'objets légers et sans valeur, et si nous l'avons signalé c'est plutôt comme exemple d'utilisation du carton dans l'emballage que comme faisant partie du métier de cartonnier.

Dans le gros cartonnage proprement dit, il ne doit être utilisé en général que le carton brut, de pâte, de bois ou de paille, cependant on doit y faire rentrer aujourd'hui toute une catégorie d'ouvrages faits avec du carton plus soigné, c'est-à-dire recouvert d'une feuille de papier jaune ou gris ; on en fait même qui, par une impression spéciale, porte des veinages noirs donnant au carton l'aspect du bois.

Le cartonnage servant à l'emballage se fait surtout dans la forme rectangulaire qui, comme nous venons de le voir, est d'une fabrication facile et économique. Dans bien des cas même on préfère remplacer la forme ronde par le carré ; les angles il est vrai constituent une notable quantité de place perdue, mais comme il s'agit d'emballage on comprend aussi que la forme ronde présente plus de difficulté au rangeage et à l'empilage. En résumé, ce qu'on perd d'un côté on le gagne de l'autre. Cependant on peut avoir à exécuter des gros cartonnages à fond rond ou ovale ; dans ce cas il est impossible de faire l'objet d'une pièce et il faut alors recourir au procédé qui consiste à rapporter le fond aux parois verticales par le collage extérieur et souvent aussi intérieur, à l'aide de bandes de papier ou de toile. On peut encore, dans ce cas, si l'épaisseur du carton n'est pas trop forte, tracer le fond suivant le contour adopté (rond ou ovale) et circonscrire le premier tracé d'un autre à quelque distance du premier. On ménage alors une série de dents entre les deux tracés et on les relève, ces dernières relevées pourront être collées directement sur la paroi verticale du carton à produire.

VII. OUTILLAGE MÉCANIQUE

Nous venons de voir comment peuvent être conduites, par le simple travail manuel, les opérations du fabricant de gros cartonnage ; mais dans cette branche, comme dans toutes les autres, il s'est créé depuis quelques années un outillage mécanique très complet atteignant parfois le degré le plus élevé de la perfection, et permettant d'obtenir une fabrication rapide, d'un prix de revient très bas, et toujours parfaitement identique à elle-même. C'est cet outillage que nous allons passer en revue, sans nous attarder longtemps à ses avantages, que le lecteur saisira facilement connaissant la fabrication à la main.

Machine à couper les coins

Nous donnons, figure 48, un spécimen petit modèle de ce genre de machine construite par la maison Kaindler. Elle se compose d'une table en fonte A sur laquelle est monté un bâti en fonte B, supportant d'une part un levier C muni d'un contrepoids D et pouvant tourner autour d'un axe E, et d'autre part guidant le porte-lame F actionné par le levier. Le porte-lame se termine à la partie inférieure par une pièce carrée en fer sur laquelle peuvent se visser à angle droit deux lames GG. La table porte de son côté, à l'aplomb des deux lames, des contre-lames HH, également à angle droit ; elle porte aussi deux règles K et L très bien dressées et faisant entre elles un angle droit rigoureusement exact. Ces deux règles sont mobiles, elles peuvent se déplacer pour se rapprocher ou s'éloigner l'une de l'autre et être fixées d'une façon invariable à une place donnée, à l'aide de vis de serrage VV.

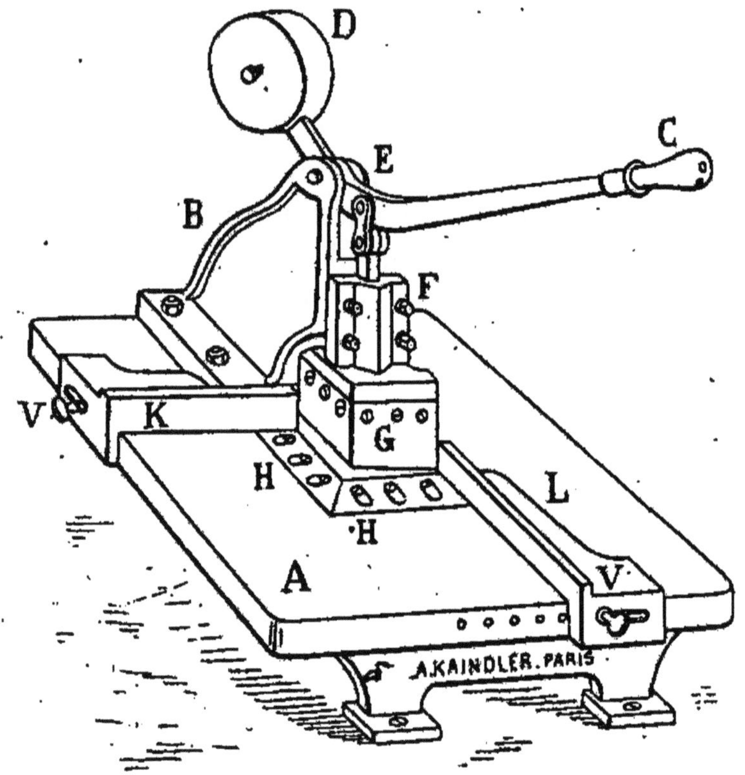

Fig. 48. Machine à couper les coins.

Le fonctionnement de cette machine s'explique par la vue même de son ensemble. Etant donné un carton dont on veut faire tomber les coins sous forme d'un carré, on le place sur la table de manière que l'angle à abattre coïncide bien avec l'angle des lames, ce dont on s'assure en abaissant légèrement le levier ; une fois la position du carton déterminée d'une façon précise, on déplace les règles jusqu'à ce qu'elles serrent convenablement les deux côtés du carton. Ces préparatifs bien conduits et terminés, on abaisse le levier et les lames détachent du carton le carré voulu. A partir de ce moment la machine n'a plus à être touchée qu'en son levier pour l'abaisser ou le relever, en effet, en présentant bien exactement le carton entre les deux règles et appuyant bien dessus, il ne dépassera jamais au-dessous des lames que le même carré. Dès lors, quelle que soit la quantité de cartons dont il faut abattre les coins, un seul réglage de la machine sera suffisant.

Il est à remarquer que dans cet appareil, à l'instar de tous ceux que nous avons déjà vus destinés au coupage, les lames n'ont pas leur fil horizontal, il présente toujours un certain biais afin d'entamer le carton d'une façon progressive. Cette machine ne peut couper que des cartons d'une dimension assez réduite, mais c'est un petit modèle qui convient à la confection des boîtes en carton de petites dimensions. Elle porte en outre une disposition des plus commodes tout en étant très simple : les règles L et K, en effet, peuvent être graduées en centimètres et en millimètres, ce qui permet de les mettre en place voulue pour abattre le coin sans avoir à présenter le carton. Pour couper les carrés à supprimer aux quatre coins d'un même carton, on comprend, sans que nous ayons besoin de l'expliquer, que deux carrés seront coupés, le carton reposant sur la table par une face, et deux autres en retournant le carton sens dessus dessous.

Machine à couper les coins en languettes

Cette machine, dont nous donnons le dessin figure 49, aura besoin de peu d'explication de

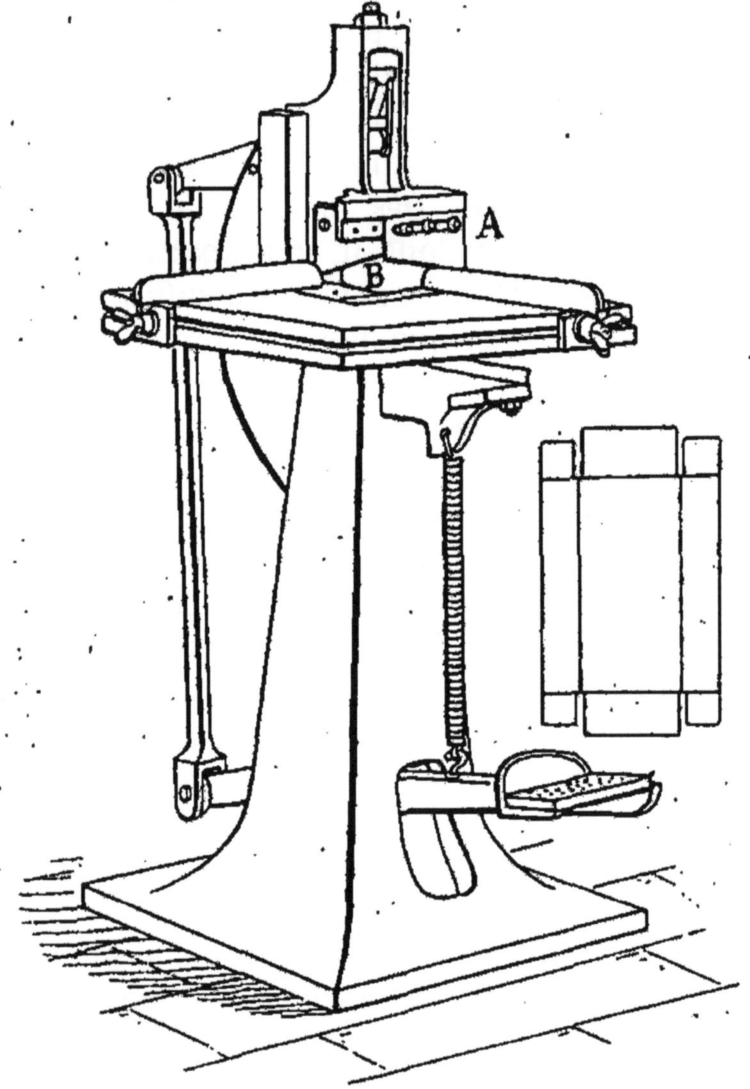

Fig. 49. Machine à couper les coins en languettes.

notre part, car sauf que nous en donnons un modèle plus fort que le précédent et marchant à la pédale, elle est construite identiquement sur le même principe que la première, le levier est ici plus court, et actionné par une tige et une pédale. On voit les deux règles et équerres qui sont mobiles et serrables en une position fixe, c'est contre elles que s'appuiera le carton à couper. La seule différence réside dans le porte-lames qui est fait de façon à ce que celles-ci, tout en étant à angle droit, chevauchent l'une sur l'autre, c'est-à-dire qu'il y en aura une, la lame A, qui est plus longue que la lame B. C'est la première qui pénètrera dans le carton jusqu'au bout du carré, tandis que la lame B coupera ce carré en laissant comme languette la partie égale à la distance qui la sépare de l'extrémité de la lame A. Cette machine est également réglable en ce qui concerne la largeur de la languette qu'elle peut couper. Placée sur un porte-outil variable en dimension, on peut approcher la lame B plus ou moins de la partie antérieure de la lame A, et la contre-lame sous la lame B devra être également variée dans sa position.

La machine que nous représentons marchant au pied se fait également pour la marche au moteur, son débit est alors plus considérable et généralement son travail mieux exécuté, car l'ouvrier découpeur n'a plus exclusivement qu'à s'occuper de bien placer son carton et de le bien maintenir en place. Tandis que dans la marche à la pédale, l'ouvrier par le fait même du mouvement de son corps, est plus ou moins exposé à faire varier la position du carton.

Nous ne quitterons pas ces machines à découper sans signaler celles de la maison Krause, 21 *bis*, rue de Paradis, à Paris, et que son constructeur dénomme machine à découper universelle ; nous la représentons sur la figure 50, où elle est indiquée

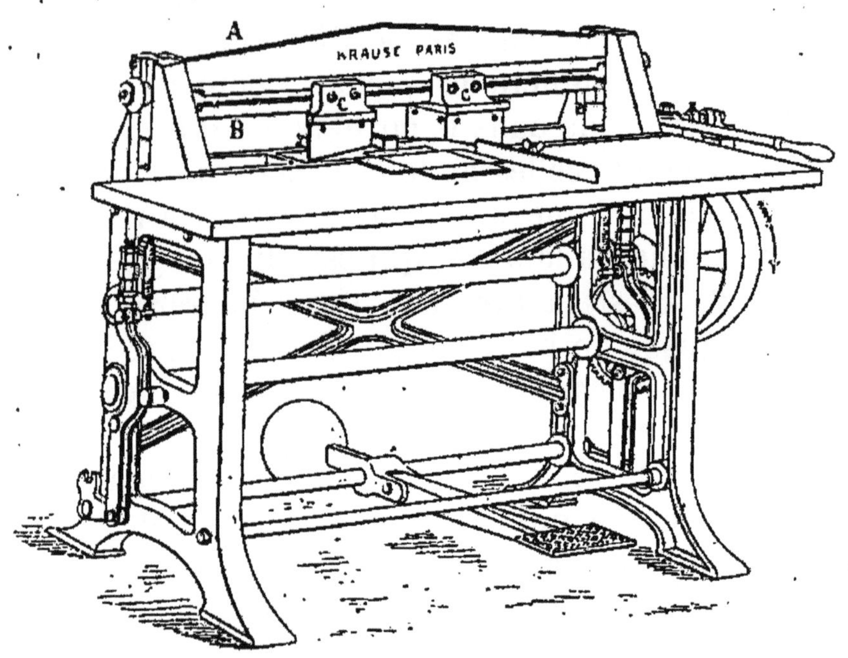

Fig. 50. Machine à découper.

pour marcher indifféremment à la pédale ou au moteur. Nous n'entrerons pas dans le détail de construction de cette machine qui se voit suffisamment par le dessin, pour nous arrêter plus longuement sur ce que nous désignerons par partie travaillante de la machine, c'est-à-dire sur la partie opérant le découpage. Ici, en réalité, le porte-lame se compose de la grande pièce en fonte A, qui prend toute la largeur de la machine et qui peut opérer un mouvement de montée et de descente, par des excentriques et des bielles, en restant guidée dans son mouvement par des rainures pratiquées dans les deux flasques verticales formant le bâti.

La pièce A porte sur toute sa longueur, à la partie inférieure, une rainure dans laquelle peuvent se loger la tête carrée de boulons qui supportent ce que nous appellerons le porte-outil C, sur lequel se fixe la lame ; au-dessous de la pièce A, en prolongement de la table, est ménagée une cavité sur toute la largeur de la table, c'est dans cette cavité qu'on vient placer les contre-lames. Cette machine offre au cartonnier l'avantage de pouvoir faire simultanément plusieurs genres de coupes. Si, en effet, on veut couper les carrés d'une feuille de carton, suivant le premier exemple que nous avons donné, avec cette machine on pourra faire la coupe de deux carrés à la fois ; il suffira pour cela de placer sur la pièce A deux porte-outils et de munir ces derniers de lames à angle droit et dont les angles se fassent vis-à-vis, puis en tournant la feuille sens dessus dessous, on coupera les deux autres carrés ; en un mot on fera d'un coup de la machine, ce qu'il faut faire en deux fois avec les autres appareils. De même qu'elle coupe les carrés, de même elle coupera les languettes, il suffira de munir le porte-outil de lames disposées en conséquence. Enfin, elle pourra encore couper les languettes à la forme donnée en DH*hd* sur notre dessin (fig. 47). C'est simplement une question de forme de la lame, or on sait qu'on peut lui donner une forme quelconque. En raison de la dimension même de la machine, on peut y découper des cartons très grands. Comme les deux premières machines que nous avons décrites, celle-ci présente l'avantage de pouvoir être réglée une fois pour toutes en vue d'un travail à exécuter, et l'ouvrier n'a qu'à présenter ses feuilles de carton à couper au fur et à mesure qu'elles sont mises à sa disposition.

Dans toutes ces machines à couper, nous remarquons que toute lame a sa contre-lame, cette disposition est indispensable pour obtenir une coupure nette et franche et sans faire de talus dans le carton à l'endroit de la section, en un mot chacun des appareils décrits ci-dessus agit comme des ciseaux. Cette disposition est fort importante dans le cas où l'on voudrait couper plusieurs cartons superposés à la fois; si en effet, elle n'était pas adoptée en même temps que le biais donné à la lame, il se formerait sur la première feuille arrivant sous le couteau, un commencement de refoulage de la matière qui élargirait les bords de la section, cet élargissement allant en diminuant de la feuille supérieure à la feuille inférieure. On perdrait ainsi un des bénéfices essentiels du travail mécanique, à savoir l'identité absolue entre tous les objets du même modèle. En outre, au moment de l'assemblage, on aurait des boîtes dont les coins ne présenteraient au contact qu'une ligne très fine de carton, donnant ainsi, soit à l'intérieur, soit à l'extérieur, suivant le sens du coupage, un sillon en creux qui, outre l'effet disgracieux, amènerait un défaut de solidité de la boîte une fois finie. Il est vrai que dans le gros cartonnage il est assez rare que l'on passe au coupage plusieurs feuilles de carton à la fois, mais par contre, comme on n'y emploie guère que du carton d'une force assez notable, l'effet que nous signalons s'y produirait de la même façon.

Machine à refouler

Après le coupage vient l'opération du refoulage qui s'exécute également à la machine. Nous donnons, figure 51, un modèle de ce genre de machine construit par la maison Kaindler et destiné à la confection des boîtes de petites dimensions ; elle marche à la pédale. Tout le mécanisme proprement dit est supporté par une colonne et se compose d'un table A, sur laquelle est fixé un col-de-cygne en fonte B, qui se termine par une partie cylindrique C, qui sert de guide à la partie mobile. Cette dernière, qui est représentée en D, est un véritable porte-outil, l'outil étant ici formé de deux lames EE, qui se coupent à angle droit et dont l'angle qu'elles forment ainsi est arrondi de façon à ne pas entailler le carton. Au-dessous de l'outil, en F, la table porte une rainure en forme de V qui est en creux ce qu'est l'outil en relief. En G, à l'avant de la machine, se trouve un support qui permet de poser le carton à refouler.

Le fonctionnement de la machine a lieu de la manière suivante : la machine est d'abord ajustée pour le travail qu'elle doit produire. A cet effet, l'ouvrier pose le carton à refouler sur le support G et amène le trait suivant lequel doit avoir lieu le refoulage bien exactement au-dessous de l'outil, ce dont il se rend compte en agissant doucement sur la pédale, de façon à amener son outil en coïncidence exacte avec le trait de refoulage. Ce résultat obtenu, il amène la règle H, placée à l'arrière de la machine, de façon qu'elle s'applique très exactement contre le bord du carton. La machine ainsi réglée, il n'a plus qu'à l'actionner à la pédale pour que l'outil vienne frapper le carton à l'endroit voulu et le refouler, le rendant prêt au pliage. On

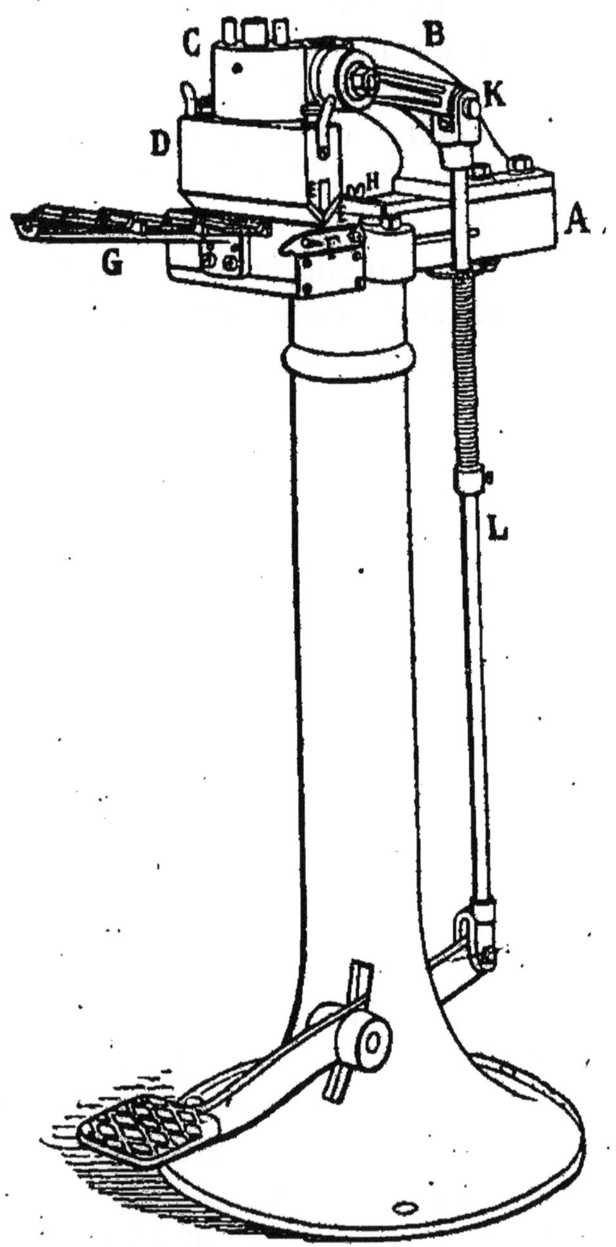

Fig. 51. Machine à refouler.

remarquera que dans ce genre de machine, le guidage du carton ne se fait que sur un seul bord de ce dernier ; cette mesure est justifiée par le fait que lorsqu'il passe au refoulage, il doit être très exactement coupé d'équerre, et qu'un seul de ses bords doit assurer un alignement parfait; quant à l'alignement dans l'autre sens, il devient inutile, puisque, dans cette opération, il n'y a pas de danger d'aller plus loin qu'il ne le faut et que si la ligne de refoulage est plus courte que l'outil, celui-ci refoulera le carton partout où il sera en contact avec lui et marchera à vide là où le carton ne lui est pas offert.

Le refoulage avec cette machine se fait dans de très bonnes conditions et surtout très rapidement, car la maison Kaindler vend ce genre de machine en accusant une production de 30 à 32,000 refoulages par journée de travail, ce qui correspond à la production de 800 feuilles de carton ou 400 boîtes couvercles compris. Comme elle agit par pression en quelque sorte progressive, on peut l'employer avec toutes les qualités de cartons depuis les meilleures, jusqu'à celles des cartons tout à fait inférieurs et cassants, tels que ceux de pâte de paille ou de pâte de bois. Cette observation était importante à faire, étant donné que dans le gros cartonnage on emploie très fréquemment et presque en majeure partie, les cartons de qualités très inférieures.

Machine à refouler, grand modèle

Nous donnons, figure 52, une machine à refouler le carton construite par la maison Krause; on voit à son aspect d'ensemble qu'il s'agit là d'une machine puissante, destinée à refouler les cartons pour boîtes de grands formats. Le principe du refoulage reste à peu près le même que celui déjà

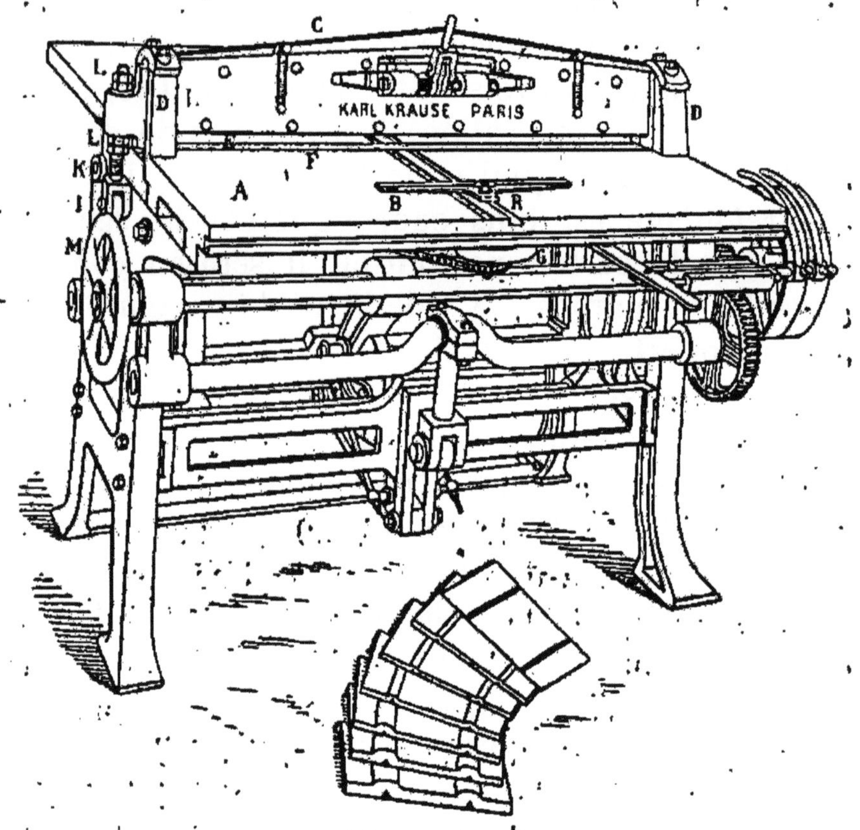

Fig. 52. Machine à refouler, grand modèle.

donné au sujet de la machine précédente. Dans ses parties essentielles, cette machine comprend une table en fonte A munie en son milieu d'une rainure trapézoïdale dans laquelle peut se mouvoir la tête carrée d'un boulon qui maintient une règle B parfaitement dressée. Cette règle peut être fixée très exactement dans la position qu'elle doit occuper dans le refoulage, car la table porte, sur le bord de la rainure, une échelle graduée en millimètres.

Ici le porte-outil se compose d'une forte pièce en fonte C qui règne sur toute la longueur de la machine et prend un mouvement de va-et-vient dans le sens vertical en restant guidée par le montant DD de la machine. La partie inférieure ou porte-outil est munie d'une pièce en équerre E à angle droit, ce dernier est dirigé vers le bas et se trouve arrondi pour ne pas couper le carton. Au-dessous du porte-outil, sur toute l'étendue de la table, règne un vide F qui peut être plus ou moins élargi, suivant l'épaisseur du carton à refouler, grâce à une disposition placée sous la table, mais dont on voit en G l'organe principal; c'est une petite roue à manette qui commande une chaîne gall, dont l'extrémité invisible engrène avec un pignon fixé sur le côté mobile de l'intervalle F. En agissant sur la roue manette G, on fait avancer ou reculer le côté mobile et par suite on règle la largeur de l'intervalle suivant les besoins du travail à exécuter.

Le porte-outil prend un mouvement continuel de levée et d'abaissement par l'intermédiaire d'un arbre coudé et de tout un mécanisme qu'on voit figuré au-dessous de la table et qui se termine par une pièce I attelée à une vis K qui traverse le prolongement du porte-outil hors de ses guidages, et est retenue par les écrous LL placés au-dessus et au-dessous de ce prolongement. Ces explications étant fournies et dégagées de tout ce qui concerne les parties accessoires de l'appareil, voici comment on utilise la machine : comme dans toute machine, il faut opérer le réglage suivant le genre de travail à effectuer. Ce réglage est ici de deux sortes : 1° réglage de la règle B ; 2° réglage du refoulage.

On peut ajuster la règle de deux façons : d'abord en l'amenant tout à fait au bord antérieur de la table, et en plaçant le carton de façon à ce que le trait à refouler se trouve bien au-dessous de l'arête arrondie de l'outil, ce qu'on vérifie en descendant doucement celui-ci à la main par l'intermédiaire de la roue M que l'on voit sur la gauche de notre dessin. La position du carton bien exactement établie, on amène la règle à s'appuyer exactement contre son bord en prenant bien soin de ne pas bouger le carton, puis on la fixe d'une façon invariable en serrant l'écrou R placé à l'avant. On peut encore procéder à ce réglage en mesurant très exactement la longueur du carton en deçà du trait de refoulage, et en mettant la règle sur la division correspondante de l'échelle graduée ; elle se trouvera dans la position voulue pour le travail si le carton a été bien coupé droit et si le tracé a été convenablement opéré.

Le second réglage se fait suivant la force du carton sur lequel on doit opérer ; on conçoit en effet que plus le carton sera épais et plus la force de refoulage devra être grande ; autrement dit, plus le carton sera épais et plus profondément devra entrer l'outil, pour former la rainure voulue. Ce réglage s'effectue en variant la longueur de descente du porte-outil C ; or, on arrive à faire varier cette descente en agissant sur les écrous placés de chaque côté du prolongement de l'outil en L. Si l'on veut en effet que l'outil n'entre que très peu dans le carton, on lèvera le porte-outil ; comme sa course reste invariablement la même, si elle commence de plus haut elle finira également plus haut et inversement. Ces réglages que nous avons expliqués en détail pour bien faire saisir leur but et leur fonctionnement, s'opèrent très rapidement avec un peu d'habitude. De plus, le cartonnier ne travaille jamais qu'avec une série assez limitée de forces de carton, de sorte qu'il a vite fait de connaître avec précision la hauteur à laquelle doit se trouver l'outil pour tel ou tel carton.

Cette machine, comme on le voit, est destinée non seulement à refouler les cartons de grandes dimensions, mais encore des plus fortes épaisseurs. Quelques échantillons que nous représentons au pied de la machine montrent les épaisseurs différentes du carton en même temps que les diverses formes que prennent de l'autre côté les parties refoulées. Le refoulage, en effet, dans les cartons durs et cassants, tels que les cartons pour gros cartonnages, ne constitue pas un simple sillon, mais bien un déplacement de la matière. Dans les cartons-pâtes légers il en est autrement et le refoulage constitue une compression de la matière qui se trouve réduite d'épaisseur à l'endroit où il s'est produit. Cependant ce bourrelet est loin d'être un inconvénient pour le cartonnier, car comme il se produit à l'endroit d'un pli, par conséquent à un angle, il ne fait que renforcer celui-ci. Suivant les besoins, suivant le simple goût du fabricant ou du client, ce bourrelet peut être placé soit à l'intérieur soit à l'extérieur du carton fini, suivant le sens dans lequel on procède au pliage. Si le bourrelet est à l'extérieur, il forme à tous les angles une nervure qui n'est pas désagréable à l'œil, constituant un ornement logique; dans ce cas, à l'intérieur, la jonction des deux branches du V se fait d'une façon complète et l'angle est à peine perceptible. Si au contraire, le bourrelet est mis à l'intérieur, le carton fini présente sur tout le pourtour intérieur à l'endroit des angles, une sorte de biseau qui est à l'œil comme au toucher, plus satisfaisant qu'une arête vive. Ce biseau provient d'un écartement prononcé des branches du V entre elles. Quant à la présence du bourrelet à l'intérieur, il n'a rien de choquant. Au point de vue pratique, une disposition vaut l'autre et n'est dictée exclusivement, pour le fabricant, que par la considération de satisfaire au goût de son client.

Dans ce très bref aperçu des machines à refouler le carton, nous n'avons pas eu l'intention de signaler toutes celles qui existent, mais nous pouvons dire que toutes reposent sur le principe que nous venons d'émettre et ne varient entre elles que par des détails de construction qui sont plus ou moins ingénieux et dont l'application est destinée souvent à satisfaire à des conditions spéciales de fabrication, conditions qui varient à l'infini. Enfin disons que toutes ces machines se font pour marcher à la pédale ou au moteur. Leur immense avantage est de donner un débit continu, et leur emploi est justifié principalement chez les fabricants de cartonnages qui ont un grand débit de matière à faire sur le même modèle. On ne conçoit guère en effet l'emploi de pareils engins dans un atelier où les cartonnages du même modèle ne se feraient qu'au nombre d'une douzaine d'exemplaires, le temps employé au réglage pour chaque objet rendrait l'emploi de la machine fort onéreux.

Machines d'assemblage

Il est de toute évidence que si nous avons pu couper et refouler notre carton d'une façon mécanique, nous pouvons achever l'opération de la confection par le collage, tout comme nous le faisions dans la fabrication manuelle, mais on peut également finir la fabrication du cartonnage par des moyens mécaniques. Il nous faut ajouter pourtant, que ces moyens mécaniques ne font pas usage de la colle, et procèdent par d'autres procédés qui ont l'avantage d'être à la fois plus économiques et plus rapides que le collage; plus rapides parce qu'ils évitent la perte de temps nécessaire pour laisser sécher la colle. Ces procédés sont la couture par fil métallique, ou l'attache à l'aide d'agrafes spéciales; ce sont ces deux procédés que nous nous proposons d'examiner.

Machine à coudre les cartons au fil métallique continu

Nous donnons, figure 53, une machine à coudre au fil métallique qui nous a été fournie par les anciens établissements Houpied, 16, rue Royer-Collard, à Paris, et qui est très employée pour la fabrication des cartonnages modernes. Avant d'en donner la description, nous allons exposer le résultat qu'elle permet d'obtenir. Soient deux morceaux de carton à réunir, on les coud absolument entre eux, sauf que les points ne sont pas continus comme dans la couture ordinaire. Un fil de fer ayant la

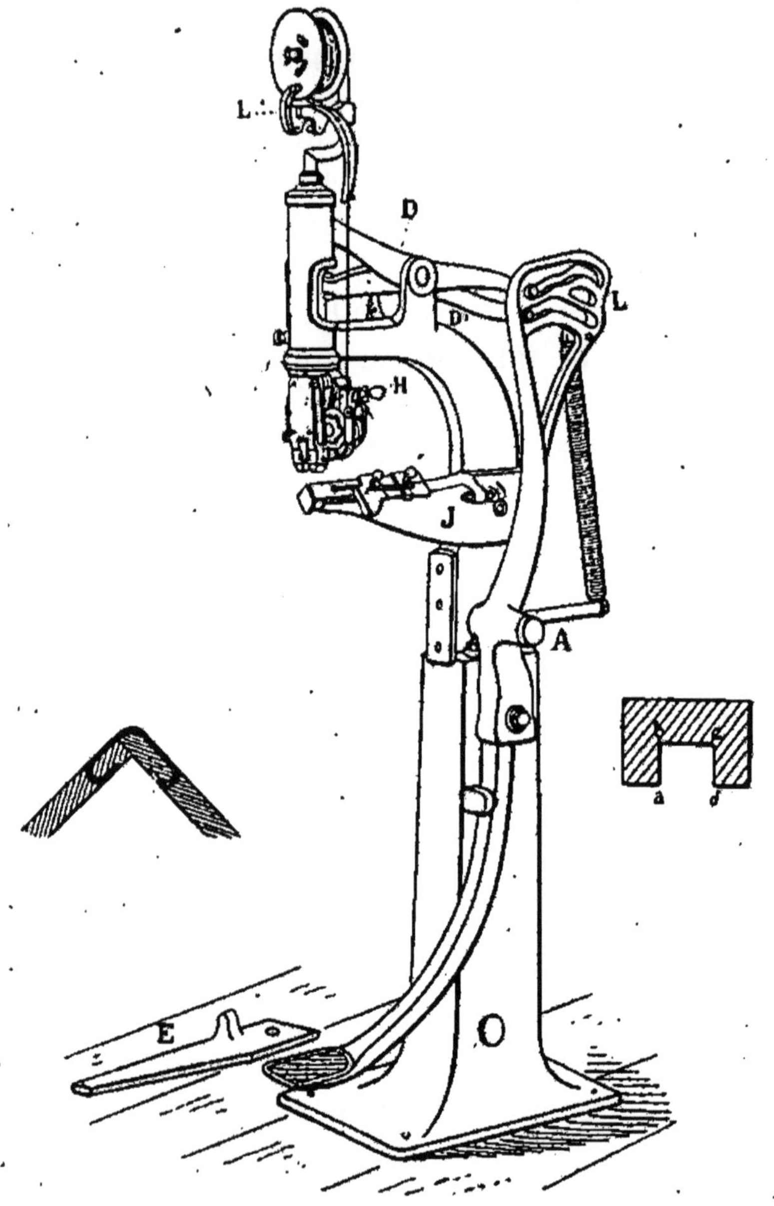

Fig. 53. Machine à coudre universelle.

forme d'un U pénètre par ses deux pointes dans les deux cartons qu'il traverse de part en part, puis les deux branches sont refermées sur elles-mêmes sur l'autre face du carton; les deux morceaux se trouvent ainsi très solidement fixés l'un à l'autre. C'est ce travail très complexe qu'exécute la machine par un simple coup de pédale.

Cette machine se compose, comme on le voit sur notre dessin, d'un socle rectangulaire en fonte terminé par une sorte de col-de-cygne. Sur ce socle est fixée une pièce J, à laquelle on donne souvent le nom d'enclume; à la partie supérieure se trouve une bobine L qui porte enroulé le fil d'acier qui servira à faire la couture. Vers le bas de la pièce verticale, est une partie H qui renferme tout le mécanisme proprement dit permettant de faire la couture, mécanisme qu'actionnent deux leviers DD' dont les extrémités portent sur les chemins d'une came L, chemins des plus sinueux. Il nous est impossible, dans la revue très brève de cette machine, d'en donner la description organe par organe, ce qui nous entrainerait à faire figurer en même temps une série de nombreux dessins; nous nous bornerons donc à donner le principe de fonctionnement, avec les mouvements et les pièces principales qu'il exige.

Pour rendre notre explication aussi compréhensible que possible, nous allons indiquer les différentes phases de l'opération. Le carton dont on veut réunir les languettes aux côtés, est posé sur l'extrémité de l'enclume J qui, pour cette opération, comporte une partie plate sur sa face supérieure. Si l'on appuie sur la pédale, les leviers entrent en jeu et parcourent chacun le chemin qui lui est tracé par la partie de la came à laquelle il est relié. Ce jeu des leviers donne lieu aux opérations suivantes, qui se produisent avec une succession si rapide que l'on croirait qu'il n'y a qu'un mouvement d'exécution. Le premier mouvement fait descendre une longueur déterminée du fil d'acier venant de la bobine et le place horizontalement dans l'intérieur du mécanisme que nous avons indiqué en bloc par la lettre H. Aussitôt que le fil est coupé, une pièce portant une rainure en creux et de la forme théorique que nous représentons à côté de la machine, descend sur le fil horizontalement placé et lui fait prendre la forme *abcd* d'un U renversé, les pointes en *a* et en *d* se trouvant acérées par le fait même du coupage. Dès que la pièce en question a achevé son œuvre elle se retire pour faire place à une autre qui appuie sur la partie horizontale de la branche du fil, les parties verticales étant guidées, pendant ce mouvement, sur les deux côtés latéraux. Cette action d'appuyer sur le fil le force à pénétrer dans le carton et comme il est guidé sur les côtés, et pressé uniformément sur la partie horizontale, il ne peut pas se tordre. Dès qu'il pénètre dans le carton il se crée ainsi un nouveau guide qui l'aidera à poursuivre sa marche verticale jusqu'à ce qu'il rencontre l'enclume. A ce moment, et sur cette dernière, il trouve une petite rigole inclinée vers l'intérieur de l'U qui oblige les deux branches verticales à se courber et à venir à la rencontre l'une de l'autre. Or, comme nous venons de le dire, la rigole, très peu profonde, est inclinée et va en remontant rapidement vers la surface supérieure de l'enclume, de sorte que quand le fil est arrivé au bout de sa course, c'est-à-dire quand la partie horizontale est venue s'appliquer sur le dessus du carton, les deux branches verticales se sont presque rejointes et, comme cette jonction s'opère sur la surface de l'enclume, que la conduite du fil au travers du carton s'opère par un choc, il y a un véritable matage qui se produit et qui serre énergiquement les deux morceaux de carton l'un à l'autre, comme le montre notre dessin (fig. 54) représentant une boîte en carton dont les languettes ont été fixées à l'aide de cette couture spéciale.

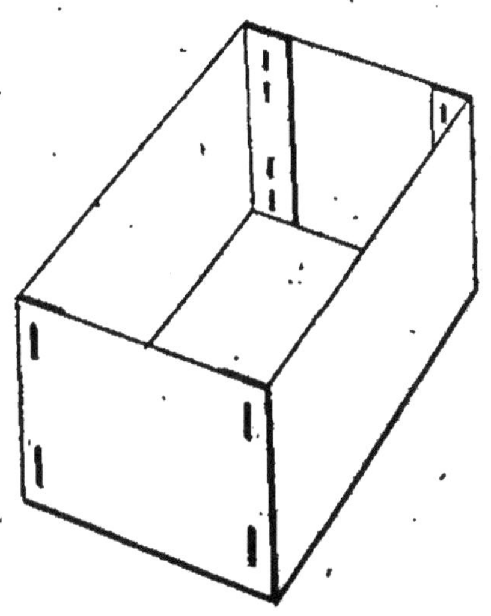

Fig. 54. Carton cousu (boite).

Toutes les phases de l'opération, que nous venons de détailler une à une et dans l'ordre de leur production, se manifestent, dans la pratique, d'une façon presque instantanée. L'âme du fonctionnement de cette machine, si nous pouvons nous exprimer ainsi, est entièrement dans la came L, dont le tracé est tel que chacune des pièces commandées par les leviers, s'abaisse, s'élève, s'avance, ou se recule au moment précis où l'un de ces mouvements est nécessaire et, suivant le point non seulement où se trouve l'extrémité du levier sur la came, mais encore suivant la position de la came elle-même, puisqu'elle est mise en mouvement par l'action de la pédale, et qu'elle prend un mouvement de rotation suivant un arc de cercle qui a son centre en A.

Ces machines sont aujourd'hui d'un usage très commun chez tous les fabricants de cartonnages, où elles rendent de signalés services par l'exécution rapide de leur travail, et aussi, parce que c'est bien la machine finisseuse. Lorsque le carton est cousu par la machine, il est bon à livrer. Il n'en est pas de même avec le collage qui exige un temps déterminé pour sécher, temps qui varie avec les ateliers, avec leur température, et leur état hygrométrique.

Tel est le principe sur lequel repose le fonctionnement de la machine à coudre le carton ; il y en a, bien entendu, des modèles très variés, il en existe de puissances et de grandeurs très différentes, car on comprend qu'elles doivent être proportionnées à la force du carton qu'elles ont à coudre. Dans les cartons fort épais, les fils métalliques dont on se sert sont eux-mêmes d'un diamètre plus fort et inversement. Enfin il existe encore des modèles qui, au lieu d'employer du fil métallique rond, cousent avec du fil métallique plat. Mais ce sont là, comme pour tous les genres de machines, des questions de détail ou de marque de fabrique sur la valeur desquelles nous n'avons pas à nous prononcer.

La machine que nous venons de décrire et que les anciens établissements Houpied ont dénommée *machine universelle*, peut coudre ensemble non seulement les parties plates de carton, telles que les languettes, mais elle peut aussi coudre les cartons sur les coins, dans les boîtes rectangulaires ou les boîtes rondes, comme le montre notre dessin (fig. 55). Pour arriver à ce résultat, il suffit de changer l'enclume J qui, au lieu d'être plate est carrée, mais présente un des angles du carré sous le fil. Celui-ci arrive alors sur le carton avec ses branches verticales, obliquant légèrement en dedans, de façon à s'enfoncer normalement dans les deux côtés de l'angle du carton. Dès que la pointe arrive sur l'enclume, comme elle trouve là une résistance absolue, elle se courbe légèrement et, ne pouvant se frayer de passage dans le métal de l'enclume, elle continue à cheminer dans le carton même à fleur de sa surface intérieure comme l'indique le croquis placé à la gauche de la machine.

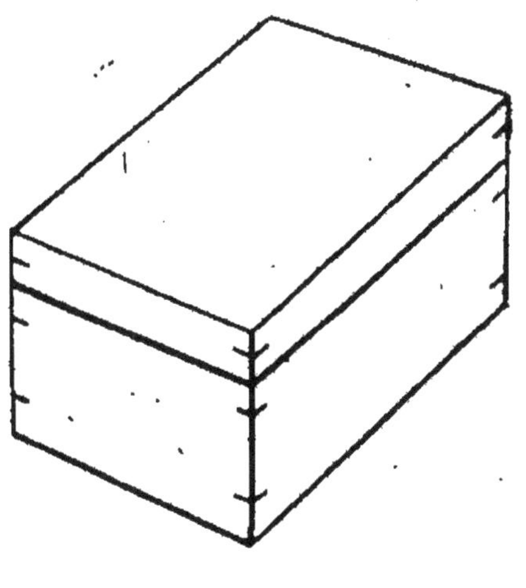

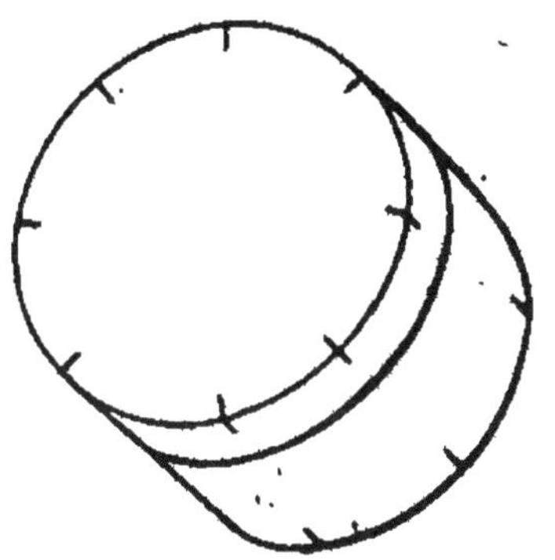

Fig. 55. Cartons cousus

Suivant les dimensions du carton à fabriquer, suivant aussi le degré de solidité que l'on veut donner à l'assemblage, on mettra pour une même languette un nombre plus ou moins grand de ces points de couture métallique.

Machine à coudre le carton à fil non continu

Nous ne voulons pas clore ce paragraphe sans signaler une autre machine, devancière du reste du type que nous venons de décrire, et qui est de plus en plus abandonnée, mais que l'on voit encore fonctionner avec succès dans bien des ateliers de cartonnages. Comme principe de travail c'est le même que celui que nous venons d'indiquer, la seule différence, de principe bien entendu, réside en ce que le fil, au lieu d'être continu, enroulé sur une bobine, est fourni à la machine débité à la longueur voulue. On comprend l'importance du perfectionnement apportée par la machine à fil continu ; on économise le temps qu'il fallait dépenser à couper le fil métallique de longueur, on économise encore le temps dépensé à l'alimentation de la machine. Les machines à fil discontinu se trouvent plus spécialement dans les ateliers de brochage, où du reste elles ont été employées en premier lieu pour remplacer la couture au fil. Mais dans ce cas particulier, la machine à fil continu est moins précieuse que dans le cartonnage. Dans cette dernière industrie, en effet, le moindre point qu'il faille faire de suite, sans arrêt, est de quatre (une boîte). L'ouvrier cartonnier doit donc effectuer ces quatre points de couture presque sans interruption ; il ne s'arrête que pour quitter une boîte et en reprendre une autre. Dans le brochage, au contraire, chaque objet ou brochure ne reçoit qu'un point de couture, à chaque point l'ouvrier doit marquer un temps d'arrêt pour quitter une brochure et en prendre une autre, ce temps d'arrêt se trouve de très peu augmenté du fait de l'alimentation de la machine en fils coupés de longueur.

Machine à poser les boutons

Cette machine que représente notre dessin (fig. 56) et qui nous a été communiquée par les anciens

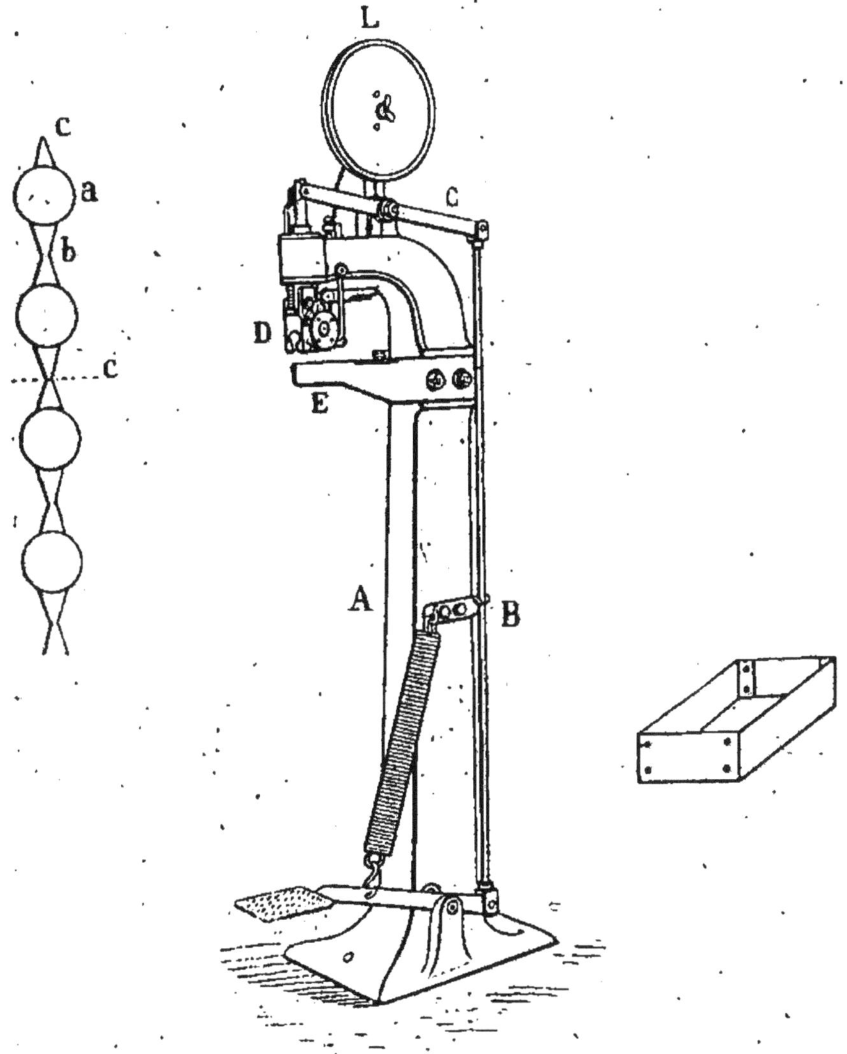

Fig. 56. Machine à poser les boutons aux coins des boites

établissements Houpied, remplit le même office que la machine à coudre au fil métallique; elle fait les joints de cartons à l'aide de boutons métalliques en cuivre ou en fer blanc, et les applique sur les mêmes principes que le fil métallique, sauf qu'ici la partie droite du fil est remplacée par un bouton plat ou bombé, muni de deux pointes, lesquelles pénètrent dans le carton, traversent les deux épaisseurs, ressortent de l'autre côté et sont repliées alors, soit en dedans, soit au dehors, suivant les marques de machines.

Dans cette machine, le travail est encore continu et la file de boutons est elle-même continue. Ces boutons sont faits mécaniquement par un procédé d'estampage et présentent, une fois finis, la forme que nous indiquons à gauche de la machine. Comme le métal dont ils sont faits est mince et suffisamment malléable, cette ligne ininterrompue peut facilement s'enrouler sur une bobine, pourvu que celle-ci soit d'un diamètre suffisamment grand pour ne pas plier la ligne de boutons sous un angle trop aigu. Cette ligne de boutons se compose comme on le voit d'un disque *a* prolongé suivant un de ses diamètres par une partie droite *b* et *c* qui va en diminuant de largeur à partir du disque. C'est la partie placée de chaque côté du disque, c'est-à-dire la moitié de celle comprise entre deux disques successifs, qui constitue la pointe destinée à entrer dans le carton et à être recourbée sur elle-même ensuite.

La machine à poser les boutons se compose d'un fût en fonte A se terminant par un col-de-cygne ; une pédale, par l'intermédiaire de la tige B et du levier C, met en mouvement le mécanisme complet de la machine logée en D. Ici, comme dans la machine à coudre au fil métallique, la pose des boutons comporte un seul mouvement de la pédale qui, avec un certain nombre de temps dans son fonctionnement, opère toute la série d'opérations constituant la pose d'un bouton. Ce sont ces différents temps que nous allons examiner pour faire comprendre le fonctionnement de la machine.

La file ininterrompue des boutons et de leurs tiges est enroulée sur la bobine L, et l'extrémité descendue vers le mécanisme où elle est saisie par une mâchoire. Dès que l'on agit sur la pédale, les mouvements suivants se produisent successivement ; la ligne de boutons est attirée vers le mécanisme et mise dans la position horizontale, le dessous du bouton étant en dessus. Une lame coupe ce genre de fil en *c* (figure à gauche du dessin), c'est-à-dire exactement au milieu de l'intervalle qui sépare deux boutons successifs. Nous disons *une lame*, car chaque opération a préparé la pointe de l'opération suivante. Le fil ainsi coupé, le bouton est immédiatement après formé pour s'enfoncer dans le carton, c'est-à-dire que ses pointes sont relevées, puis la pièce qui a opéré ce relèvement des pointes disparaît et le bouton tombe dans une pièce cylindrique, se trouvant encore à l'envers, par rapport à la position qu'il doit prendre sur le carton. Une fois arrivé dans l'alvéole spéciale de la pièce cylindrique, celle-ci opère un mouvement de rotation d'un demi-tour et renverse le bouton sens dessus dessous, les pointes qui étaient en l'air arrivent en bas et comme le carton a été préalablement posé sur l'enclume E, ces pointes sont mises en contact avec le carton. Elles y pénètrent par le même moyen que le fil métallique, et lorsque les pointes rencontrent l'enclume, elles sont repliées sur elles-mêmes comme cela se passe dans la machine à coudre au fil métallique; le travail est achevé.

Nous donnons, sur la droite de la figure 56, une boîte dont l'assemblage est fait par boutons; ce mode de couture, ou pour mieux dire de clouure du carton, est aussi rapide que celui qui utilise le fil métallique, il présente l'avantage d'être plus propre, plus coquet. Par contre, il est évidemment plus cher, la file de boutons coûtant considérablement plus que le simple fil métallique. Il est bon d'ajouter que cette différence de prix n'est sensible que pour une fabrication très importante et dans laquelle c'est par centimes qu'on cherche à abaisser le prix de revient; car le prix de revient du fil est d'environ 6 à 8 centimes pour mille points alors que celui des boutons varie, suivant la dimension, de 0 fr. 70 à 2 fr. le mille; ces prix ne sont qu'approximatifs, mais dans un rapport à très peu de chose près exact. De sorte que si l'on prend une boîte avec son couvercle, chacune de ces pièces prenant par exemple deux boutons à chaque languette, on aura ainsi huit points ou boutons dans le fond et autant dans le couvercle, soit seize points ou boutons. Donc, avec 2,000 points, on aura de quoi assembler 125 boîtes; et avec le fil ces 125 boîtes coûteront 1 fr. 40 de fil, au lieu de 4 francs de boutons, soit une différence de 2 fr. 60 par 125 boîtes complètes, ou un peu plus de 2 centimes par boîte. C'est on le voit une différence bien faible, mais elle peut néanmoins avoir son influence quand il s'agit de très grosses fournitures ; ainsi pour 1,000 boîtes la différence de prix de revient est de 20 francs, et devient de 200 francs pour 10,000 boîtes. Elle vaut donc la peine d'être envisagée lorsque, comme nous venons de le dire, le fabricant est amené à examiner son travail à un centime près par pièce, ce qui est le cas très général chez les importants fabricants de cartonnages, où non seulement les commandes se chiffrent par de fortes quantités du même objet, mais où encore, en raison de sa valeur, chaque objet peut souvent ne pas dépasser le prix de quelques centimes. Par contre, nous le répétons, l'assemblage par boutons est beaucoup plus élégant et peut être très judicieusement réservé aux cartonnages d'une classe supérieure. Ces boutons eux-mêmes, d'ailleurs, peuvent être enjolivés, car on peut les faire ronds, ovales, carrés, polygonaux, etc..., sans grande différence de prix. Les boutons qui coûtent le moins cher sont ceux en fer-blanc, les boutons en cuivre sont plus chers ; enfin depuis l'application industrielle de ce procédé d'assemblage, les fabricants de boutons se sont eux-mêmes ingéniés à créer des modèles de plus en plus élégants dans leurs formes, et auxquels, par des procédés spéciaux, ils donnent des nuances très différentes, ce qui permet au cartonnier d'harmoniser les boutons d'assemblage, quant à leurs formes et à leurs couleurs, aux genres et aux modèles de cartonnages qu'ils confectionnent.

Nous avons intentionnellement donné comme exemple cette machine à poser les boutons, parce que son principe est un peu différent d'une autre classe du même genre d'appareils, et dont le fonctionnement est à peu près le même que celui de la machine à coudre au fil métallique. On comprend en effet, que si l'on substitue au fil métallique une ligne ininterrompue de boutons, on peut, en principe du moins, traiter cette dernière absolument comme la première. Les seuls points différents entre les deux machines, seront dans les pièces qui recourbent les deux pointes et les enfoncent dans le carton, elles devront avoir la forme appropriée à celle du bouton, forme qui ne se différencie, du reste, que dans celle de la rainure. De même l'enclume devra porter une rainure pouvant recevoir la pointe du bouton qui est légèrement trapézoïdale.

Enfin, nous dirons qu'il existe des machines de puissances et de dimensions variées pour faire ce genre de travail, et que le cartonnier qui s'est spécialisé dans la fabrication de la boîte de petit modèle, trouvera des machines à poser les boutons toutes petites, marchant à la main, et par conséquent d'un prix proportionné à leur dimension. De même, le cartonnier dont la fabrication sera très variée, devra posséder plusieurs grandeurs de ces machines, pour répondre à tous les besoins de son industrie. Mais cette collection de machines ne sera pas excessivement nombreuse, car chaque modèle peut faire l'assemblage d'un certain nombre de dimensions de boîtes. Les amateurs eux-mêmes pourront faire des cartonnages de petites dimensions avec assemblages au fil métallique ou boutons, car des fabricants de machines font également de petites pinces spéciales, qui d'un seul coup de pression à la main, exécutent soit un point au fil métallique, soit la pose d'un bouton. Ce genre de pinces est même très employé aujourd'hui dans les bureaux des administrations, dans les maisons d'éditions, etc..., partout en un mot où l'on a besoin de réunir ensemble et d'une façon définitive des dossiers, des papiers ou des manuscrits.

Nous pourrions fermer ici le chapitre relatif au gros cartonnage qui, dans sa classification de sorte, devrait s'arrêter exclusivement aux cartonnages les plus grossiers mais qui, au point de vue du fabricant, se trouve intimement mêlé à la fabrication d'articles plus soignés, ou pour le moins plus élégants. En effet, une fois fini, un carton très ordinaire peut être plus ou moins ornementé au goût du fabricant, jusqu'au point de ne laisser même rien paraître de toute la partie grossière de son premier travail. Etant donné en effet un carton très ordinaire, on peut en garnir ses bords de papier coloré plus ou moins agréable à l'œil, on peut même l'envelopper complètement à l'intérieur et à l'extérieur de papier blanc ou de couleur, de façon à ne rien laisser paraître de sa constitution primitive ; c'est un travail qui rentre tout à fait dans le genre que peut faire très bien et qu'exécute d'ailleurs le fabricant de gros cartonnage, bien que cette partie, au point de vue classification proprement dite, appartienne plus spécialement à la fabrication qui fait l'objet du chapitre suivant.

CHAPITRE VI

Cartonnage courant

Sommaire. — I. Machine à poser les agrafes métalliques. — II. Boite carrée en carte. Différentes manières de l'établir. — III. Boite avec son fond et couvercle, le tout en une pièce. — IV. Machine à tracer. — V. Cartonnages collés en une pièce. — VI. Boîtes pliantes. — VII. Cartonnages pliants divers.

Comme l'indique son nom, le cartonnage courant est le plus répandu de tous, et ses usages sont aussi multiples que variés. Nous ne pouvons donc pas songer à examiner toutes les classes du cartonnage courant, et encore moins toutes les espèces que l'on trouve dans chacune de ces classes. La chose nous serait impossible pour deux raisons, d'abord parce qu'elle nous entraînerait à écrire des volumes, ensuite parce que, même ayant tout dit ou tout donné, il se présentera peu après notre étude de nouvelles espèces, dues à l'ingéniosité toujours en éveil de l'industrie française en général et de celle de ce genre d'objets en particulier, dont la confection réclame à la fois le bon goût, l'adresse, la vivacité d'imagination et la rapidité d'exécution.

Nous allons nous efforcer néanmoins de faire dans ce vaste champ industriel, la moisson de quelques types différents, auxquels le cartonnier praticien saura mieux que nous encore, ramener tous les modèles qu'il a vus, qu'il connaît, qu'il a exécutés ou se propose d'exécuter. Pour y arriver d'une façon plus sûre, nous commencerons par l'analyse du travail en carton et puis en carte, qui déjà dans cette branche du cartonnage, prend une place très importante.

Les objets de cartonnage courant se font généralement en carton-pâte, lequel peut contenir de la pâte de bois dans une proportion plus ou moins grande, mais en résumé en carton déjà d'une qualité moyenne et le plus souvent en carton blanchi, c'est-à-dire en carton gris sur lequel on a collé une feuille de papier blanc. En outre, le cartonnage courant a rarement à employer le carton fort, par conséquent le cartonnier en cette spécialité, n'aura presque jamais à doubler son carton et il trouvera toujours dans le commerce, les cartons de la force dont il aura besoin. Par contre, bien que trouvant également dans le commerce le carton blanchi sur deux faces, il aura souvent besoin de le blanchir lui-même au moins sur une face, car dans le cartonnage courant, il faut comprendre les cartons plus ou moins grands, dans lesquels se vendent une foule d'objets les plus différents, tels que : la lingerie, les fourrures, les vêtements dits de confection, etc.; or, dans ce genre d'applications, il est d'usage que les consommateurs auxquels ces cartonnages sont destinés, fassent figurer sur le dessus au moins des cartons, leur nom, leur adresse, quelquefois un dessin cliché, ou autres indications spéciales qui se font par la typographie ou la lithographie sur papier blanc ou de couleur, papier que le client fournit quelquefois tout imprimé au cartonnier, ou que le cartonnier doit faire imprimer. Dans un cas semblable, le cartonnier a intérêt à ne prendre du carton blanchi que sur une face, devant lui-même blanchir l'autre face en collant le papier en question. Fort souvent encore, la clientèle réclame des cartonnages d'une nuance spéciale, ce qui s'obtient en collant sur le carton du papier de la nuance voulue; c'est encore le cartonnier qui devra faire ce collage, attendu qu'il ne trouvera pas dans le commerce toutes les nuances ou toutes les teintes. Enfin la clientèle peut réclamer un carton recouvert d'un papier blanc de qualité spéciale (vergé, ivoiré, etc.), qu'on ne trouve pas non plus dans le commerce. On voit donc que, dans la presque majorité des cas, le cartonnier en cartonnage courant aura à recouvrir lui-même son carton de la feuille de papier qui en fera du carton blanchi. Nous nous sommes suffisamment étendu sur cette opération dans le premier et le second chapitre pour n'avoir pas à y revenir. Dans ce cas, si l'importance de l'atelier le comporte, le cartonnier pourra utiliser avec profit la machine à coller (fig. 18).

Nous venons de voir que le cartonnier peut se trouver obligé de fournir le papier imprimé. Dans ce cas, voici les renseignements de pure pratique qu'il est bon de lui fournir. Faisant exécuter la composition qui doit figurer sur le papier, soit de sa propre initiative, soit d'après des indications qui lui seront fournies par son client, il ne devra jamais adopter cette composition sans l'avoir bien revue lui-même, y avoir apporté les corrections qu'il aurait à faire, ou les modifications qu'il juge de nature à satisfaire son client; cela fait, il ne doit pas faire tirer à l'imprimeur sans avoir soumis l'épreuve à son client et sans que celui-ci n'ait apposé la mention *bon à tirer* et sa signature. C'est le moyen le plus sage d'éviter toute contestation ultérieure. De même, si le cartonnier fournit le papier, il sera bon qu'il le fasse approuver par son client en faisant mention : 1° du format du papier; 2° de son poids à la rame (500 feuilles) et 3° même de la fabrique d'où provient ce papier.

Ces précautions très élémentaires sont les seules garanties que puisse avoir le cartonnier pour s'éviter des réclamations ultérieures et pour que chacun : client et fournisseur, ait sa part de responsabilité. Il est bien entendu que cela ne diminue en rien le rôle du cartonnier qui doit savoir conseiller ce client dans son choix, et pouvoir lui dire à l'avance si l'effet désiré sera obtenu; si le papier choisi est trop faible, trop fort, trop dur, trop spongieux, etc., le cartonnier, on le voit, doit donc se connaître en papiers et savoir les sortes qui conviennent le mieux à son genre de travail, ou au genre de l'objet fini.

De même, si le cartonnier doit fournir un papier de couleur pour couvrir un certain lot de cartonnages, il ne devra pas s'en rapporter uniquement au cahier d'échantillons qu'il tient de la papeterie qui le fournit. Il doit, surtout si le lot en question est important, s'assurer auprès de la papeterie qu'elle possède le papier choisi en quantité suffisante pour exécuter la commande entière. En effet, les papeteries font le papier de couleur en teintant la pâte au moment de la transformer en papier; or, malgré toutes les précautions, malgré tout le savoir-faire, il est bien rare que deux cuvées d'une même couleur aient un ton absolument identique. Le cartonnier, s'il ne prend pas la précaution que nous signalons, risque de recevoir de sa papeterie un bleu par exemple, de deux tons différents, et une fois son travail fini, il pourra constater quelquefois une différence de ton assez choquante pour courir le risque de voir tout ou partie de sa fourniture refusée.

Si le cartonnier est chargé du tirage de l'impression, il le fera faire sur le papier et jamais sur le carton blanchi à l'aide de ce papier, le carton, en effet, est trop rugueux, même blanchi, pour donner un beau tirage. Si sa composition est encadrée ou si elle présente des points de repères, il pourra faire exécuter le tirage sans indications spéciales autres que celles fournies généralement à un imprimeur. Si au contraire la partie imprimée ne présente pas de repères par elle-même, comme par exemple avec un simple mot (nom de la maison, ou marque quelconque), le cartonnier devra s'entendre avec l'imprimeur pour que l'impression soit repérée d'une façon quelconque sur les deux sens de la longueur et de la largeur. Nous allons voir l'importance que présente cette précaution pour les opérations suivantes.

Mis en possession de son papier imprimé ou lithographié, le cartonnier s'en sert pour blanchir son carton suivant les méthodes que nous avons données; il le fait sécher, et une fois sec passe au tracé approprié au genre de cartonnage à faire.

C'est dans cette opération qu'intervient la nécessité des repères dont nous parlons plus haut. En effet, supposons que l'impression soit sans cadre et se compose soit d'une figurine à contours indécis, soit d'un simple monogramme de deux ou plusieurs lettres, et supposons que la commande exige que cette impression se trouve exactement au milieu du carton ou dans l'un des angles à une distance déterminée de chacun des côtés de l'angle. Comment s'y prendra le cartonnier pour assurer l'exécution de ces conditions s'il n'a pas de repères? Comment pourra-t-il être certain que la vignette sera exactement, mathématiquement à la même place dans tous ses cartons? Etant surtout donné que, dans la majeure partie des cas, il aura collé son papier soit sur du carton non rogné, soit sur du carton dont il n'aura pas vérifié l'équerre, ou encore que le papier même ne sera pas exactement d'équerre avec le carton. Si au contraire, au moment de l'impression il a eu soin de faire placer des repères par l'imprimeur, ces repères seront mathématiquement tous à la même place par rapport à la vignette et lui serviront de base dans son tracé.

Quant à leur introduction dans l'impression, rien de plus simple. Le papier à imprimer étant forcément un peu plus grand en longueur et en largeur qu'il n'est utile, afin de se réserver une coupe nécessaire, le cartonnier déterminera à l'avance la longueur et la largeur exactes du carton plat, en un mot établira le premier tracé qui doit lui donner la feuille de carton rectangulaire dont il aura besoin pour exécuter l'objet et à l'emplacement de chaque coin de ce tracé, il fera mettre dans la forme par l'imprimeur, deux petits bouts de filet à angle droit donnant l'amorce du cadre qui limiterait le carton coupé d'équerre. Lorsque son papier sera collé sur le carton il n'aura qu'à couper ce dernier suivant la ligne fictive terminant le cadre dont les amorces sont imprimées et si, au préalable, la vignette a été bien placée, elle se retrouvera exactement à la même place dans tous les cartons, même si le papier n'a pas été collé très exactement d'équerre avec le carton, les chutes de ce dernier seront plus ou moins droites et voilà tout. Ayant ainsi son carton coupé d'équerre, autrement dit ayant son premier tracé, le cartonnier fera son second suivant le principe que nous avons donné à ce sujet dans le chapitre du gros cartonnage.

En résumé, que le cartonnier fournisse ou non le papier et l'impression, pour être assuré de faire un cartonnage bien identique pour tous les exemplaires du même objet il devra avoir les quatre repères en question. Pour l'obtenir sûrement il devra faire un modèle de son carton complètement tracé comme s'il devait passer à la coupe et au refoulage, il devra faire placer la vignette à l'endroit choisi, et faire mettre à la composition les amorces du cadre renfermant la coupe première de son carton.

Si, comme cela se présente souvent, les cartonnages sont suffisamment petits pour qu'une même feuille de papier contienne les vignettes de plusieurs cartons, il faudra à la composition faire placer une amorce de cadre autour de chaque partie de la feuille devant servir à un cartonnage, de façon à assurer la rectitude des coupes.

Un autre cas peut encore se présenter qui est celui où le cartonnier doit fournir un cartonnage en carton blanchi ou de couleur et y coller après achèvement, une étiquette, une vignette, un monograme, etc., à un endroit indiqué toujours exactement le même pour chaque exemplaire de cartonnage. Pour résoudre le problème, le moyen le plus simple sera de tracer sur un carton la surface exacte du côté du cartonnage destiné à recevoir la vignette quelle qu'elle soit, puis d'y placer avec toute l'exactitude voulue cette vignette à l'endroit qu'elle doit occuper. Cela fait, le cartonnier découpera sa feuille de carton tout autour de la vignette, ayant ainsi un vide à la place de la vignette ; en portant ensuite ce carton ajouré successivement sur tous les cartonnages identiques qu'il a à faire, et en faisant bien coïncider les bords de cette espèce de gabarit avec les bords du côté correspondant du cartonnage, il lui sera facile, en contournant le vide avec la pointe d'un crayon, de déterminer la silhouette de la vignette découpée et de coller celle-ci exactement à sa place. Si cette vignette affecte une forme géométrique telle que carré, losange, rond, ovale, etc..., quatre points, indiquant la longueur et la largeur, suffiront comme repères et il sera inutile d'en tracer le contour entier.

Nous sommes entré dans les détails très minutieux de ces différentes opérations, car de leur bonne exécution dépend souvent la valeur du travail fini, en ce sens qu'une parfaite régularité dans tous les exemplaires d'un même modèle, dénote toujours de la part du fabricant une attention spéciale apportée à son travail, ce qui est une garantie pour toute l'exécution.

Que le carton soit blanchi, ou recouvert d'un papier de couleur, le cartonnier devra toujours commencer par recouvrir son carton du papier voulu et le travaillera ensuite. Il arrive souvent aussi qu'il aura à faire un cartonnage devant être de couleur à l'intérieur et blanc en dedans ; il devra donc faire le collage de deux feuilles de papier de couleurs différentes qui sont presque toujours aussi différentes de qualité, et pour cela, commencer le collage de la feuille de papier la moins délicate et procéder au collage de l'autre en second lieu, de manière à soustraire celle-ci à une opération qui risque de la détériorer. Nous n'avons pas besoin de dire qu'il devra porter son attention sur le choix du carton à employer lorsque celui-ci sera destiné à être recouvert, c'est là une question de prix de revient toujours intéressante ; ainsi lorsqu'on lui imposera comme papier pour recouvrir l'extérieur une qualité forte et solide, il pourra diminuer la force de son carton et réciproquement. De même que s'il est laissé libre du choix du papier, il devra rechercher dans quel cas son prix de revient sera le plus bas, soit en diminuant la force du carton et augmentant celle du papier ou inversement. Dans la généralité des cas c'est la seconde éventualité qui sera le plus souvent vraie, car le papier coûte plus cher que le carton ; néanmoins, l'inverse peut se présenter si, par exemple, le cartonnier est à même d'utiliser un papier déprécié ou démodé.

Lorsque le cartonnier a fait son carton blanchi

ou de couleur il effectue la fabrication des boîtes comme nous l'avons déjà expliqué au chapitre du gros cartonnage, en passant par les opérations du tracé, du coupage et de l'assemblage. L'outillage, s'il travaille avec les machines, sera le même que celui que nous avons indiqué au chapitre précédent, il aura seulement besoin d'être réglé en vue de l'usage du carton de meilleure qualité dont on se sert généralement dans le cartonnage courant. C'est ainsi que si tous ses instruments de coupage peuvent rester les mêmes, ses machines de refoulage pourront être moins puissantes et, comme le carton est ici d'une sorte plus compressible, dans leur travail ces machines pourront fonctionner avec des outils un peu plus aigus, la pression s'opérant sur une surface plane résistante, de façon à ne pas former le bourrelet que nous avons pratiqué dans le gros cartonnage quand il s'agissait de préparer du carton cassant ou de qualité inférieure tel que le carton paille.

Quelques observations cependant sont indispensables, qui marqueront la différence de main-d'œuvre qui existe entre le cartonnage courant et le gros cartonnage. Le premier, sans être un article de luxe, est déjà un article fait avec une certaine recherche d'élégance. Aussi y voit-on figurer beaucoup moins les coutures au fil métallique et l'assemblage par boutons ; les assemblages se font surtout à la colle, colle de pâte ou colle forte ; dans certains modèles, cependant, on voit paraître les boutons. Ceux-ci sont alors placés avec soin et en recherchant des dispositions qui, tout en assurant la solidité, donnent à l'objet terminé un bon aspect. De même on use moins du procédé de superposition du carton dans les angles ; le plus souvent on abat complètement ceux-ci et on fait le joint entre les arêtes vives du carton coupé.

Dans le travail des pièces de cartonnage suivant cette dernière méthode, voici comment on opère le plus généralement : étant donné qu'il s'agit d'un carton rectangulaire, il est coupé à plat comme l'indique la figure 46 ; les côtés étant relevés et les angles assemblés, on colle à la colle forte un petit carré de toile sur l'angle et tout à fait au bord supérieur de la boîte. On emploie à cet effet une colle forte assez épaisse pour faire rapidement prise, et maintenir par conséquent le carton dans sa forme définitive. Quand la hauteur de la boîte est un peu grande, on fera bien de coller deux ou trois de ces petits morceaux de toile. Quand il n'y a qu'un morceau de toile, il faut, nous le répétons, le coller tout au bord supérieur, ce qui donne beaucoup plus de solidité au carton fini. S'il y a nécessité de mettre plusieurs petits morceaux de toile, on les répartit également le long de l'arête du carton.

Ce premier travail achevé et la colle bien sèche, il ne reste plus qu'à coller de petites bandelettes de papier sur toute la longueur de l'arête ; cette bandelette s'applique à la colle de pâte et doit recouvrir les petits morceaux de toile primitivement collés. Souvent ce genre de carton est bordé, c'est-à-dire que sur ses bords on colle une bandelette de papier blanc ou de couleur qui est à cheval sur l'arête du carton, dépassant à l'intérieur et à l'extérieur de la même quantité. Enfin il arrive que dans les cartons bordés, on rappelle la bordure en collant une même bandelette sur l'angle que fait le fond avec les côtés. Cette disposition est évidemment plus onéreuse, puisqu'elle augmente la main-d'œuvre et la dépense de matière, mais elle a l'avantage de renforcer la partie pliée du carton. En ce qui concerne la question d'aspect, nous n'avons pas à nous prononcer pour l'une ou l'autre disposition, c'est une affaire de goût.

Dans la pose de la bordure, il faut que celle-ci soit d'une seule longueur et ne présente qu'un seul joint. Pour cela il est nécessaire d'encoller parfaitement les bandes, en ce sens qu'il faut qu'elles soient bien imprégnées et très souples, de façon à ce que lorsqu'elles passent aux angles, elles en épousent complètement la forme, s'allongeant en quelque sorte sur l'arête de l'angle et se restreignant à son intérieur. Quand on fait usage de bandelettes en papier doré, ce qui est assez courant, il faut avoir grand soin de ne pas toucher le côté doré avec des doigts humides, ou d'y laisser tomber de la colle ; ces papiers dorés sont, en effet, de très mauvaise qualité au point de vue dorure, et l'humidité fait immédiatement tache.

Nous n'avons donné, dans ce court résumé des opérations successives, que la méthode générale à employer, étant bien entendu que la suite des opérations mentionnées peut s'effectuer par plusieurs personnes, suivant l'importance de l'atelier.

Quand le travail peut être subdivisé en plusieurs mains, il est essentiel de faire exécuter le collage à la colle forte par une ouvrière, et la pose des bandelettes de coins et de bordure par une autre. La première, en effet, malgré ses soins et son attention, aura rapidement les doigts pleins de colle forte, il lui est donc impossible de toucher aux bandelettes sans les salir. La seconde, qui ne manœuvre que de la colle de pâte, ne peut jamais poursuivre son travail sans mettre un peu de colle de pâte sur les bandelettes, mais si celles-ci sont en papier blanc, elle ne fait pas tache. Une bonne mesure à adopter sous ce rapport c'est de munir cette ouvrière d'un torchon propre auquel elle peut s'essuyer les mains, ou même de mettre près d'elle de l'eau propre qui lui permettra d'enlever rapidement la colle qu'elle a aux doigts.

Les moyens de renforcer les grands cartonnages courants sont les mêmes que ceux que nous avons vu employer dans le chapitre précédent, à savoir : petite bande de carton ou baguette rectangulaire en bois collée sur la partie supérieure du bord du carton et à l'intérieur de celui-ci. Ce collage se faisant à la colle forte, c'est à la première ouvrière colleuse que reviendra ce travail. Si le carton ainsi renforcé doit être bordé, il faudra pour cette bordure prendre des bandelettes assez larges pour que : 1° à l'extérieur du carton elles dépassent de la même hauteur que de chaque côté des coins; 2° pour qu'elles passent par-dessus le bord du carton renforcé, enveloppent la bande de carton ou de bois et viennent se terminer au-dessous de cette bande; cette bordure sera posée à la colle de pâte par la seconde ouvrière.

La manière de faire les coins comme nous venons de l'indiquer est très bonne, mais meilleure encore est celle qui consiste à garnir toute la hauteur du coin avec une bandelette de toile; mais elle revient aussi à un prix plus élevé.

Depuis quelque temps on fait un usage assez courant de coins métalliques qui se posent à l'aide d'une machine. Ce procédé donne de très bons résultats sous tous les rapports, il est très expéditif, n'exige pas de collage préalable, et enfin donne assez bon aspect à l'angle qui se trouve entièrement recouvert d'une garniture métallique. Nous allons indiquer sommairement en quoi consiste l'opération et la machine qui l'exécute.

I. MACHINE A POSER LES AGRAFES MÉTALLIQUES

Avant de parler de la machine nous allons dire en substance ce qu'est l'agrafe métallique posée par ce genre d'outil. Sur la droite de la figure 57, on peut en voir un modèle, c'est une bande métallique (fer-blanc ou cuivre) découpée à l'emporte-pièce suivant un dessin quelconque, mais qui ménage toujours une partie rectiligne pleine limitée *defg* et une série de pointes *c*, le restant du dessin pouvant varier à l'infini. L'agrafe proprement dite est la partie comprise entre la ligne *d e* et la ligne *a.b*: Pour fixer les coins d'une boîte en carton avec cette agrafe voici ce qu'il faut arriver à obtenir : 1° que l'axe X Y de l'agrafe coïncide avec le sommet de l'angle du carton; 2° que toute la partie comprise entre cet axe et la naissance de la pointe en K L vienne s'appliquer à plat sur chaque côté de l'angle du carton, c'est-à-dire que l'agrafe soit ployée à angle droit suivant l'axe X Y;

3° que les pointes soient pliées en K L à angle droit avec l'autre partie de l'agrafe; 4° enfin que la pointe soit enfoncée dans le carton.

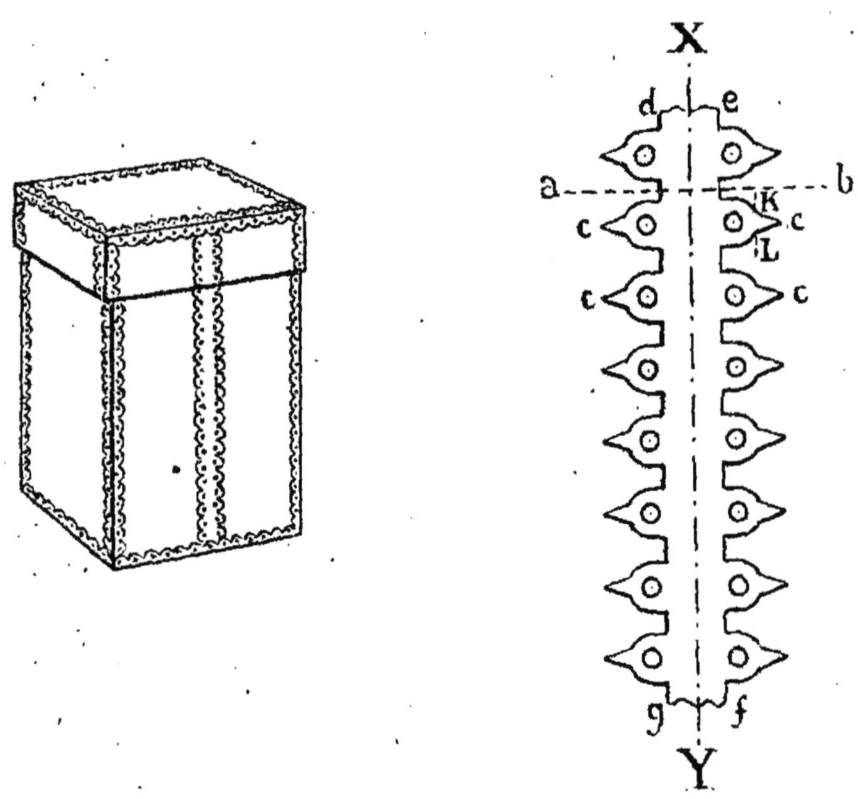

Fig. 57. Agrafes continues.

Les premières machines créées pour produire cette série d'opérations fonctionnaient avec des agrafes coupées à la longueur voulue. Ainsi, par exemple, dans la boîte représentée à gauche de la figure 57, l'angle du bas comporte seize pointes; avec les premières machines, on commençait par couper sur la bande métallique un longueur correspondant à ces seize pointes et on la mettait dans la machine qui se chargeait du reste. Aujourd'hui ces machines sont perfectionnées et font le travail sans qu'on soit obligé de leur fournir la bande d'agrafes coupée de longueur.

Machine à poser les agrafes en métal continu

Notre dessin (fig. 58) représente une de ces machines sortant des anciens établissements Houpied. Elle se compose d'un pied ou support en fonte A, qui porte à l'arrière une bobine L ; celle-ci est d'un diamètre suffisamment grand pour qu'on puisse enrouler dessus une certaine longueur de la bande métallique constituant les agrafes ; le pied A porte à sa partie antérieure et en haut une enclume carrée B, mais dont les angles opposés sont placés verticalement, de façon à recevoir l'intérieur du coin du carton. Une pédale, par l'intermédiaire d'une tige verticale, permet d'abaisser un levier C mobile autour d'un axe D ; ce levier remonte de lui-même sous l'action d'un ressort antagoniste R, s'attachant d'une part à la pédale et d'autre part au pied ou bâti de la machine.

Le levier C se termine à l'avant en une forme spéciale formant glissière, dans laquelle une pièce F, que nous appellerons marteau, peut prendre un mouvement en avant quand on abaisse la pédale, et qui revient en arrière dès que le levier remonte, grâce à un ressort placé sur la pièce F. A l'arrière du marteau nous voyons une pièce inclinée H, c'est le conduit sur lequel arrive la feuille métallique constituant les agrafes ; enfin une pièce G mobile sur le chemin des agrafes permet de régler la longueur de la bande de ces dernières, suivant le travail à faire. Le marteau présente en creux la forme voulue pour qu'en appuyant la bande sur l'enclume, elle se trouve pliée à angle droit, suivant son axe longitudinal X Y (fig. 57), et pour que les pointes soient elles-mêmes pliées perpendiculairement aux faces planes de l'enclume, c'est-à-dire perpendiculairement aux deux côtés de l'angle de la boîte en carton. Suivant la longueur d'agrafes nécessaire, on règle la pièce G qui amène exactement sous le marteau cette longueur d'agrafes, en même temps qu'elle place au bout de la longueur susdite une lame qui la tranchera au point voulu.

Le fonctionnement de la machine se comprend maintenant d'une façon aisée. Etant donné à agrafer les coins d'une boîte, pourvu que sa profondeur n'excède pas la longueur du marteau, on la place sur l'enclume son coin bien d'aplomb sur la tranche de cette dernière, puis on donne le coup de pédale. Celui-ci fait abaisser le levier C qui entraîne le marteau D jusqu'à sa partie antérieure, mais dans ce mouvement la pièce G a poussé devant elle la longueur d'agrafes déterminée d'avance, et le coup de pédale a fait en un mouvement les trois opérations que nous avons indiquées plus haut. Comme les pointes sont plus longues que l'épaisseur du carton, elles le traversent donc de part en part, mais elles rencontrent alors le métal de l'enclume qui effectue, par la résistance qu'il offre, la rivure des pointes, toutes à la fois, ce qui les empêche de s'en aller du carton. L'ouvrier lâche alors sa pédale et la machine revient à son point de départ. Pendant le relèvement du levier C, l'ouvrier a le temps de tourner sa boîte en carton, de

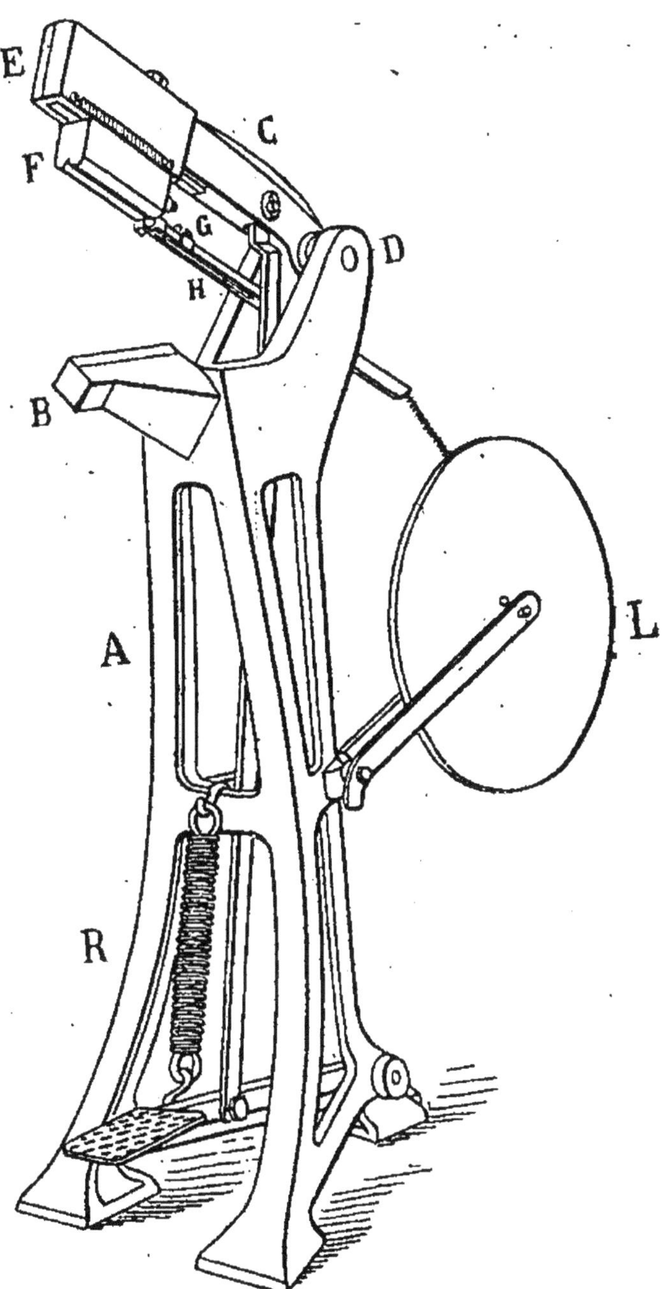

Fig. 58. Machine à poser les agrafes en métal continu.

façon à présenter un autre angle à l'agrafage, et le travail peut être mené ainsi d'une façon ininterrompue si l'on prend soin d'alimenter l'ouvrier chargé de l'agrafage d'une façon convenable, c'est-à-dire de manière à ce qu'il n'ait qu'à avancer la main pour prendre une nouvelle boîte.

En raison du réglage de la longueur de la bande métallique, il est tout indiqué, ayant un lot de boîtes en carton à faire, de commencer par les fonds ou les couvercles, mais d'achever toute la provision d'une de ces parties avant d'entreprendre l'autre.

La machine telle que nous venons de l'indiquer et telle que la représente la figure 58, est faite pour poser les agrafes sur les coins verticaux d'une boîte; s'il s'agissait d'agrafer de la sorte un fond de boîte, il faudrait que l'enclume et le marteau soient dans le sens perpendiculaire à celui qu'ils ont sur notre dessin. Enfin, on peut encore avec la même machine, ou du moins une machine construite sur les mêmes principes, relier ensemble deux cartons plats se joignant par leur tranche. Dans ce cas, la bande métallique reste plate dans toute sa largeur, seules les pointes sont recourbées; on comprend dès lors que le marteau portera en creux la forme voulue et que l'enclume présentera une partie plate au lieu d'une partie angulaire sous le marteau.

D'ailleurs, la boîte que nous représentons figure 57, à côté de la bande d'agrafes métalliques, présente un exemple des trois cas possibles d'agrafage.

Il est bien entendu que les agrafes peuvent avoir

un dessin quelconque, pourvu que les conditions essentielles soient remplies, c'est-à-dire qu'elles aient une partie pleine suffisante pour bien envelopper l'angle, et une longueur de pointe dépassant l'épaisseur du carton. Quelques-uns des dessins qu'affectent les agrafes les plus usitées sont d'un effet très heureux et ne contribuent pas peu à fournir un motif de décoration parfois fort bien conçu. Ce procédé d'agrafage, en dehors des avantages que nous avons déjà énumérés, présente celui fort appréciable de protéger d'une façon très efficace les angles des cartons qui sont, en somme, les parties les plus exposées. Bien que le métal constituant les agrafes ne soit pas fort épais, la protection qu'il offre est absolument effective, car il pénètre dans le carton presque de toute son épaisseur, devient intimement lié à ce dernier, lui communiquant sa dureté et lui empruntant la rigidité que sa minceur ne lui accorde pas.

Une fois le carton fixé par l'agrafage des coins il peut être bon à livrer. Cependant, là ne s'arrête pas toujours le travail du cartonnage courant. Il est, en effet, de ces boîtes qui doivent parfois comporter à l'intérieur deux ou quatre feuilles de papier blanc ou de couleur, fixées légèrement sur les bords supérieurs de la boîte et en dedans de celle-ci ; ces feuilles devant servir à recouvrir la marchandise qui sera mise dans le carton. Mais c'est là un travail de simple collage à la colle de pâte, qu'il ne nous paraît pas utile d'expliquer. Nous dirons seulement que, quand le carton est renforcé à ses bords, il est préférable de coller ces feuilles de papier juste au-dessous de la bande de carton ou de la baguette de bois faisant le renforcement. L'objet fini présente d'abord meilleur aspect, et puis la partie collée du papier se trouve naturellement protégée. Quelques cartonniers font parfois ce collage sur le renfort même, évitant de border le carton. C'est là un détail sur lequel nous n'avons pas à insister.

Enfin certains cartonnages courants comportent à leur intérieur des rubans en nombre plus ou moins grand destinés à fixer les objets enfermés dans le carton ; cet usage est très fréquent dans les cartons pour lingerie, fourrures, confections, etc. Il y a deux méthodes de fixer ces rubans : soit sur les faces intérieures de la boîte, soit sur le fond. Dans le premier cas, il suffit de coller à la colle forte l'extrémité du ruban sur la face intérieure du côté, à l'endroit voulu. Pour masquer la partie du ruban ainsi collée et qui, en raison de la colle forte employée, aurait mauvais aspect, on colle par-dessus, à la colle de pâte, un petit carré de papier blanc ou de la couleur de l'intérieur du carton. Dans le second cas, lorsque les rubans doivent partir du fond du carton, il n'est pas mauvais de pratiquer dans ce fond une fente de la largeur du ruban, et de faire passer ce dernier au travers de cette fente, pour venir le coller ensuite en dehors sur le fond du carton. Le collage du ruban s'effectue comme précédemment à la colle forte. Pour parer finalement sa marchandise, le cartonnier pourra, sur le fond et à l'extérieur, coller un rond en papier couvrant exactement la fente et le bout du ruban.

Nous avons, dans tout ce qui précède, invoqué

d'une façon constante la forme rectangulaire; bien que ce soit en effet la plus répandue, elle n'est pas unique et il se fait encore beaucoup de cartons ronds ou à section ovale, mais nous ne croyons pas utile de nous appesantir sur leur fabrication qui met en pratique une partie des procédés que nous avons indiqués pour les cartonnages rectangulaires, mais qui, par contre, ne peuvent pas utiliser, dans une aussi grande mesure, l'emploi des machines diverses dont nous avons fait mention, et qui surtout ne se prêtent pas au pliage, si économique, si commode et si rapide pour le cartonnier.

Le cartonnage courant consomme énormément de carte et, ainsi que nous l'avons dit, la carte dans ses variétés les plus étendues, depuis la carte formée par une feuille de papier gris commun, recouverte d'un papier bleu également de qualité inférieure, jusqu'à la carte dont un des côtés peut être du papier satiné ou couché de qualité. Les cartonnages courants en carte sont excessivement usités dans tous les genres de commerce pour livrer la marchandise. En mercerie, sont faites en carte : les boîtes à épingles vendues au poids par 1 kilogr., 500 gr., 250 gr., 125 gr. et 60 gr., le fil en pelote ou en bobine, les agrafes, etc., etc. Dans les produits de consommation, les pâtes alimentaires telles que : vermicelle, macaroni, riz, etc., sont encore vendues en boîtes faites en carte. Dans la papeterie, les enveloppes et le papier à lettres se rangent et se vendent en boîtes faites en carte; la bougie est débitée dans de la carte ; il n'est pas jusqu'aux allumettes dites suédoises qui n'utilisent la carte, au moins pour former l'étui de leur boîte et porter le frottoir. C'est à l'infini que nous trouverions les emplois de la carte comme récipient de toutes espèces de produits courants. C'est que la carte coûte meilleur marché que le carton, est moins lourde, se travaille avec la plus grande aisance, se prête, grâce à sa flexibilité, à toutes les formes, se plie facilement et possède assez de rigidité pour donner, à l'objet qu'elle constitue, l'apparence d'un corps solide. Enfin, comme la carte est formée de feuilles de papier collées ensemble, elle se prête à merveille à faire des boîtes portant des vignettes ou des légendes, celles-ci étant obtenues par la typographie. Le lecteur comprendra donc que devant cette infinité d'objets que peut faire la carte, nous ne tentions pas même de les énumérer et que nous nous bornions à citer quelques exemples de fabrications dans lesquels il sera toujours facile de faire entrer un spécimen déterminé quelconque, d'autant plus que l'emploi de la carte est limité à la confection d'objets relativement petits.

II. BOITE CARRÉE EN CARTE. DIFFÉRENTES MANIÈRES DE L'ÉTABLIR

Supposons que nous ayons une boîte carrée à faire en carte ; les moyens d'y parvenir sont nombreux et, outre que le choix à faire parmi eux dépend du prix de revient auquel veut arriver le fabricant, il dépend aussi du plus ou moins d'habileté de l'ouvrier dans tel genre de fabrication, il dépend encore de la nature des matières utilisées. Ne pouvant ici examiner, analyser et comparer entre eux chacun des moyens, nous allons les passer successivement en revue en commençant par le plus simple, étant donné que nous supposerons devoir effectuer une boîte sinon luxueuse, du moins présentant l'aspect d'un fini suffisant.

Nous pourrons constituer cette boîte en la traçant comme l'indique la figure 59 et en faisant

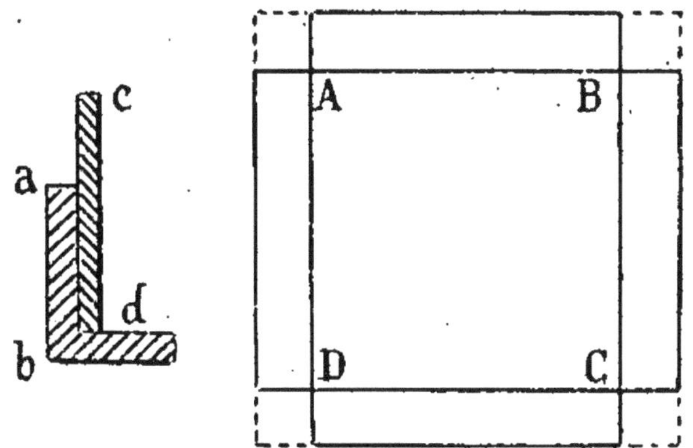

Fig. 59. Boîtes en carte rectangulaires. Différentes manières de les établir.

tomber les quatre petits carrés des angles. Si nous avons une machine à couper les coins (fig. 48) nous l'emploierons, et pour l'utiliser judicieusement, nous couperons les coins de plusieurs cartes à la fois ; nous refoulerons ensuite les quatre lignes AB, BC, CD et DA et nous relèverons les côtés correspondants à ces lignes. Puis nous prendrons une bande de papier blanc ou de couleur ayant en largeur un peu plus que la hauteur du côté et une longueur légèrement supérieure au tour complet de la boîte. Cette bande de papier bien encollée de colle de pâte, nous la fixerons sur un des côtés et nous en entourerons la boîte jusqu'à revenir un peu au-dessus du point d'où nous sommes parti. Comme notre bande de papier dépasse le bord et le fond, nous la replierons dans l'intérieur de la boîte et sur son fond ; nous aurons ainsi une boîte aux bords bordés. Nous ferions le couvercle de la même façon en traçant le carré un peu plus grand pour que le couvercle entre sur le fond.

Cette manière de procéder nous donne de suite la boîte finie, avec ses angles collés, mieux que ne l'auraient fait des petites bandelettes, car cette large bande entourant toute la boîte, prise sur les bords et sur le fond, offre une résistance bien supérieure. De plus, cette manière nous offre le moyen de faire de l'économie de matière ; en effet, si le fond n'a pas besoin d'être particulièrement solide, nous pourrons faire notre boîte, soit en carte faible, soit en papier fort, la bande que nous rapporterons achevant de donner l'épaisseur de carte que nous voulons.

La boîte confectionnée ainsi que nous l'avons dit, nous pouvons faire mieux et perfectionner notre œuvre. Nous ferons pour cela notre bande de la largeur exactement égale à la hauteur du côté et nous la collerons tout autour de notre boîte. Puis nous borderons d'une bandelette de papier de couleur ou doré le bord supérieur et l'angle du fond. Voilà déjà une boîte plus soignée. Pour le couvercle, nous agirons de même et nous collerons dessus un carré de papier un peu plus petit que le carré du couvercle, de façon à laisser voir la bordure en égale largeur sur le côté que sur le dessus. Ici encore nous pourrons proportionner la force de la carte en raison de la surépaisseur que va fournir le papier que nous devons coller tout autour et sur le couvercle.

Perfectionnons encore notre travail; pour cela *ab* étant le côté de notre boîte, collons à l'intérieur et contre cette paroi une bande de carte *cd* un peu plus haute que cette paroi et coupée exactement de façon que, partant d'un coin de la boîte, cette bande y revienne après en avoir fait le tour intérieur complet. Nous aurons une boîte avec un rebord. Cette manière de procéder nous aura occasionné une main-d'œuvre en plus et une consommation plus grande de matière. Mais, à bien examiner, n'avons-nous eu que surcroît de dépense ? La chose vaut la peine d'être examinée. D'abord notre couvercle n'a plus besoin d'être plus grand que notre fond, il sera de la même dimension au moins comme carré; et si notre boîte n'est pas très haute, nous pourrons faire que notre couvercle ait exactement la même hauteur que le fond. Donc économie de traçage, économie de coupage et de refoulage puisque toute notre boîte se réduira à la confection d'un objet unique. Quant à l'excès de consommation de matière, nous pouvons le compenser dans une certaine mesure en prenant pour faire notre boîte de la carte beaucoup plus faible, quitte à renforcer le fond en collant dessus un carré de papier un peu fort.

Enfin nous pouvons encore perfectionner notre œuvre en collant une bande de papier sur un des côtés de notre boîte, celle-ci étant munie de son couvercle; nous aurons ainsi une boîte à charnière.

Nous n'avons parlé ici que du travail manuel et du collage. On pourrait fort bien exécuter une partie des modèles que nous venons de faire rapidement en procédant aux assemblages par couture au fil métallique ou par pose de boutons ; l'aspect extérieur ou intérieur de la boîte se trouverait évidemment modifié dans une certaine mesure, mais il y a des cas aussi où le cartonnier saura approprier son modèle au genre d'assemblage et tirer de celui-ci des effets décoratifs satisfaisant l'œil. Seul l'agrafage des coins n'est plus praticable avec la carte, parce que, comme nous l'avons vu, la pointe du coin n'est pas repliée comme dans le bouton, elle est rivée ; or la carte est trop mince pour retenir d'une façon efficace la rivure ; le métal refoulé pour faire rivet laisserait un trou dans la carte.

Les différentes façons de boîtes que nous venons d'énumérer permettent, comme nous l'avons dit, de prendre une carte mince et de qualité inférieure et même très inférieure, si le papier qui recouvre la boîte est très solide ; mais ces façons se prêtent aussi merveilleusement à munir les boîtes de vignettes, de légendes, en un mot d'images ou de textes qui auront été préalablement tirés en typographie, tant sur les bandes contournant les parois de la boîte que sur le couvercle ou sur le fond. Le cartonnage courant étant surtout destiné aux usages du commerce les plus répandus, cette faculté de mettre du texte sur une boîte est très précieuse.

Quant aux qualités de carte à employer dans ce genre de travail, elles varient, nous l'avons dit, à l'infini, et maintenant que nous avons en quelque sorte habillé et déshabillé notre boîte, que nous l'avons pour ainsi dire disséquée, le lecteur comprendra toute la latitude qui est réservée au fabricant pour faire le choix de ses matériaux.

III. BOITE AVEC SON FOND ET COUVERCLE, TOUT EN UNE PIÈCE

La carte se pliant, se coupant, ayant de la souplesse en même temps qu'une certaine rigidité, il était naturel qu'on en vînt à rechercher de faire les boîtes en une seule pièce comprenant le fond et le couvercle, en un mot la boîte entière. En voici un exemple que nous donnons en développement à plat (fig. 60). Le rectangle A B C D est le fond de

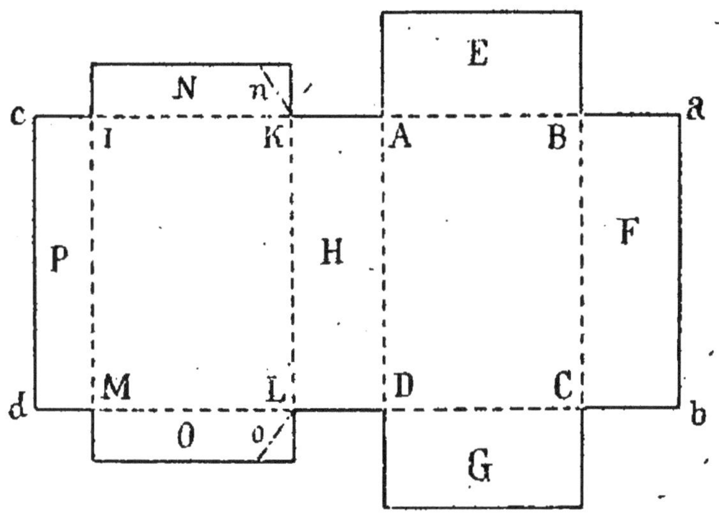

Fig. 60. Boîte avec son fond et son couvercle, le tout en une pièce.

la boîte, les rectangles E, F et G en sont les côtés ; le rectangle I K L M est le fond du couvercle et les petits rectangles N, O, P en sont les parois. Le rectangle H est le côté commun du fond et du couvercle. Les traits pleins du dessin indiquent les lignes suivant lesquelles la carte est coupée, et les traits pointillés les lignes suivant lesquelles se fait le pliage. Nous en avons assez dit pour que le lecteur saisisse ce que nous voulons faire en relevant d'une part les trois rectangles E, F et G, puis d'autre part les trois rectangles N, O et P ; il ne nous reste plus qu'à faire le pli suivant A D et suivant K L pour que le couvercle vienne se mettre sur le fond. Dans cette construction, plusieurs modes d'exécution sont mis en pratique suivant les cartonniers ou suivant le goût du consommateur.

1° On peut, une fois les trois côtés E, F et G relevés, coller une bande de papier qui, partant du bord intérieur du côté E, ressorte à l'extérieur enveloppant le côté E, le côté F et le côté G pour venir se coller au bord intérieur de G du côté du rectangle H. En réunissant de la même manière le couvercle, on a en résumé deux boîtes à trois côtés réunies par le rectangle H ; celui-ci, plié suivant A D, peut se mettre verticalement et former le fond complet de la boîte, tandis que le pli suivant K L permet au couvercle de venir s'appuyer sur le fond. Cette manière de faire la boîte présente la faculté de l'ouvrir en l'étalant comme un portefeuille, ce qui permet de séparer les produits que contient la boîte : une sorte restant dans le fond, une autre venant avec le couvercle de l'autre côté.

2° On peut former la boîte entièrement en enveloppant d'une bande de papier les quatre côtés E, F, G et H et en enveloppant d'une bande de papier les trois côtés du couvercle N, O et P. On a ainsi une boîte avec son couvercle, celui-ci étant à charnière.

3° Enfin, on peut réunir ensemble par une bande de papier les trois côtés G, H et E du fond et les trois côtés N, O, P du couvercle en laissant libre le côté F. Celui-ci est maintenu dans sa position de côté quand la boîte est fermée, mais quand le couvercle est levé, il peut jouer, c'est-à-dire s'abaisser ou s'élever grâce au pli fait suivant B C. Cette disposition offre l'avantage de voir tout le contenu de la boîte et par conséquent, sans la vider, de prendre à la fois un objet qui est sur le dessus et un autre qui est au fond. Cette manière de boîte est très usitée pour renfermer à la fois du papier à lettre et des enveloppes. Le papier à lettre se met dans le sens de la longueur dans le fond de la boîte, et les enveloppes sur deux rangs au-dessus. On peut donc prendre d'une part le papier qui est au fond et une enveloppe dessus, sans vider toute la boîte.

Après avoir donné les trois modes de pliage les plus usités, bien qu'il y en ait d'autres encore, ajoutons qu'il est bon, dans ce genre de boîte, d'abattre les côtés des rectangles N et O du couvercle suivant les traits mixtes *n* et *o* de la figure; cette précaution donne beaucoup plus de facilité pour la pose du couvercle sur le fond. Quand la carte qui sert à faire ce genre de boîte n'est ni trop épaisse ni trop dure, le rectangle du couvercle peut être identique en grandeur à celui du fond, la souplesse de l'assemblage par trois côtés seulement étant suffisante pour permettre l'ouverture et la fermeture faciles de ce genre de boîtes; si l'on faisait usage de carte un peu forte, ce qui risquerait de gêner le mouvement du couvercle sur le fond, il faudrait donner au premier rectangle une section un peu plus forte, c'est-à-dire en faisant chaque côté du rectangle I K L M reporté en dehors de l'épaisseur de la carte employée.

Comme dans notre boîte carrée précédemment citée, nos bandes, de quelque façon que nous fassions le pliage de la boîte, pourront déborder en dessus et en dessous et être rabattues en dedans et sur le fond de la boîte comme du couvercle. Ces bandes recevront telle ornementation qu'on voudra, elles seront de papier plus ou moins fort selon la nature de l'objet terminé qu'on se propose d'avoir. On peut encore, si l'on veut de la solidité, coller avant le papier d'ornement, des bandes de toile fine à l'endroit des plis qui sont susceptibles de fonctionner souvent. Enfin, toutes les observations que nous avons faites en ce qui concerne la force de la carte persistent dans le cas de la boîte en une pièce; c'est au fabricant à déterminer ces qualités, suivant ce qu'il veut obtenir comme travail et comme prix de revient.

Le genre de boîtes en une pièce, ce que nous appellerons plus justement boîtes à développement, parce qu'elles peuvent se développer et se mettre à plat, s'est énormément répandu dans la fabrication du cartonnage en carte, surtout depuis l'introduction dans cette industrie des machines à tracer, dont nous allons donner la description, car elles sont les auxiliaires pour ainsi dire indispensables du cartonnier.

IV. MACHINE A TRACER

La machine à tracer est, pour le travail de la carte, ce que la machine à refouler est pour le travail du carton, avec cette différence que la carte étant moins dure et moins épaisse que le carton, la machine qui sert à faire le refoulage a des organes moins puissants et qui peuvent être mus à plus grande vitesse. Nous donnons, figure 61, la

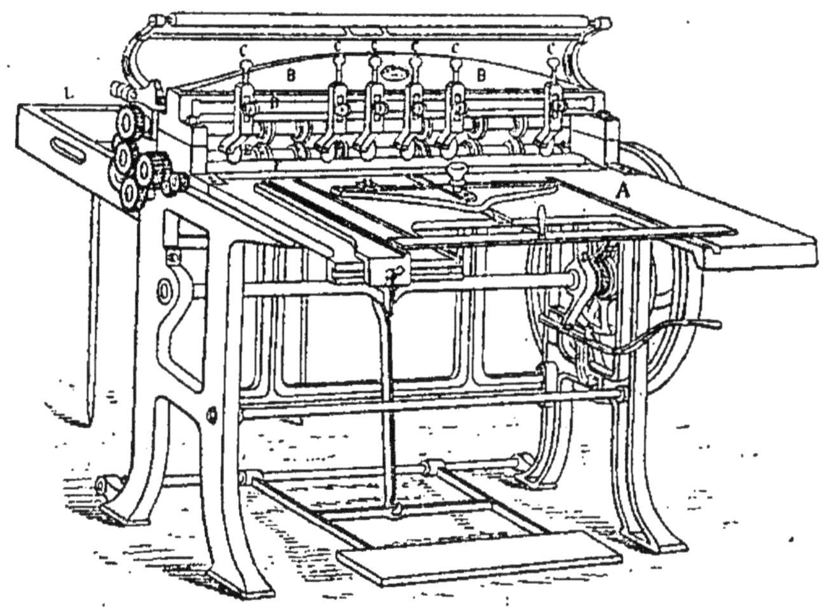

Fig. 61. Machine à tracer.

représentation d'une machine de ce genre marchant à la pédale, mais qui, on le comprend, peut s'établir sans difficulté pour marcher au moteur.

Cette machine, que nous empruntons au catalogue de la maison Krause, comporte une table A en fonte, parfaitement dressée, avec une règle mobile glissant dans une rainure pratiquée au milieu de la table et contre laquelle s'applique la carte, de manière à être en position bien d'équerre pour le travail que doit accomplir la machine.

B est une pièce en fonte fixe qui prend toute la longueur de la machine et qui, munie d'une rainure D de forme spéciale, peut supporter ce que nous appellerons les porte-outils C. Ceux-ci, dont la forme spéciale est clairement indiquée sur notre dessin, seront mobiles dans la rainure D, où ils peuvent être fixés en une place quelconque à l'aide de vis de pression qui appuient sur le rebord en relief supérieur de la rainure D. Dans le porte-outil, peut monter et descendre une tige qu'on fixe à la hauteur voulue à l'aide d'une vis de pression perpendiculaire à la rainure D. Le porte-outil se termine par une molette E qui tourne librement dans un axe horizontal de la tige mobile pénétrant dans le porte-outil. Au-dessous de la molette E de chaque porte-outil, passe un cylindre F en fonte très bien tourné. Dépouillée de tous ses détails accessoires, dont le lecteur voit quelques parties sur notre dessin et dont il comprend la nécessité et le fonctionnement, la machine à tracer proprement dite se borne à ce que nous venons d'en dire.

Pour l'utiliser au travail de la carte, voici comment opère la cartonnier, étant donné par exemple qu'il doit tracer la boîte représentée figure 60, c'est-à-dire qu'il devra refouler les lignes verticales B C, A D, K L et I M : il lui faudra d'abord munir sa machine de quatre porte-outils avec leurs molettes ; puis, plaçant sa carte sur la table et bien exactement appliquée contre la règle par la tranche du côté G, il la présentera à l'aplomb des molettes et déplacera chacun de leurs porte-outils dans la rainure D, jusqu'à ce que la molette soit bien à l'aplomb des lignes à tracer ; puis, fixant les porte-outils, il abaissera la molette de chacun d'eux jusqu'à ce qu'elle s'appuie exactement sur le trait à tracer ; suivant la justesse de son coup d'œil, il aura peut-être encore à faire varier à gauche ou à droite les quatre porte-outils, de façon à ce que tous soient bien exactement en place pour que chacune des molettes s'appuie parfaitement sur le trait à tracer. Cela fait, il met sa machine en marche, ici à la pédale, et pousse sa carte sous les molettes en l'accompagnant de la règle. La carte une fois engagée entre les molettes et le cylindre F est entraînée par frottement, traverse la machine et va tomber dans une boîte L ménagée à l'arrière.

Lorsqu'il aura réglé sa machine pour une des cartes devant former la boîte, il n'aura plus qu'à passer les autres au fur et à mesure qu'il les prendra sur une table à côté de lui ; la seule précaution qu'il devra prendre sera de placer sa carte, découpée à la forme donnée par la figure 60, toujours bien exactement contre la règle en bas et contre un curseur mobile qu'on voit sur le dessin et qui pourra, par exemple, s'appuyer contre le côté vertical du petit rectangle O du couvercle. De cette façon, le carton est bien guidé horizontalement et verticalement, sa position exacte est parfaitement définie, et une fois pris par la machine, il continuera sa marche droite sans que l'ouvrier préposé à la machine ait à s'en inquiéter.

Quand tous les traits pointillés verticaux seront

ainsi tracés, l'ouvrier passera aux traits horizontaux I K A B et M L D C ; il règlera sa machine comme précédemment; n'ayant plus besoin que de deux porte-outils, il enlèvera les autres et la marche du travail sera exactement celle que nous avons indiquée pour les traits verticaux. La carte qui sort de la machine est absolument refoulée aux traits indiqués et son pliage est rendu non seulement très facile mais absolument régulier, puisque la machine n'a pu tracer que des traits parfaitement droits.

Machine combinée à tracer et à couper

Comme on peut s'en rendre compte, la machine que nous venons de décrire présente les plus grandes analogies avec la cisaille circulaire que nous avons indiquée dans le premier chapitre (fig. 17) ; aussi se prêtait-elle parfaitement à la combinaison des deux fonctions : traçage et coupage. C'est d'ailleurs une machine ainsi combinée que représente notre figure 61. A l'arrière des molettes se trouve une véritable cisaille circulaire et elle peut fonctionner conjointement avec le traçage. En effet, reprenant notre exemple de la boîte développée à plat (fig. 60), on conçoit qu'on aurait pu faire le tracé de façon à ce que le trait *ab* soit le commencement d'un autre développement identique à celui du dessin, et l'on aurait pu ainsi dessiner deux, trois ou plus de boîtes les unes à la suite des autres. Lorsqu'on aurait passé la carte à la machine à tracer, nous aurions eu à mettre autant de molettes que de traits à tracer et entre les molettes, en arrière de celles-ci, régler nos porte-lames de la cisaille, de façon à ce qu'elles vinssent couper la carte suivant les traits *ab*, *cd*, et ainsi de suite autant que notre carte aurait pu contenir de boîtes développées. Une seule opération nous donnait donc le traçage d'un certain nombre de boîtes et leur débitage ou séparation.

Enfin cette machine peut se prêter à bien d'autres combinaisons. D'abord, du fait que les tiges qui supportent les molettes sont mobiles et peuvent s'enlever du porte-outil, on pourra mettre des molettes présentant des tranches spéciales ; ainsi, par exemple, on peut placer des molettes qui, au lieu de n'avoir qu'une circonférence unie formant biseau pour tracer la carte, auront deux ou un plus grand nombre de biseaux, de manière à former sur la carte une série de lignes parallèles en creux ; de même la molette peut avoir sa tranche en zig-zag, pour donner un autre genre de décoration en creux ; elle peut porter des reliefs gravés quelconques qui s'empreindront dans l'épaisseur de la carte, cette gravure pouvant même être un texte de quelques lettres. En un mot, suivant la variété de la tranche de la molette, on pourra obtenir les effets les plus divers dans le détail desquels il nous est impossible d'entrer ici.

Quelques constructeurs complètent encore cette machine en la munissant de deux pièces B placées l'une derrière l'autre, ce qui permet de combiner plusieurs des opérations que peut faire la molette. Dans ce cas, la disposition générale est la suivante : la pièce B d'avant porte les molettes à tracer, la pièce B d'arrière porte les molettes que nous appellerons à décorer, et enfin vient la cisaille qui débitera la carte aux dimensions exigées. Disons enfin que certaines de ces machines, les plus perfectionnées, ont des dispositifs qui permettent aux molettes à décorer, non seulement de tracer des traits de forme quelconque, mais encore de donner à ces traits une coloration au choix de l'opérateur. On obtient ainsi d'un même coup le tracé du cartonnage, son débit aux dimensions requises et enfin une décoration propre à en augmenter la valeur.

Toutes ces machines rendent de très grands services à l'art du cartonnier, et plus elles sont complètes, plus le travail qu'elles produisent devient économique; mais il est bon de dire également, pour être impartial, que ces machines ont alors les défauts de leurs qualités et réclament certains soins dont le premier est un réglage assez long au début d'une opération; en outre, étant appelées à fournir un travail d'une certaine précision, ce sont des machines que le cartonnier doit surveiller au point de vue de l'entretien général et au point de vue du jeu que peuvent prendre certaines pièces. Un bon entretien sera toujours avantageux, même s'il entraîne à quelques petites dépenses périodiques, celles-ci seront vite récupérées par la qualité du travail produit.

Maintenant que nous connaissons la machine à tracer, nous pouvons aborder un troisième genre de cartonnage courant, dans lequel la boîte à faire est en une seule pièce et porte en elle-même tous les éléments de confection, c'est-à-dire ne réclame plus qu'un peu de colle sans intervention d'autres matières pour l'assemblage.

V. CARTONNAGES COLLÉS EN UNE PIÈCE

Nous prendrons, comme exemple de ce genre de cartonnage, la boîte dans laquelle se vendent les épingles au poids, et dont nous représentons le développement à plat (fig. 62). Comme précédem-

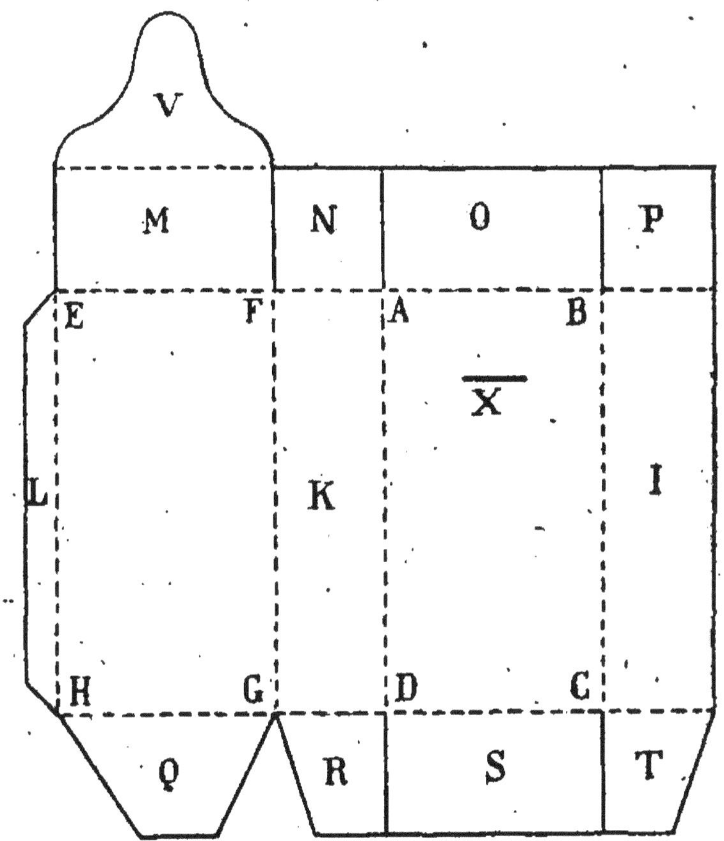

Fig. 62. Boîte à développement en une pièce.

ment, nous indiquons, dans notre dessin, en traits pleins, les lignes de coupage et en traits pointillés les lignes de pliage. Cette boîte d'abord exactement dessinée aura ses contours extérieurs coupés à l'emporte-pièce, puis, passée à la machine à tracer, elle est prête à l'achèvement. Si nous prenons en effet notre dessin, nous voyons que cette boîte a ses trois dimensions, largeur, longueur et hauteur, différentes ; les deux grands rectangles ABCD et EFGH, se feront vis-à-vis grâce au pliage des lignes AD et FG qui déterminent ainsi un des petits côtés ; en pliant le trait BC on amènera le deuxième petit côté vis-à-vis du premier ; puis, enfin, en pliant suivant le trait EH, et en faisant entrer la languette L dans l'intérieur contre la face interne du petit côté I, voilà déjà notre boîte fermée sur ses quatre côtés. Si, avant de terminer cette opération, nous avons eu soin de mettre le long de la languette L un peu de colle forte épaisse, cette fermeture sera définitive. Passons au fond. Nous commencerons par replier l'une sur l'autre les deux petites faces R et T, et comme elles chevauchent l'une au-dessus de l'autre, une goutte de colle déposée sur le bord de l'une d'elles, la fera adhérer à l'autre. Nous replierons ensuite, et par-dessus, le côté Q du fond qu'une goutte de colle fixera aux deux premiers ; enfin, enduisant complètement, toujours avec de la colle forte, l'envers de la surface S, celle-ci fermera complètement le fond en se collant aux petites pièces Q R et T déjà rabattues. Notre boîte se trouve donc achevée en tant que récipient. Pour la fermer par-dessus, plus n'est besoin de colle, on rabat vers l'intérieur les deux petites surfaces supérieures N et P ; puis la surface O par-dessus les deux premières ; il ne restera plus qu'à fermer le couvercle proprement dit, formé par la surface M, et à introduire la petite patte V dans la fente X venue avec le découpage à l'emporte-pièce, pour avoir notre boîte complète.

Dans la confection de cet objet, on voit que nous n'avons eu recours à aucune autre matière que la carte coupée et tracée, et un peu de colle forte. Ce genre de cartonnage est d'une fabrication très courante parce que, comme on le voit, il exige une main-d'œuvre très minime quand on peut se servir de l'outillage mécanique; en outre, sauf la colle forte, il ne comporte aucun auxiliaire pour l'assemblage, aussi est-ce par milliers qu'un cartonnier peut en produire journellement avec un personnel restreint. La partie la plus longue de cette confection serait le découpage à l'emporte-pièce, mais comme la carte n'est pas épaisse, cet outil en peut découper un nombre assez considérable à la fois, de façon à alimenter sans interruption les autres opérations. Une organisation qui nous paraît rationnelle pour ce genre de travail est la suivante : un ouvrier au coupage à l'emporte-pièce, un ouvrier à la machine à tracer, une ouvrière au pliage, une ouvrière au collage de la bande, une ouvrière au collage du fond et enfin une ouvrière à la fermeture, si la boîte doit être livrée fermée, car dans certains cas la clientèle les réclame ouvertes. Soit en tout un personnel de cinq ouvriers ou ouvrières pour une production de plusieurs milliers d'objets par jour.

Dans notre dessin, on voit que la petite surface Q du fond présente une échancrure de chaque côté ; cette disposition facilite le pliage du fond ; chaque cartonnier, sous ce rapport, devra porter son attention sur les mesures à prendre les plus aptes à faciliter le travail, car c'est, tout en fournissant une meilleure exécution, en assurer la rapidité. C'est pour la même raison qu'on a échancré la petite languette L. Si les échancrures n'étaient pas ménagées au moment du pliage, il y aurait frottement entre le bas de la languette et le fond qui aurait pour effet, soit de donner plus de mal à l'ouvrière plieuse, soit de froisser la carte à cet endroit, soit même les deux inconvénients à la fois.

Ces cartonnages ne peuvent presque pas se fabriquer autrement qu'à la machine, car ils demandent un coupage et un traçage d'une exactitude mathématique, qu'un ouvrier ne saurait atteindre malgré toute son habileté et toute son attention. On peut juger de la précision exigée quand nous dirons que la plupart de ces objets portent des figurines ou du texte qui doivent toujours être très visibles et bien à leur place. En écrivant ces lignes, nous avons sous les yeux une boîte de ce genre, développée, que nous devons à l'obligeance de M. Toussaint, cartonnier, 10, rue Affre, à Paris, et nous y relevons les mentions suivantes : sur une des grandes faces, le nom du fabricant d'épingles avec son adresse, sa marque de fabrique, ses récompenses aux différentes expositions; sur l'autre, un tableau indiquant en millimètres les dimensions des épingles avec leur vue en vraie grandeur, le numéro de fabrication, etc.; sur le fond, le nom et l'adresse; sur le couvercle (sur la partie M de notre dessin, figure 62), la désignation de la qualité et le numéro des épingles enfermées dans la boîte; il n'est pas même la patelette qui ne porte une mention : les initiales du fabricant. Si nous ajoutons que chaque face de la boîte est bordée d'un cadre assez ornementé, nous aurons fait, croyons-nous, ressortir l'importance qu'il faut attacher à la régularité d'exécution d'un pareil travail pour que le texte se trouve bien à sa place et parfaitement visible, et surtout pour que, une fois formée, la boîte ne montre pas les différents cadres imprimés sur chaque face, chevauchant l'un sur l'autre ou même n'étant pas parfaitement verticaux.

Nous ne dirons rien de la qualité de la matière employée comme carte, nous renverrons notre lecteur à ce que nous en avons déjà dit dans les paragraphes précédents. Nous n'insisterons ici que sur la colle qui doit être très bonne et sécher rapidement, de manière à ce que dès son application, si la boîte n'est pas absolument collée, au moins qu'elle tienne déjà assez pour ne pas s'ouvrir et s'écarter du pliage fermé qu'on lui a donné ; il faudra donc, dans la circonstance, au moins pour la languette L, se servir de colle assez épaisse ainsi que pour les petites faces T, R et Q qui ne reçoivent qu'une goutte de colle. La surface S du fond définitif étant plus grande, pourra, si on l'enduit entièrement de colle, la recevoir un peu plus fluide ; cependant, même pour cette partie, nous sommes partisan de l'emploi de colle épaisse et de n'en mettre guère que sur les bords, ces parties étant en meilleur contact avec celles déjà repliées. Dans toutes ces opérations de collage, du reste, l'ouvrière devra avoir la main très légère et ne mettre que la quantité de colle strictement nécessaire, pour que celle-ci ne s'épande pas au delà des bords en contact, ce qui donne mauvais aspect au travail fini. Cette mise de la colle devra être d'autant plus surveillée que l'ouvrière, après avoir enduit de colle les bords à joindre, doit les presser suffisamment pour que l'adhérence soit complète.

Dans ce genre de cartonnage, qui est évidemment de qualité courante, mais dont l'aspect est assez coquet, nous n'engageons pas à faire la couture au fil métallique, bien qu'elle soit absolument faisable et même d'une façon expéditive, la bandelette pouvant être fixée par un ou plusieurs points, suivant la hauteur de la boîte. Mais dans ces objets, le point métallique serait plutôt désagréable à l'œil. Il sera préférable d'employer le bouton, qui est plus propre et plus coquet, surtout si l'on sait assortir le métal avec la nuance du cartonnage; il est en effet des couleurs de carte qui s'harmoniseront mieux avec le cuivre qu'avec le fer-blanc, et inversement. Cependant, ici, une autre observation s'impose; le collage ou la fixation par boutons devront être appropriés à la nature de marchandise que doit contenir la boîte finie. Ainsi, pour renfermer des épingles, le collage sera préférable, parce qu'il donnera une fermeture complète de tous les joints, condition indispensable pour des épingles, surtout des épingles fines, qui, avec leur pointe acérée, ont tendance à se créer un passage entre les moindres interstices. Or, le point ou le bouton, à moins qu'ils ne soient très rapprochés, ce qui devient onéreux pour le fabricant, serreront très vigoureusement la carte à l'endroit où ils sont posés et à une certaine distance de là, mais entre deux points ou boutons consécutifs un peu éloignés, le joint bâillera un peu et pourra laisser passage aux épingles. Au contraire, s'il s'agissait d'enfermer une marchandise comme du fil en pelote, de la soie en écheveaux, en un mot une matière qui n'est pas susceptible de passer par de faibles interstices, le point métallique ou le bouton conviendront très bien et pourront même être placés à une distance assez considérable l'un de l'autre, sans inconvénient ; il faudra s'attacher seulement à ce que cette distance maintienne la boîte suffisamment rigide.

Nous terminerons ce sujet de couture ou de pose de bouton, en disant que les machines que nous avons décrites pour ce travail conviendront absolument dans la circonstance ; le fabricant devra seulement avoir en réserve des enclumes de formes appropriées aux différents travaux qu'il peut avoir à accomplir, pour être en mesure de faire les points ou de poser des boutons sur des boîtes d'une ouverture même très faible. Mais les constructeurs de ces machines ont prévu le cas et peuvent les munir des enclumes variées dont nous parlons.

VI. BOITES PLIANTES

Un cartonnage dont la fabrication s'est développée d'une façon considérable, c'est ce qu'on appelle en cartonnage la boîte pliante, dont nous donnons le dessin en développement à plat (fig. 63), cette boîte se faisant en carte depuis la qualité la plus commune jusqu'à une qualité moyenne. Comme dans nos dessins précédents, la carte est ici coupée suivant toutes les lignes indiquées en trait plein et pliée suivant les lignes indiquées en trait pointillé.

Le développement de ce cartonnage se composera donc en tout premier lieu d'une carte coupée bien d'équerre et formant un rectangle A B C D, en sup-

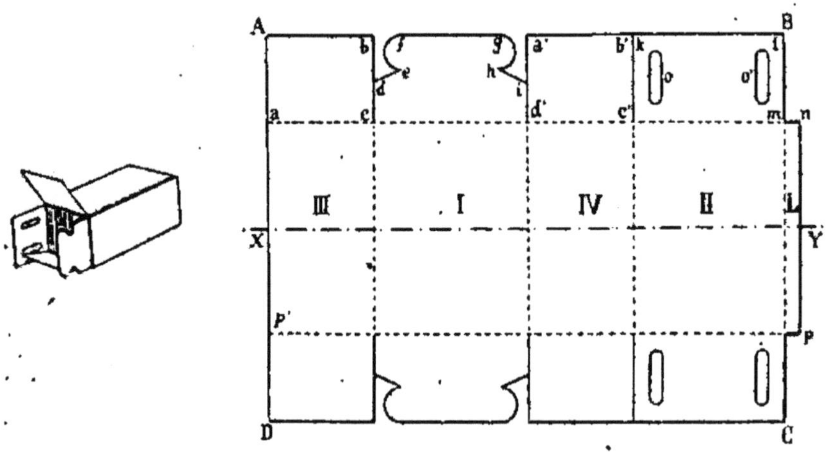

Fig. 63. Boite pliante développée.

posant que les points B et C soient sur le prolongement de la ligne *n p* à droite du dessin et qui limite la languette L, en un mot le rectangle premier englobe cette languette qui en forme la limite extrême. Si nous examinons la figure, nous voyons qu'elle est symétrique par rapport à un axe X Y, c'est-à-dire que tout ce qui est au-dessus de cet axe se reproduit identiquement de même et identiquement placé au-dessous. Nous bornerons donc notre explication à la partie supérieure du dessin, la partie inférieure conduisant aux mêmes explications. Nous supposons d'abord un travail à la main, ou du moins un travail avec les seuls outils que nous connaissons. Donc, notre rectangle premier, une fois tracé et découpé, nous le couperons suivant les lignes *b c*, *d' a'*, *b' c'*, *l m* et enfin *m n*; puis, avec un emporte-pièce, dont le tranchant affectera la forme *d e f*, nous découperons cette extrémité du panneau I, ce qui nous sera facile à faire, puisque nous avons pour nous guider deux points : le point *f* sur la ligne horizontale, bord de notre carte, et le point *d* sur la ligne verticale ; de même, nous couperions avec un autre emporte-pièce la forme *g h i* ; enfin, avec un emporte-pièce spécial, nous couperons en haut du panneau II les deux ouvertures *o* et *o'*. Ainsi que nous l'avons fait remarquer plus haut, nous exécuterons exactement de même le bas et avec les mêmes outils. Nous traçons à la main ou à la machine les lignes verticales et horizontales marquées de traits pointillés, et voici notre boîte prête. En effet, si nous la plions suivant les lignes tracées, le panneau II viendra en face du panneau I et les deux panneaux III et IV se feront vis-à-vis. Si l'on colle la languette L sur l'intérieur du panneau III, notre boîte est achevée dans son pourtour, elle reste seulement ouverte en haut et en bas. Pour fermer ces deux fonds, nous plions les deux petits carrés A *b c a* et *d' a' b' c'* vers l'intérieur de la boîte, nous plions par-dessus ces deux carrés le rectangle *k l m* du panneau II et nous replions par-dessus celui-ci la partie découpée du panneau I. Comme nous opérons avec de la carte, qui a une certaine flexibilité, en ployant légèrement les deux petites parties *e f* et *g h*, nous les ferons passer chacune dans un des trous *o* et *o'* et notre boîte est fermée sur un fond ; agissons de même pour la partie inférieure, nous aurons la boîte complètement fermée, et ceci juste avec une seule languette qui aura nécessité un faible collage à la colle de pâte ou à la colle forte, suivant la qualité de la carte.

Nous donnons, sur la gauche de la figure 63, l'aspect de cette boîte finie avec son fond antérieur ouvert.

Il est bien entendu que nous n'entendons pas avoir donné ci-dessus la marche industrielle à suivre dans la fabrication de ce genre de cartonnage, et si nous l'avons expliquée de la sorte, c'est plutôt pour que le cartonnier se rende compte des diverses manipulations que nécessite ce genre de travail, c'est une analyse plutôt qu'une définition. Passons maintenant à une fabrication plus industrielle, en supposant que nous ayons notre rectangle primitif coupé aux dimensions voulues, ce que nous savons faire.

Si nous avons une cisaille circulaire, nous couperons facilement et rapidement notre carte suivant les traits, *cb*, *d'a'*, *c'b'*, *ml* et enfin suivant la ligne *pn* prolongée ; pour faire ces coupures, il est évident que nous limiterons la course de notre carte, laquelle ne traversera pas la cisaille, mais s'arrêtera devant les lames suivant la ligne horizontale *an*, ce que nous réaliserons facilement, en ménageant à l'arrière du cylindre porte-lames, sur la table, une butée que la carte ne pourra pas dépasser. En retournant la carte sens dessus dessous, nous ferons les coupures du bas absolument symétriques à celles du haut, sans toucher au réglage de la cisaille. Maintenant, nous n'avons plus qu'à faire fonctionner nos emporte-pièce, soit à la main, soit à la machine (fig. 44) que nous avons signalée déjà.

Ce genre de cartonnage ayant acquis très vite la faveur du public, sa fabrication réclamait de pouvoir être très rapidement menée, aussi n'étonnerons-nous pas le lecteur en disant que tous les constructeurs de machines pour cartonniers ont conçu rapidement et fourni à l'industrie du cartonnage la machine spéciale à découper les boîtes pliantes. Elles diffèrent assez peu les unes des autres et reposent toutes sur les principes généraux que nous allons en donner.

Machine à découper les boîtes pliantes

Cette machine, qui est représentée figure 63 *bis*, nous a été fournie par les anciens établissements Houpied, et le modèle figuré est fait pour marcher à la pédale, mais il s'établit également pour marcher au moteur. Elle se compose d'une table en fonte A bien dressée, reposant sur des pieds également en fonte et qui se terminent par deux montants B B qui présentent sur leur hauteur un vide rectangulaire servant de guide à une forte pièce en fonte C qui se termine à chacune de ses extrémités, en dehors des guides B B, par un tourillon D auquel est reliée une bielle verticale E. A sa partie inférieure, celle-ci est attelée à une manivelle F qu'actionne un arbre G horizontal mû par la pédale. En appuyant sur la pédale, l'ouvrier fait tourner d'un petit arc de cercle la bielle E qui entraîne la manivelle F faisant abaisser la pièce C. Un ressort antagoniste R, placé de chaque côté de la table, fait relever la manivelle et par suite la pièce C dès que la pédale est lâchée par l'ouvrier.

La pièce C présente à sa partie inférieure une rainure rectangulaire, permettant de placer un

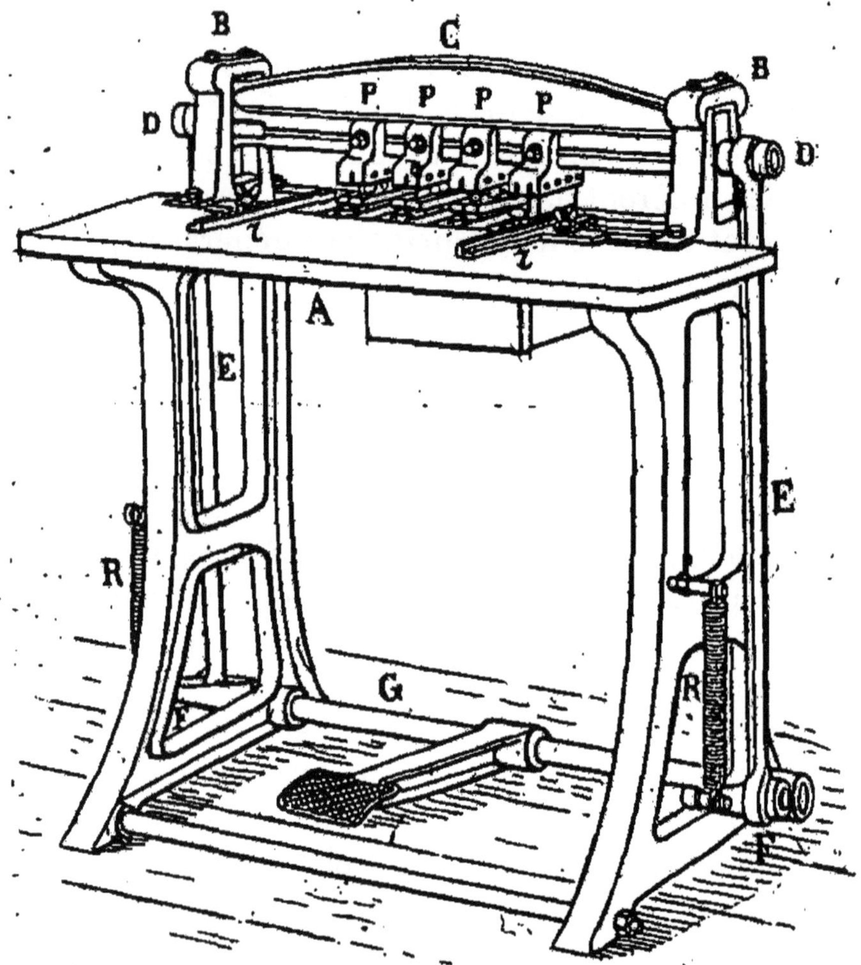

Fig. 63 *bis*. Machine à découper les boîtes pliantes.

porte-outil PPP, qui se fixe sur la pièce C en un point quelconque en serrant un écrou sur un boulon dont la tête est prisonnière dans la rainure.

Les porte-outils se terminent, à leur partie inférieure, en une base plate et offrent dans leur ensemble une vague ressemblance avec un fer à repasser de tailleur, ou carreau. La base plate porte une rainure dans laquelle peut être logée, et fortement serrée, une lame offrant un contour semblable à celui à découper. Si nous nous reportons à notre dessin développé d'une boîte pliante (fig. 63), nous voyons qu'il nous faudra quatre lames, deux de forme identique : celles qui découperont les deux lignes A*a* et *cb*, et les deux lignes *d'a'* et *b'c'* des panneaux III et IV ; une troisième lame qui découpera les contours *cdef* et *ghid'* du panneau I, et enfin une quatrième lame qui découpera les lignes *c'k* et *lmn* du panneau II ; à l'intérieur de ces deux lames, fixées au porte-outil, sont deux poinçons de la forme des trous *o* et *o'*. On comprend, dès lors, le fonctionnement de la machine : si l'on place la carte exactement entre les deux règles *rr* fixées sur la table et qu'on met dans la position voulue pour bien guider la carte, quand les lames s'abaisseront, elles couperont la partie supérieure de la carte suivant le contour de notre dessin (fig. 63).

Cependant si la machine se bornait à ce que nous venons d'exprimer, elle serait incomplète ; en effet, la carte n'étant pas soutenue sous les lames, ne serait pas coupée, elle serait arrachée. Donc la machine se complète du dispositif suivant : sous les porte-outils ou mieux au-dessous de toute la pièce C, règne dans la table un vide qui se comble de pièces en métal ayant la forme pleine ou intérieure de la boîte à découper, ou si l'on veut présentant en plein ce qui doit rester de la carte lorsqu'elle est finie, exception faite cependant pour les deux trous *o* et *o'* qui, au contraire, portent sur une pièce présentant en creux les trous en question, en un mot formant ce qu'on appelle la matrice du poinçon. Ces pièces logées dans le vide de la table sont en résumé les contre-lames des lames fixées aux porte-outils. Enfin entre les lames sont encore des guides sous lesquels passe à frottement presque dur chaque feuille de carte ; cette autre précaution empêche la carte de voiler sous l'action du coupage.

D'un coup de pédale, toute la partie supérieure de la pièce est faite, et en retournant la carte sens dessus dessous et la présentant à l'outil on fait, sans toucher à la machine, le même coupage qui donne la boîte dans son entier. D'après ce que nous avons dit plus haut, une même ligne telle que *cb* et *cd*, ou telle que *c'b'* et *c'k*, se trouve avoir deux lames pour la tracer. C'est en effet ce qui a lieu, mais ces lames étant très minces peuvent être très rapprochées l'une de l'autre ; cependant elles laissent toujours un petit vide ; il en résulte que tous les traits ci-dessus signalés, et tous ceux dans la même situation, offrent une coupure théoriquement plus large qu'il ne faudrait, puisque celle-ci ne devrait pas dépasser une largeur égale à l'épaisseur de la carte. Mais ce n'est pas un mal, car cela donne plus de facilité pour rabattre ces petits panneaux quand on ferme la boîte. Du reste, la largeur de cette coupure n'est pas excessive, elle varie de 1 à 2 millimètres. On voit donc qu'on s'approche de très près d'une coupure mathématique, la carte ayant rarement une épaisseur inférieure à un 1/2 millimètre; tout au moins en ce qui concerne la carte très commune, la plus employée dans le cartonnage courant.

En général, cette machine s'établit pour permettre le coupage d'une série des boîtes de dimensions différentes ; c'est une question d'avoir le vide de la table suffisamment grand pour pouvoir contenir ce que nous appellions les contre-lames (parties pleines) de la plus grande dimension des boîtes à faire, les contre-lames plus petites pouvant être ramenées à la dimension maximum par une partie pleine. C'est aussi une question de jeu de lames et de poinçons. Il n'est pas rare de voir ce genre de machine pouvoir faire trois dimensions différentes de boîtes.

Quand on veut se servir de cette machine, il faut, comme pour les autres, commencer par en faire le réglage ; à cet effet, on doit, la boîte à faire parfaitement tracée, poser la carte rectangulaire sur la table et l'embrasser très exactement par les deux règles *r r*, celles-ci étant amenées progressivement à leur place et fixées en serrant leurs vis de pression. Cela fait, et avant d'aller plus loin, s'assurer que la carte fonctionne bien entre les deux règles, c'est-à-dire qu'elle n'y est ni trop serrée ni trop lâche. Quand cette manœuvre est satisfaisante, on pousse la carte jusqu'à la butée qu'elle doit toucher suivant son format, on place les porte-outils munis des lames voulues lâches dans la rainure de la pièce C et on les règle les uns après les autres, de façon qu'ils s'appliquent bien sur le tracé. Les lames sont alors fixées définitivement. Puis on place les pièces pleines dans le vide de la table, ce qui devient facile puisqu'on est guidé par les lames. Quand on a lieu de croire que tout le réglage est bien fait, on passe une carte et on en fait le coupage doucement, pour pouvoir s'arrêter à la moindre résistance et ne pas risquer de casser une lame. Si le coupage se fait librement, le poursuivre jusqu'au bout, puis l'examiner, le poser sur le tracé avec lequel il doit coïncider d'une façon parfaite et absolue. Lorsque toutes ces conditions sont remplies, on peut procéder au coupage de toute la série que l'on doit fabriquer.

Nous avons tenu à indiquer le réglage, bien qu'il soit en général rendu très aisé au cartonnier, car ces machines ne devant produire que des modèles déterminés et en nombre limité, les constructeurs ont toujours soin de placer sur leurs machines des repères, tant pour les porte-lames que pour les contre-lames ; le cartonnier, sachant qu'il va faire tel modèle de boîte pliante, placera ses porte-lames et contre-lames aux repères correspondants et sa machine sera réglée.

Le coupage une fois effectué, on passe au traçage, au pliage et au collage, comme nous l'avons indiqué pour le genre précédent de boîtes. Ici encore on peut remplacer le collage de la languette L par la couture au fil métallique ou par la pose de boutons. On peut encore supprimer non seulement le collage de la languette L, mais encore supprimer la languette elle-même et amener le développement de la carte au rectangle parfait. Tel est le cas, par exemple, où la boîte, une fois fermée, il faudrait l'envelopper entièrement sur son pourtour d'une bande de papier collée portant des vignettes ou un texte quelconque. Cette bande suffira amplement à assurer la solidité de la boîte, étant donné que le cartonnage étant fait en carte c'est qu'il ne réclame pas une solidité excessive. On peut même supprimer tout collage de la façon suivante : on fait la languette L d'une largeur égale ou un peu inférieure à celle du panneau III ou de son vis-à-vis le panneau IV (fig. 63), puis on plie la boîte à la façon ordinaire ; la languette L ainsi élargie vient à l'intérieur s'appliquer contre le panneau III, et comme le panneau II est relié invariablement à son vis-à-vis, lors de la fermeture des deux fonds, la boîte ne peut plus bouger. Cette façon de boîte pliante est très usitée pour envelopper des matières à la fois légères et volumineuses, telles, par exemple, que des biscuits, et l'empaquetage se fait très commodément. En effet, dans cette opération, on a sa boîte développée telle qu'elle est représentée par notre dessin (fig. 63), et sur le panneau I, par exemple, on range les objets sur une ou plusieurs épaisseurs, suivant leurs dimensions et la largeur du panneau III ; lorsque ce rangement est bien fait, on plie la boîte en laissant le panneau I toujours à plat sur la table, on fait passer la languette L perpendiculairement à ce panneau, on replie dessus le panneau III et on ferme les deux fonds. On n'a plus qu'à envelopper le tout de papier.

Réciproquement, cette façon de boîte présente l'avantage d'une ouverture facile ou, pour mieux dire, d'un déballage facile. Si, en effet, on procède à l'ouverture de la boîte dans l'ordre inverse que celui que nous venons d'expliquer pour sa fermeture, et qu'on opère sur une table, on a sur le panneau I le contenu de la boîte exactement dans l'ordre et dans la méthode de rangement pris au moment de l'emballage. Or, si la boîte est cubique une fois fermée, c'est-à-dire que tous ses panneaux soient égaux en largeur et en hauteur, et que les panneaux découpés soient également carrés, on peut placer la boîte fermée sur un support quelconque, le panneau IV posant sur le support ; on ouvre la boîte comme nous venons de le dire et dans son développement elle laissera le contenu entouré également du cartonnage déplié. C'est ainsi qu'on agit couramment aujourd'hui avec les boîtes à biscuits faites ainsi : la boîte est mise fermée sur une assiette et lorsqu'on la sert à table, c'est la maîtresse de maison qui l'ouvre, laissant tous les côtés de la boîte déborder à plat de l'assiette. Elle montre ainsi que le dessert qu'elle offre n'a été, comme l'on dit vulgairement, *tripoté* par personne et qu'elle-même n'a pas eu à y toucher pour en faire les honneurs à ses hôtes.

Avec ce genre de boîte sans colle, le cartonnier perd une partie de son travail, mais hâtons-nous de dire que c'est la partie à la fois la moins intéressante comme production proprement dite, et aussi la moins intéressante sous le rapport profit pour lui. Aussi croyons-nous que tous les fabricants de ce genre de cartonnage se sont très facilement consolés de cette suppression de main-d'œuvre ; ils la récupèrent largement par l'augmentation du débit de la carte façonnée.

Ces boîtes pliantes se font à des dimensions très variables, car elles se sont très répandues dans le commerce de détail en général et dans le commerce de l'alimentation en particulier, et dans ce cas, par exemple, le commerçant tient à avoir au moins trois dimensions faites sur le même modèle, qui lui permettront de débiter sa marchandise par 500 grammes (la livre), 250 grammes (la demi-livre) et 125 grammes, qu'il appelle généralement le quart. C'est donc le poids du contenu qui règle la dimension du contenant, mais ce poids dépend de la densité du produit, et pour ne citer qu'un exemple, la boîte de 500 grammes de riz sera à peine assez grande pour contenir 125 grammes de thé. Le fabricant de cartonnage pliant doit donc connaître le mieux possible les densités des différentes denrées que peuvent contenir ses boîtes, car il lui arrivera souvent de recevoir la commande sous cette simple désignation : tant de jeux de boîtes pouvant contenir les fractions usuelles (500 gr., 250 gr. et 125 gr.) de telle marchandise. Si cette acception était strictement prise au pied de la lettre, le cartonnier devrait être à même de fabriquer une infinité de modèles pour satisfaire sa clientèle. C'est alors qu'intervient en sa faveur la connaissance des densités du contenu que peuvent renfermer ses boîtes ; il pourra ainsi, avec un nombre relativement restreint de modèles, répondre à des besoins divers, étant donné que la boîte de 500 grammes, par exemple, répondra pour contenir ce poids à plusieurs sortes de denrées, alors qu'elle passera après pour renfermer le poids de 250 gr. d'une autre denrée, et ainsi de suite. Il est bien entendu qu'il ne s'agit pas en l'espèce d'une jauge et que les boîtes seront plus ou moins pleines suivant les cas, sans cependant qu'il y ait exagération.

La boîte pliante s'est encore très répandue dans le commerce par sa commodité, non seulement comme empaquetage, mais encore comme approvisionnement en magasin chez le consommateur. Le gros inconvénient en effet de la boîte fermée, c'est de prendre énormément de place ; un commerçant ne peut donc pas en approvisionner une très grande quantité. C'est le contraire avec la boîte pliante, le commerçant la prendra dépliée (à plat) chez le cartonnier et, en cet état, pourra en loger une grande quantité chez lui. Il les utilisera au fur et à mesure et pour cela fera même facilement le collage, car il ne sera pas beaucoup plus long ni dispendieux, pour lui, de coller une bande tout autour de la boîte que d'y appliquer une simple étiquette, ce qu'il fait presque toujours.

La même raison favorise le cartonnier ; il peut, en effet, préparer beaucoup de ses modèles à la fois et les empiler facilement à plat, puis, dès que vient une commande, il n'a plus qu'à procéder au collage ; aussi est-ce un excellent article d'attente, et qui permet, à des moments de pénurie d'ouvrage, de préparer de la marchandise d'avance et d'occuper ainsi personnel et matériel d'une façon utile.

Comme précédemment, nous ne dirons rien des qualités de cartes employées, elles varient suivant l'article que veut établir le cartonnier, et aussi suivant la nature des denrées à empaqueter ; c'est ainsi que quelques fabricants font certaines de ces boîtes en collant une feuille d'étain à l'intérieur pour préserver le produit contre l'humidité, d'autres y collent un papier parcheminé, etc. ; toutes ces dispositions peuvent varier à l'infini. Nous n'insisterons que sur un point qui est le suivant : il est indispensable que dans cette fabrication le cartonnier soit très maître de sa carte au point de vue de son poids. Soit qu'il la fasse lui-même, soit qu'il l'achète toute faite, il doit veiller scrupuleusement à ce que toutes les feuilles présentent le même poids, à très peu de chose près, et ceci parce que son client tiendra toujours rigoureusement à ce que la boîte finie ne présente pas de variation, seule condition qui lui permette de faire rapidement les pesées des matières qu'il doit empaqueter. Or, la machine donnera toujours très exactement le même travail, par conséquent la même quantité de matière, il faut donc que celle-ci soit invariable.

D'une façon générale, lorsque le cartonnier fabrique la boîte pliante à la machine, il n'a pas à se préoccuper de la forme et du volume de ses boîtes, chaque constructeur de machines de ce genre ayant son modèle et la forme de boîte qu'il a appropriée ; il ne peut donc faire varier le modèle original qu'autant qu'il pourra utiliser les mêmes porte-outils et le même espace vide de la table de la machine, ce qui lui nécessitera des jeux de couteaux, de poinçons et de contre-lames supplémentaires. Mais, dans le travail à la main, il devra faire tout par lui-même et faire son tracé qu'il réalisera en s'inspirant de ce que nous avons dit dans la partie tracée de notre modèle, figure 63, et qui n'offre en somme aucune difficulté. Toute la partie difficile résidera pour lui dans le choix des dimensions à adopter. Il lui faudra d'abord déterminer le cube de la boîte à créer ou son volume intérieur, qu'il trouvera en connaissant d'une part la densité de la marchandise à empaqueter et le poids de cette marchandise que doit contenir la boîte. La densité lui sera fournie par l'expérience, il lui suffira de connaître ce que pèse un litre de la marchandise. Supposons que le poids du litre soit D, il saura donc que 1,000 centimètres cubes ou un litre pèsent un poids D. Donc, quand il voudra établir le volume V d'une boîte contenant un poids déterminé P de la même marchandise, ce volume lui sera donné par la formule :

$$V = \frac{P}{D} \times 1000$$

ce volume lui étant fourni ainsi en centimètres cubes.

Prenons un exemple, et supposons qu'il s'agisse de trouver le volume d'une boîte capable de contenir 250 grammes (demi-livre) d'une graine pesant 1 kilogr. 500 ou 1,500 grammes le litre, ce volume sera déterminé en centimètres cubes par le calcul :

$$V = \frac{250}{1500} \times 1000 = 166 \text{ centimètres cubes.}$$

Connaissant ce volume, il faut faire la boîte. Si le cartonnier n'a aucune donnée préliminaire, il est obligé de tâtonner et de se fournir lui-même ces données, en s'imposant, par exemple, que la boîte aura une base carrée et une hauteur égale au double du côté du carré de base. Il s'agit de déterminer le côté cherché du carré ; or ce côté, que nous appellerons x, est tel que multiplié par lui-même et le produit multiplié par le double de x

doit reproduire le cube trouvé plus haut ; en d'autres termes on aura, l'unité étant le centimètre,

$$x \times x \times 2x = 166$$

ou :

$$2x^3 = 166 \text{ ou } x^3 = \frac{166}{2} = 83$$

le côté cherché est donc la racine cubique de 83 qui, suffisamment approchée, donne 4,4. Donc la boîte ayant les dimensions suivantes : côté du carré = 4 cent. 4 et une hauteur de 8 cent. 8, donnera le volume de 170 centimètres cubes suffisamment près de celui imposé.

De même le cartonnier aurait pu s'imposer comme données, pour faire sa boîte à la contenance ci-dessus, qu'elle ait une base ou fond représenté par un rectangle dont un côté soit double de l'autre et une hauteur double du grand côté, ce qui revient au quadruple du petit côté ; de sorte qu'en appelant x ce petit côté, il est déterminé par l'égalité suivante :

$$x \times 2x \times 4x = 166$$

ou :

$$8x^3 = 166 \text{ d'où } x^3 = \frac{166}{8} = 20 \text{ (centimètres)}$$

ce qui, comme plus haut, revient à rechercher la racine cubique de 20, qui est très approximativement 2,8. Par conséquent, la boîte en question aura un fond rectangulaire présentant les dimensions suivantes : 2,8 sur 5,6 et une hauteur de 11,2 qui lui donnera un volume de 175 centimètres cubes, très voisin de celui de 166 centimètres cubes demandé. Nous avons toujours, dans nos exemples, pris la dimension un peu supérieure ; suivant les cas, le cartonnier pourra prendre la dimension approchée un peu inférieure. Quant à trouver la racine cubique des nombres devant lesquels il se trouve, si le cartonnier ne veut pas se donner la peine de les rechercher par le calcul, il trouvera couramment des tables toutes faites qui lui donneront les résultats pour des nombres de beaucoup supérieurs à ceux dont il aura jamais besoin.

A côté des cas où le cartonnier se fournit ses données de dimensions, il peut les recevoir imposées par son client ; dans ce cas, il déterminera ses longueur, largeur et hauteur par un calcul en tout point semblable à ceux donnés ci-dessus, les constantes fixes seules étant changées. Enfin il peut agir par tâtonnements ; ainsi, par exemple, s'étant imposé les données de notre dernier exemple, il peut trouver que la boîte exécutée à ces dimensions a mauvais aspect, qu'elle est trop large ou trop haute, ou trop ramassée ; en ce cas, il choisira les proportions qui lui semblent le satisfaire le plus et déterminera le volume en multipliant entre elles les trois dimensions. S'il arrive au volume approximatif cherché, le problème sera résolu, sinon il variera légèrement chacune des trois dimensions jusqu'à ce qu'il arrive au volume voulu. Nous n'avons pas besoin de dire que dans ces recherches le cartonnier n'agit que sur une seule boîte et avec de la carte de rebut, et ne se lance dans la confection d'un lot entier que lorsqu'il est assuré du résultat.

VII. CARTONNAGES PLIANTS DIVERS

Enfin, nous signalerons encore, comme cartonnages pliants, une série de très nombreuses boîtes ou emballages, dont la fabrication se borne pour le cartonnier à un traçage et à un découpage. Ce genre de cartonnage forme la boîte, plus ou moins longue, plus ou moins haute, plus ou moins large, en repliant tous les côtés les uns sur les autres, sans faire de collage, sans fil métallique ni boutons, sans même de liaison par languettes de carton entrant dans des orifices comme ceux *o* et *o'* de notre dessin (fig. 63). Ce cartonnage se livre à plat comme les cartonnages pliants non collés, et le consommateur y enveloppe l'objet en relevant et croisant les panneaux, fixant le tout par une ficelle en croix. Les cartonnages de ce genre sont très usités pour enfermer des objets fragiles, tels que verrerie, porcelaines, etc., qui se trouvent mieux protégés que par du papier même épais et qui, à cause de leurs contours souvent compliqués, donnent lieu à des ballots informes, difficiles à envelopper et difficiles à ficeler. Dans ce genre encore, toute latitude peut être laissée aux cartonniers, tant fabricants de gros cartonnage que de cartonnage courant, la méthode de fabrication s'adaptant à ces deux spécialités.

Nous terminons ici ce chapitre, sur lequel il a fallu nous étendre un peu longuement, en raison de l'importance qu'a prise cette spécialité du cartonnier, laquelle intéresse, on peut le dire, presque toutes les branches de l'industrie et du commerce modernes.

CHAPITRE VII

Cartonnage demi-fin

Sommaire. — I. Divers modes d'établissement d'une boîte en cartonnage demi-fin. — II. Outillage mécanique utilisé dans le cartonnage demi-fin.

Si l'on peut établir deux grandes catégories du commerce et dire qu'il comporte les produits de première nécessité et les produits de luxe, on peut également apporter des subdivisions à ces deux catégories et dire qu'il y a le commerce de demi-luxe ou de demi-nécessité. Ainsi le savon de Marseille est un produit de première nécessité et le savon de toilette, tout en étant nécessaire, peut être considéré, sinon comme un article absolument de luxe, du moins comme entrant dans une certaine mesure dans cette catégorie de produits; c'est ce que nous appellerons le demi-luxe. De même, si la chandelle et la bougie sont des articles de nécessité, la bougie colorée ou parfumée devient un article de luxe tout en restant de première nécessité au point de vue éclairage; ce sera donc également un article de demi-luxe. C'est à peu près ce qu'il faut entendre par cartonnage demi-fin. Il est en général destiné à contenir soit le produit utile, mais déjà luxueux, soit le produit qui, pour n'être pas absolument utile, n'est pas l'article de luxe proprement dit. Comme le cartonnage est appelé à desservir cette catégorie intermédiaire de produits, il s'est aussi créé dans cette industrie le demi-luxe, ou cartonnage demi-fin, que nous allons passer rapidement en revue.

Le cartonnage demi-fin peut, comme son prédécesseur le cartonnage courant, employer des matières premières de qualités très variables, car ce qu'on y soigne principalement c'est l'aspect; donc tout ce qui est visible doit être d'assez bonne qualité ou d'assez bel aspect; quant au centre, au squelette, il peut être de qualité inférieure en tant que produit constituant. Il utilise donc du carton et de la carte de toutes qualités, et c'est au cartonnier à savoir faire un choix judicieux de ses produits, suivant le genre de travail qu'il est chargé d'exécuter, pour arriver à un prix de revient aussi bas que possible. Il est clair que s'il doit confectionner un cartonnage entièrement recouvert d'un papier fort et beau, il pourra prendre comme carcasse un carton commun. Si, au contraire, il doit faire un cartonnage avec parois en carte blanche ou de couleur, il devra prendre une qualité de carte assez bonne pour n'avoir pas à la recouvrir et que le travail fini reste fort présentable. S'il paie un peu plus cher la matière première, il évite un peu de main-d'œuvre; à lui de faire la balance et de voir ce qui lui est le plus avantageux, car la réponse ne sera pas identique pour tous les cartonniers. Tel, en effet, bien placé pour se procurer ou fabriquer lui-même de la belle carte à bon compte et disposant d'un personnel peu adroit ou peu soigneux, trouvera son avantage dans la première méthode; tel autre dans une situation inverse trouvera meilleur compte à prendre la seconde; il est donc impossible de donner, à ce point de vue, une règle générale absolue. La seule qu'on puisse énoncer, c'est que la fabrication du cartonnage demi-fin comporte surtout de la main-d'œuvre et emploie très peu le concours de la mécanique. Il y a pour cela deux raisons bien nettes : 1° c'est que les objets en cartonnage demi-fin ne s'établissent pas en un nombre très considérable d'exemplaires de chaque espèce ; 2° parce que les formes et les combinaisons, dans cette branche du cartonnier, varient à l'infini ; or l'emploi de la machine, dans n'importe quelle industrie, n'est avantageuse que lorsque celle-ci est appelée à faire, sinon toujours, du moins longtemps, exactement la même chose.

Dans le cartonnage demi-fin, c'est surtout la main-d'œuvre féminine qui est employée, les femmes ayant la main plus délicate, plus légère et par suite plus précise que l'homme, conditions indispensables pour la bonne exécution de ce genre de travail.

I. DIVERS MODES D'ÉTABLISSEMENT D'UNE BOITE EN CARTONNAGE DEMI-FIN

Cartonnage demi-fin, carton léger

Etant donné que les modèles de ce genre de cartonnage sont très variables, qu'il s'en crée tous les jours de nouveaux, nous ne pouvons pas les passer tous en revue, aussi allons-nous procéder comme nous l'avons déjà fait au début du chapitre précédent, en prenant une boîte, en en suivant l'exécution depuis le commencement jusqu'à la fin et en indiquant les variantes principales qui peuvent se présenter dans sa confection pour obtenir tel ou tel type.

La première observation à faire concernant cette spécialité du cartonnage, c'est que son fabricant doit être à la fois homme de goût et homme pratique. Homme de goût pour concevoir des modèles aux formes agréables, homme pratique pour que les formes qu'il a créées puissent se réaliser facilement et que l'objet à fabriquer suive un processus d'opérations rapides et précises, sans demander à la matière première plus qu'elle ne peut donner, sans réclamer à l'ouvrière un effort trop considérable, ce qui nuirait au fini de l'œuvre.

Soit à faire la boîte ayant un fond d'une forme assez tourmentée que nous représentons par le contour A B C D Z F (fig. 64) et qu'il faut exécuter entière-

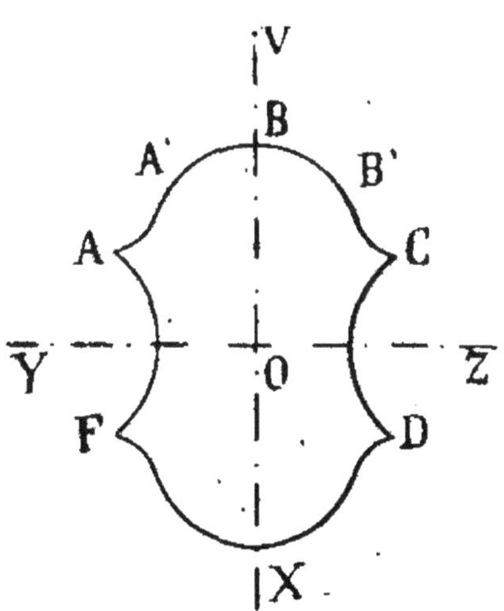

Fig. 64. Contour de boîte en cartonnage demi-fin.

ment en carton. La première chose que devra faire le cartonnier, c'est d'opérer le tracé qui, on le remarque, ne se compose que de courbes assez douces, car nous ne comptons pas les points saillants A C D et F, qui ne sont que le point de réunion de deux courbes voisines. Donc, pour faire son tracé, le cartonnier le fera d'abord au crayon à main levée, aussi bien que possible, ce sera le croquis destiné à lui donner la première impression de l'œuvre qu'il se propose d'accomplir. Si cette impression est favorable, le cartonnier donnera une certaine précision à son croquis en le reproduisant d'une façon exacte à l'aide du compas, de la règle et des équerres. Il n'a pas besoin pour cela de dessiner son croquis entièrement, car, si l'on examine la figure 64, on voit qu'elle est symétrique, d'abord par rapport à l'axe vertical V X et ensuite par rapport à l'axe horizontal Y Z, en un mot que la figure se compose de quatre parties identiques entre elles, mais placées d'une façon différente; le fabricant n'aura donc besoin de dessiner exactement que le quart de la figure comprise dans l'angle Y O V. Pour cela, il voit que ce dessin se compose de trois arcs de cercles raccordés entre eux : l'arc F A, l'arc A A' et l'arc B A'. Sur son croquis, il recherche les centres de ces arcs par la méthode que nous avons indiquée en 8°, dans le paragraphe consacré au tracé des cartons, puis il tracera ces arcs de cercle de préférence avec un crayon un peu gras, en les limitant à l'axe horizontal et aux points A A' et B en prenant soin de raccorder très exactement ces arcs entre eux. Cela fait, il pliera la feuille de papier sur laquelle il a fait ce tracé géométrique, suivant l'axe vertical V X et en frottant un peu sur l'envers du papier, il trouvera la partie B B' C jusqu'à l'axe horizontal; il passera alors ce décalque au crayon avec beaucoup de soin, puis, pliant son papier, cette fois suivant l'axe Y Z, et opérant comme précédemment sur l'envers de la partie tracée, il aura mathématiquement la symétrie voulue et la figure du fond de la boite parfaitement juste. Toute l'exactitude dépendra du bien fini du premier quart du dessin, de l'exacte perpendicularité des deux axes, et enfin du pliage fait bien exactement suivant les dits axes. Arrivé à ce point du travail, le fabricant examinera de nouveau l'aspect de son dessin, et s'il a obtenu l'harmonie des formes qu'il désirait, il taillera son carton suivant le contour obtenu, ou bien, s'il a un lot des mêmes boîtes à fabriquer, il se fera un gabarit en carte pour tracer les autres cartons si leur nombre n'est pas trop considérable; il fera ce gabarit en zinc s'il est appelé à s'en servir souvent.

Le carton tracé, il le découpe par les divers moyens que nous avons déjà examinés, au tranchet, à la main, ou à l'emporte-pièce et au maillet si les courbes qu'il a dessinées se rapportent bien à celles qu'il possède dans ses jeux d'emporte-pièce; cette espèce de réassortiment entre les courbes et les emporte-pièce peut même être fait d'avance, le cartonnier faisant entrer dans son dessin seulement des courbes dont il a les emporte-pièce en magasin.

Le fond une fois fait, il s'agit d'établir les parois ou côtés de cette boîte. Si le carton des parois ne doit pas être trop épais, il se contournera facilement et alors on préparera deux bandes capables de faire le contour A A' B B' C et deux bandes capables de faire le contour A F. Ces quatre bandes de carton suffiront à former le tour complet de la boîte, étant bien entendu qu'elles auront comme largeur la hauteur de la boîte. Prenant alors le fond *c d* (fig. 65), découpé très exactement, on fera suivre à ces bandes, sur le bord du fond, les contours auxquels elles doivent s'appliquer, de façon à leur donner la forme voulue; celle-ci obtenue, on passe de la colle forte épaisse sur le bord *c* du fond et l'on applique une des bandes *a b* comme l'indique la figure 65, de manière à ce que ce soit le bord *c* qui force la bande à prendre la forme qu'elle doit avoir. On maintient cette bande en place pendant quelques instants pour qu'elle reste bien adhérente, puis on laisse sécher, et pendant ce temps-là on passe à une autre boîte. Quand on suppose que la première boîte a sa bande bien collée, on lui applique une seconde bande qu'on laisse sécher pour passer à une autre boîte, et ainsi de suite. Lorsque toute la boîte est faite ainsi en carton brut, on peut, suivant le modèle qu'on interprète, coller à l'extérieur, sur les parois verticales, une bande de papier plus ou moins ornementée, et en une seule pièce, faisant tout le tour de la boîte. On aura soin, dans cette opération, de faire le joint vers une partie de la boîte moins en évidence, comme par exemple dans une des parties rentrantes d'une des arêtes A, C, D ou F; ce collage se faisant à la colle de pâte et en appliquant le papier à l'aide d'un linge fin et propre. On collera sur le fond, en dehors, un papier blanc ou de couleur découpé à l'avance et s'adaptant parfaitement au gabarit du fond, afin de cacher l'aspect du carton brut. On fera à l'intérieur la même garniture qu'à l'extérieur, soit en papier blanc, soit en papier assorti à la nuance extérieure de la boîte, et celle-ci se trouvera terminée. Voilà une première façon.

Une seconde façon consistera à procéder absolument comme pour la première jusqu'à l'assemblage du fond et des parois, assemblage qui se fera un peu différemment comme l'indique la figure 66.

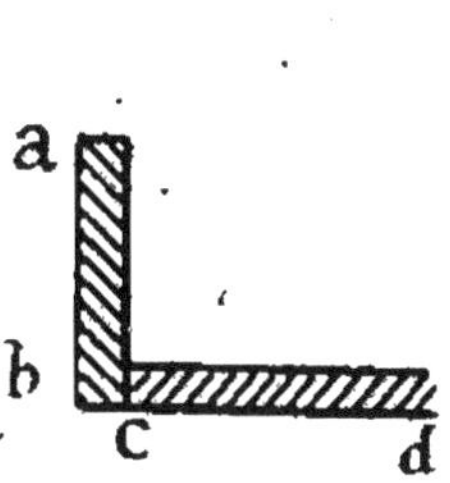

Fig. 65. Joint du fond et de la paroi (1re méthode).

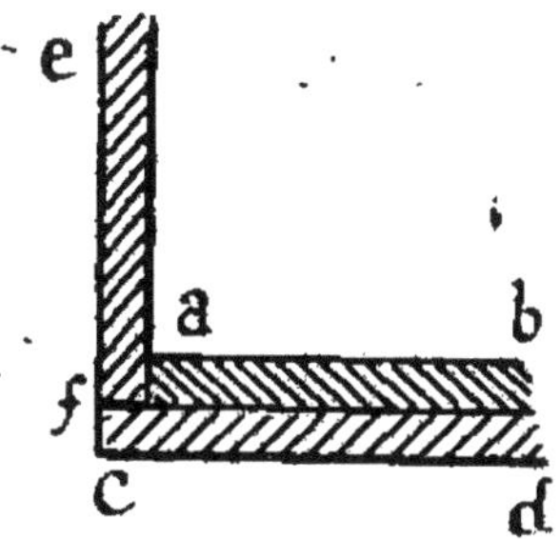

Fig. 66. Joint du fond et de la paroi (2e méthode).

Ici, on a découpé deux fonds, le premier *a b* et un second *c d* exactement semblable, mais augmenté dans tout son pourtour de l'épaisseur du carton formant le bord, et l'on a collé le premier sur le second, de manière à ce que celui-ci fasse saillie tout autour d'une quantité égale à l'épaisseur des parois verticales. Cette première opération faite et la colle sèche, on applique les bandes *e f* comme dans l'exemple précédent, sauf qu'ici elle sera collée à la colle forte, à la fois contre le bord du fond *a b* et sur le fond *c d*, c'est-à-dire qu'on obtiendra ainsi une solidité plus grande, mais avec une plus-value en main-d'œuvre et en matière. La garniture de la boîte se fera comme précédemment, et l'on ferait le couvercle identiquement de même que la boîte.

Toutes les autres méthodes de construction dérivent plus ou moins des deux que nous venons de donner; on peut, au lieu de coller les parois contre le fond, les coller dessus; on peut encore, dans l'exemple figure 66, laisser déborder en dehors le second fond *cd* qui, une fois convenablement garni, peut offrir un motif de décoration plus ou moins heureux. On peut encore faire le fond *ab* d'un carton assez fort pour avoir une largeur plus grande de collage des parois et faire le fond *cd* en carton bien plus faible; on peut encore agir d'une façon inverse et avoir *ab* plus faible que *cd*, le collage des parois *ef* sur *cd* étant suffisant pour assurer la solidité qu'on peut réclamer d'un cartonnage. Ces différentes dispositions restent au choix du cartonnier, et l'une ne saurait se préconiser plus que l'autre, à moins de conditions spéciales très variables elles-mêmes. Nous répèterons seulement qu'au point de vue solidité la construction de la figure 66 est préférable à la construction de la figure 65.

Poursuivons notre exemple en améliorant le produit. Et puisque nous venons de prononcer le mot solidité, commençons par augmenter cette qualité. Nous le ferons facilement en collant des petites bandes de toile étroites et nombreuses partant du dessous du fond et montant à une faible hauteur sur le côté; collage fait à la colle forte, bien entendu. Nous ferons mieux encore en collant une bande de toile sur tout le pourtour de l'angle du fond, mais étant donnée la forme curviligne de notre boîte, cette bande de toile devra être échancrée sur les deux côtés dans sa longueur, de façon à pouvoir épouser exactement les différentes courbures du fond et de la paroi. Enfin, nous pourrions encore coller deux bandes de toile fine, l'une passant depuis le haut de la paroi, descendant le long de celle-ci, se collant sur toute la longueur du fond pour se relever ensuite et monter le long de la paroi à l'extrémité opposée, l'autre procédant de la même façon, mais en croix avec la première. C'est un excellent moyen de consolider un cartonnage, il n'a qu'un inconvénient, c'est que ces bandelettes de toile, si fines qu'elles soient, font toujours saillie sur le cartonnage et restent visibles en relief lorsque le papier de garniture est collé sur le carton.

Quant aux perfectionnements au point de vue de l'aspect extérieur, ils seront ce que nous en avons dit au sujet des boîtes à la main faites en cartonnage courant. Nous pourrons border les angles et les bords de notre boîte d'un papier plus ou moins ornementé, ou encore d'une bandelette de papier doré ou argenté. Dans ce cas, les papiers d'ornement de la paroi ne devront pas prendre toute la hauteur de la paroi, afin de laisser apercevoir la bande ornementée; de même, le papier du fond et du dessus du couvercle devra être un peu en arrière de la bandelette pour en laisser apercevoir la même quantité dessus et dessous que sur les côtés. De même que dans le cas précité, et nous ajouterons *à fortiori*, dans le carton épais nous pourrons, à l'intérieur de la boîte et sur tout son pourtour, coller une bande de carton *ab* (fig. 67) dépassant le côté d'une certaine hauteur, ce qui nous permettra de faire le couvercle identique au fond de la boîte. Cette disposition est d'autant plus rationnelle que le carton est plus épais, parce que dans le cas de ce dernier, avec un couvercle simplement superposé, il y a sur le côté une saillie disgracieuse, à moins que ce couvercle n'enveloppe la boîte jusqu'à son fond, ce qui justifie alors que celui-ci fasse saillie sur les parois, comme nous le disions à propos du mode de confection indiqué figure 66.

Dans le cas où l'on rapporte cette bande intérieure, on peut la faire en carton plus faible que celui de la boîte, et il peut être garni du papier pareil à celui de l'intérieur avant sa pose. On a l'habitude alors de laisser à nu les deux surfaces de carton qui vont être en contact, car le collage se faisant ici à la colle de pâte, celle-ci imbibe très suffisamment le carton pour que l'adhérence soit complète.

Enfin nous pouvons encore perfectionner notre objet ou le compliquer en munissant son intérieur d'un fond mobile, comme l'indique la figure 68. Ce

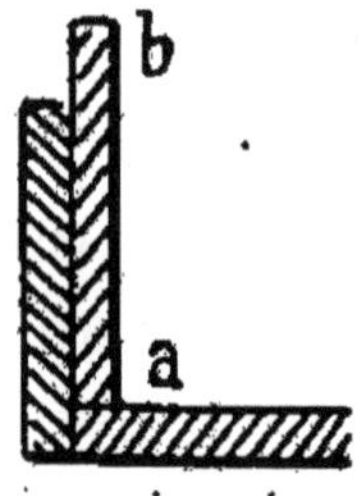

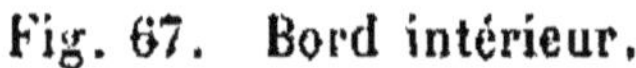
Fig. 67. Bord intérieur.

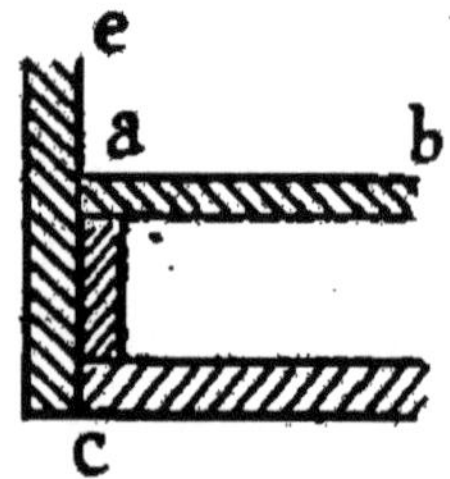

Fig. 68. Faux fond.

fond sera découpé comme celui de la boîte et très légèrement plus petit pour que son entrée et sa sortie s'opèrent facilement. On pourra le soutenir en le munissant sur tout son parcours d'une petite paroi verticale *a c* (fig. 68). Si la boîte était carrée ou rectangulaire, on se contenterait de coller dans les angles, et en travers de ceux-ci, une petite plaque de carton sur laquelle viendrait s'appuyer le faux fond. Nous n'entrerons du reste pas dans de plus amples détails à ce sujet, leur réalisation procédant des méthodes de confection que nous venons d'examiner, et dans lesquelles le fabricant doit rechercher celles qui s'appliquent le mieux au genre de travail qui lui est commandé, et qui, en même temps, lui fournissent les moyens les plus efficaces d'économiser matière et main-d'œuvre. Dans cet ordre d'idées, il devra rechercher les dispositions ou les coupes pouvant lui donner des parties cachées qui, dans le cartonnage demi-fin, ne se garnissent généralement pas. Comme exemple, sous ce rapport, nous prendrons la disposition indiquée figure 68 dans laquelle on garnira de papier coloré toute la partie supérieure du faux fond en *a b* et son côté *a c*, mais en laissant le carton brut dans toute la partie du-dessous. Il va sans dire que si ce faux fond était fixe, la garniture de l'intérieur de la boîte ne se ferait que sur la partie *a e* de la paroi et la partie *a b* du faux fond. Tout ce qui est en dessous de ces parties intérieures serait laissé en carton brut.

Cartonnages demi-fins, carton fort

Nous venons de voir, dans l'exemple du façonnage d'un cartonnage demi-fin en carton léger, que nous pouvions contourner sans difficulté les parois d'une boîte suivant des lignes courbes quelconques. Si nous avions eu affaire à un carton fort ou épais, nous n'aurions pas pu réaliser l'opération aussi facilement, et nous allons indiquer comment il nous aurait fallu nous y prendre. Disons d'abord que la difficulté n'existe que si le carton doit affecter la forme de courbes très fermées ou de très petit rayon, et où son élasticité ne serait plus suffisante pour se courber sans casser. On a, pour venir à bout de cette difficulté, deux moyens : le premier consiste à faire sur le carton et dans l'intérieur de la courbe des traits de scie sur toute la largeur de la bande à cintrer, exactement comme cela se fait avec une planchette en bois ; les traits de scie doivent être d'autant plus profonds que la courbe est plus fermée. Grâce à ce stratagème, le carton se courbera facilement, mais encore faudra-t-il procéder avec précaution et former la courbe progressivement, de manière à ne pas faire fendre le carton sur la face opposée aux traits de scie. Le second moyen consiste à humecter le carton pour le rendre plus malléable, et on le contourne alors assez facilement, surtout si l'on y apporte quelques précautions. La forme nouvelle étant obtenue, on laisse sécher le carton dans sa nouvelle forme et l'on procède avec lui à la même suite d'opérations que celles que nous avons indiquées pour le carton léger.

Cartonnages demi-fins mixtes en carton et en carte

Les cartonnages demi-fins, que nous appellerons cartonnages mixtes, combinent l'emploi du carton et de la carte. Il est tout indiqué, dans ce cas, de placer le carton aux endroits du cartonnage qui subissent la plus grande somme de fatigue, soit sous l'influence du poids du contenu, soit parce que le carton sert de point d'appui aux portions faites en carte. La première idée qui vient à l'esprit, d'après ce que nous avons dit plus haut, c'est de prendre le carton pour faire le fond des boîtes par exemple, ainsi que le montre la figure 69. Si nous avons, en effet, à confectionner une boîte de la forme indiquée figure 64, nous ferons le fond en carton comme il est indiqué à la figure 69 et les parois seront faites d'une bande de carte qui, dans le cas présent, sera d'une seule pièce, refoulée préalablement aux points saillants A, C et D et dont le joint se fera bord à bord à l'angle F par exemple, bords sur lesquels on aura eu soin de placer une très légère couche de colle forte pour les faire adhérer l'un à l'autre. Quant à son joint sur le fond, il sera largement assuré par de la colle forte placée le long du bord du fond supérieur *ab* (fig. 69), la saillie du fond inférieur pouvant également être encollée à l'endroit de la tranche de la carte; cependant, ici, ce second encollage ne sera pas indispensable et le vrai rôle de la saillie dont nous parlons sera de préserver la paroi contre les chocs possibles.

Fig. 69.
Fond de boite en cartonnage mixte.

Si le cartonnage de ce genre doit recevoir une garniture en papier sur toute la hauteur de la bande de carte, il faudra faire le joint de cette bande un peu après ou un peu avant la saillie F, de manière à ce que cet angle, où se trouve, comme nous l'avons vu, le joint de la carte, soit ainsi consolidé par deux épaisseurs de papier. Nous ne dirons pas ici que la suite de la confection du cartonnage suivra les mêmes phases que dans le cartonnage en carton. Il ne faudrait pas, en effet, garnir l'intérieur de la paroi, qui, alors, prendrait une épaisseur trop forte ; il sera beaucoup plus pratique de la part du cartonnier de préparer sa carte d'avance en lui appliquant, comme dernière feuille, une feuille de papier du même ton et de même qualité que celui dont il se servira pour garnir le fond, et, si la paroi doit être bordée, il faudra placer cette bordure lorsque la carte sera à plat, avant de la courber aux formes du cartonnage. Une bonne précaution consistera à laisser dépasser quelques millimètres de cette bordure sur un des côtés de la bande de carte coupée à dimension voulue, ce qui permettra, au moment de la pose de la carte sur le fond et à l'endroit du joint bord à bord, de faire passer l'excédent de bordure par-dessus le joint, de façon à masquer ce dernier sur la tranche même de la paroi.

Tout ce que nous venons de dire pour le fond de la boîte s'applique, bien entendu, au couvercle que, comme précédemment, l'on tient un peu plus grand pour qu'il recouvre le fond, à moins que, comme on peut très bien le faire, l'on ne mette dans l'intérieur de la boîte une bande de carte dépassant la hauteur de la paroi, figure 67.

Les autres détails de construction, tels que faux fond, mobile ou non, séparations, etc., se feront en carte, et nous rentrons dans la catégorie de toutes les variantes s'étendant à l'infini et qui peuvent se ramener en principe à ce que nous savons déjà.

Cartonnages demi-fins en carte

De toute la classe des cartonnages demi-fins, c'est certainement cette catégorie qui donne lieu aux plus nombreuses applications. Ceci s'explique par ce fait que le cartonnage demi-fin, s'adressant à des produits que nous avons désignés sous le nom de produits de demi-luxe, ceux-ci sont en général assez légers pour s'accommoder mal d'une enveloppe ou d'un contenant lourd comme l'est forcément le cartonnage en carton fort, lourd de poids, lourd d'aspect. Aussi devra-t-on ranger dans ce paragraphe le plus grand nombre de travaux, mais qui s'exécutent tous par l'application de principes identiques comme mode de travail. D'une façon générale, les cartonnages demi-fins en carte utilisent cette dernière dans la qualité dite carte doublée qui, nous l'avons dit, est une carte dont le centre est en gros papier gris et dont les surfaces externes seules sont recouvertes d'un papier de qualité. L'emploi de cette qualité de carte s'explique surabondamment, puisque nous avons vu que dans maints travaux du cartonnage demi-fin, l'extérieur de l'objet fini ou pour mieux dire toutes les parties visibles sont garnies d'un papier plus ou moins ornementé.

Pour ne pas modifier notre méthode de travail, nous reprendrons l'exemple précédent, c'est-à-dire que nous supposerons avoir à exécuter une boîte de forme donnée par la figure 64. Au point de vue tracé du contour et découpage, nous ne trouvons aucune modification à ce que nous avons dit aux paragraphes précédents. L'assemblage des parois avec le fond se fera soit comme l'indique la figure 70 ou la figure 71, étant donné cependant que ces fonds sont ici en carte et non en carton. La méthode d'assemblage donnée figure 65 ne s'emploiera que lorsque l'angle du fond avec la paroi devra être bordé. Il ne faudrait pas, en effet,

Fig. 70. Joint du fond et de la paroi (1re méthode).

Fig. 71. Joint du fond et de la paroi (2e méthode).

compter comme suffisamment efficace le collage qui s'opèrerait alors simplement sur la surface de l'épaisseur de la carte. Avec le fond en deux épaisseurs, on a ce collage sur l'épaisseur de deux tranches, de plus dans deux directions différentes, ce qui assure une solidité déjà fort appréciable. Qu'on prenne l'un ou l'autre des deux modèles de fond que nous signalons, le cartonnier, afin d'économiser de la matière, préparera d'abord sa carte pour le fond en ne mettant le papier de garniture que sur une face, sur la face *a b*, s'il s'agit de faire le fond comme il est indiqué figure 70. Sur le fond inférieur et en dehors, il mettra un papier blanc commun, à moins qu'il ne lui soit spécifié de recouvrir également le fond du même papier qu'à l'intérieur. Ses cartes de fond prêtes, il les découpera et les collera comme d'habitude.

Passons aux parois de la boîte, également en carte

doublée. Si les bords doivent être bordés, il préparera sa carte en collant du papier sur les deux faces ; ce papier sera de même teinte si intérieur et extérieur de la boîte doivent être de la même couleur ; il sera de la couleur du dehors d'un côté et du dedans de l'autre, si ces deux surfaces doivent être différentes. Puis il débitera la carte en bandes de dimension voulue et procèdera comme nous l'avons déjà dit. Si les bords de la boîte ne doivent pas être bordés, il commencera par débiter ses bandes des parois dans la carte commune, et ce n'est qu'après qu'il collera son papier de couleur, de manière que celui-ci passe par-dessus le bord et ne laisse pas voir la carte grise du milieu. Sur l'autre bord, il fera affleurer le papier au bord de la tranche de la carte grise ; cette tranche devant être elle-même collée sur le fond, il est inutile d'y cacher la carte grise du centre, et il vaut mieux, au point de vue de la solidité, que ce soit la carte brute qui reçoive la colle forte que le papier qui la recouvrirait. Si celui-ci, en effet, joue un peu sous l'effet du contournement et n'adhère plus à la tranche de la carte, cette dernière ne peut plus être fixée au fond d'une façon solide, puisque ce n'est plus que le papier qui s'y trouve fixé.

Ces diverses précautions ou tours de main pris en observation, la suite du travail s'effectue comme nous l'avons déjà vu pour le cartonnage en carton léger et le cartonnage mixte.

Lorsque dans un cartonnage demi-fin en carte on aura des séparations à faire à l'intérieur, on les exécutera en coupant des petites bandes de carte que l'on collera légèrement sur le fond et sur les parois; si ces séparations doivent être croisées à angle droit, on ménagera une encoche jusqu'au milieu de la largeur et en faisant pénétrer les morceaux de carte l'un dans l'autre par leurs encoches, on croisera les joints comme l'indique la figure 72.

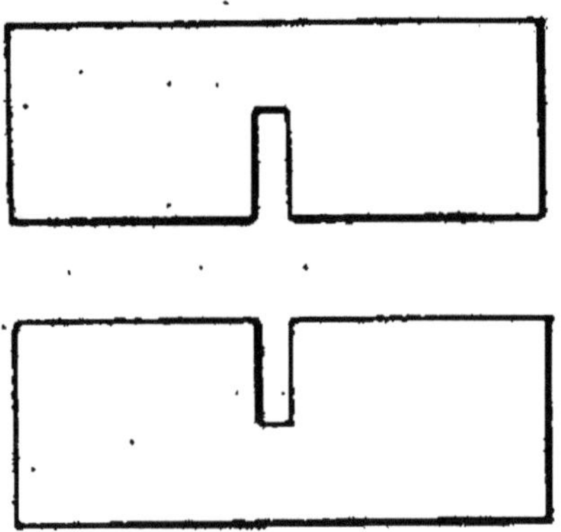

Fig. 72. Séparations.

Il faudra faire cette encoche avec soin et de façon à ce qu'elle présente une largeur de vide égale à l'épaisseur de la carte. Généralement, ces séparations se font en carte non doublée, c'est-à-dire ne comportant pas une partie grise au centre pour qu'à l'endroit de la section cette partie grise ne soit pas visible.

On fait également dans le cartonnage demi-fin des séparations de forme quelconque avec des arrondis ou des ovales, mais leur fixation consiste toujours en un collage entre la tranche inférieure de la carte formant la séparation et le fond sur lequel ces séparations s'appuient. Dans ce cas, on met sur le fond deux épaisseurs de carte, l'épaisseur supérieure étant préalablement découpée suivant la forme des divers casiers à obtenir, deux casiers consécutifs laissant entre eux sur cette seconde carte un intervalle d'une largeur égale à l'épaisseur de la carte de séparation; on obtient ainsi une série de véritables rainures dans lesquelles viendront se loger verticalement les séparations dont la partie inférieure aura été enduite de colle.

Enfin, il est encore une quantité considérable d'autres dispositions réalisables dans le cartonnage demi-fin, jusqu'à l'imitation de toutes les parties d'un mobilier, etc.; il nous est impossible d'entrer dans tous les détails de fabrication de chaque objet en particulier, et force nous est de nous arrêter à des considérations d'ordre général que nous résumerons de la façon suivante :

Dans le cartonnage demi-fin, le travail doit être soigneusement exécuté; les assemblages ne se font qu'à la colle, soit tranche sur tranche, soit par interposition ou couverture de papier. Il en résulte que, dans cette spécialité du cartonnier, tous les découpages doivent être faits avec la plus grande précision quant aux dimensions et avec la plus grande netteté quant à la section, puisque c'est très souvent sur cette partie que repose tout l'assemblage. Ces conditions peuvent être facilement remplies principalement avec la carte qui, vu son peu d'épaisseur, n'exige pas grand effort pour être tranchée et comporte en soi une rigidité suffisante pour donner avec de bons assemblages une solidité très supérieure à ce qu'on est en droit d'attendre d'une matière de qualité plutôt inférieure. Le tracé des dessins devra être très rigoureusement exact, c'est la seule manière d'obtenir un ensemble parfait une fois réunies toutes les pièces constitutives d'un même objet; le moindre jeu, en effet, ne peut se récupérer avec une matière de la nature du carton ou de la carte et devient souvent l'origine d'une dislocation complète. Nous ne saurions faire de meilleure comparaison qu'en disant que le cartonnage demi-fin est au cartonnage ordinaire ce qu'est la menuiserie comparée à la charpente.

II. OUTILLAGE MÉCANIQUE UTILISÉ DANS LE CARTONNAGE DEMI-FIN

Nous avons déjà dit qu'il était très réduit et nous en avons fourni les raisons; il se borne, en effet, aux différents appareils de coupage (fig. 15, 16 et 17), aux machines à tracer, et ce dont il fait le plus grand usage c'est de l'emporte-pièce et de la machine à découper (fig. 44).

Nous avons souvent parlé de l'emporte-pièce, et pour faire voir au lecteur les formes différentes qu'on en peut tirer, nous donnons, figure 73, la représentation de deux de ces outils de modèles différents et qui peuvent se varier à l'infini. Aussi, dans la fabrication de boîtes telles que celle représentée figure 64, le cartonnier n'opèrera le découpage à la main que quand il ne pourra vraiment pas faire autrement, car il aura vite récupéré le prix de l'emporte-pièce par l'économie de temps et la précision obtenue dans son travail. Quand il travaillera le carton, il le découpera sur une épaisseur, et quand ce sera la carte, il fera son découpage sur plusieurs épaisseurs à la fois.

Le cartonnier en demi-fin se sert aussi un peu de l'emboûtissoir quand, opérant sur du carton faible ou de la carte, il veut donner un léger bombement à des surfaces planes. Cet appareil n'est

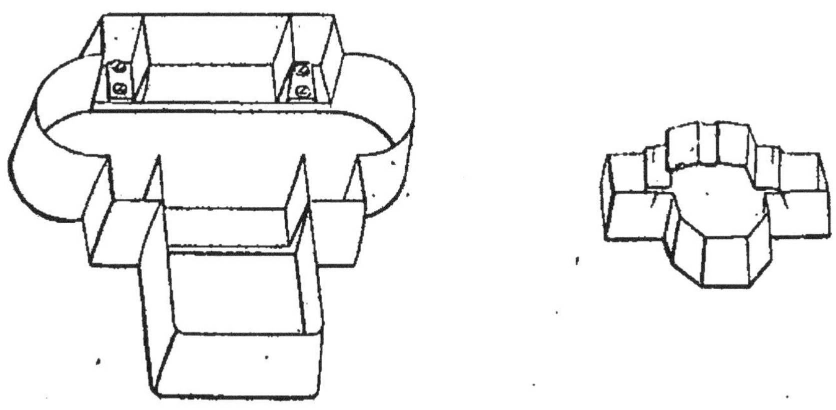

Fig. 73. Deux emporte-pièce.

autre chose qu'une pièce en fonte polie de la dimension de la surface plane, présentant le bombement voulu toujours très peu accusé, et sur lequel est pressée la carte à bomber, car ce n'est guère que pour cette matière que le cartonnier du demi-fin se sert de cet appareil.

CHAPITRE VIII

Cartonnage fin

S'il fallait faire une classification des articles dits de cartonnage fin, la nomenclature serait encore plus longue peut-être que pour le cartonnage demi-fin, car dans cette spécialité se rangent tous les objets faits en bon carton garni des meilleures qualités de papiers et en carte la plus belle jusqu'à et y compris les cartonnages dont la carcasse peut être en carton ou en carte quelconque recouverts des tissus les plus élégants et les plus riches ornés parfois de peintures tout à fait artistiques. Dans le cartonnage fin viennent encore se ranger les écrins destinés à contenir les bijoux les plus précieux et de la plus haute valeur, écrins où le velours, le satin, la peau, le chagrin viennent remplacer la garniture en papier.

Dans ce genre de cartonnage, toute la fabrication qui traite du carton proprement dit ou de la carte reste absolument ce que nous en avons dit dans le chapitre précédent. Quand il s'agit d'objets en carton, on emploie du carton de meilleure qualité, se prêtant plus que tout autre aux variétés de formes que réclame le cartonnage fin. Puis, suivant les ornementations qu'on veut y faire figurer, on recouvre ce carton d'un papier approprié. C'est ainsi qu'on recouvrira de beau vélin ces cartons quand, finis, ils seront destinés à être ornés en tout ou en partie par des peintures à l'aquarelle. L'intérieur, dans ce cas, recevra une garniture de papier couché blanc ou de couleur. On appelle papier couché du papier enduit d'une composition à base de gélatine qui lui donne un glaçage excessivement beau. Comme l'enduit en question est une véritable peinture, c'est-à-dire une matière liquide tenant en suspension une poudre blanche ou colorée, lorsqu'elle est étendue sur le papier, elle en bouche tous les pores, nivelle toutes les aspérités et fait disparaître complètement le grain du papier, donnant à la surface l'apparence de l'ivoire. La gélatine qui entre dans cette composition lui communique son brillant. Cette préparation se fait à chaud, et la fabrication des papiers couchés fait l'objet, depuis quelques années, d'une industrie aussi importante que prospère. Ce genre de papier fait très bien comme garniture intérieure de beaux cartonnages, mais il demande à être manié avec beaucoup de soin. Le moindre pli reste marqué d'une façon presque ineffaçable puisqu'il a eu pour effet de casser la couche d'enduit qui recouvre le papier. Une goutte d'eau fait une tache également indélébile, car à la place où elle est tombée elle s'est, pour ainsi dire, alliée à la gélatine du couchage et a détruit le brillant. Il sera donc indispensable de prendre toutes sortes de précautions pour éviter ces accidents; aussi, lorsqu'on fera le collage de ce genre de papier, faudra-t-il avoir soin d'en placer l'endroit sur une feuille de papier toujours très propre et sèche. Quand on placera le papier enduit de colle sur les objets à recouvrir, il faudra le tamponner soigneusement avec un linge doux et propre.

Après les papiers de choix et de luxe qui garnissent les cartonnages fins, viennent tous les genres de tissus : la toile blanche ou bise, la soie, le satin, etc. Chacune de ces étoffes peut se traiter d'une façon différente. Quand on fait une garniture de toile blanche, il n'est plus possible de la coller sur toute sa surface, on la colle donc en ses bords et à des endroits qui, ou sont cachés par la forme même du cartonnage ou seront ultérieurement masqués par une ornementation quelconque, telle que par une bordure en papier ornementé ou en tissu, par une torsade en soie, quelquefois même par une baguette de bois nature ou de bois doré.

Il en sera de même de la soie et du satin, qui pourront s'appliquer à la colle forte, mais avec la recherche de places spéciales pour opérer le collage comme nous venons de le signaler pour la toile. Ce n'est même pas un des moindres soucis du métier du cartonnage fin que de trouver des formes qui soient élégantes et se prêtent en même temps à la dissimulation des parties indispensables de la garniture, mais qui n'ont plus rien à voir avec la décoration.

Quand il s'agit de garnitures en velours, si surtout celui-ci est de bonne qualité, on peut le coller de place en place à la colle forte à son envers. De plus, le velours étant une étoffe d'un aspect lourd, il s'adapte de préférence aux cartonnages dont la carcasse est elle-même en carton suffisamment fort pour fournir des points d'appui résistants, c'est-à-dire où l'on peut, à la rigueur, employer quelques pointes fines, dont il faudra masquer l'emplacement dans la suite.

Mais le garnissage ne se borne pas à ces quelques simples détails, et un seul et même objet peut présenter à lui seul l'ensemble des cas que nous venons de voir isolément, car dans les cartonnages fins on rencontre fréquemment le mélange des tissus comme soie et satin, velours et satin, etc. En outre, ce n'est pas toujours à plat que se posent ces diverses étoffes, on les fait figurer souvent encore avec des bouillonnés, des garnitures de ouate entre le carton et le tissu. Cependant, c'est dans ce genre de cartonnage que le fabricant trouve de plus grandes facilités d'exécution, car les différents plis, les diverses sinuosités que présente l'étoffe lui permettront de cacher ses points de collage qu'il pourra répartir d'une façon beaucoup plus logique pour la bonne tenue de son œuvre.

Nous connaissons tous ces gracieux coffrets en cartonnage dont l'intérieur, tout capitonné de satin aux reflets chatoyants, nous charme par son élégance douillette. C'est tellement coquet et frais qu'il semble, à première vue, que le fabricant a dû déployer dans sa fabrication toute son habileté, toutes ses ruses pour dissimuler la partie disgracieuse, disons la partie affreuse de son travail. Erreur ! Le cartonnier a facilement établi ses panneaux capitonnés sur des lames de carte ou de carton, passant des fils de couture de part en part, car dans le cartonnage fin la couturière trouve à s'employer ; puis, ces panneaux bien établis, il les colle, à la colle forte, contre les parois intérieures du coffret. Pourvu que la colle soit bien mise; qu'elle affleure au bord satiné sans y toucher, son travail sera parfait, et l'amateur, profane en cartonnage, sera émerveillé de l'élégance de l'article. Règle générale, dans ce genre de travaux, du moment que le cartonnier dispose de l'envers de l'objet qu'il doit faire, il se rit des difficultés que nous avons énumérées plus haut.

D'ailleurs c'est beaucoup sur ce principe que se font ces véritables objets d'art de l'industrie du cartonnage fin. L'extérieur est commodément ajusté sur une carcasse en carton quelconque, souvent de qualité très médiocre, à l'intérieur de laquelle le cartonnier colle, coud, au besoin cloue les riches tissus, et son travail bien assujetti il masque toute la partie intérieure, soit d'une belle carte blanche, soit même d'un capiton soyeux, et c'est entre ces deux parties juxtaposées que sont cachés tous les mystères du travail, tous les secrets de fabrication, la richesse extérieure y frottant la misère. Mais nous ne taririons pas sur ce sujet si nous voulions disséquer tous les travaux du cartonnage fin, tant en sont nombreux et variés les spécimens divers; nous ne pouvons que faire comme précédemment, analyser brièvement les conditions générales auxquelles doit se soumettre le fabricant. C'est d'abord, notre lecteur s'en doute, un soin et une propreté absolus. Ici, plus encore que dans le cartonnage demi-fin, le fabricant doit-être un homme de goût, un véritable artiste décorateur. Il n'a plus besoin de la précision, quelquefois mathématique, dont doit faire preuve le cartonnier en demi-fin, mais il lui faut, par contre, savoir faire un tel choix des formes, qu'elles soient à la fois agréables à l'œil et qu'elles lui réservent les ressources pour une fabrication commode, dont nous parlions un peu plus haut. Tout n'est point de créer un beau modèle, il faut qu'il soit pratiquement et facilement réalisable, il faut encore et toujours songer à la question du prix de revient et en conséquence unir la beauté au bon marché. Le cartonnage fin, bien qu'étant article de luxe, se marchande tout comme le produit de première nécessité, souvent plus encore que ce dernier ; il faut donc en surveiller très étroitement le prix de fabrication.

Le fabricant de cartonnage fin, avons-nous dit, doit être un homme de goût, il doit être aussi un homme au courant de la mode du jour qui, on le sait, est très variable, car il y a la couleur à la mode, il y a le tissu à la mode, il y a la forme à la mode, bien plus, il y a le style à la mode. Il lui faut donc, dans les modèles qu'il veut créer, rappeler ces différents points et concevoir ses formes au double point de vue de leur meilleure appropriation à l'emploi du tissu en vogue et du style. Il est évident, en effet, que la composition de ses formes sera tout à fait différente, s'il veut faire du style Premier Empire, de celle qu'il aurait à concevoir pour les mêmes objets du style Louis XV ou Louis XVI, et toujours avec la préoccupation de se créer les ressources nécessaires pour l'accomplissement de son modèle, pour draper ses tissus ou fixer ses ornements.

Dans cette branche du cartonnage, le fabricant est obligé d'avoir recours à une foule d'auxiliaires qui, pour ne citer que les principaux, seront : les perles, la verroterie de toute nature, le bronze, la petite ferronnerie, etc. En un mot, c'est la classe du cartonnage aux conceptions les plus variées et dans laquelle il arrive parfois que le cartonnier ne fasse entrer le carton, dans certains objets, que dans une proportion beaucoup moindre à celle d'autres matières qui n'ont rien de commun avec le carton.

Rentrent encore dans l'article du cartonnage fin une foule de petits objets que le fabricant devra exécuter en carte couchée blanche ou de couleur. La carte couchée est, comme le papier couché, une carte enduite d'une couche de véritable peinture blanche ou de couleur, à base de gélatine et déposée à chaud. La carte ainsi préparée est très brillante, excessivement unie et, quand elle est colorée, présente des tons d'une fraîcheur exquise comme toutes les couleurs à l'eau, mais qui la rendent d'autant plus fragile. Elle exige donc d'être manœuvrée avec les plus grands soins pour éviter les taches et doit être pliée très exactement, car une fois un faux pli obtenu par maladresse ou mauvaise manœuvre, il n'y a pas à songer à l'effacer.

Avec la carte couchée encore, le cartonnier devra étudier ses formes d'une façon toute spéciale en vue de l'assemblage, celui-ci devant se faire, la plupart du temps, à la colle et sur la tranche même de la carte. En raison de l'enduit qu'elle porte, la carte, en effet, ne peut pas recevoir de collage sur sa surface, ce collage ne pouvant pas tenir. C'est ici qu'il pourra utiliser certains modes d'assemblages métalliques, et principalement par boutons, ceux-ci étant, bien entendu, dans ce cas, spécialement ornementés pour pouvoir servir de motifs de décoration.

La carte couchée reçoit très bien, ou plutôt rend très bien tous les genres d'impressions. C'est ainsi qu'on fait énormément usage aujourd'hui d'un procédé mécanique de gravure, dit similigravure, et qui se tire en impression comme n'importe quel cliché typographique; or, sur le papier ou la carte couchée, ces similigravures donnent des reproductions merveilleuses comme finesse et graduation de ton. Il y a là, pour le fabricant de cartonnage fin, une source pour ainsi dire inépuisable de sujets décoratifs. Le cliché de similigravure s'obtenant de la photographie, on voit qu'on peut faire figurer sur des boîtes en carte couchée depuis la reproduction des tableaux de maîtres jusqu'aux simples guirlandes de bordure. Quand les tons des encres employées à faire ces tirages sont convenablement harmonisés avec la nuance de la carte, on arrive à faire de véritables petites œuvres d'art de ces quelques feuillets de carte assemblés.

Le fabricant de cartonnage fin peut encore avoir à produire des modèles qui constituent des objets d'une certaine valeur, d'une certaine richesse, et qui ne sont cependant constitués que par du simple carton ordinaire, nous voulons parler du cartonnage entièrement peint et présentant quelque ressemblance avec les objets en laqué, mais qu'il ne faut cependant pas confondre avec eux. Etant donné un objet quelconque en carton, une boîte par exemple, puisque sous cette dénomination nous pouvons classer une série d'objets les plus variés, qui sera destinée à être entièrement peinte;

deux cas peuvent se présenter, soit que la peinture qui la recouvrira sera d'une teinte uniforme ou peu ornementée, soit qu'elle sera recouverte d'une peinture artistique.

Le premier cas peut lui-même se subdiviser en deux classes : soit que le carton sera peint, soit qu'il sera enduit au préalable. Dans le premier cas, l'objet fini laissera percevoir, bien que très atténuées, les aspérités et les irrégularités du carton brut; mais ces irrégularités peuvent être, à un certain point de vue, un genre de décoration, en ce sens que l'objet ne sera pas uni et glacé comme du laqué. Dans le second cas, au contraire, l'objet terminé pourra ressembler à s'y méprendre à du laqué.

Pour faire cette catégorie d'objets, le cartonnier procèdera comme il est indiqué dans la fabrication du cartonnage, sauf qu'ici il fera ses assemblages tranche sur tranche et ne fera pas de surépaisseurs comme cela se passe quand on ménage des languettes. Il pourra faire utilement usage du refoulage pour former les angles, mais généralement ces refoulages ne devront pas former de bourrelet, ce qui revient à dire que le fabricant devra n'employer que du carton pâte et proscrire absolument les cartons durs et cassants, comme les cartons de paille ou de bois. Les assemblages faits à la colle forte et tranche sur tranche devront être traités soigneusement, de manière à ne pas présenter de bavures de colle; aussi, dès le début du travail, c'est-à-dire au tracé et au découpage, il faudra apporter la plus grande précision pour que les joints présentent des raccordements parfaits et scrupuleusement exacts. La boîte terminée, il n'y aura plus qu'à la peindre extérieurement et intérieurement avec de la peinture à l'huile ordinaire et aux tons voulus. Une bonne formule de peinture sera la suivante :

Blanc de zinc en pâte à l'huile.	1080	(en poids)
Mélange en poids égaux d'huile de lin et d'essence de térébenthine.	215	—

Dans cette peinture de base, qui servira à faire les blancs, le fabricant n'aura à ajouter que les quantités voulues de couleurs en poudre pour varier ses nuances. Il devra rejeter avec soin toutes les peintures à base de plomb qui, outre leurs propriétés toxiques et vénéneuses, ont le défaut de noircir au contact de l'air qui contient toujours quelques vapeurs sulfureuses. Ces couleurs à rejeter sont : le jaune de chrome, qui est du chromate de plomb ; le minium (couleur rouge, oxyde de plomb) ; le blanc d'argent, qui est du carbonate de plomb. Comme le fabricant ignore généralement l'usage qui sera fait de ce genre de cartonnage, il devra s'enquérir, auprès de son fournisseur, de la nature inoffensive des couleurs qu'il lui demandera.

Lorsque sa couleur est prête, sa teinte comme on dit en peinture, il l'appliquera à la brosse (pinceau) plus ou moins fine sur le carton. Il faut avoir soin, quand on fait ce genre de peinture, de remuer souvent cette dernière dans le récipient où l'on plonge le pinceau pour qu'elle soit toujours au même degré d'épaisseur. La première couche, surtout si le carton est mou et spongieux, donnera un résultat des plus défectueux, mais dont le fabricant n'a pas à s'inquiéter. Le carton absorbe une grande quantité de la partie liquide de la peinture, et cette absorption est irrégulière parce que le corps même du carton est irrégulier. Lorsque cette première couche sera sèche, le fabricant en passera une seconde, qui souvent, suivant la sorte de carton, sera déjà très suffisante pour donner un aspect convenable à la pièce, sinon il faudrait passer une troisième couche après séchage de la seconde. Le séchage s'opère d'autant mieux que l'objet sera exposé à une température douce, 20 à 25°, mais surtout en présence d'une grande quantité d'air et de lumière. Ces deux agents, en effet, font plus pour le séchage que la chaleur, parce que le séchage de la peinture à l'huile est le résultat de l'oxydation de l'huile par l'oxygène de l'air ; donc plus il y a d'air, plus il y a d'oxygène, et partant plus rapide est l'oxydation ou séchage.

Lorsque le travail doit être mené rapidement, on obtient une peinture qui sèche beaucoup plus rapidement en remplaçant l'huile de lin par de l'huile cuite au manganèse. Le défaut de cette huile est d'être très foncée, presque noire, par conséquent d'empêcher l'obtention de nuances fraîches. Si l'on veut une peinture très brillante, il faut diminuer la dose d'essence de térébenthine et augmenter celle de l'huile cuite au manganèse. Si, au contraire, on tient à une peinture mate, il faudra mettre très peu d'huile et même n'en pas mettre du tout et ne prendre comme liquide que l'essence de térébenthine. Enfin, si l'on voulait un brillant exceptionnel, on passerait sur la dernière couche de peinture sèche une couche de vernis gras. Celui-ci doit s'appliquer avec une brosse à vernir, et l'effet qu'on obtiendra sera d'autant meilleur que la couche de vernis sera plus faible. Par conséquent, lorsqu'on vernit un objet au vernis gras, il ne faut prendre que très peu de matière sur la brosse ou pinceau, et l'étaler avec soin et longtemps, de manière à couvrir la plus grande surface possible. Le travail est un peu dur pour le débutant, mais avec un peu d'habitude il arrivera vite à passer très bien son vernis et à en couvrir une très grande surface avec une fort petite quantité.

Tout ce travail terminé, autant en dehors qu'à l'intérieur, on est en présence d'un objet qui ne manque pas d'originalité et qui peut plaire, mais qui, à coup sûr, est doué d'une solidité beaucoup plus grande que s'il avait été simplement recouvert d'un papier collé.

Si le fabricant veut obtenir un effet encore plus satisfaisant, au lieu de passer la peinture à même sur le carton, il commencera par couvrir celui-ci d'un enduit analogue à celui dont nous avons parlé pour la préparation des cartons plats destinés aux peintures artistiques. Un bon enduit sera celui composé de la façon suivante :

Blanc de zinc en pâte à l'huile. .	375	(en poids)
Blanc de Meudon fin tamisé. . .	20	—
Mélange parties égales en poids d'huile de lin et d'essence de térébenthine	90	—

et si la peinture qui doit couvrir la boîte a une

nuance déterminée, il sera bon de nuancer, à l'aide de la couleur en poudre, l'enduit ci-dessus. L'enduit une fois prêt, le fabricant l'étalera en couche mince à l'aide d'un couteau à enduire sur toute la surface à enduire, de manière à effacer toutes les aspérités et à avoir une surface bien unie. L'enduit doit être fait d'une façon assez rapide, en ce sens que le praticien ne doit pas repasser trop souvent son couteau à la même place, car le carton absorbe assez rapidement la partie liquide de l'enduit et ne laisse à la surface que la partie pulvérulente.

Dans le cours de ce travail, l'enduiseur profitera de l'enduit pour s'en servir comme d'une sorte de mastic à l'aide duquel il pourra boucher tous les vides ou solutions de continuité qui se seront manifestés à l'endroit des joints collés du carton; de même il pourra garnir les angles intérieurs de l'objet pour les rendre moins vifs et presque arrondis. L'enduisage fini et bien sec, avec un morceau de papier de verre très fin, il faudra frotter aux endroits où il y aura des surépaisseurs ou bien là où se verront les reprises. On appelle ainsi deux lignes successives du passage du couteau à enduire, qui forment une espèce de sillon en relief qui serait, dans le travail fini, d'un très mauvais effet. Quand l'objet est ainsi préparé, il peut ne recevoir qu'une couche de peinture et une couche de vernis.

Cette méthode de préparer les cartonnages ouvre un champ très vaste à la fantaisie de l'ornementation; ainsi la couche de peinture étant sèche, on peut faire un cadre plus ou moins ornementé, à l'aide d'une composition appelée mixtion et qui est un intermédiaire entre l'huile très siccative et le vernis ; lorsque cette application est à peu près à moitié sèche, on la saupoudre légèrement d'une poudre d'or ou d'argent et l'on enlève l'excédent avec un pinceau doux en blaireau. On obtient ainsi des décors d'un très joli effet.

Quand on veut soigner davantage l'œuvre et ornementer la pièce de peintures artistiques, le carton est traité comme nous venons de le dire. mais on confie l'exécution picturale à un artiste, qui donnera lui-même la première couche de peinture pour obtenir le fond qu'il désire et peindre dessus les sujets les plus variés. On pourra borner là l'œuvre de l'artiste, et le cartonnier se chargera de recouvrir lui-même le tout du vernis approprié.

Lorsque ces travaux sont bien exécutés, ils constituent des objets de réelle valeur qui jouent admirablement ce qu'on appelle la laque de Chine et ne dépareillent pas les menus bibelots que nos amateurs modernes enferment dans les meubles précieux ou anciens.

Le fabricant de cartonnage fin a encore recours au bois comme matière première, mais au bois déjà façonné par un spécialiste, qui porte le nom de *fûtier*, probablement du mot *fût* qui, dans ce cas, n'est pas l'équivalent de tonneau, mais de support, comme le fût d'une colonne. Et c'est, en effet, le support de bien des genres de cartonnages que prépare le fûtier, et dont le cartonnier se charge ensuite de faire le garnissage et achever la confection d'un objet souvent fort élégant. Le cartonnier recourt au fûtier quand il a besoin d'accomplir un travail réclamant quelques parties d'une solidité supérieure à celle du carton. Si, par exemple, nous reprenons la confection d'une boîte, dont nous avons donné le contour figure 64, et qu'en dehors de l'ornementation extérieure, du genre dont nous avons parlé, nous voulions la munir de quatre pieds en bronze, voire même d'une galerie entourant la base dans son entier, pour fixer ces pieds ou cette galerie, nous aurons besoin d'un point d'appui plus solide que nous ne l'aurions avec un fond en carton. C'est alors que le cartonnier appellera le fûtier à son aide pour lui fournir le fond de cette boîte en bois découpé à la forme voulue, fond dont il se servira pour la suite de son travail absolument comme s'il était en carton, mais sur lequel il lui sera possible de clouer avec de petites pointes les ornements en bronze dont il veut faire emploi pour rehausser son travail.

D'une façon générale, le fûtier fournit au cartonnier ce que nous appellerons un travail brut, en ce sens que la partie du cartonnage émanant du fûtier ne sera jamais visible ; elle sera toujours recouverte par le cartonnier. Celui-ci n'a donc besoin dans l'objet en bois que d'une forme bien exacte, mais sans autre fini ; aussi le bois est-il rarement bien uni, ce qui, du reste, ne fait que venir en aide au cartonnier dont la colle tient mieux que si la surface avait été polie.

Il est impossible de donner ici tous les genres de cartonnages qui empruntent à l'art du fûtier, ce qui nous entraînerait à une nomenclature beaucoup trop longue et qui nous obligerait à nous répéter souvent. Nous n'allons donc examiner qu'un objet, de façon à faire ressortir la connexion qui peut exister quelquefois très étroite entre le travail du bois et celui du carton. Cet objet, nous le prendrons dans la devanture d'un bijoutier, et ce sera l'écrin.

Lorsque l'écrin doit être tout à fait de valeur et surtout durable, il est entièrement en bois et recouvert de peau, voire même de cuir, mais dans ce cas les deux métiers qui interviennent dans sa fabrication sont ceux du fûtier et du gainier, que nous n'avons pas à examiner. Cet objet forme alors, si nous osons le dire, le véritable écrin, l'écrin officiel. Mais aujourd'hui nos goûts pour la variété et la nouveauté ont amené une mode aussi dans l'écrin qui devient un article de fantaisie, et partant ressort assez naturellement du fabricant de cartonnage fin. Nous voyons en effet des écrins aux formes les plus variées et qui ne rappellent en rien celles de leur contenu, alors qu'auparavant le véritable écrin avait tant soit peu la silhouette de l'objet qu'il renfermait, et il n'y avait pas besoin de l'ouvrir pour dire d'avance : celui-ci est pour collier, celui-là pour broche, tel autre renferme une parure complète de boucles d'oreilles, broche et bracelet, etc... Actuellement, l'écrin affecte une forme moins bien déterminée et offre des variétés considérables, tout au moins dans sa forme extérieure. L'intérieur d'un écrin reste approprié à l'objet ou aux objets qu'il doit contenir, et il n'est pas besoin de grandes explications pour faire comprendre qu'un écrin devant porter un collier ne peut pas avoir la même forme intérieure qu'un écrin à boucles d'oreilles, étant donné que chaque objet doit s'y montrer dans la position qui l'avantage le plus et se rapprochant autant que possible de sa position quand il sera porté en parure, de façon à permettre de juger *à priori* de son effet.

Partant de ces considérations, soit à faire un écrin pour un collier assez ornementé et terminé par un motif de pendentif en son milieu. Pour que le bijou se présente avantageusement, il faudra qu'il puisse être étalé, développé presque dans son entier, affectant la courbe qu'il aura sur le cou de la personne qui le portera, que les côtés se relèvent un peu dans leur arrondi pour permettre d'apprécier le jeu des pierreries ou des ciselures dans cette position, enfin que le pendentif s'étale nettement au milieu pour qu'au premier coup d'œil on se rende compte de son effet comparé au restant du bijou. Nous sommes entrés dans ces détails afin de faire bien voir que dans la conception de son écrin le cartonnier doit faire œuvre non seulement de goût, mais de certaines connaissances en joaillerie pour donner satisfaction à la fois au bijoutier qui lui commande l'écrin et au client de celui-ci qui voudra avoir cet objet d'un goût et d'un prix proportionné à la valeur du contenu.

Muni de ces différentes données, le cartonnier reconnaît qu'il lui faut un support d'une forme toute spéciale, présentant des courbures, des plats qu'il lui serait tout à fait impossible d'obtenir avec le carton ; c'est alors qu'il recourt au fûtier qui lui fera cette forme en bois blanc, nous n'osons pas dire sculptée, mais taillée, pour présenter la surface complexe à obtenir. Cette surface se terminera par une partie plus ou moins aplatie que le cartonnier fixera au fûtier, suivant la forme extérieure qu'il veut donner à la boîte qui formera l'écrin et qui pourra être carrée, longue, ovale, ronde, etc... C'est sur cette forme que le cartonnier, suivant la parure qu'il veut lui donner, viendra tendre du velours, du satin ou de la soie, travail dans lequel il se conformera aux principes que nous avons émis plus haut pour le garnissage des cartons. Comme envers de sa forme, il se servira du dessous du support en bois, soit qu'il soit plat, soit qu'il présente assez de relief pour pouvoir être creusé en dessous par le fûtier.

Son support établi, il confectionnera sa boîte en cartonnage plus ou moins luxueusement garnie, suivant les cas, et réservera sur son fond la place nécessaire pour y loger le support en question. Celui-ci peut être fixe ou mobile; dans le premier cas, le cartonnier le collera simplement à la colle-forte sur le fond. Dans le second cas, il garnira le fond de la boîte et après avoir soigneusement masqué le dessous du support, soit d'une jolie carte couchée d'une nuance assortie à celle de son garnissage, soit de la même étoffe que ce dernier, il le posera sur le fond en ayant eu soin de réserver un jeu suffisant entre le support et les parois de la boîte et en ayant muni le premier d'un ou plusieurs morceaux de ruban en soie ou en satin permettant d'avoir une prise pour enlever le support.

Dans ce genre de travail, le cartonnier peut apporter une foule de variations, suivant son goût et son génie inventif; c'est ainsi qu'il pourra faire faire à son fûtier, non seulement le support, mais encore le fond en bois, ou aussi le dessus de l'écrin, surtout s'il a décidé pour celui-ci une forme assez compliquée pour ne pas pouvoir être exécutée en carton. De même, il pourra faire l'écrin entièrement en carton, et n'emprunter le concours du fûtier que pour lui faire la forme du couvercle en bois, parce qu'il voudra celui-ci d'une forme très bombée qu'il ne peut pas obtenir avec du carton, son fond de boîte étant alors un simple coussin plus ou moins ornementé. Mais nous n'en finirions pas à citer tous les cas particuliers que peut envisager le fabricant de cartonnage fin dans la confection des écrins.

Nous avons examiné ici le cas d'un écrin, sinon spécial, du moins fait sur commande, en vue d'un objet déterminé, et si le cartonnier est appelé à rencontrer certaines difficultés pour répondre entièrement aux exigences de la commande, il trouvera en outre une série d'indications de nature à lui faciliter des recherches au point de vue de l'assortiment des couleurs et de la nature des tissus dont il devra garnir l'écrin. Mais à côté de ce cas particulier, le fabricant de cartonnage fin peut avoir à faire des écrins entièrement conçus par lui en vue de répondre aux demandes que peuvent lui faire des bijoutiers. En ce cas, il est assez difficile de formuler des règles générales, celles-ci dépendant, la plupart du temps, de la clientèle du cartonnier, clientèle qui, elle-même, peut se subdiviser en une infinité de classes. Il est évident que la bijouterie en or a des besoins et des goûts qui diffèrent de ceux de la bijouterie en argent, qui diffèrent encore de la bijouterie avec pierres précieuses ou joaillerie; il y a la bijouterie de prix, la bijouterie bon marché et la bijouterie de fantaisie qui réclament des écrins différents. La première ne s'adresse qu'exceptionnellement au cartonnier, son véritable fournisseur étant surtout le gainier; les deux dernières, au contraire, se fournissent principalement chez le cartonnier ; il doit donc varier ses modèles et leur valeur en prix suivant la bijouterie à laquelle il s'adresse.

Comme valeur, le cartonnier a une indication toute fournie par le degré de qualité des garnitures qu'il emploie, et s'il s'agit de satin, par exemple, il pourra diminuer le prix de sa fabrication par le prix de l'étoffe qu'il emploiera. Mais les différences qu'il obtiendra de ce chef ne seront jamais bien considérables, en raison de la faible quantité de matière utilisée. Cette différence ne ressortira pas non plus de la qualité du carton mis en travail pour la même raison; bien mieux, les difficultés qui se rencontrent pour cette fabrication spéciale dans l'emploi de cartons de qualités inférieures, sont souvent la source de dépenses plus fortes que si l'on avait utilisé du carton de bonne qualité. L'abaissement du prix de revient doit donc être recherché principalement dans la main-d'œuvre, et c'est là où le cartonnier doit s'ingénier à trouver des formes et des dispositions qui, tout en restant agréables à l'œil, soient d'une fabrication assez simple pour coûter peu de main-d'œuvre. C'est ainsi que l'on voit beaucoup aujourd'hui de ces genres d'écrins en cartonnage fin qui sont d'une exécution simple, et néanmoins font beaucoup d'effet ; tels sont ceux qui, constitués par une boîte de forme quelconque, joliment garnie, n'offrent pour tout support au bijou qu'elle contient qu'un fond de velours, de soie ou de satin, bouillonné ou chiffonné avec goût. Des modèles de ce genre sont d'un établissement beaucoup moins onéreux que si la même boîte contenait un support en bois venant de chez le fûtier et garni comme nous l'avons expliqué plus haut; en dehors de l'excédent de marchandise qu'offre ce dernier spécimen, il y a encore une majoration très notable dans la main-d'œuvre.

D'après ces quelques exemples, on voit que ce genre d'articles, qui ressortent du domaine du cartonnage fin, sont variables à l'infini suivant leur destination, suivant le goût, l'habileté et le génie du cartonnier et que, s'ils rentrent dans l'art proprement dit du cartonnier, ils peuvent étendre assez leur cadre pour arriver à toucher de très près celui du gainier.

En dehors du fûtier, qui, on vient de le voir, est un collaborateur naturel du cartonnier, il y a encore bien d'autres corps d'état spéciaux, tels que l'estampeur, le gaufreur et le doreur, dont nous nous proposons de dire quelques mots au cours de notre onzième chapitre.

Quant à l'outillage du fabricant de cartonnage fin, on peut comprendre qu'en raison de la grande variété de ses travaux il est difficile de lui en attribuer un qui soit spécial à cette branche du cartonnier, tout au moins en ce qui concerne l'outillage mécanique. Ce dernier, ainsi que nous avons eu déjà l'occasion de le dire, n'a sa raison d'être et n'est véritablement économique que dans le cas seulement d'une production intensive d'un même objet. Néanmoins, le cartonnage fin pourra utilement se servir d'outils mécaniques que nous avons déjà vus dans les chapitres précédents, ce seront : les différentes machines à couper, car si le cartonnage fin varie beaucoup ses modèles au point de vue du garnissage, la carcasse, le squelette en quelque sorte des objets qui font sa spécialité, reste la plupart du temps fait en carton ou en carte, qu'il faudra couper avec d'autant plus d'exactitude que le travail final sera plus soigné; le coupage à la main serait donc trop long et exigerait une attention trop soutenue pour arriver à cette précision, que seule la machine est capable de donner. Après les outils de coupage viendront les emporte-pièce qui permettront au cartonnier d'obtenir les formes variées dont il a besoin et qui lui seront données, avec une régularité absolue, par ces instruments spéciaux. Puis, ce seront les machines à tracer qui, dans bien des cas, seront, pour le cartonnage fin, de très précieux auxiliaires. Nous ne reviendrons ni sur leur fonctionnement, ni sur leur application dans le cas du cartonnage fin, qui restent ce que nous en avons dit dans les chapitres précédents, et dont le lecteur verra facilement l'utilisation ici.

Comme nous l'avons déjà dit, la fabrication du cartonnage fin ne saurait être dirigée par des règles générales, ses besoins étant excessivement variés et pouvant présenter, à tous moments, des exigences nouvelles que le cartonnier devra savoir satisfaire. De plus, cette fabrication est soumise, comme nous l'avons dit, à des questions de mode qui peuvent, dans certains cas, obliger le cartonnier à recourir à d'autres industries que celles dont nous avons déjà parlé. Ainsi, lorsque la mode sera aux ornementations en paille, le cartonnier devra recourir à la collaboration du fabricant de vannerie fine; quand la mode sera aux ornements d'acier, c'est au fabricant de ceux-ci qu'il devra s'adresser; enfin, nous avons eu et nous avons encore, au moment où nous écrivons ces lignes, la mode des paillettes de toutes formes et de toutes nuances, c'est à l'ouvrière pailleteuse que le cartonnier devra recourir; les exemples de ce genre pourraient se multiplier encore sans que nous les ayons signalés tous.

CHAPITRE IX

Cartonnage de pharmacie

Sommaire. — I. Presse à balancier. — II. Presse à action progressive. — III. Boîte à fond serti. — IV. Cartonnages emboutis.

Nous avons cru devoir consacrer un chapitre spécial au cartonnage de la pharmacie, non pas que celle-ci exige des cartonnages absolument spéciaux, puisqu'aujourd'hui, comme toutes les autres branches de commerce, la pharmacie livre ses produits enfermés dans des cartons et qu'elle a recours, pour cela, à tous les genres de cartonnages. Mais elle a été, à vrai dire, la clientèle un peu spéciale, au début, d'un genre de très petit cartonnage qui se fabriquait de la façon habituelle, mais pour lequel la consommation, toujours grandissante, réclamait des prix de plus en plus réduits et dont il a fallu régler la fabrication en vue d'obtenir d'abord des prix de revient très bas, et ensuite une rapidité d'exécution excessivement grande. On comprend, en effet, que lorsqu'un pharmacien livre quelques pilules dans une boîte en carton, il faut que celle-ci soit toute petite, et, de plus, qu'elle soit d'un prix assez réduit pour ne pas grever sensiblement le coût de la marchandise. Car, si les pharmaciens ont conservé la réputation de vendre très cher tous les produits de leurs officines, ils ont, à notre époque, comme pour tous les commerces, à compter avec la concurrence et ils doivent surveiller attentivement toutes les dépenses constituant pour eux, soit une majoration dans le prix de la marchandise, soit l'augmentation de leurs frais généraux, le second cas se ramenant toujours au premier. Si donc jadis, au bon temps de la pharmacie, un pharmacien pouvait passer par profits et pertes la valeur de ses tout petits emballages parce que, malgré leurs prix relativement élevés, ils ne comptaient que pour un très faible pourcentage dans la valeur du contenu, il est obligé aujourd'hui d'en réduire énormément la valeur, non seulement parce qu'elle affecte, dans une plus large mesure, son prix de revient, mais encore parce qu'il est tenu, avec les exigences de la clientèle, à multiplier l'emploi de ces petites boîtes de toutes formes et souvent de toutes couleurs.

Par cartonnage de pharmacie nous entendons

par conséquent parler d'un genre de très petit cartonnage.

Dans cette industrie, la matière première dont fait usage le cartonnier est tout principalement la carte, et, la plupart du temps, la carte de bonne qualité, malgré le bas prix des articles fabriqués ; mais c'est qu'ici, comme dans le cartonnage fin, le prix de la matière première influe peu sur celui de l'objet fini, c'est sur la facilité d'exécution et l'abaissement de main-d'œuvre que le fabricant doit porter tous ses efforts. Quand il s'agit de la boîte de pharmacie proprement dite, la carte est plus généralement de couleur rouge, brune ou mordorée, mais ce détail ne modifie en rien les procédés de fabrication.

De la fabrication à la main, nous ne donnerons qu'un aperçu très bref, puisqu'elle rentre en grande partie dans ce que nous avons déjà dit. Dans ce genre, le fabricant aura beaucoup à recourir à l'emporte-pièce et au maillet pour faire les fonds de boîtes, quelles que soient leurs formes, afin d'obtenir une fabrication à la fois économique et précise ; nous insistons sur ce dernier point, car, dans bien des cas, ce petit emballage est appelé à servir de jauge au commerçant. En ce qui concerne principalement la boîte pour la pharmacie, elle devra toujours être très propre, tant à l'extérieur qu'à l'intérieur, et pour cette dernière partie, si le cartonnier fait sa carte lui-même, il devra prendre un papier très glacé ou même couché, de façon à ce que les produits pulvérulents ne s'attachent pas ou ne se collent pas aux parois de la boîte. Il devra faire également usage de très bonne colle de pâte, faite de préférence avec de la farine de riz, ainsi que nous l'avons déjà indiqué.

Disons encore que, dans ce genre de cartonnage, l'ornementation qu'on y peut apporter doit être sobre et plutôt sévère, comme il convient à la spécialité pharmaceutique. Si l'on fait des cartonnages bordés, il faut en exclure les papiers dorés ou argentés ; la couleur verte doit également être rejetée et l'on doit de préférence s'attacher aux couleurs sombres ou franches que nous avons signalées plus haut et qui, du reste, tranchent davantage sur le blanc, qui devra être principalement réservé à l'intérieur.

Mais toutes ces observations se présentent d'elles-mêmes au fabricant, ou lui sont suggérées par sa clientèle, au goût de laquelle il doit satisfaire avant tout.

La partie intéressante de cette fabrication, et sur laquelle nous voulons nous étendre davantage consiste surtout dans la fabrication mécanique, qui a pris une très grande extension et qui permet d'atteindre les desiderata de l'acheteur : bon marché, fabrication régulière, ensemble d'aspect satisfaisant.

I. PRESSE A BALANCIER

La machine principale servant dans cette fabrication est la presse à balancier que les cartonniers appellent communément le *balancier*, dont nous donnons la représentation par notre dessin (fig. 74), et que nous allons décrire. Cette machine comporte une table en fonte A très soigneusement dressée, portée sur des pieds BB également en fonte et surmontée de deux colonnes en fonte très bien tournées pour présenter sur toute leur hauteur une sec-

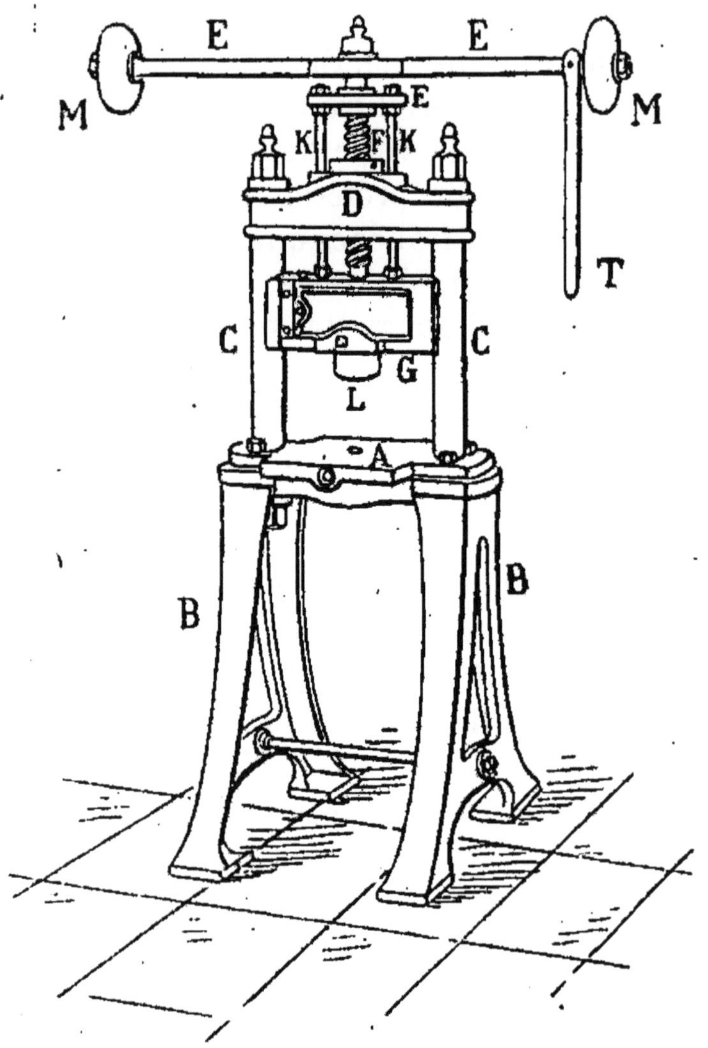

Fig. 74. Presse à balancier.

tion parfaitement cylindrique. Ces deux colonnes sont réunies à leur partie supérieure par une solide pièce en fonte, présentant au milieu exactement de l'intervalle compris entre les deux colonnes une partie renflée D, taraudée à l'intérieur, et où peut passer une vis F de fort diamètre, en fer ou mieux en acier. A sa partie supérieure, la vis est solidaire d'une pièce E dans laquelle elle peut tourner librement, car elle est, à cet endroit, privée de ses filets et présente la forme d'une tige cylindrique. La même pièce E porte à ses deux extrémités deux tiges K qui, passant au travers du chapeau de la presse, se terminent ou plutôt supportent une pièce en fonte G présentant sur ses côtés des rainures demi-cylindriques embrassant les colonnes C qui servent donc de guides dans le mouvement de descente de la pièce G. Enfin la vis F porte à sa partie supérieure une grande tige en fer terminée à ses deux extrémités par des masses M aussi lourdes que possible et auxquelles on donne une forme lenticulaire ; un des bras de cette tige ou levier porte une sorte de poignée T qui sert à faire manœuvrer le balancier quand ses bras sont placés trop haut au-dessus du sol.

Quant au fonctionnement de l'appareil, voici comment on l'obtient : à l'aide d'une forte impulsion, l'ouvrier tire sur la poignée T, ce qui fait tourner le bras E avec d'autant plus de vitesse que l'effort d'impulsion a été plus vigoureux. La machine est mise en mouvement par un seul coup de traction sur T, car, grâce aux masses M qui sont très lourdes, il y a une force enmagasinée qui permet au bras de tourner longtemps. Dans ce mouvement, il entraîne la vis qui descend, emmenant avec elle l'équipage que forme la pièce E avec les tiges K et la pièce en fonte G. Le mouvement de descente est très régulier et la vis suit bien ses filets taraudés à l'intérieur de D par le fait du guidage que lui offrent indirectement les tiges K et les colonnes C.

Il est une pièce dont nous n'avons pas encore parlé; c'est la pièce fixée au bas de la pièce G, dont cependant l'importance est très grande, puisque c'est dans la machine un véritable porte-outil, et un porte-outil pouvant recevoir des applications différentes. Si cette pièce porte en son centre une cavité cylindrique, nous pouvons terminer la vis par un plateau plat qui, muni d'une tige entrant exactement dans cette cavité, formera de notre balancier une véritable presse. Si au lieu d'un plateau nous prenons un emporte-pièce à main et que la tige de ce dernier, destinée à recevoir les coups du maillet, soit cylindrique et entre dans la cavité, nous voilà muni d'un emporte-pièce mécanique.

Ce que nous venons de dire spécifie déjà l'usage de cet outil, et l'on voit que si, sur la table A, nous plaçons une ou plusieurs cartes et un emporte-pièce dans la partie L, nous couperons notre carte sur plusieurs épaisseurs d'un seul coup. Ceci nous amène à donner un peu plus de détails sur l'utilité des pièces K et des colonnes C servant de guides. La machine étant vide, la vis tournera sans difficulté jusqu'au bout de sa course, mais lorsqu'elle travaillera, c'est-à-dire lorsqu'on lui mettra de la carte à couper, celle-ci opposera une certaine résistance, et comme elle n'est pas d'une homogénéité parfaite, c'est-à-dire qu'elle n'offre pas sur toute sa surface la même dureté, surtout lorsqu'elle sera en paquet de plusieurs épaisseurs, cette résistance ne sera pas égale sur tout le pourtour de l'emporte-pièce et ne se répartira pas également sur le pourtour de la vis, de sorte que celle-ci risquerait fort d'être faussée ou de voir un ou plusieurs de ses filets se briser. Le système de guidage a pour effet de s'opposer à ces effets malencontreux, la vis ne pouvant pas dévier du chemin qu'elle doit suivre. Si la résistance est trop forte, elle n'achèvera pas sa descente jusqu'au point où elle devait aller; si cette résistance est trop brusque, c'est l'emporte-pièce qui subira l'avarie, se manifestant soit sous la forme d'une ébréchure, soit même d'une cassure complète. Mais un emporte-pièce coûtant beaucoup moins cher que la vis du balancier, le dommage sera moins considérable et de deux maux le fabricant aura subi le moindre.

La forme de la pièce G mérite aussi une mention spéciale, car si elle sert au guidage, comme nous venons de le dire, elle joue aussi le rôle de masse destinée à donner plus de force à l'action de la vis. On conçoit, en effet, que lorsque cette masse est mise en mouvement par le jeu de la vis, son poids relativement considérable donne une plus grande vitesse à la descente et par suite une force plus vigoureuse au choc produit.

Dans les balanciers du genre de celui que nous venons de décrire, la longueur de la vis est telle que sa descente complète soit effectuée lorsqu'elle arrive à une certaine distance au-dessus de la table. Il faut donc que le cartonnier fasse faire ses outils de manière à ce que, mis sur cette machine, leur tranchant ne risque pas de venir buter contre la table où, infailliblement, il se casserait ou s'ébrècherait pour le moins. Si, au lieu de l'emporte-pièce emmanché dans le porte-outil, nous avions à nous servir d'emporte-pièce du genre de ceux que nous avons représentés figure 73, nous fixerions un plateau dans le porte-outil et le ferions appuyer sur l'emporte-pièce dont nous parlons.

La manœuvre de cet appareil est très simple, et lorsque l'ouvrier en a quelque peu l'habitude, il a vite saisi le degré d'élan qu'il doit donner au bras E pour amener la vis au bas de sa course et opérer le coupage de l'épaisseur du tas de carte placé sur la table. Si l'élan qu'il a donné au balancier n'est pas suffisant, il s'en aperçoit par le ralentissement que met la vis à descendre; en ce cas, il aide au mouvement en poussant sur la tige T.

Nous avons exprès donné ici un balancier de petites dimensions et par conséquent d'une puissance assez faible, car, dans le cartonnage dont nous nous occupons en ce moment, il ne s'agit que de petits objets qui, eux-mêmes, n'exigent qu'un outillage assez faible. Mais le balancier est la machine qu'on rencontre à peu près chez tous les cartonniers, et si nous n'en avons pas encore parlé, c'est que nous avions des machines plus nouvelles à décrire. On conçoit cependant l'appropriation de cet outil au découpage des grandes pièces et des cartons épais si on lui donne les proportions voulues. C'est une des premières machines qui soient entrées dans l'outillage courant du cartonnier, qui en tire non seulement un bon parti, mais qui s'en sert à divers usages, comme nous allons le voir ici en ce qui concerne le petit cartonnage.

Au point de vue de son action purement mécanique, le plus grave reproche qu'on lui fasse, c'est d'agir brutalement d'un coup, sans aucune progression et ralentissant son action seulement devant la résistance. Le reproche est en somme absolument mérité ; en effet, plaçons un tas de carte sur la table A et un emporte-pièce quelconque dans le porte-outil, et lançons le coup de balancier. L'emporte-pièce, marchant d'abord dans le vide, arrivera avec toute la force de la machine sur la première carte qui, pour être coupée, n'exigeait pas cette violence ; au fur et à mesure que l'emporte-pièce s'enfonce dans le paquet, le frottement de ses parois fait résistance et il arrive ainsi avec moins de vigueur au coupage des couches inférieures, alors que c'est là précisément où il devrait avoir le plus de force afin de contrebalancer la résistance du frottement. C'est pourquoi les constructeurs du matériel des cartonniers préfèrent-ils les machines à action progressive, c'est-à-dire les machines qui, au début de leur travail, font un effort assez peu considérable, mais dont la force augmente au fur et à mesure que la résistance se manifeste. C'est très logique, et nous avons cru devoir indiquer une machine de ce genre pour que nos lecteurs aient sous les yeux les deux principes.

II. PRESSE A ACTION PROGRESSIVE

Nous donnons un spécimen de cette machine par notre dessin, figure 75. Elle se compose d'un pied en fonte A, se terminant à sa partie supérieure en col de cygne et qui supporte une table B en fonte bien dressée et dont on peut faire varier la hauteur dans une certaine limite, grâce à un dispositif spécial C placé sous la table. Mais cette

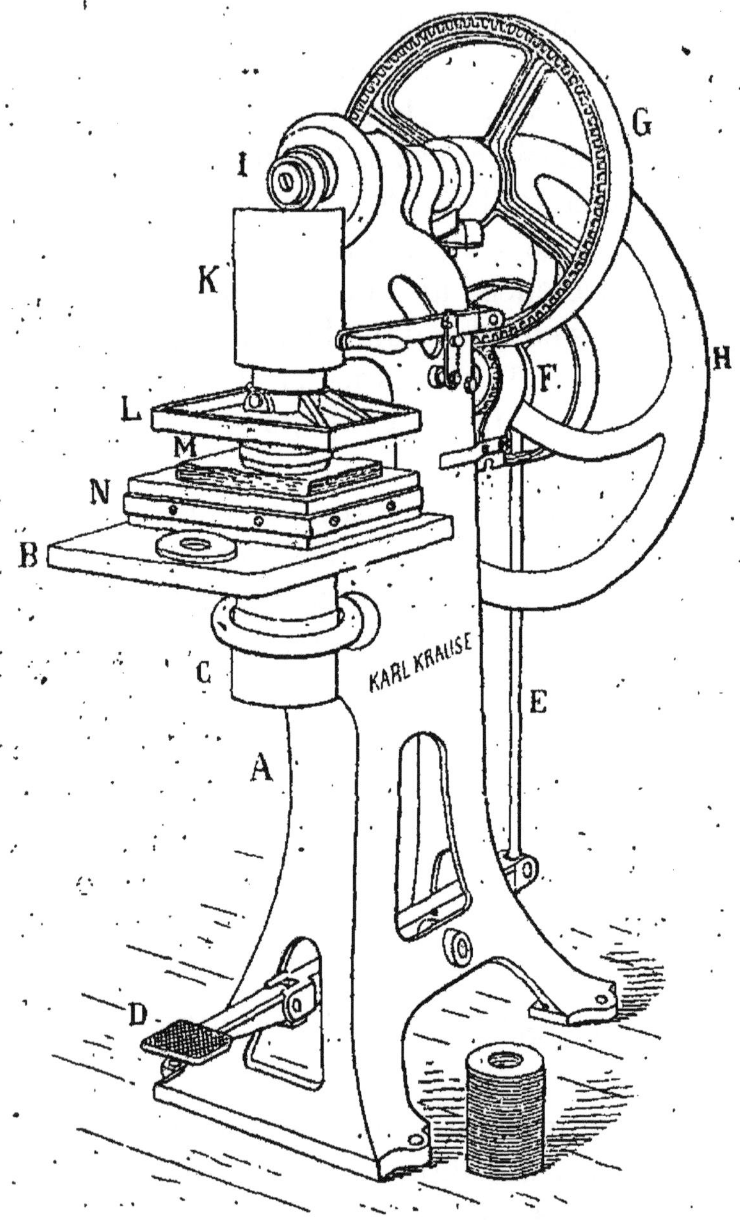

Fig. 75. Presse à action progressive.

variation de hauteur de la table s'établit avant de

mettre la machine en marche et suivant le travail à obtenir ; une fois la table fixée, elle reste immobile pendant toute la durée du fonctionnement de la machine. Nous avons insisté sur cette particularité, pour bien faire saisir que dans l'opération de découpage, l'emporte-pièce dont nous parlerons plus loin rencontre dans sa marche une résistance absolue de la part de la table qui supporte le paquet de carte dans lequel on veut découper des fonds.

Le mouvement est donné par une pédale D qu'un homme actionne au pied ; cette pédale commande, par l'intermédiaire d'une tige E, une petite roue dentée engrenant avec une roue G d'un diamètre beaucoup plus considérable. Sur le même arbre que la petite roue dentée est calé un volant H. La grande roue dentée commande un arbre horizontal dont l'extrémité antérieure porte un bouton excentré I commandant une bielle qui passe à l'intérieur de la pièce K, à laquelle elle est reliée ; la pièce K se termine par un plateau, et, ainsi que notre dessin le montre, sous le plateau est placé un emporte-pièce M, destiné à découper des fonds dans un paquet de cartes sur lequel il est posé.

Nous avons dit que dans ce genre de machine l'énergie développée était progressive, ce que notre lecteur aura déjà très certainement reconnu. Nous allons néanmoins le démontrer en mettant un homme à la conduite de la machine. Cet ouvrier, ayant préparé tout son travail que nous expliquerons plus loin, agit sur la pédale. Comme celle-ci actionne une très petite roue dentée engrenant avec une beaucoup plus grande, il faudra qu'elle fasse plusieurs tours complets pour faire opérer à la grande un tour. Donc, au début de l'opération, la machine n'aura qu'un très faible élan, étant donné que le volant H est à entraîner et emmagasine une certaine quantité de force ; quand l'emporte-pièce commencera son travail, la résistance opposée par la carte sera encore très faible, et l'ouvrier continuera à lancer sa machine si son coup de pédale est régulier, mais, au fur et à mesure que la résistance sera plus grande, le volant restituera de la force emmagasinée par lui et l'emporte-pièce continuera sa marche régulière, s'enfonçant dans la carte avec la même vitesse qu'au début de l'opération. Continuant toujours à pédaler, la roue G fera un demi-tour complet au bout duquel la bielle attelée au bouton I sera au plus bas de sa course, et par conséquent aussi le plateau et l'emporte-pièce ; mais dès que ce demi-tour sera accompli et que la roue G continuera son mouvement, le bouton remontera la bielle et tout l'équipage qu'il commande, c'est-à-dire que la machine se remettra en position pour reprendre le même travail.

On voit qu'il n'y a pas dans cette machine d'effet brutal comme dans le balancier, le mouvement est continu et progressif ; le travail achevé et le mouvement continué, la machine se remet en position. Dans le balancier, il faut deux mouvements distincts, celui pour le coupage et, quand il est terminé, faire le mouvement inverse. De sorte que si l'on a lancé le coup de balancier trop fort, il y aura cet excédent de force à vaincre pour le ramener en arrière, tandis que dans la machine continue, si l'ouvrier pédale trop vite, l'élan qu'il aura ainsi imprimé, il en retrouvera l'effet utile pour la levée de l'emporte-pièce.

Afin de simplifier nos explications, nous ne sommes pas entré dans les détails du travail proprement dit. D'abord l'emporte-pièce peut être fixé au plateau, ce qui lui permet de remonter avec lui quand le découpage est fini. Sur la table en fonte on place un bloc en bois dur cerclé de fer sur lequel on posera le paquet de carte à découper; cette précaution donne une certaine latitude dans la baissée de l'outil qui est assuré de ne pas trouver ainsi une surface métallique capable d'en abîmer le tranchant. Il est toujours prudent, du reste, dans ce genre de travail, de placer au-dessous des matières à découper une feuille de carton un peu fort et sacrifiée d'avance. Si la machine n'a pas été bien réglée, ce qui revient à dire, pour le cas qui nous occupe, si la table n'a pas été mise très exactement à la hauteur voulue, l'emporte-pièce, après avoir découpé le paquet de carte, entrera d'une certaine profondeur dans le carton. A la seconde opération, si l'on a eu soin de ne pas déranger ce carton, l'outil pénètrera dans le sillon qu'il a déjà tracé à l'opération précédente et cette feuille pourra durer très longtemps.

Telles sont les deux machines qui vont nous servir à exécuter tous ces petits cartonnages soignés que nous avons désignés sous le nom générique de cartonnage de pharmacie, mais qui aujourd'hui s'exécutent aussi pour une foule d'autres genres de commerce.

Nous avons dit que dans ce cartonnage on n'employait que de la carte, nous ajouterons de la carte très légère, c'est-à-dire de faible épaisseur, sauf cependant pour les fonds que l'on découpe dans de la carte beaucoup plus forte. Pour confectionner une boîte de ce genre, on opère de la façon suivante : on commence par établir les couleurs que devront avoir l'extérieur et l'intérieur, et supposons que l'extérieur sera marron foncé et l'intérieur blanc. Le cartonnier fera d'abord la carte qui devra servir aux fonds, laquelle, avons-nous dit, devra être bien plus forte que celle des côtés ; il pourra donc faire une carte doublée, c'est-à-dire composée d'une âme en papier gris dont il laissera une des faces brute ou non couverte de papier, l'autre face sera terminée; comme c'est la face destinée à l'intérieur de la boîte, elle sera donc recouverte d'une feuille de papier blanc très glacé ou même de papier blanc couché, suivant le prix de l'article à établir, le second papier étant généralement plus cher que le premier. C'est dans cette carte qu'il découpera à l'emporte-pièce les fonds qui seront carrés, rectangulaires, à coins vifs ou arrondis, de forme polygonale, de forme ronde ou ovale aux dimensions stipulées, ce n'est qu'une question d'emporte-pièce. Les fonds découpés par l'une des machines que nous venons de décrire, il prendra de la carte très faible qui sera de deux épaisseurs de papier gris par exemple, et en découpera des bandes d'une largeur correspondante à la hauteur de la boîte et d'une longueur juste suffisante pour faire exactement le tour du fond et se réunir bord à bord.

Cela fait, le cartonnier mettra avec soin un peu

de colle forte assez légère sur la tranche du fond découpé, et entourera ce fond de la bande qu'il a déjà préparée, de façon qu'elle affleure juste à la face extérieure du fond. Pour arriver sûrement à remplir cette condition, il se placera sur une table bien unie ou mieux sur un bloc de bois d'une surface légèrement supérieure à celle du fond de la boîte. Pour assujettir convenablement son côté au fond, il mettra une petite bordure, rouge par exemple, si l'extérieur doit être marron, bordure qui dépassera un peu sur le fond et sur le côté. Il mettra la même bordure en haut du bord, en ayant soin de mettre le joint de cette bordure à l'opposé du joint du côté.

Il aura préparé d'autre part des bandes de carte très légère recouverte du même papier blanc que celui qui est sur la face intérieure du fond, la largeur de ces bandes étant un peu supérieure à la hauteur des côtés et la longueur égale à ces côtés. Puis, mettant de la colle de pâte sur l'une des faces de cette bande et sur une hauteur ne dépassant pas la hauteur intérieure du côté de la boîte, il la collera à l'intérieur contre la paroi déjà posée, en mettant le joint de la carte intérieure à l'opposé de celui de la carte extérieure. La boîte se présentera donc comme l'indique la figure 76, dans laquelle nous avons A B pour fond avec la surface supérieure garnie de papier blanc, C D la paroi extérieure brute sur ses deux faces, la petite bordure rouge *a b* et *c d*, et enfin la carte intérieure E F, blanche des deux côtés. Telle qu'elle est là, cette boîte est terminée quant à l'intérieur; reste à en finir l'extérieur, ce qui est très simple. Une bande de papier de la couleur extérieure sera collée tout autour de la boîte, en laissant visible un tout petit filet rouge de la bordure en haut et en bas. Sur le fond, on collera un disque du même papier, disque qui aura été obtenu à l'emporte-pièce avec la même machine que celle qui nous a servi à faire les fonds.

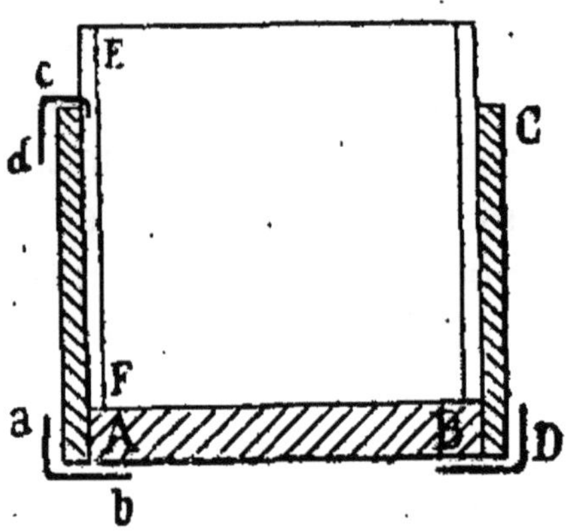

Fig. 76. Cartonnage de pharmacie.

Nous ne parlons pas du couvercle qui se fera identiquement de la même façon, sauf que comme il ne portera pas à son intérieur une autre épaisseur de carte, le cartonnier préparera les bandes formant le côté du couvercle, brut à l'extérieur et blanc à l'intérieur.

Notre dessin représente une boîte ronde, elle pourrait avoir n'importe quelle forme sans donner plus de difficulté dans son exécution. Si elle était polygonale, présentant des angles vifs, il faudrait passer les côtés à la machine à tracer, de façon à ce que le pliage se fasse régulièrement à l'endroit des angles. Il ne faut jamais, en effet, compter sur la flexibilité de la carte, si mince qu'elle soit, pour lui faire prendre la forme angulaire sans traçage.

Mais, une fois le côté tracé, il épousera très exactement la forme du fond et si peu que la colle posée sur la tranche de ce dernier vienne à tenir, la boîte prendra, à peu de chose près, son aspect définitif que l'habillage extérieur achèvera de lui donner d'une façon complète.

Nous n'avons pas besoin d'insister beaucoup sur l'économie d'une telle fabrication qui, on le voit, nous a permis, dès la première opération, d'avoir le fond intérieur garni, à la seconde c'est l'intérieur complet qui est garni et la dernière opération, que nous désignerons du nom d'habillage, termine complètement l'objet. Si la quantité d'objets de cette nature qu'on doit fabriquer est importante, il est facile de diviser le travail entre un certain nombre d'ouvrières, pour que la confection en soit très rapide, et, du moment que ces ouvrières seront un peu soigneuses, pour ne pas tacher l'extérieur ou l'intérieur, le travail peut se présenter irréprochable dès les premières phases de son exécution. A ce point de vue même, il n'est pas mauvais que ce soit une main spéciale qui s'occupe de l'assemblage du fond avec la paroi; seule elle manœuvre la colle forte qui peut tacher, mais comme elle dispose de la paroi encore brute, les dégâts qu'elle peut commettre de ce chef seront toujours sans conséquences appréciables.

Ce genre d'emballage est très coquet dans sa simplicité, aussi a-t-il vite acquis la faveur du public, et bien des branches du commerce l'ont-elles adopté pour livrer des marchandises légères et de petit volume. Mais cette faveur même, poussant l'application de ce cartonnage à une foule de produits différents, a obligé le fabricant à rechercher des prix de revient encore plus bas et des moyens de production encore plus économiques, tout en gardant à l'objet fini son aspect de recherche et de coquetterie qui avait fait son succès, et l'on est arrivé à faire le modèle suivant.

III. BOITE A FOND SERTI

Nous donnons une coupe de ce modèle de boîte par notre dessin, figure 77. Ici, comme dans le cas précédent, on se sert de carte, le fond étant en carte beaucoup plus forte que celle qui forme les côtés. A cet effet, nous avons représenté le fond par deux traits A B C D et E F et les parois par un seul trait un peu fort *a b*. Voyons maintenant comment on procède à la fabrication d'une boîte de ce genre.

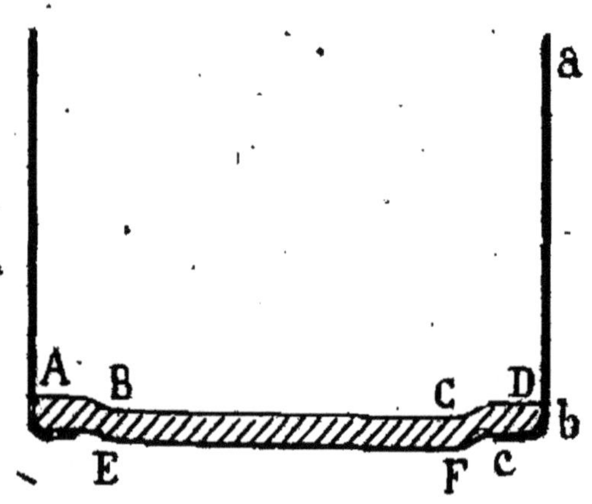

Fig. 77. Boîte à fond serti.

Le cartonnier commencera par préparer la carte destinée à faire le fond, mais ici il la fera complète, c'est-à-dire avec l'âme en papier gris et l'une des faces en papier blanc (pour l'intérieur) et l'autre face en papier marron (pour l'extérieur). Il préparera de même la carte destinée aux côtés et la laissera à l'état brut des deux côtés; puis il découpera cette dernière en bandes d'une largeur un peu supérieure à la hauteur que doit avoir la boîte et formera le cylindre destiné à donner les parois de la boîte. Nous disons le cylindre, parce que ce système de fabrication ne s'applique qu'aux boîtes cylindriques; enfin il garnira ce cylindre, à l'extérieur, de papier de garnissage, en ayant soin, comme précédemment, de faire le joint de la carte bord à bord et de faire le joint du papier de garnissage sur le diamètre opposé. Ce cylindre une fois sec, il le met sur un mandrin du diamètre exact de l'intérieur de la boîte en laissant dépasser au-dessus du fond de ce mandrin l'excédent de hauteur qu'il a eu soin de donner à la bande. Ces dispositions bien prises, à l'aide d'un sertisseur formé par une molette spéciale, il rabat ce qui dépasse et l'amène à la forme *b c* indiquée sur la figure 77, exactement comme il fermerait une cartouche de fusil de chasse lorsqu'elle est munie de sa poudre, de son plomb et de la bourre qui couvre le tout.

Ceci fait, il passe au fond; avec une des machines à découper à l'emporte-pièce, que nous avons décrites, il coupe d'abord une série de disques plats, tels que ceux qui servaient à la fabrication précédente. Lorsqu'il a découpé autant de disques qu'il a de boîtes à faire, il enlève l'outil de sa machine et le remplace par une pièce pleine qui a le diamètre du disque, mais qui présente la forme

ABCD, c'est-à-dire une partie circulaire AB entourant une partie saillante ronde BC. Au-dessous de cet outil, il place une matrice présentant en creux ce que l'outil présente en relief. S'il met alors le disque en carton sur la matrice, et qu'il donne un coup de balancier, ou qu'il mette en marche la machine continue, l'outil emboutira le disque de carton et lui donnera la forme indiquée sur la figure 77. Nous avons dû, sur ce dessin, exagérer les creux et les reliefs, mais dans la pratique le relief EF est juste égal à l'épaisseur de la carte qui forme la paroi.

Notre boîte est dès lors à peu près finie; mettons un peu de colle à l'intérieur du sertissage sur la partie *cb*, plaçons-y le fond en l'entrant par en haut; et la boîte est à peu près terminée; nous n'avons plus, en effet, qu'à coller à l'intérieur une bande de carte un peu plus haute pour obtenir la même disposition que celle indiquée figure 76. On fera le couvercle de la même façon.

Comme le relief EF est égal à l'épaisseur de la carte de paroi, il en résulte que le fond sera bien uni, surtout si le cartonnier a pris soin de faire la partie CD bien égale à la partie *cb*. Quand ces précautions sont prises et que l'on regarde la boîte par son fond, on est tenté de croire que le tout est en une seule pièce et que la petite côte que l'on voit en E et en F, et qui règne sur tout le pourtour de cette boîte, constitue simplement une petite ornementation supplémentaire.

Mais puisque l'on était dans la voie de l'abaissement du prix, il fallait le poursuivre jusqu'au bout, et alors plus de collage. Le cylindre en carte est préparé avec son papier de garnissage extérieur et coupé pour joindre avec une légère superposition; deux boutons, et le cylindre est fini ainsi que le montre notre dessin, figure 78. Le reste de la construction étant ce que nous avons dit précédemment.

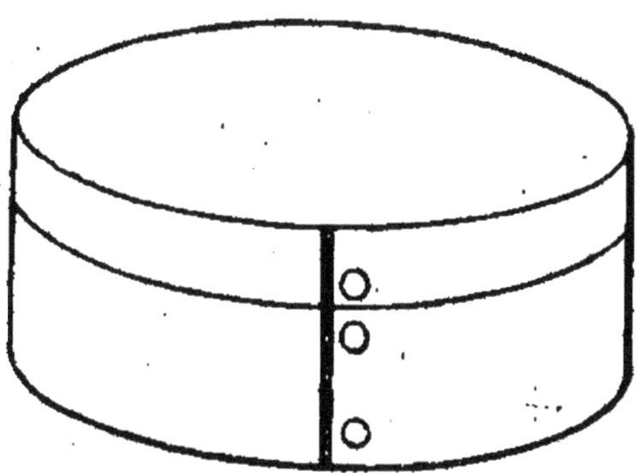

Fig. 78. Boite agrafée à fond serti.

Quelques cartonniers vont plus loin, ils font le cylindre de manière à ce que le joint se fasse bord à bord, puis ils mettent à cheval sur le joint un bouton à deux pointes, chaque pointe entrant dans un des bords formant joint. Ils évitent ainsi une surépaisseur assez disgracieuse, mais s'évitent surtout une certaine difficulté au sertissage à l'endroit des deux épaisseurs de carte.

Si ce mode de fabrication ne fournit pas l'article de luxe au vrai sens du mot, il donne cependant un objet qui n'est pas dépourvu d'une certaine grâce dans l'aspect. Le sertissage du fond arrondit l'angle vif entre ce dernier et la paroi verticale, ce qui est déjà plus en harmonie avec la forme ronde de la boîte; en outre, il forme sur le fond une bordure naturelle qui ne manque pas d'un certain cachet lorsque les couleurs de la paroi et du fond sont harmonieusement assemblées. Enfin, grâce à ce que la carte destinée à faire le fond est préparée d'avance, le fabricant peut placer, comme papier extérieur, une feuille imprimée à l'avance portant nom et marque du client auquel la boîte est destinée, et comme elle est prise en son entier dans la confection de la carte, elle est toujours plus solidement fixée que lorsque c'est un simple disque en papier ou étiquette collée après coup. On peut objecter à ce dispositif le soin spécial que doit prendre le cartonnier, dans ce cas, pour opérer le découpage très exactement suivant le dessin du disque imprimé; mais ce fait ne constitue pas, à vrai dire, une difficulté de plus, puisque le cartonnier éprouverait la même difficulté s'il lui fallait découper les mêmes disques en papier pour la couverture de la boîte. Disons aussi que ce modèle ne manque pas d'une certaine solidité, car lorsque la boîte est finie et qu'on a mis à l'intérieur la bande qui dépasse le cylindre de l'enveloppe, c'est-à-dire la bande EF de la figure 76, le fond se trouve pris de la sorte entre le sertissage *c b* (fig. 77) et cette bande collée à la paroi, ce qui l'empêche complètement de bouger.

Dans ce genre de travail, la carte employée doit être d'assez bonne qualité et présenter un certain caractère d'élasticité pour que le sertissage s'opère convenablement, et il faut rejeter les matières cassantes, tels que les papiers tout à fait ordinaires, mais on comprend que la dépense supplémentaire de matière est insignifiante dans un emploi où elle entre pour une si petite quantité, et largement compensée par l'économie de main-d'œuvre due à la facilité d'exécution. Cette observation ne s'adresse qu'à la carte constituant la paroi qui, seule, subit par le sertissage une action tendant à la détériorer. La carte employée aux fonds peut être de qualité plus défectueuse, car l'emboutissage auquel on la soumet est relativement faible, le relief n'étant pas très saillant et se faisant sur une arête très arrondie. Pour en donner une idée exacte, nous avons sous les yeux une boîte de ce genre, ayant 60 millimètres de diamètre et 55 millimètres de hauteur totale, dont le fond, embouti comme nous l'avons dit plus haut, présente un relief de 4/10 de millimètre.

IV. CARTONNAGES EMBOUTIS

Enfin on peut encore faire le petit cartonnage fond et couvercle respectivement d'une seule pièce, mais cette fabrication n'est réalisable qu'à la condition d'avoir des parois verticales très peu hautes et d'employer une carte jouissant d'une certaine élasticité, et elle ne peut s'accomplir qu'à la machine qui sera, dans ce cas, la machine continue (fig. 75).

Etant donnée une boîte de ce genre à faire, voici comment on opère : on découpe d'abord dans la carte un disque d'un diamètre tel qu'il soit égal au diamètre du fond augmenté de deux fois la hauteur du côté ; ce découpage se faisant à l'emporte-pièce avec la presse à balancier ou la presse continue. Supposons qu'on ait fait usage de cette dernière et qu'on ait ainsi découpé autant de disques qu'il y a de boîtes à faire. On enlève alors l'outil de la presse et on le remplace par un mandrin plein ayant le diamètre intérieur de la boîte ; puis, au-dessous de l'outil, on place une matrice qui sera en creux ce qu'est le mandrin en plein avec un diamètre supérieur à celui de ce dernier de deux fois l'épaisseur de la carte à travailler. On placera ensuite sur cette matrice le disque en carton préalablement coupé et l'on fera marcher la presse dont l'outil, en descendant, refoulera la carte dans la cavité de la matrice, jusqu'à ce qu'il soit arrivé à fond de course. On aura pu donner ainsi la forme nouvelle au disque en carton qui formera une boîte en une seule pièce. En collant ensuite à l'intérieur une petite bande tout autour de la paroi et dépassant un peu celle-ci, on pourra doter la boîte d'un couvercle qui sera identiquement la même pièce et fabriquée de la même façon que le fond.

Cette fabrication, très simple dans son application et dans son exécution, est bien plus compliquée qu'on ne l'imagine, par suite des précautions qu'elle exige. D'abord, comme nous l'avons dit, il faut une carte spéciale qui ne se déchire pas sous l'action de la pressée. Le mandrin doit présenter sur tout le pourtour de sa base un pan coupé aux angles arrondis, de manière à ce qu'il ne risque pas de couper la carte par la pression qu'il exerce ; il faut que mandrin et matrice soient très exactement proportionnés pour que les parois de la boîte sortent unies et non fripées ; il faut enfin que la marche de la machine soit bien progressive et régulière pour ne pas soumettre la carte à des à-coups qui la détérioreraient; enfin on ne peut obtenir ainsi que des boîtes de très faible hauteur, car dans le travail que subit ainsi la carte, ce sont surtout les parois qui fatiguent et qui courent le plus de chance de s'abîmer.

On voit par tout ce que nous venons de dire que ce ne peut être là qu'une fabrication toute spéciale et qui exige une connaissance très particulière du carton ou de la carte dont un des moindres défauts est précisément de ne pas se laisser facilement déformer, ou, comme on dit en chaudronnerie, de ne pas se laisser rétreindre, c'est-à-dire de permettre le déplacement d'une certaine quantité de matière.

Néanmoins ce mode de fabrication est beaucoup usité pour l'obtention d'un très petit cartonnage vendu très bon marché; mais il faut ajouter que dans ce cas la carte est à peine plus épaisse que du papier, ce n'est en somme que du gros papier, que la boîte est très petite comme diamètre, très peu haute de parois, à peine 1 centimètre, enfin que lesdites parois sont plus ou moins unies. Il en résulte que, dans le cours de la fabrication, la matrice est suffisamment plus large que le mandrin et qu'en ce cas il n'y a pas emboutissage proprement dit, mais plutôt pliage. Nous connaissons tous ce petit article employé pour la vente de petites marchandises au prix total, contenant et contenu, de cinq centimes. Les perles pour les enfants, les amorces, certains petits bonbons, sont couramment vendus dans ce genre de cartonnage, et il n'est pas de bazar dans lequel il ne figure dans l'étalage des articles à cinq centimes. Les petites boîtes contenant une pelote de fil dont le bout passe par un trou, ne sont pas fabriquées autrement, et si l'on remarque l'enveloppe de cet article, on voit qu'elle est très arrondie, ce qui présente à la faible carte qui la constitue une place plus considérable pour se développer et résister ainsi à la compression et au déchirement.

Le petit cartonnage que nous venons de passer succinctement en revue comporte, sans contredit, bien d'autres échantillons que ceux signalés, mais, comme les précédents, il comporte dans sa fabrication une foule de combinaisons puisées dans celles que nous avons données et qui sont les principales mises en pratique. Nous ne saurions les examiner toutes en détail, car dans ce genre de fabrication, comme dans bien d'autres du reste, chaque fabricant apporte quelques variantes qui, souvent, ne lui sont imposées que par l'outillage dont il dispose et qu'il cherche à utiliser de toutes les façons possibles. Ce sont là cas particuliers presqu'aussi divers qu'il y a de fabricants, et il peut arriver qu'on soit surpris d'une disposition adoptée, parce qu'elle présente des complications ou des difficultés qu'il semble qu'on aurait pu éviter, mais qui se trouvent pleinement justifiées lorsqu'on apprend qu'elles sont édictées par l'utilisation de tel appareil ou de tel autre qui a permis au fabricant de procéder économiquement.

Il est à remarquer, d'ailleurs, que l'apparition de la machinerie destinée au cartonnage a considérablement développé chez le cartonnier la recherche de méthodes nouvelles d'exécution, et nombreux sont ceux qui, achetant une machine destinée à opérer un travail déterminé, lui apportent quelques modifications ou quelques additions qui permettent à la même machine de faire les travaux les plus divers, et si les constructeurs sont généralement très compétents dans leur métier, il est indubitable que la majeure partie des modèles qu'ils ont créés leur ont été suggérés par les hommes du métier qui, continuellement aux prises avec les difficultés de l'art, savent mieux que personne définir les besoins auxquels la mécanique spéciale doit pouvoir répondre.

A ce point de vue, il faut rendre justice à l'industriel français qui sait, plus que tout autre peut-être, pousser à ses dernières limites l'utilisation de son outillage et tirer parti d'un même appareil pour des usages parfois très différents. C'est son grand point de dissemblance avec l'industriel américain, qui ne comprend guère qu'une machine puisse être adaptée à des fabrications différentes. En Amérique, en effet, dans tout grand atelier, chaque machine a son rôle spécial, et il vient rarement à l'idée du directeur d'utiliser telle ou telle machine à un autre travail que celui pour lequel elle a été conçue et construite ; aussi n'est-il pas rare de voir certaines sections d'un atelier dont les machines-outils sont surchargées de besogne alors que dans d'autres il en est un bon nombre qui restent inactives. Cela parce que le travail en cours ne doit, théoriquement, pas être effectué par ces dernières. Dans un cas semblable, l'industriel français s'ingénierait et finirait par arriver à faire produire à ses machines inactives au moins une partie du travail, grâce à quelques petites modifications souvent fort ingénieuses qu'il y apporterait.

Nous laissons à d'autres le soin de juger laquelle des deux méthodes est la meilleure. En ce qui nous concerne, nous pensons que la méthode française comporte en soi des qualités, puisqu'elle permet à notre industrie, malgré ses moyens d'action relativement précaires, de se soutenir et de figurer en bon rang parmi les pays industriels du monde entier.

CHAPITRE X

Cartonnage moulé

SOMMAIRE. — I. Moulage de la carte. — II. Fabrication des masques. — III. Fabrication des mannequins. — IV. Moulage du carton. — V. Cartons comprimés.

Nous avons vu jusqu'à présent que les objets fabriqués en carton n'étaient obtenus que par pliage ou assemblage de petits éléments et que ces seuls moyens limitaient les formes que l'on pouvait atteindre, et en dehors de quelques rares volumes développables, tels que le cylindre ou le cône, les surfaces de courbure quelconque deviennent impossibles à réaliser avec les moyens précités. Aussi l'idée du moulage du carton s'est-elle présentée de suite à l'esprit inventif des cartonniers, et nous en aurions bien long à écrire s'il nous fallait seulement relater une faible partie des tentatives faites en ce sens. Notre but n'étant pas de faire un historique de la fabrication, mais d'en décrire les points purement pratiques, nous laisserons de côté l'histoire, malgré tout l'intérêt qu'elle peut présenter, pour entrer de suite dans la fabrication du carton moulé.

Dire moulage exprime le contournement exact et complet d'une surface plus ou moins complexe, offrant des creux et des reliefs qui se présentent en sens contraire dans l'objet moulé, c'est en quelque sorte le négatif du modèle ; si ce dernier est déjà le négatif de l'objet à représenter, le moulage sera la reproduction exacte du modèle ; ce qui implique le besoin d'une matière malléable, pouvant épouser toutes les formes du moule. Mais le carton, surtout le carton sec, est loin d'être une matière malléable, et si tout le monde reconnaissait l'avantage de mouler le carton, la réalisation de ce desideratum n'était pas sans offrir de grandes difficultés ; on procéda donc, comme d'habitude, du simple au composé.

I. MOULAGE DE LA CARTE

Le premier mode de moulage qui vient à l'esprit, c'est le moulage de la carte, moulage dans le cours même de sa fabrication, en ce sens qu'au lieu de faire de la carte plate, on pouvait faire de la carte ronde, ovale, etc. Pour cela, le moyen est bien simple ; on prend un mandrin de forme quelconque et l'on enroule dessus une première feuille de papier ; sur celle-ci on en applique une seconde, puis une troisième, etc., chaque feuille étant collée sur la précédente, à la colle de pâte, jusqu'à ce qu'on arrive à l'épaisseur désirée. On obtient ainsi un véritable moulage reproduisant en creux ce qu'est le mandrin en plein. Mais les formes qu'on peut obtenir de la sorte sont assez limitées et se bornent au cylindre circulaire ou à ses dérivés, partant de l'ovale ou de l'ellipse, dont le mandrin offre une surface parfaitement convexe, sans creux ni rentrant. Lorsque le cylindre est sec, on enlève le mandrin et l'on a un cylindre creux en carte de longueur et d'épaisseur quelconques.

Dans la pratique, on n'opère pas tout à fait comme nous venons de l'indiquer pour donner plus de clarté à notre explication. D'une façon générale, on opère en prenant un papier continu; pour cela, on détermine à l'avance le nombre nécessaire d'épaisseurs superposées de papier que l'on veut avoir, et l'on coupe le papier de la longueur nécessaire pour qu'une fois enroulé sur le mandrin il se superpose à lui-même autant de fois qu'on le désire pour obtenir l'épaisseur cherchée. Puis, prenant le mandrin, qui est généralement un tube en laiton, on enroule dessus un tour complet de papier, puis on étend une couche de bonne colle de pâte sur le restant de la feuille, et l'on continue à enrouler en pressant bien jusqu'à ce qu'on soit arrivé au bout du papier. Pour opérer convenablement, le mouleur pose son papier sur une table solide et met sa feuille de papier à un bord, son mandrin dessus et commence l'enroulement de ce dernier; le premier tour fait, un aide, généralement un gamin, étend la colle sur le papier au fur et à mesure qu'il avance sur le mandrin et que le mouleur fait tourner sur place en l'appuyant fortement sur la table. Le mandrin complet est mis à sécher, soit à l'air libre en été, soit à l'étuve en hiver, et lorsque la carte est bien sèche, on enlève le mandrin qui se tire assez facilement si on a pris le soin, au début de l'opération, de le nettoyer d'une façon parfaite pour qu'il ait un très beau poli.

Quand on a des objets de cette forme à faire et en quantité appréciable, on fait ces cylindres beaucoup plus longs qu'il n'est nécessaire, puis, une fois la carte moulée et sèche, on en coupe des longueurs à la demande, à l'aide d'une bonne scie fine. Ce genre de moulage donne des produits de qualité d'autant meilleure que le papier employé est lui-même meilleur ; cependant, avec du papier de qualité égale, on fait de la carte moulée de la sorte, bien meilleure et bien plus solide que de la carte à plat. Ce fait est dû à deux raisons différentes : d'abord au mode opératoire lui-même, qui est bien plus favorable pour obtenir un produit homogène, puisque les couches successives sont pressées par le mouleur au fur et à mesure qu'elles se produisent ; ensuite, en raison de ce que le papier est sans fin dans tout l'enroulement, il est plus solide ; enfin, l'encollage a pour effet d'allonger le papier qui se resserre en séchant, il y a donc dans ce moulage une rétraction qui se produit sur toutes les spires et qui donne au tout une consistance beaucoup plus grande.

Malgré toutes ces qualités, ce genre de moulage ne reçoit pas un bien grand nombre d'applications industrielles, et nous croyons que la plus importante est encore celle de la fabrication des douilles de cartouches de chasse. On utilise encore les cylindres de carte ainsi faits dans l'industrie de l'optique pour faire certaines longues-vues ou jumelles qui, grâce à cette adoption, sont beaucoup plus légères que lorsqu'elles sont formées de tubes en cuivre et dont la solidité reste néanmoins largement suffisante.

C'est probablement en raison de la faible production de ce genre de cartonnage qu'il n'existe pas, à proprement parler, d'outillage mécanique pour la desservir et que chaque fabricant l'installe un peu à sa guise et par des moyens souvent fort rudimentaires. Mais on peut assez facilement imaginer une machine qui enroulerait le papier collé sur un mandrin, avec disposition automatique de la colle, et la machine à faire la carte, que nous avons indiquée figure 18, fournit l'élément de collage par le cylindre encolleur. Une disposition que nous avons vue et qui semble donner satisfaction est la suivante : les mandrins sont terminés aux deux extrémités par une tige carrée et affectant la forme des rouleaux de machine à imprimer. La tige carrée entre dans une gorge de même forme, pratiquée dans le moyeu d'une roue dentée et dont le moyeu tourné forme axe, cette roue dentée engrène avec une autre qui est mise en mouvement par une manivelle. La colle est distribuée sur le papier à l'aide d'un rouleau tournant dans une auge, et l'ensemble du rouleau et de l'auge peut se déplacer de façon à venir plus ou moins près du mandrin, suivant la dimension de celui-ci. En arrière du mandrin est placé un cylindre recouvert de caoutchouc et qui appuie sur le papier au fur et à mesure qu'il s'enroule sur le mandrin; la pression opérée par ce cylindre sur le papier est réglée par des ressorts que l'on peut tendre plus ou moins, non seulement suivant l'épaisseur à donner à la carte, mais encore suivant le degré de solidité du papier. Un homme dispose le papier sur le cylindre et un gamin tourne la manivelle, tandis qu'un autre tient l'extrémité du papier et le dirige sur le mandrin en le tendant suffisamment.

C'est là un procédé assez primitif mais très suffisant, nous a-t-on assuré, pour une fabrication intermittente et relativement peu importante.

Pour débiter les cylindres ainsi obtenus, on peut se servir d'un instrument absolument semblable à une scie circulaire, il faut seulement que la lame ne présente que des dents très peu saillantes, ce qui lui fait donner le nom de fraise plutôt que celui de scie, ce qui est du reste plus exact. Nous ne saurions donner une description détaillée de ce genre de machine, que tout le monde peut imaginer ; elle existe couramment dans le commerce pour le travail du bois, et il suffit de remplacer la lame de scie par une fraise pour avoir l'appareil propre à débiter les cylindres de carton fabriqués comme nous venons de le dire.

On pourrait, en principe, fabriquer de la même façon des cylindres à base ovale ou elliptique, mais, outre que leur emploi est bien limité, ils présentent de grandes difficultés au démoulage ; pour l'opérer, en effet, il faut retirer le mandrin très directement, très droit, sans cela il se forme des coincements qui empêchent tout démoulage. Pour les cylindres à base circulaire, cet inconvénient n'existe pas et, au contraire, quand le démoulage tend à se faire avec difficulté, on y arrive plus facilement en tournant légèrement le mandrin sur lui-même.

II. FABRICATION DES MASQUES

Le moulage à l'aide de couches de papier collé et superposé se pratique encore dans une fabrication très importante, celle des masques pour servir aux déguisements. Cette industrie nous vient d'Italie, qui fut longtemps la seule à l'exploiter; mais, dès le début du XIXe siècle, on commençait à fabriquer quelques masques en France, et depuis lors cette industrie ne fit que se développer au point que nous en fabriquons à peu près pour tout l'univers, et que l'exportation de cet article est fort importante, même vers l'Italie d'où nous viennent les procédés de fabrication.

La fabrication des masques exige un matériel très complet de moules en creux pour modeler les formes de visages, et l'on comprend que plus une fabrique est riche en ce genre de moules et plus elle peut préparer d'articles différents. Ces moules se font généralement en plâtre et quelquefois en gutta-percha, les premiers coûtent beaucoup moins cher que les seconds; par contre, une fois qu'ils sont mis hors d'usage, soit parce qu'ils sont abîmés, soit parce qu'ils sont démodés, ils ne sont plus bons qu'à être jetés; ceux en gutta, au contraire, peuvent être utilisés à en fabriquer de nouveaux, cette matière pouvant se fondre à très basse température.

Les masques sont, comme nous l'avons dit, préparés à l'aide d'un papier spécial un peu fort ; on fait adhérer les feuilles de ce papier avec de la colle de pâte, en superposant les couches jusqu'à ce qu'on soit arrivé à l'épaisseur voulue, laquelle varie suivant la qualité qu'on veut obtenir, les masques les plus épais étant considérés comme de meilleure qualité. Lorsque le carton ou plutôt la carte ainsi préparée est encore très humide par la colle, on procède aux opérations du moulage proprement dit, qui consiste à mettre ce carton humide découpé grossièrement à la forme du moule en creux, en se réservant un peu de matière en supplément ; puis l'ouvrier mouleur, par la simple action des doigts, fait pénétrer le carton dans toutes les sinuosités du moule.

Malgré leurs soins et leur expérience, ces praticiens n'arrivent jamais à répartir uniformément la matière dans le moule en creux et tout le monde s'en est rendu compte par expérience, car il est rare qu'un masque, même de bonne qualité, ne présente pas de parties faibles, surtout aux endroits très saillants, et c'est toujours le nez de la figurine en carton qui se détériore en premier.

Les masques une fois moulés en creux sont placés sur le même moule en relief, de façon à aider à la pose de la couleur, et l'on met une première couche de couleur claire délayée avec de la colle de peau, puis une seconde couche de couleur chair délayée dans de la colle de pâte. Cette seconde teinte est variable suivant le genre de masque que l'on veut obtenir. Ensuite, avec un tampon de laine, on met du rouge au front, aux joues, au menton, etc., enfin des coloristes spéciaux peignent au pinceau et avec des couleurs fines délayées avec de la gomme arabique, les lèvres, les sourcils, les cheveux, etc. Toutes les couleurs étant déposées sur le carton ainsi moulé, et sèches, on passe sur le masque une couche uniforme de vernis obtenu par dissolution de gomme arabique, de gélatine, ou même simplement avec du vernis à l'alcool. Ce dernier étant d'un prix plus élevé ne s'emploie guère que pour les objets de qualité supérieure. Il n'y a plus qu'à percer les yeux et la bouche à l'aide d'emporte-pièce spéciaux, puis à découper le pourtour du masque, y fixer un caoutchouc, et l'article est prêt à être vendu.

III. FABRICATION DES MANNEQUINS

Une autre fabrication encore très importante, basée sur le moulage par applications de couches successives de papier collé, est celle des mannequins pour couturières. On commence par faire une forme assez grossière à l'aide de lattes en bois, suffisamment flexibles pour se contourner à peu près à la forme définitive, puis on achève la forme par le collage de bandelettes de papier qu'on dispose d'abord sur toute sa hauteur, puis, cette première couche posée, on continue la superposition des bandelettes en diminuant leur longueur, de façon à obtenir des couches épaisses aux endroits saillants et au contraire des couches de très faible épaisseur aux endroits rentrants.

Bien que ce genre de travail fasse l'objet d'une spécialité commerciale et ne rentre pas dans la partie du cartonnier, nous avons cru devoir le signaler comme genre de moulage, car ce n'est en somme pas autre chose.

Nous n'insisterons pas davantage sur ce moulage dont tout le monde a fait une application plus ou moins grande quand, dans la vie de tous les jours, il s'agit de gagner une faible épaisseur sur quelque chose ; on a de suite l'idée de coller l'un sur l'autre plusieurs papiers jusqu'à obtenir l'épaisseur désirée.

IV. MOULAGE DU CARTON

Le carton pâte, tel que le produisent les cartonneries, peut se mouler, mais à la condition de ne produire ainsi que des objets offrant ce qu'on appelle, en terme de métier, de la dépouille, c'est-à-dire des objets d'une forme telle que l'ouverture qu'ils présentent soit d'une dimension suffisante pour laisser passer le moule dans son entier. Ainsi une cuve à fond hémisphérique, une corbeille à pain, seront des objets qu'on pourra mouler en carton, parce que le moule pourra sortir, en abandonnant le carton, par l'orifice supérieur. Il faut encore pour mouler du carton que le modèle à exécuter ne présente pas d'angles vifs ni de reliefs fortement saillants ou fins. Dans ces conditions, le moulage du carton est une opération relativement simple et son application a donné lieu à une foule d'objets d'un usage journalier.

Si l'on veut mouler le carton en feuille, il faut s'astreindre à ne faire que des objets très peu contournés et dont la surface extérieure ne s'éloigne pas trop de la forme primitive de la feuille de carton. Nous avons vu, dans la fabrication du carton, que la feuille, avant d'être sèche, jouit d'une certaine malléabilité, qu'on a mise à profit d'ailleurs dans la machine dite enrouleuse. Donc, profitant de cette malléabilité du carton très humide, on pourra faire certains objets par moulage en prenant le carton tel qu'on l'achète et en l'humectant assez pour lui donner une certaine mollesse. Mais par cette méthode on voit de suite qu'il est inutile d'essayer de contourner énormément le carton dont le feutrage est incapable de résister à un effort même très peu énergique. On moulera bien ainsi un récipient très ouvert et d'une courbure peu prononcée, comme une corbeille représentant une coquille assez plate, coquille de saint Jacques, par exemple. Pour faire un pareil moulage, on aura un moule en plâtre bien sec et l'on appliquera dessus la feuille de carton bien imbibée d'eau et très molle; puis, avec précaution et en partant du milieu du moule, on appliquera la feuille sur le moule en lui faisant épouser exactement la forme de ce dernier. Il faut, dans ce genre de travail, procéder sans à-coup et surtout sans traction, car on déchirerait infailliblement la surface du carton ; on ne doit qu'appuyer des doigts, et appuyer légèrement.

Cette méthode, nous le répétons, est la moins

usitée, car elle réduit à un très petit nombre les modèles d'objets qu'elle permet de réaliser.

Le procédé de moulage le plus répandu est celui qui consiste à partir de la pâte de carton qui peut alors se traiter à peu près comme toute autre matière plastique; mais, dans ce genre de moulage, on ne prend plus la pâte à l'état aussi humide que nous l'avons vu dans la fabrication du carton en feuille; suivant la nature de l'objet à mouler, on prendra cette pâte plus ou moins chargée d'eau. Un simple exemple fera comprendre comment on peut opérer ce genre de moulage. Soit, par exemple, à mouler une tige cylindrique; en prenant un cylindre creux qui soit muni d'un fond et disposé de façon à s'ouvrir suivant deux génératrices placées aux extrémités d'un même diamètre, si nous l'emplissons de pâte à carton assez humide sans l'être trop et si nous en emplissons ce cylindre en tassant un peu la pâte, celle-ci s'agglomèrera et rejettera de son eau par la partie supérieure du moule et prendra une consistance suffisante pour qu'on puisse ouvrir le moule, en sortir un cylindre encore mou, mais qui, séché, nous donnera un cylindre en carton.

Nous pouvons perfectionner un peu notre travail et diminuer la quantité de pâte employée si, au milieu de notre moule, nous plaçons un second cylindre et que nous ne mettions de la pâte que dans l'espace annulaire, nous aurons ainsi un cylindre creux et par conséquent un objet beaucoup plus léger que le précédent.

Au lieu d'un objet aussi simple que le cylindre, nous aurions pu en prendre un tout autre, de forme plus compliquée ; pourvu que nous puissions ouvrir le moule en deux ou en un plus grand nombre de parties, nous isolerons l'objet en carton moulé.

De tout ce que nous venons de dire, nous n'avons voulu que faire ressortir le principe du moulage du carton pâte, mais en pratique, si les choses se passent bien ainsi quant aux opérations, il n'en est pas tout à fait de même sous le rapport de la composition que doit offrir la pâte. Nous avons bien vu, en effet, au début de cet ouvrage, dans la fabrication du carton, combien cette matière reste délicate et fragile jusqu'à ce qu'elle ait atteint un certain degré de siccité ; donc si l'on se bornait à opérer comme nous venons de le dire, il y aurait grande chance pour que, dès le démoulage, notre objet s'affaisse ou même s'effrite et que notre travail soit perdu. On voit de suite, d'après cette observation, que la pâte destinée au moulage doit comporter en elle divers éléments qui lui permettent d'acquérir une certaine solidité par un séchage assez prompt et même avant le séchage. Ces éléments de solidité lui sont fournis par le fabricant sous forme de colles : colle de pâte, colle de peau, quelquefois même colle forte, et souvent, en même temps que l'une de ces colles, certaines matières plastiques telles que kaolin, carbonate de chaux ou craie, etc., etc. C'est que les compositions de carton pâte pour le moulage varient à l'infini et le carton pâte moulé est la matière première ou la forme première d'objets rentrant dans une foule d'industries diverses qui n'ont de commun avec le cartonnier que de se servir d'une matière première commune. Les fabricants de poupées ou autres jouets analogues font beaucoup de leurs articles en carton pâte moulé; la bimbéloterie également, enfin tous ces articles qu'on a longtemps désignés sous la dénomination d'articles en *papier mâché*, sont faits en carton moulé; bien des objets qu'on jurerait être en bois et en bois dur, ne sont qu'en carton moulé; combien d'articles dits en laqué de Chine ne sont qu'en carton moulé; depuis le simple plateau noir uni, jusqu'à ces merveilleuses corbeilles incrustées de nacre, recouvertes de figurines et d'ors de toutes nuances, encore du carton moulé; combien de ces petits cadres à bon marché imitant les bois de toutes essences ne sont que du carton moulé, du vulgaire papier mâché. Mais ce sont des pages et des pages qu'il nous faudrait écrire pour signaler même brièvement toutes ces fabrications diverses, qui font l'objet de spécialistes qui, nous le répétons, n'ont en résumé rien de commun avec le fabricant de cartonnages. Aussi ne nous étendrons-nous pas sur ce genre de cartonnage qui sort entièrement de la spécialité à laquelle nous consacrons ce volume et que nous avons tenu néanmoins à signaler à notre lecteur pour lui montrer toutes les ressources qu'offre le carton dans tous ses états.

Nous ne terminerons cependant pas ce paragraphe sans ajouter encore que, dans les différentes applications du carton moulé, le carton proprement dit est à tel point modifié qu'il serait souvent difficile, même à un connaisseur, de pouvoir se prononcer sur la nature du produit lorsqu'il sort de chez certains industriels. Un seul exemple fera ressortir l'exactitude de ce que nous avançons : presque toutes les poupées dites bébés faites actuellement en France, depuis les marques universellement renommées comme la maison Jumeau, jusqu'au petit bébé joufflu à treize sous du bazar, sont faites, sauf la tête, en carton moulé. Mais ici la pâte de carton est alliée à la colle et à des matières très diverses; aussi vient-on à casser un des membres de ce genre de jouet et l'on voit à la cassure une matière plus ou moins blanche, parfois d'un gris très foncé, qui s'effrite à la main, présentant un résidu pulvérulent qui semble n'avoir aucun rapport avec le carton pâte, et pourtant la base de cette composition n'est pas autre chose.

Carton moulé, brevet Leprince

M. Leprince, de la maison Ozouf et Leprince, une des principales cartonneries de Paris, est le seul jusqu'à présent qui soit arrivé à produire véritablement du carton moulé. Par son procédé, M. Leprince obtient n'importe quel objet en carton, et en carton absolument de la même nature que celui que produit son importante usine de Grenelle; quelle que soit la forme de l'objet à mouler, si délicats que soient ses contours, le procédé les reproduit avec une fidélité absolue et on pourrait presque dire sans la moindre difficulté.

Comme l'invention est couverte par un brevet, nous ne pouvons ici donner en détails le *modus faciendi*; ce serait, du reste, de notre part, trahir les secrets d'un inventeur qui nous a accordé l'insigne faveur d'assister à plusieurs de ses travaux qui dénotent chez lui une connaissance des plus étendues en matière de fabrication du carton. Nous nous bornerons donc simplement à en indiquer le principe qui s'inspire exclusivement de la fabrication ordinaire du carton. Notre lecteur, qui a suivi cette fabrication dans le premier chapitre de cet ouvrage, se souvient que la pâte arrive sur la table de fabrication constituée par une toile métallique. Si l'on suppose par la pensée que cette toile métallique au lieu d'être plate ait une forme quelconque, si l'on suppose, en outre, que l'inventeur a trouvé le moyen d'y répandre la pâte très liquide sur toute la surface, et que pour le reste il agisse comme dans la fabrication ordinaire, on conçoit que tout ce qui entourera la toile métallique sera du carton identique à celui qui sort de l'enrouleuse et sa forme sera celle de la toile qui, ainsi que nous l'avons dit, est quelconque. Toute l'invention de M. Leprince repose sur ce principe, et nous avons pu constater dans sa collection d'objets divers les formes les plus variées, depuis la simple boîte carrée ou ronde d'un seul morceau jusqu'aux vases agrémentés d'ornements en relief et en creux, jusqu'à des casques en une seule pièce, bien mieux, jusqu'à des bustes complets d'hommes plus ou moins célèbres.

Ce genre de fabrication est certainement destiné à révolutionner l'industrie du cartonnage par sa grande simplicité et, par suite, grâce au bon marché auquel pourront être désormais créés tous les objets en carton.

En outre nous avons vu, au chapitre des cartonnages fins, que le carton pouvait très bien se peindre, s'enduire et présenter ainsi des surfaces absolument polies ; on conçoit donc que le procédé Leprince, aidé par les nombreux moyens de peinture dont on dispose aujourd'hui, permettra la création de véritables merveilles accomplies entièrement en carton ordinaire.

Cartons moulés américains

Il est introduit depuis quelques années, sur le marché français, certains articles de provenance américaine et dits cartons moulés. Ces articles se font principalement remarquer en ce qu'ils sont destinés à contenir des liquides ; ce sont des seaux, des cuves ou cuvettes, de petits cuviers, etc. Leur origine étrangère rend difficile l'indication des procédés qui président à leur fabrication ; cependant, en raison même des formes généralement adoptées, qui, toutes, présentent au moulage une très forte dépouille, on a tout lieu de supposer qu'il s'agit bien en effet de carton moulé en partant de la feuille. Ce carton doit certainement être spécial, c'est-à-dire recevoir dans ses matières premières des produits suffisamment fibreux pour lui donner une plus grande ténacité. En outre, une fois l'objet terminé, le carton qui le forme a dû subir une forte compression à l'aide de presses spéciales, ce qui lui communique une plus grande dureté.

Quant à l'imperméabilisation nécessaire pour que ces récipients puissent contenir de l'eau, par exemple, elle peut s'obtenir avec la plus grande facilité en trempant les objets dans de l'huile chaude, rendue très siccative par la cuisson avec du manganèse, de la litharge ou tout autre sel de plomb.

On réalise de la sorte non seulement un enduit, mais même la pénétration du produit dans toute l'épaisseur du carton. Si, par-dessus cette couche d'huile bien séchée, on étend un vernis gras, c'est-à-dire un vernis lui-même à base d'huile de lin très siccative, on peut obtenir des récipients absolument étanches à l'eau.

V. CARTONS COMPRIMÉS

Le développement considérable de l'industrie électrique a créé de nouvelles utilisations du carton. Ce produit, en effet, est très mauvais conducteur de l'électricité, et comme il est fort bon marché, on se trouvait en présence de ce qu'on appelle le diélectrique rêvé, ce qui fait que dès le début de la construction des machines électriques le carton s'y trouvait en très bonne place, on l'employait même pour isoler entre elles les lames de collecteur ; il existe encore des machines n'ayant pas plus de cinq ans d'existence et ainsi construites. Mais depuis lors on a trouvé mieux, et le mica a remplacé le carton, dans les collecteurs au moins, car on le retrouve encore dans bien d'autres parties de la machine électrique. Seulement, il est rare qu'un progrès n'en entraîne pas un autre à sa suite, et si l'électricité s'accommodait bien, très bien même du modeste carton, elle lui a bientôt reproché de n'être pas assez dur et les fabricants se sont immédiatement mis à la recherche de moyens spéciaux pour durcir le carton. Les moyens proposés sont légion. Nous en retiendrons un en particulier qui donne de très bons résultats ; il consiste à comprimer le carton sous l'action de très fortes presses.

Dans cette fabrication, on procède comme suit : on exécute l'objet en carton ordinaire épais, puis, lorsqu'il a la forme voulue, on le passe dans des moules spéciaux sous des presses d'une très grande puissance qui le réduisent de moitié et en font un produit très dur, peu cassant, qui rend au choc un bruit analogue à celui du bois et qui peut alors, dans la construction électrique, rendre de très grands services pour caler les enroulements d'enduit, pour former des rondelles isolantes, etc., etc.

Ce genre de carton prend les noms les plus divers suivant les producteurs ; chez l'un, c'est de la fibre dure ; chez l'autre, de l'isolant extra, etc., d'autant plus que chaque fabricant ajoute à sa pâte à carton telle ou telle matière réputée par ses propriétés isolantes de l'électricité.

Cartons moulés divers

Nous fermerons ce chapitre en disant qu'il se fabrique encore une quantité considérable de produits aux noms souvent plus bizarres les uns que les autres et jouissant des propriétés les plus variées, qui ne sont autre chose que de la pâte à carton mélangée, agglomérée ou agglutinée avec toute une série de produits les plus variés, puis un moulage et une compression en font des articles pour carrelage, des articles isolants de la chaleur, du froid, de l'humidité, etc., etc. Mais ici nous sortons complètement de l'art du cartonnier et nous ne citons ces différents produits que pour mémoire et pour faire remarquer combien est étendu l'emploi du carton, même en dehors du cartonnage.

CHAPITRE XI

Cartonnages estampés

Sommaire. — I. Gaufrage. — II. Estampage. — III. Dorure sur carton.

Nous avons déjà prononcé le mot emboutissage dans notre chapitre qui traite du cartonnage de pharmacie, mais sans nous y arrêter longuement, car le travail que nous décrivions était suffisamment simple et s'expliquait assez de lui-même; or l'estampage est une sorte d'emboutissage poussé plus loin en quelque sorte, et dont le cartonnier peut très utilement se servir non seulement comme moyen de production, mais encore comme moyen d'ornementation, et à ce titre l'opération peut s'appliquer aux différentes classes de cartonnages que nous avons examinées. Parallèlement à l'estampage, nous devons signaler aussi le gaufrage qui, plus ancien que le premier, est également très employé par le cartonnier, l'estampage comme le gaufrage fournissant des ornementations par relief.

1. GAUFRAGE

Le gaufrage ou gaufrure, comme on le désigne quelquefois, a pour but, disons-nous, d'obtenir des dessins plus ou moins compliqués sur toutes sortes de matières telles que le papier, la carte, les tissus les plus divers; comme ce sont toutes matières dont l'emploi est constant chez le cartonnier, on comprend l'importance que peut prendre pour lui ce genre de travail tout particulier. C'est à l'aide d'instruments gravés en creux, nommés gaufroirs, que l'on obtient ces dessins; par conséquent, il est indispensable, dans un atelier d'une certaine importance, d'en avoir un très grand nombre représentant toutes sortes de dessins, ce qui devient fort onéreux; aussi, le cartonnier même bien outillé n'en possède-t-il que quelques-uns, ceux d'un usage très courant, et pour les autres, a-t-il avantage à s'adresser aux spécialistes qui font ce travail à façon, et qui peuvent se munir des gaufroirs les plus divers.

Le gaufrage peut se faire à la main à l'aide de la roulette, dont nous donnons la représentation figure 79. Ainsi qu'on le peut voir, cet instrument se compose d'une tige en fer *a* formant fourchette et terminée en bas par une partie en forme de disque au travers de laquelle passe un axe sur lequel peut tourner librement une roulette *b* qui porte en creux, sur son pourtour, le dessin qu'on veut reproduire. L'instrument est complété par un assez long manche en bois *c*. Pour gaufrer avec cet outil, voici comment on opère : on prend du papier, de la carte ou du tissu que l'on humecte légèrement, puis, l'étalant sur une surface en bois dur, un ouvrier appuie vigoureusement dessus la roulette qu'il fait tourner lentement et bien droit sur la bande à gaufrer. Dans ce travail, l'ouvrier appuie le haut du manche contre son épaule et opère ainsi avec beaucoup plus de vigueur. Si la matière à gaufrer est un peu épaisse, comme de la carte ou certains tissus, il est bon de faire chauffer légèrement la roulette avant de s'en servir.

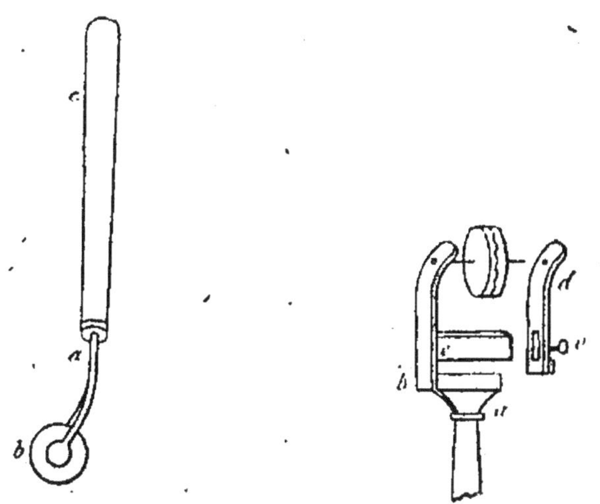

Fig. 79. Roulette. Fig. 80. Roulette perfectionnée.

Telle que nous venons de la décrire, la roulette ne peut donc faire qu'un seul dessin, celui qu'elle porte en creux, et il faudrait au cartonnier autant d'outils semblables qu'il voudrait faire de dessins différents, ce qui serait à la fois fort coûteux et très embarrassant; aussi, a-t-on perfectionné cet appareil comme le montre notre dessin, figure 80. Ici, la fourchette est en quelque sorte démontable, et se compose de deux branches dont l'une *b* est fixe et reste constamment maintenue au manche, tandis que l'autre *d* est mobile. Cette dernière a identiquement la même forme que la première, mais porte un orifice rectangulaire dans lequel pénètre un guide *c* également rectangulaire, bien ajusté, et qui fait partie de la branche fixe. On applique la branche mobile de façon à ce qu'elle glisse le long du guide jusqu'à l'endroit voulu pour obtenir un écartement déterminé entre les deux branches de la fourchette et la distance obtenue, on la maintient à l'aide de la vis *e* dont on aperçoit la tête à droite de notre dessin. Si dans l'axe on a eu soin de glisser une roulette gravée, on voit que l'on a exactement le même outil que celui décrit précédemment.

Ce second modèle présente l'avantage de n'exiger qu'une monture, et seule la collection de roulettes reste plus ou moins importante, permettant un choix plus ou moins considérable de dessins; en outre, du fait qu'on peut faire varier l'écartement des deux branches de la fourchette, on peut loger des roulettes plus ou moins larges, permettant de réaliser ainsi des gaufrages sur des bandes variables elles-mêmes de largeur.

Sans que nous ayons besoin de le dire, cet appareil ne permet de faire le gaufrage que sur des bandes de papier, de carte ou de tissu, et ces bandes ont forcément une largeur limitée. Mais déjà il y a là une grande ressource pour l'ornementation, le cartonnier ayant très souvent à utiliser des bandes de papier ou de tissu pour faire certaines bordures.

Si le cartonnier doit faire un gaufrage présentant une certaine surface, il se sert du gaufroir plat, que nous représentons figure 81, et qui se compose de deux parties : la première, placée à la partie supérieure de notre dessin, comprend une planche en cuivre d'une certaine épaisseur, fixée dans un tas en bois dur ou en fer ; la planche en cuivre porte gravée en creux le dessin à représenter au gaufrage qui est ici une feuille de rosier ; la partie inférieure comporte une planche en cuivre également gravée, mais présentant en relief les creux de la plaque supérieure et inversement. Pour se servir de ce gaufroir, on procède de la façon suivante : on place sur la plaque de cuivre inférieure le papier à gaufrer et légèrement humecté et l'on pose par-dessus la partie supérieure. Les deux planches en cuivre sont naturellement munies d'un repère qui permet de les superposer très exactement comme il faut. Si la matière à gaufrer n'est pas très épaisse ni trop dure, comme du papier par exemple, une pression énergique opérée par l'ouvrier gaufreur suffira à donner le résultat cherché ; si la matière est plus épaisse ou plus dure que du papier, l'opération est un peu plus longue et la pression doit être maintenue un certain temps, ce qu'on réalise en chargeant le gaufroir d'une masse suffisamment lourde et en chauffant légèrement le gaufroir.

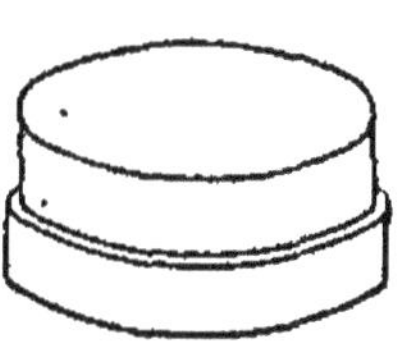

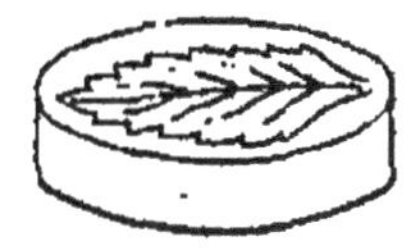

Fig. 81.
Gaufroir plat en deux pièces.

Enfin, si la matière est suffisamment épaisse et dure pour qu'on ne puisse pas utiliser les deux moyens que nous venons d'indiquer, on a recours à la presse à balancier ou à la presse continue, et au chauffage du gaufroir simultanément. Pour cela, on opère comme nous venons de le dire, mais on place le gaufroir sous le plateau de la presse ou du balancier, et l'on fait pression. Suivant la matière à gaufrer, une simple pression suffit pour obtenir le gaufrage désiré; dans d'autres cas, il faut maintenir quelque temps cette pression, ce qui se réalise très facilement avec l'une des deux machines que nous venons de signaler et que notre lecteur connaît (fig. 74 et 75).

Ce dernier procédé de gaufrage limite encore les dimensions des modèles qu'il permet d'obtenir; en outre, il nécessite une répétition de manœuvres toutes identiques pour autant d'objets de la même sorte que l'on veut produire; aussi a-t-on recherché le moyen d'arriver à obvier à ces deux inconvénients, ce qui a donné naissance à la machine à gaufrer que nous allons décrire en nous référant au premier modèle du genre que représente notre dessin, figure 82, vue de côté et vue de face.

Cette machine se compose de deux patins en fonte, fixés sur un bâti en bois, et de deux cylindres, l'un en cuivre, gravé en relief, et l'autre en bois non gravé. A l'axe du cylindre en bois est fixée une roue dentée commandée par un pignon. Le cylindre supérieur est commandé par le cylindre inférieur, au moyen de deux pignons dont l'axe de chacun de ces cylindres est armé. La pression du cylindre supérieur sur le cylindre inférieur a lieu au moyen de quatre roues dentées d'environ 20 centimètres de diamètre, chacune commandée par un pignon; chacune des deux roues extrêmes porte une vis dont l'écrou sert de coussinet; celui-ci agit immédiatement sur l'axe du cylindre supérieur, afin de le faire descendre parallèlement; deux poulies, l'une fixe, l'autre folle, donnent à la machine le mouvement qu'elles reçoivent par la courroie avec un moteur quelconque ou l'arbre d'une transmission; deux hommes, au moyen d'un volant à manivelle placé au lieu des poulies, pourraient faire fonctionner la machine à bras.

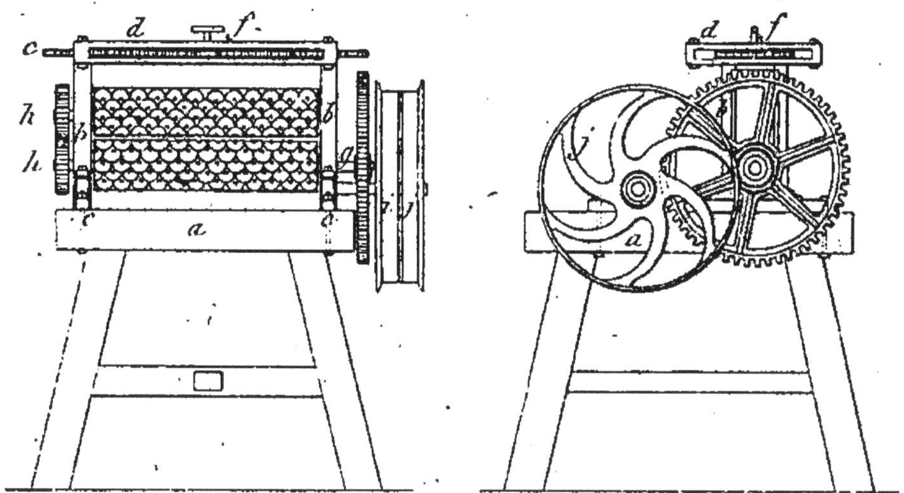

Fig. 82. Machine à gaufrer.

Les différentes parties de cette machine sont marquées de lettres sur notre dessin, dont voici l'application :

a bâti de la machine;

b b les deux patins portant les cylindres;

c c les deux poulies portant l'axe *c*;

d d chapeaux des patins, servant de chape aux roues d'engrenage et du pignon pour la pression à donner aux cylindres;

f' béquille du pignon *f* pour la pression des cylindres;

g roue d'engrenage portée par l'axe *g* du cylindre *d*;

h pignon porté par l'axe du cylindre inférieur communiquant le mouvement à celui *h* du cylindre supérieur;

ij deux poulies de transmission.

Quant au fonctionnement de cette machine, on le comprend aisément; la machine étant mise en marche à bras ou au moteur, on place entre les deux cylindres la feuille humectée de matière à gaufrer; elle est entraînée par le mouvement des cylindres et gaufrée d'une façon continue. On peut donc obtenir ainsi un gaufrage rapide et fait sur une largeur égale à la longueur du cylindre gaufreur.

Quand cette machine a fait son apparition, elle a révolutionné l'art du gaufrage, et cependant elle était bien imparfaite; nous voyons, en effet, qu'ici la gravure n'existe que sur un seul cylindre, et cependant les inventeurs avaient commencé par faire deux cylindres gravés, l'un en creux et l'autre en relief, mais la mécanique n'avait pas encore la précision que nous lui connaissons actuellement et l'on ne pût pas obtenir que les deux cylindres marchassent bien ensemble. Il en résulta que le cylindre portant le dessin en relief détériorait le second, ce qui amena à remplacer ce dernier par un cylindre en bois dans lequel toute la périphérie était formée de petits éléments de bois assemblés d'une façon spéciale, mais qui, étant taillés dans le cœur du bois et mis de fil, présentaient à la compression une résistance partout parfaitement égale.

Quoique bien élémentaire, cette machine constitua le principe de la machine à gaufrer, et celles que nous pouvons voir fonctionner aujourd'hui ne présentent que des modifications dues aux progrès accomplis en mécanique et qui ont permis de reprendre les deux cylindres gravés, l'un en relief l'autre en creux. La marche très uniforme de ces deux cylindres est assurée grâce à ce qu'ils sont actionnés l'un et l'autre par une roue d'engrenage d'une construction identique : même nombre de dents, même pas; bien plus, les dents taillées mécaniquement sur la même machine ne présentent pas la moindre dissemblance. Le laminoir à gaufrer a été encore perfectionné en faisant des cylindres creux que l'on peut chauffer à la vapeur quand la matière à gaufrer est un peu dure. Enfin il est un dernier perfectionnement fort remarquable qui permet de gaufrer en colorant le relief. Pour cela faire, on passe sur le cylindre en creux une matière colorante, telle qu'une encre d'imprimerie de couleur rouge, par exemple, et l'on essuie ce cylindre assez légèrement pour n'enlever la couleur que sur les parties non en creux, cette dernière restant couverte de sa couleur. Si l'on fait passer dans la machine ainsi disposée un papier blanc, par exemple, après le gaufrage on aura toutes les parties en relief qui seront rouges, les autres restant blanches.

On obtient ainsi de très heureux effets de décoration.

Nous n'avons pas besoin de dire que cette mise en couleur s'effectue automatiquement ainsi que l'essuyage de la partie non creusée, une disposition analogue à celle des machines à imprimer résoud facilement ce problème.

Il n'y a pas lieu d'entrer dans des descriptions détaillées de ce nouveau gaufroir qui n'a plus sa place chez le cartonnier proprement dit, mais bien chez le spécialiste en gaufrage auquel le cartonnier devra recourir en cas de besoin. C'est pour cette raison que nous nous sommes étendus davantage sur la première machine qui, en raison de sa simplicité et par conséquent de son bon marché, peut, au contraire, figurer avec un réel avantage dans un atelier de cartonnage qui, disposant d'un certain nombre de cylindres donnant les dessins les plus usuels, pourra ainsi exécuter lui-même ce que nous appellerons le gaufrage courant. Pour le gaufrage soigné, ou combiné avec colorations, en un mot, pour le gaufrage de luxe, le cartonnier aura toujours avantage à s'adresser au spécialiste, dont l'outillage plus complet et plus perfectionné permet d'obtenir des résultats d'un effet véritablement merveilleux.

Le gaufrage est, à notre époque encore, considéré comme un ornement, et comme tel ne s'adresse qu'à des articles déjà d'un certain prix et d'un certain luxe, mais, de ce fait aussi, il est sujet à la vogue et à la mode. Il est des années où l'article gaufré ne jouit pas de la faveur du public qui, au contraire, en est engoué l'année suivante; de plus, il est tel ou tel dessin qui prend la vogue, et ce n'est plus seulement dans le cartonnage qu'on le trouve, mais dans toute une foule de tissus, voire même ceux destinés à la toilette féminine. C'est ce qui justifie la spécialité du gaufreur qui fournit indifféremment le cartonnier, le fabricant de soieries, de taffetas, etc.

Nous avons vu que le gaufrage consiste à produire des dessins en relief sur du papier, de la carte ou des tissus, mais il faut faire remarquer que ces reliefs sont généralement très faibles et s'évaluent en dixièmes de millimètre. Quand ils doivent produire des saillies plus considérables, les moyens que nous venons d'indiquer ne sont plus suffisants et l'on a recours alors à l'estampage.

II. ESTAMPAGE

Grâce à l'énergie des moyens qu'il met en œuvre, l'estampage peut se faire sur du carton, du cuir et même sur certains métaux jouissant d'une dureté relative, tels que le cuivre, le laiton, le zinc, etc.

Avant d'indiquer le mode opératoire usité dans ce genre de travail, nous croyons bon d'indiquer la partie préliminaire qui consiste à faire le modèle. Celui-ci s'établit d'abord par le dessinateur, qui, à un talent d'artiste, doit joindre une connaissance déjà très approfondie du travail de l'estampage, de manière à créer un modèle facilement réalisable. Il commence donc par faire un dessin, dans lequel il s'efforce de réunir les deux qualités que nous venons de signaler. Le sujet ainsi traité est examiné, retouché, et s'il paraît remplir les conditions requises, il est fait en terre à modeler, qui représente le modèle tel qu'il sera exécuté. Ici encore, les retouches peuvent être nombreuses, car on y remarque, mieux encore que sur le dessin, les portions irréalisables dans la pratique courante, ou difficilement réalisables ; cela fait, on tire un premier creux en plâtre, puis de ce creux un relief ; celui-ci est encore retouché avec soin et d'une façon définitive, car ce sera le vrai modèle de l'ouvrage à exécuter. Le côté artistique est alors fini, et c'est la partie industrielle qui va lui succéder.

En possession du modèle, le fabricant, un spécialiste en la matière, procède à la fabrication de la matrice, qui en est la reproduction en creux en métal, et qui permettra de reproduire des empreintes. Il faut noter que ces matrices ne pourront donner que des parties qui n'ont pas de dessous, ou, pour parler le langage du métier, qui viendront en dépouille.

Lorsque les matrices doivent donner des détails d'une grande finesse, on les grave dans un bloc d'acier, dont la surface est ensuite trempée pour l'usage ; on peut encore faire ces creux en bronze, mais généralement, pour le cartonnage, les matrices s'exécutent en fonte, ce qui est plus rapide et coûte meilleur marché. Aussi n'examinerons-nous la fabrication que de cette dernière sorte.

Pour faire une matrice en fonte, on commence par l'exécuter en plâtre ; on tire par moulage un creux du relief que l'on veut reproduire, auquel on ajoute une épaisseur suffisante pour constituer un bloc solide ; à ce bloc on donnera la forme voulue pour se fixer à la machine à estamper. Ce modèle une fois préparé en plâtre, on le fait couler en fonte, mais il n'est encore à ce moment qu'à l'état brut, et il faut qu'il passe entre les mains du ciseleur qui, à l'aide de burins, de limes et d'outils spéciaux, retouche la surface du creux et lui donne le fini d'une matrice qui aurait été entièrement faite par un graveur. La fonte offre donc le grand avantage d'avoir poussé très avant le dégrossissage.

La matrice ainsi préparée, on la met sous un marteau ou pilon à estamper, et l'on coule dedans du plomb; lorsque ce dernier est refroidi, on le retire du moule, et à l'aide de burins on enlève les aspérités et les saillies trop prononcées qui pourraient, au cours du travail d'estampage, déchirer le carton ou la carte.

On replace ensuite le plomb dans la matrice, on donne quelques coups du marteau ou pilon à estamper, et l'on retire le plomb que l'on retouche encore comme nous venons de le voir, et l'on a ainsi le modèle exact du relief qu'on peut faire fondre en fonte, qu'on retouche comme la matrice; on a de la sorte les deux pièces, creux et relief, qui vont servir à l'estampage.

Si nous sommes entré dans le détail de cette fabrication du modèle, et qui n'est en rien du ressort du cartonnier, c'est surtout pour montrer à ce dernier que la constitution d'un modèle d'estampage est chose difficile et surtout délicate, donc d'un prix élevé.

Lorsque le cartonnier est muni des deux pièces du modèle, creux et relief, il pose le relief au bas de la vis du balancier (fig. 74) ou de la presse continue (fig. 75) et la pièce de creux en dessous, il met sur cette dernière le carton à estamper et donne un fort coup de balancier; en relevant la vis de ce dernier, il dégage du creux un carton reproduisant au-dessus, très fidèlement, le modèle qui lui a été remis.

Notre dessin figure 74, comme celui figure 75, représentent de trop petits modèles pour faire l'estampage, mais le balancier à estamper sera exactement du même modèle, aux proportions simplement grandies. En ce qui concerne la presse, elle sera également plus forte, et se rapprochera, dans sa structure générale, de la presse que nous avons indiquée figure 44.

La beauté et la finesse des empreintes ainsi obtenues dépendent, bien entendu, de la finesse de la matrice et du talent qui a été déployé pour en faire, sinon la ciselure, du moins la bonne retouche qui donne le fini au modèle. Mais la beauté du résultat dépend aussi de la qualité de la carte ou du carton employé. Il est évident que pour obtenir de beaux estampages, c'est-à-dire ceux qui reproduisent fidèlement toutes les parties fines et déliées du dessin, il faut que la matière à estamper soit douée d'une certaine élasticité, de manière à se rendre, sous l'action de la poussée, dans tous les creux, même les moins prononcés ; il faut également qu'elle ait une certaine dureté pour résister à l'arrachage ou à la brisure, aux endroits où le moule offre des angles un peu vifs. Enfin, l'ouvrier estampeur ne reste pas complètement étranger à la bonne exécution du travail, car s'il place mal la feuille à estamper, celle-ci est mal prise dans le moule, peut former des bosses ou des aspérités nuisant à l'harmonie de l'ensemble; il doit donc veiller à ce que la feuille soit sans défauts, surtout sans plis et sans surépaisseurs.

Pour faire l'estampage il y a, si nous pouvons nous exprimer ainsi, deux écoles : la première qui prétend que le balancier, suffisamment puissant bien entendu, est la meilleure machine, surtout le balancier à la main, parce que le coup qu'il frappe peut être en quelque sorte réglé dans sa vigueur par l'ouvrier qui le produit, lequel règle l'énergie de son effort suivant la matière qu'il a à traiter. L'autre école prétend devoir donner la préférence à la presse continue ou progressive parce que, dit-elle, la matière à estamper n'est pas saisie brutalement par un choc violent, mais par une pression qui, pour être très rapide, n'en est pas moins progressive et oblige la matière à se caser, au fur et à mesure, dans les sinuosités et les replis du moule.

En ce qui nous concerne, nous ne saurions nous prononcer en faveur de l'une ou de l'autre de ces deux écoles, qui invoquent toutes deux des raisons d'égale valeur et aussi rationnelles les unes que les autres. Nous avons vu, chez divers fabricants, de véritables petites merveilles d'art réalisées par l'estampage, et nous devons convenir que, soit avec le balancier chez les uns, soit avec la presse chez les autres, les objets exécutés étaient aussi parfaits. Nous inclinons donc à croire ce que nous a montré une pratique déjà longue, à savoir que la machine la plus perfectionnée a besoin de l'intelligence de l'ouvrier qui la mène, et que tel ouvrier saura tirer un très bon parti d'un appareil assez ordinaire, alors qu'un autre échouera avec un appareil, même très perfectionné, et pour le même genre de travail. Tant il est vrai qu'il faut, avant tout, bien connaître la machine dont on se sert.

L'estampage, comme le gaufrage, peut se faire à chaud. Il est certains cartons, en effet, un peu forts ou un peu durs qui exigent d'être chauffés au moment de l'estampage; ici encore, c'est le moule que l'on chauffe, exactement comme le gaufroir. La disposition du chauffage n'offre d'ailleurs aucune difficulté et nous en donnons, figure 83, une représentation très simple. Sur la table de la presse

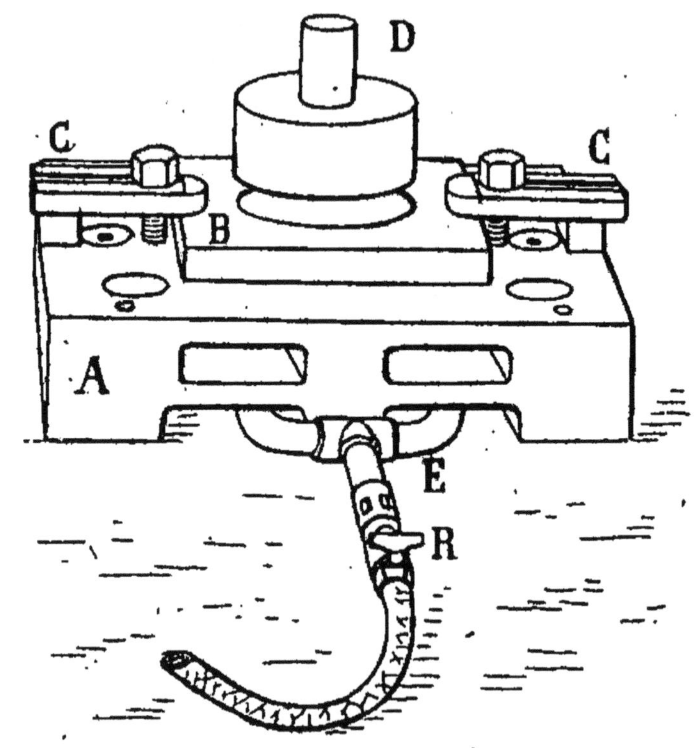

Fig. 83. Chauffage à l'estampage.

ou du balancier, on place une masse en fonte A, qui est creuse à l'intérieur et sur laquelle on place le moule en creux B, qui est solidement maintenu à l'aide de deux griffes C C, prises dans la masse en fonte; au bas de la vis du balancier ou du plateau de la presse, est fixé le modèle en relief D. Sous la masse en fonte peut passer une rampe à gaz mobile, dont on amène les flammes sous le moule en creux, qui se trouve ainsi maintenu à une température constante, qu'on peut régler par le plus ou moins de débit de gaz, à l'aide du robinet R.

Afin de rendre cet appareil plus clair, nous avons représenté un moule très simple, mais les choses se passeraient exactement de même si le moule était d'une forme plus compliquée, étant donné que, ainsi que nous l'avons dit dans la description de la confection du moule, la partie creuse se termine par une masse de fonte, d'une forme appropriée, pour prendre place sur la presse à estamper.

Comme dans le gaufrage, on peut aussi varier la coloration du relief, et par les mêmes moyens que dans celui-ci. Cette pratique permet d'obtenir les plus jolis effets. Nous avons encore sous les yeux des modèles de boîtes en carton dont le dessus est formé d'une feuille estampée. La composition représente un buste de jeune femme fort joliment présenté et d'un cachet artistique impeccable. L'estampage a été fait sur une carte épaisse d'un blanc crème, rappelant le ton de l'ivoire, et dans le creux du moule il n'a pas été mis de couleur, mais comme celui-ci se prolongeait tout autour du dessin d'une partie plate, c'est sur cette dernière que l'estampeur avait posé une couleur d'un rouge rubis du meilleur effet. Le carton une fois estampé, la figurine blanche ressortant en relief des cadres rouges donne à s'y méprendre l'illusion d'un ivoire sur un rectangle de peluche rouge. Une autre composition présente l'ordre inverse dans la coloration, et c'est à jurer qu'on a devant soi un magnifique corail, déposé sur une étoffe blanche. Il est possible, du reste, d'obtenir ainsi les effets les plus heureux que le cartonnage fin peut mettre largement à contribution comme motif de décoration des objets qu'il fabrique; car on peut obtenir, d'un seul coup d'estampage, des dessus de boîtes de toutes formes. présentant, au centre et aux angles, des figurines en relief, alors que le fond, dans son entier, n'est pas plat, mais légèrement bombé. Ces différentes applications de l'estampage restent du ressort du cartonnier, qui peut y trouver un trésor, pour ainsi dire inépuisable, de motifs les plus variés de décoration.

Mais ce n'est pas seulement le fabricant de cartonnage fin qui peut utilement faire intervenir l'estampage dans sa fabrication, le fabricant de cartonnage courant et le fabricant de gros cartonnage y trouveront aussi des ressources pour fournir des modèles spéciaux qui seront toujours appréciés. Nous voyons ainsi bon nombre de maisons parisiennes munir leurs cartons, même les plus ordinaires, d'un estampage souvent très artistique, représentant le chiffre ou monogramme de leur raison sociale, ou autres sujets qui rehaussent fort avantageusement cet emballage.

L'estampage, comme nous venons de le voir, ne peut s'appliquer qu'à la confection de motifs assez réduits, mais étant donné qu'il s'agit de véritable ciselure permettant de loger en un très petit espace des scènes très complètes, on n'aura jamais à produire par ce procédé des modèles fort étendus. Aussi l'estampage reste-t-il plus que le gaufrage dans la main du cartonnier, auquel il suffit d'avoir un balancier ou une presse assez forte et un jeu de moules qu'il crée au fur et à mesure de ses besoins. Or, balancier ou presse est une des machines indispensables au cartonnier, il doit donc toujours en posséder ; quand il fera l'achat de cette machine, il agira donc prudemment en prévoyant la possibilité de faire de l'estampage, et par conséquent en la prenant d'un modèle suffisamment fort à cet effet.

III. DORURE SUR CARTON

L'art du doreur pour cartonnages est très spécial, et pour l'exercer dans tous les travaux qu'il permet de réaliser, il faut des connaissances particulières et un matériel perfectionné ; nous n'entreprendrons donc pas d'en donner ici une description même succincte, ce qui nous entraînerait trop loin et tout à fait hors du cadre qui nous est tracé. Nous ne parlerons que des menus travaux courants que peut facilement accomplir le cartonnier avec son matériel et les moyens dont il dispose, l'engageant à s'adresser au spécialiste en la matière, quand il aura une exécution trop complexe ou trop importante à réaliser.

Bien que ce paragraphe semble hors de sa place dans ce chapitre, il nous a paru bon de l'y faire entrer, car la dorure est presque toujours précédée de l'estampage ou du gaufrage, et parce que l'outillage qu'elle comporte, tout au moins dans la mesure de ce que nous nous proposons d'examiner, est déjà connu du lecteur et qu'il l'a vu dans le présent chapitre.

Outils du doreur pour cartonnages

Ils consistent d'abord : 1° dans deux petites boîtes analogues dans leur disposition aux cartons de bureau, dans l'une desquelles on enferme les cahiers d'or, et dans l'autre les débris d'or dont on n'a pas pu se servir et qui seront utilisés plus tard. Cette dernière sera garnie à l'intérieur de papier glacé ou couché, dont le poli empêche l'or de s'attacher à la boîte.

2° Vient ensuite le *coussinet* ou coussin ; il est formé d'une planche rectangulaire, recouverte d'une peau de veau présentant en dehors le côté chair, bien unie, fortement tendue, et matelassée avec de la laine (fig. 84). Le cartonnier devra en frotter la surface avec de la poudre de pierre ponce, et ensuite avec de la craie. Il fera bien de la placer dans une caisse en bois ou en carton fort, à laquelle il pourra adapter un tiroir pour mettre les plus petits ustensiles. Il lui faut aussi le couteau à couper l'or, qui a de 22 à 27 centimètres de longueur, avec un manche court ; la lame doit être bien tranchante et parfaitement droite. Il est essentiel que la lame ne soit point ébréchée, une seule ébréchure, en effet, suffirait à déchirer la feuille d'or. On se sert assez

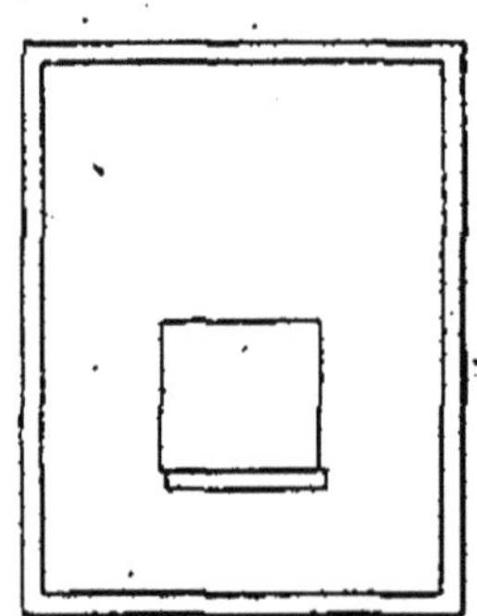

Fig. 84.
Coussinet du doreur.

souvent aussi d'un couteau à deux tranchants. Le cartonnier frottera le ou les tranchants, suivant le cas, avec de la craie avant de s'en servir, afin d'empêcher l'adhérence de l'or.

3° Plusieurs brosses de différentes espèces sont nécessaires : une brosse plate, dure, comme une brosse à parquet, qui servira à passer les fers dessus pour les nettoyer ; une petite brosse en blaireau ; la brosse de drap, qui n'est autre chose qu'une latte mince, étroite, couverte de drap, à l'une des extrémités de laquelle est un manche en bois tourné ; ces deux dernières brosses reçoivent ordinairement un peu d'huile douce ou de saindoux, de telle sorte que l'or puisse y adhérer un peu ; enfin plusieurs brosses ordinaires pour saisir les parcelles d'or qui se détachent et voltigent.

4° Plusieurs filets ou roulettes sont nécessaires pour faire une foule d'ornements ; nous avons déjà décrit ces outils au paragraphe *gaufrage* et ils sont représentés figures 79 et 80 ; nous n'insisterons donc pas davantage sur leur compte.

On aura enfin besoin encore de plusieurs torchons de linge fin et propre, de coton ou de laine légèrement cardée, mais sans nœuds. Tous les outils doivent être placés sur une table solide qui sert au travail. Une extrême propreté est de rigueur dans l'atelier où se fait la dorure ; la température doit y être douce ; le moindre courant d'air doit y être soigneusement évité, car autrement on perdrait beaucoup d'or, ou tout au moins les feuilles se trouveraient dérangées et le travail serait ralenti.

Encre d'or

Bien que l'on trouve couramment aujourd'hui ce produit sous différentes qualités, nous croyons utile d'indiquer au cartonnier le moyen pratique qu'il peut employer pour le préparer lui-même. On prend les feuilles d'or battu en livrets ; on y ajoute assez de miel blanc pour en faire, sur un porphyre, une pâte ni trop claire ni trop épaisse ; on broie cette pâte avec la molette, exactement de la même manière qu'on broie les couleurs fines, jusqu'à ce que l'or soit réduit dans la plus grande division possible. On rassemble alors cette pâte avec le couteau à dorer, on la met dans un grand verre où on la délaie avec de l'eau très propre. L'or, par son propre poids, gagne le fond du vase et le miel se dissout dans l'eau ; on décante et on lave à plusieurs reprises, jusqu'à ce que le miel ait été entièrement enlevé. On fait sécher la poudre qui reste au fond et qui est très brillante. Quand on veut s'en servir pour peindre, on la délaie dans une dissolution de gomme arabique, et l'encre est faite. On l'applique avec un léger pinceau. On polit ensuite avec la dent de loup (sorte de tige en bois dur), quand cette espèce de peinture dorée est complètement sèche.

Pour dorer un cartonnage, il faut que celui-ci soit recouvert avec du papier fort, vélin ou du même genre, et avant de le dorer il faut laver la partie à dorer avec de la colle et la polir jusqu'à ce qu'elle soit bien unie comme du parchemin. On passe à l'endroit voulu trois ou quatre couches d'une dissolution de colle de peau, en y ajoutant un peu d'ocre jaune en poudre. Quand la dernière couche est entièrement sèche, on frotte doucement la surface avec des copeaux fins, ensuite on lave à la colle claire et on applique sur-le-champ, à l'aide du pinceau, la feuille d'or, tandis que l'objet est encore humide, puis on l'environne de coton. Si l'objet est petit, il vaudra mieux appliquer de petits morceaux d'or successivement, parce qu'il sera plus facile de le faire que de mettre tout d'une fois un grand morceau ; ce sera d'ailleurs l'occasion propice d'utiliser les petits déchets d'or que l'on aura eu soin de mettre de côté dans leur boîte spéciale, ainsi que nous l'avons mentionné au début de ce paragraphe. C'est ainsi qu'on mettra l'or sur les lignes courbes qui ne peuvent être tracées que par petits éléments.

Glairage

Pour pousser des dorures à la roulette, on commence par préparer la matière qui doit recevoir l'empreinte. Si c'est du carton ou du papier, on le frotte, au moyen d'une éponge, avec une dissolution de colle forte, ou mieux de gomme arabique ; une goutte d'huile douce peut remplacer ces deux substances. Si c'est de la soie, telle que de la moire, du gros grain, etc., on glaire, c'est-à-dire qu'avec un léger pinceau on enduit légèrement l'étoffe de blanc d'œuf. On prend alors la roulette, que l'on a mise à chauffer dans un fourneau ; on s'arrange de manière qu'elle soit prête à servir quand le glairage, la colle, la gomme ou l'huile conservent encore une certaine humidité; alors on enlève promptement avec la roulette la feuille d'or qu'on a mise sur le coussinet, et on pose de suite sur l'objet à dorer la portion d'or que tient la roulette. L'objet à dorer doit présenter une surface plane et être fermement soutenu ; aussi ne pousse-t-on guère la roulette que sur des cartonnages qui peuvent réunir facilement ces conditions. Quand on les pousse sur des ouvrages cylindriques resserrés, contournés, il faut prendre diverses précautions pour les assujettir convenablement.

Il est essentiel de faire chauffer la roulette à point; trop chaude, elle rendrait l'or gris; trop froide, elle ne pourrait pas faire prendre l'or. Si l'on craint de ne pas aller droit, on peut diriger la roulette contre une règle qu'on tient fixement de la main gauche sur l'objet à dorer. La roulette se fait mouvoir avec facilité, en appuyant le bout du manche sur l'épaule droite, comme nous l'avons indiqué pour le gaufrage. Le cartonnier peut avoir à dorer des sujets spéciaux, tels que boules, têtes d'animaux ou autres motifs placés aux angles des cartonnages auxquels ils servent de pieds. Ces motifs se fond souvent en carton moulé, leur dorure s'exécute comme nous venons de le dire; ils sont quelquefois en bois, dans ce cas, on polit le bois au papier de verre bien fin, on le lave ensuite avec de la colle, puis on le frotte avec de l'ocre et enfin on y couche la feuille d'or avec une goutte d'huile, comme il a été dit précédemment.

La dorure peut s'appliquer avec avantage sur les reliefs fournis par l'estampage, ce qui donne à l'ensemble un caractère de luxe et de richesse fort apprécié. L'estampage pouvant fournir les reliefs que l'on veut, on peut le combiner spécialement à la dorure ultérieure, c'est-à-dire choisir des compositions s'harmonisant au mieux avec la dorure. Par exemple, on peut faire des estampages imitant les vieilles médailles et la dorure appliquée sur les reliefs de cette nature donne un style tout particulier à l'objet ainsi conçu. C'est d'ailleurs souvent ainsi que l'on fait l'imitation de pièces de monnaies, soit isolées, soit en rouleaux, pour donner lieu à certaines décorations ou simplement pour faire les surprises.

Tout ce que nous venons de dire pour l'or s'applique également à l'argent, y compris la confection de l'encre spéciale signalée ci-dessus. Un seul point diffère cependant et qu'il est bon de signaler. Nous avons dit à plusieurs reprises qu'avant de poser l'or, on mettait une couche d'ocre jaune; cette opération n'a aucunement pour but d'améliorer ou de faciliter le travail, elle a pour objet simplement d'effacer la coloration première de la surface à dorer et de lui donner la teinte de l'or. Ce dernier, en effet, qui est en feuilles excessivement minces, jouit d'une certaine transparence et verrait son éclat amoindri s'il était placé sur une surface noire, grise, blanche, ou d'une autre nuance un peu éclatante. Pour l'argenture, la même précaution est à prendre, sauf qu'au lieu de passer au jaune, on mettra une couche de couleur blanche, à moins que la surface à argenter ne soit elle-même déjà blanche naturellement.

Dans tout ce qui précède, nous avons à dessein

reproduit l'indication de méthodes déjà anciennes, parce que ce sont les plus élémentaires et à la portée de tous les cartonniers qui, dans notre époque de spéculation à outrance, ne doivent voir dans la dorure que l'exécution de travaux tout à fait accessoires et ne nécessitant pas une perfection ni une recherche absolues. Ces moyens sont presque des moyens de fortune qui n'exigent, nous l'avons vu, ni matériel, ni outillage spécial, et que le cartonnier emploiera avec avantage pour une foule de menues opérations dont le prix ne répond pas souvent au simple dérangement que lui occasionnerait de porter son travail à faire chez le doreur professionnel. Mais c'est à ce dernier qu'il devra toujours recourir pour l'exécution de travaux particulièrement soignés, comme on en rencontre dans les cartonnages fins et quelquefois même dans le cartonnage courant.

Le doreur de profession ne se sert presque plus de la roulette, à moins de travaux tout à fait spéciaux. Nous trouvons chez lui des presses à dorer spéciales, avec chauffage au gaz ou même à la vapeur, nous y trouvons souvent même de véritables machines fort compliquées faisant à la fois l'estampage et la dorure, nous y trouvons les moules et modèles les plus variés jusques et y compris les caractères d'imprimerie les plus richement ornementés, qui lui servent à faire les chiffres, les monogrammes, les initiales, les titres complets, etc. Quelques-uns de ces spécialistes n'hésitent même pas à avoir de véritables machines à imprimer pour faire la dorure par impression.

Mais nous arrêtons là ce court aperçu du matériel parfois très complexe que doit posséder le doreur qui veut être à même de répondre à tous les besoins de son industrie, pour nous borner à répéter ce que nous disions au début de ce paragraphe, à savoir que la dorure, jointe au gaufrage et à l'estampage, peut donner au cartonnier les plus beaux motifs de décoration. Quoi de plus riche, en effet, que l'or brillant ou mat, avec son éclat métallique et son ton d'un jaune chaud et vigoureux ; quoi de plus harmonieux que la combinaison des différents tons de l'or, que l'on peut obtenir partant du vert franc pour aboutir au jaune le plus pur. Et puis, grâce à l'estampage, une foule d'autres combinaisons s'offrent au cartonnier par la dorure, soit des reliefs, soit des creux, par la coloration appropriée des parties plates avec la dorure et la nuance des ors. Le cartonnier a donc un champ très vaste à cultiver et le goût dont il sait toujours faire preuve dans le choix des formes ne pourra que le bien inspirer dans le choix des ornements de dorure ou d'argenture ou des deux artistement combinés. Ces réflexions justifient donc pleinement le choix de la place que nous avons attribuée à la dorure dans la classification générale de cet ouvrage.

TROISIÈME PARTIE

FABRICATION DES CARTES A JOUER

CHAPITRE XII

Historique

La légende fait remonter l'invention des cartes à jouer à l'année 1392 et l'attribue à Jacquemin Gringonneur, qui les inventa pour distraire le roi Charles VI de sa terrible maladie. Nous disons exprès la légende, car le fait en question n'est nullement irréfutablement prouvé. Il est très difficile, en effet, d'assigner une époque exacte à laquelle on puisse faire remonter cette invention, car si l'on en croit quelques hommes d'une érudition incontestable, les cartes à jouer nous viendraient d'Orient. Il faut rechercher les premières traces de ce qui concerne cette invention dans la chronique italienne, où un certain Nicolas de Cavelluzo prétend que le jeu de cartes fit sa première apparition à Viterbe, en 1379, qu'il venait du pays des Sarrasins, où on l'appelait *Naib*. Cette date est déjà antérieure de treize ans à ce qu'affirme la légende ; il est vrai que personne n'a pu ou voulu vérifier l'assertion et que l'histoire des peuples arabes n'en fait pas mention, non seulement dans aucun écrit, mais encore on ne voit figurer la carte sur aucun monument de cette race ; bien plus, la loi de Mahomet interdit tous les jeux de hasard. Il est vrai que toutes les lois, qu'elles soient civiles ou religieuses, sont faites avant tout pour être violées et que rien ne nous prouve que les Sarrasins n'ont pas violé cette loi de Mahomet comme bien d'autres très certainement. En ce qui concerne le point spécial des monuments qui ne portent aucun indice de la carte chez les Arabes, il pourrait s'expliquer d'abord par le fait que le jeu étant interdit, personne ne songeait à en étaler publiquement la manifestation, et ensuite parce que la loi de Mahomet interdisant aux vrais croyants toute représentation de figures humaines, lesdits monuments ne pouvaient donc pas retracer les figures des cartes.

Mais on discuterait longuement sur ce sujet sans arriver à une solution, car la carte à jouer pouvait exister à cette époque et chez cette race, sans qu'on se soit jamais préoccupé de la faire figurer en représentation dans le monument, ou encore elle avait peut-être une forme et une configuration tellement en dehors de ce que les peuples d'Europe en ont fait depuis, qu'elle soit absolument méconnaissable même aux érudits en archéologie.

D'autres savants affirment que la carte à jouer nous vient de l'Inde, apportée par ces tribus nomades qui, chassées de l'Asie, se sont répandues en Europe et que l'on désignait à l'époque sous le nom de Bohémiens d'Egypte. Comme ces malheureux avaient été dépouillés de tout ce qu'ils possédaient, ils gagnaient de quoi subsister en mendiant et surtout en disant la bonne aventure, et l'on ajoute par les cartes. Or qu'étaient ces cartes? Peut-être de simples accessoires du métier de prophète et qui n'avaient pas plus de communauté avec la carte à jouer qu'avec le marc de café, qui est de nos jours encore la source intarissable des prédictions qui sont faites par les grandes et célèbres pythonisses modernes. Pour se rattacher à cette origine, on a le mot *nabi* qui veut dire prophète en arabe; or, les cartes à jouer s'appellent *naypes* en Espagne et *naïbi* en Italie ; de là on conclut que ces deux mots, assez peu différents, viennent de la même origine *nabi*, par conséquent des fameux bohémiens qui prophétisaient l'avenir, par conséquent encore de leurs accessoires, par conséquent des cartes, et de par conséquent en par conséquent les cartes à jouer viennent des Indes. Cette origine, on le voit, est encore bien problématique !

Il est bon de dire encore que ce que l'on connaît de cartes indiennes conservées dans certaines collections ne sont pas du tout originaires de l'Inde, mais bien de la Perse ; elles sont représentées par des petits disques en toile laquée recouverte de peintures du style nettement persan, et le jeu comprend quatre-vingt-seize de ces disques divisés en huit groupes de douze.

Enfin des manuscrits plus récents et d'auteurs parfaitement autorisés, parlant de bonne aventure, signalent celle dite suivant les lignes de la main, comme la plus ancienne et pratiquée par les Bohémiens d'Egypte ; quant à l'emploi des cartes pour le même objet, ils lui fixent comme date le XVIe siècle.

L'ouvrage le plus ancien qui traite de ce sujet et fixe la date ci-dessus a pour titre : *Le ingeniose sorti di Franc. Marcolini da Forti* (Venetia, 1540).

La Chine, berceau de tant d'inventions célèbres, méritait aussi d'être soupçonnée comme étant le véritable pays d'origine, et, si l'on en croit Abel Rémusat, les cartes auraient été inventées en Chine vers l'an 1120 de notre ère, et elles étaient très répandues dans le grand empire d'Orient. En prenant cette hypothèse pour bonne, leur introduction en Europe aurait été fort possible par le célèbre voyageur Marco Polo, quand il revint à Venise. Cette hypothèse n'est en somme pas plus mauvaise qu'une autre et supporte la discussion, quoique l'on ne voie pas très bien l'analogie que pouvaient avoir les cartes chinoises, qui n'étaient que de petites cartes de 9 centimètres de longueur sur 12 à 15 millimètres de largeur, avec les premières cartes européennes, qui mesuraient 18 centimètres de hauteur et 10 centimètres de largeur. De plus, la carte chinoise ne comporte sur ses deux faces que quelques caractères microscopiques, alors que les cartes européennes de l'époque sont de véritables petits tableaux, parfois d'une facture très artistique.

Ces différences de dimensions et de dessins ne peuvent cependant pas constituer une infirmation à l'origine chinoise des cartes, car il n'est pas surprenant que leur utilisation en Europe ne les ait amené du premier coup à une forme et une disposition plus en harmonie avec les goûts occidentaux, ou même que pour ne pas s'astreindre à une imitation difficile les novateurs de cartes à jouer en Europe ont peut-être cherché précisément à exagérer dans un sens tout opposé ce qu'avaient fait leurs devanciers.

De ce court aperçu on peut déduire, sans aucune affirmation formelle, bien entendu, que des trois origines de la carte à jouer : celle des pays sarrasins comme celle des pays indiens paraissent devoir être les plus suspectées ; reste l'origine chinoise que rien ne prouve d'une façon irréfutable, mais qui peut être admissible, car, après tout, nous devons bien des choses au génie scientifique chinois, ne serait-ce que la poudre à canon et des révélations tout à fait inattendues sur la science astronomique. D'ailleurs, tout le monde sait aujourd'hui que la civilisation chinoise, pour être fort en retard aujourd'hui sur la civilisation occidentale, l'avait précédée d'un nombre respectable de siècles et que ce pays était déjà fort avancé sous le rapport de la science, de la religion et de l'industrie, alors que l'Europe était encore à demi sauvage.

Si l'on reste fort embarrassé de spécifier le pays d'origine des cartes à jouer, il en est de même de la date exacte de leur apparition. Celle qui fut invoquée comme la plus ancienne, année 1240, est puisée dans le Synode de Worcester, où, au dire de Du Cange, il s'agissait des cartes à jouer quand il défend au clergé d'autoriser *le jeu du roi et de la reine*. Mais cette interprétation est démentie par le trouvère Adam de Halle, qui nous représente le jeu ci-dessus comme consistant à poser des questions épineuses auxquelles le partenaire devait répondre immédiatement et sans hésitation ; nous avons vu que Nicolas Cavelluzo assigne l'année 1379 comme date d'apparition des cartes à jouer et nous retrouvons celles du roi Charles VI en 1392. Ce sont les dates qui paraissent les plus anciennes, mais sont-elles réelles? S'appliquent-elles bien au jeu de cartes? Déjà Adam de Halle dément que c'est la carte à jouer qui est visée par le Synode de Worcester; la date de Nicolas Cavelluzo ne saurait être bien certaine non plus, puisqu'il la donne en fixant le pays sarrasin comme introducteur de la carte, alors que tout semble prouver l'erreur attribuée à cet origine; enfin, reste celle de 1392, sous Charles VI.

Cette date, bien que française, et par conséquent facile à vérifier pour nous, ne semble pas non plus très certaine, tout au moins pour la carte à jouer.

Que Charles VI ait eu un jeu de cartes, la chose est historique et ne saurait être niée; mais que ce soit la carte à jouer, voilà qui est absolument douteux. Si l'on se reporte, en effet, à l'année 1398, on voit Morelli conseiller les cartes aux enfants pour leurs jeux; mais il s'agit de cartes peintes par Jacquemin Gringonneur et portant des devises; il est donc probable que ces cartes ne servaient qu'à instruire les enfants en les amusant par des images. Or, c'étaient peut-être simplement ces jeux enfantins qui ont été mis à la disposition du roi Charles VI pour occuper et distraire sa raison affaiblie. Cette dernière hypothèse paraîtrait la plus plausible, car on n'imagine pas facilement qu'on puisse distraire une folie sombre, comme était celle de ce pauvre monarque, par une occupation consistant en combinaisons et calculs assez compliqués que nous rappellent les premiers jeux de cartes.

On voit donc que l'on n'est pas plus fixé sur la date exacte de l'apparition des cartes en tant que jeu de hasard. Il en est de même en ce qui concerne la carte numérale, c'est-à-dire celle qui porte les points et qui est à peu près exclusivement employée de nos jours. C'est d'une façon assez vague que l'on fait une première classification des jeux de cartes, classification qui les répartit en trois groupes principaux : le groupe méridional, qui comprend les cartes italiennes, espagnoles et portugaises, sur lesquelles on voit les coupes, les deniers, les bâtons et les épées ; le groupe central, qui comprend la France, l'Angleterre et l'Allemagne, qui se distingue par les cœurs, les carreaux, les piques et les trèfles ; enfin le groupe septentrional, qui n'existe pour ainsi dire plus de nos jours et sur lequel on voit figurer le cœur, le grelot, le gland et la feuille de lierre.

Lequel de ces trois groupes occupe la première place ? La question reste encore de nos jours sans réponse, et tout fait prévoir que le voile qui recouvre ce mystère ne fera que s'épaissir avec le temps et que nos arrière-neveux n'en sauront probablement jamais plus long que nous, à moins qu'il ne se fonde à ce sujet une légende d'un charme suffisant pour passionner le public, auquel cas elle durera des siècles et fixera sans discussion possible ces différents points douteux, que notre conscience nous fait un devoir de présenter comme non encore établis.

A dire vrai, la question n'est pas d'un intérêt

capital, et les cartes à jouer ayant généralement fait plus de mal que de bien à notre pauvre humanité, leur origine ne serait intéressante à connaître que si elle nous permettait de corriger leurs défauts ou d'augmenter leurs qualités. En dehors de ce qui est la vérité et que nous voulions proclamer, il nous a paru intéressant de montrer au lecteur comment disparaît l'origine des choses même les plus usuelles et les plus répandues, et combien est juste notre expression française de la *nuit du temps!* Le temps, en effet, jette tôt ou tard la nuit sur les choses les plus éclairées, et une nuit que nos progrès et notre science n'arriveront jamais à percer.

C'est jusqu'au règne des rois Charles VIII et Louis XII qu'il nous faut remonter pour trouver la fabrication régulière des cartes à jouer avec le cartier fameux Jehan Valey, qui fabriquait les cartes françaises et les tarots espagnols. A dater de cette époque on peut suivre la production de cet article déjà très en faveur et dont quelques fabricants sont restés assez célèbres pour que leurs noms soient venus jusqu'à nous, tels les Goyrand, vers la fin du règne de Louis XII; Claude Astier, Jean Heman, Le Cornu, sous François Ier; Passerel, cartier du roi Henri IV, et tant d'autres non moins célèbres.

Les cartes portaient comme figures le roi, la reine et le chevalier; chaque cartier avait ses figurines plus ou moins belles de facture, et ne portant aucun nom de personnage, le seul qui se vît n'étant encore, suivant une ordonnance royale, que celui du fabricant qu'il était tenu d'inscrire, sous peine de confiscation et d'une amende de 10 livres, sur la carte portant le valet de trèfle. Il semble que c'est à Passerel, sous Henri IV, que l'on doit l'apposition de noms plus ou moins anciens sur les figures. Un des premiers noms que l'on vit figurer fut celui de Lahire sur le valet de trèfle ; un érudit, M. Paul Lacroix, y vit une indication sur l'invention des cartes qu'il attribua au chevalier Étienne Vignoles, dit Lahire, célèbre capitaine de Charles VI, et qui aurait inventé les cartes à jouer pour distraire son auguste maître. Les cartes continuèrent donc à se fabriquer sous la direction de cartiers plus ou moins habiles, qui ne respectaient exclusivement que les points et la désignation des figurines dont ils variaient les modèles à leur fantaisie.

Jusqu'au XVIIe siècle, le jeu de cartes, tout en étant très en faveur, ne paraissait cependant pas devoir déchaîner la grande et triste passion du jeu ; mais, aux XVIIe et XVIIIe siècles, ce fut une véritable effervescence ; toute la haute société passait tous ses loisirs à ce jeu et, ce qui n'est pas pour nous surprendre, les femmes ne se montraient pas les moins acharnées. Mais à ce moment encore, il n'était question dans les cartes que du jeu et la politique ne semblait pas devoir s'y trouver mêlée. Ce n'est qu'à l'approche de la Révolution que tout est bouleversé dans les cartes, et nous ne pouvons faire mieux, pour indiquer l'état des esprits à cette époque, que de donner les lignes suivantes que nous extrayons du Dictionnaire de l'Industrie et des Arts industriels :

« Dès la fin du règne de Louis XVI, les allusions ne se voilent plus. On publie, en 1792, des cartes satiriques à l'effigie du malheureux roi ; cela s'appelle *la partie de cartes du roi et du sans-culotte*. Le 10 août renverse la royauté. Dès lors, la République transforme entièrement le jeu de cartes, lequel, tel qu'il se trouvait constitué, était plus qu'un non sens, et les monarchies de Gringonneur furent abolies. Suivant le Dictionnaire néologique, les rois de carreau, de cœur, de pique, de trèfle passèrent pouvoirs exécutifs de carreau, de cœur, de pique, de trèfle; et le *Consolateur* de juin 1792 nous apprend qu'on entendait dans les tripots : « Je fais six fiches, brelan de pouvoirs exécutifs! » ou « j'ai le vingt et un et le voici : as de cœur et le *veto* de trèfle ». C'est alors qu'Urbain Jaume et Jean-Démosthène Dugourc, ayant déclaré dans le *Journal de Paris*, de mars 1793, qu'un républicain ne peut se servir, même en jouant, d'expressions qui rappellent sans cesse le despotisme et l'inégalité de conditions, convertirent, en leur fabrique de la rue Saint-Nicaise, les rois en *génies : génie de cœur* ou *de la guerre*, *génie de trèfle* ou *de la paix*, *génie de pique* ou *des arts*, *génie de carreau* ou *du commerce;* ils s'appelaient : *Force*, *Prospérité*, *Goût*, *Activité*. Les dames devinrent des *libertés : liberté de trèfle* ou *du mariage*, carte qui porte le simulacre de la Vénus pudique, et une enseigne sur laquelle est écrit le mot « divorce »; *liberté de carreau* ou *des professions*; *liberté du cœur* ou *des cultes* ; *liberté de pique* ou *de la presse;* leurs noms étaient : *Pudeur*, *Industrie*, *Fraternité*, *Lumière*. Les valets enfin devinrent des *égalités* : *égalité des devoirs*, *égalité des valeurs*, *égalité des droits*, *égalité des rangs*; leurs noms étaient : *Sécurité*, *Courage*, *Justice* et *Puissance*. Quant aux as, ils furent remplacés par les *Lois*.

« Lorsque les quatre rois n'étaient pas des génies, ils étaient remplacés par quatre philosophes : *Molière*, *La Fontaine*, *Voltaire* et *Rousseau*. De même les dames, au lieu d'être des libertés, étaient parfois des *vertus* : la *Justice*, la *Tempérance*, la *Prudence*, la *Force*. Le crayon de Daniel dessina une série d'autres types d'un goût plus sévère, qui furent des *Brutus*, des *Horace*, des *Annibal*, etc. Les quatre rois qui étaient debout, dans l'ancien jeu, furent représentés par quatre figures d'hommes assis, coiffés d'un bonnet phrygien et environnés de leurs attributs. Enfin un jeu à personnages gallo-romains remplaça ces jeux et fut à peu près adopté partout jusqu'à l'Empire. »

Il existe au musée Carnavalet plusieurs jeux de cartes révolutionnaires très remarquables, et la Bibliothèque de l'Arsenal en possède également une très riche collection.

La Restauration réforma les cartes naturellement en sens inverse; elle substitua aux génies, aux philosophes, aux libertés et aux vertus, les rois et les reines légitimes, et les égalités firent place aux chevaliers qui les avaient fidèlement servis. Puis, après ces secousses et ces désordres passagers, on revint tout doucement au point de départ. Gatteaux, en 1817, dessina quelques-unes de ces cartes élégantes. Il n'y en a pas eu, affirme M. Paul Boiteau, dont le dessin ait été plus complet et cependant plus simple.

Telle est, en quelques mots, l'histoire de la carte, en France du moins.

Les cartes à jouer en usage aujourd'hui dans toute l'Europe et les pays qui ont accepté la civilisation européenne peuvent se diviser en deux classes : l'une, que l'on désigne sous le nom de *cartes numérales*, est celle dont le jeu complet comprend 52 cartes, divisées en quatre séries, comprenant chacune trois figures : roi, dame et valet ou chevalier, et 10 cartes sans figure, se distinguant par des points depuis un ou as jusqu'à dix ; l'autre classe est celle des *tarots*, elle comprend 78 cartes, présentant un jeu qui ne diffère des cartes ordinaires que par l'addition d'une figure à chacune des quatre séries, ce qui donne, à chaque couleur, un roi, une dame, un cavalier et un valet. Les vingt-deux autres cartes qui complètent le jeu, et que l'on nomme *atouts*, sont des figures dont l'une représente un fou et les autres des sujets qui, dans les jeux allemands, sont variés à la fantaisie du fabricant et comportent un grand numéro d'ordre en chiffres romains.

Pour les tarots restés fidèles au texte primitif, ces figures sont des personnages ou des sujets allégoriques portant un nom explicatif et dont l'ordre, marqué également par des chiffres romains, est le même en France, en Italie, en Suisse, etc. Voici ces types :

Le fou (sans numéro) ; I, le bateleur ; II, la papesse ; III, l'impératrice ; IV, l'empereur ; V, le pape ; VI, l'amoureux ; VII, le chariot ; VIII, la justice ; IX, l'ermite ; X, la roue de fortune ; XI, la force ; XII, le pendu ; XIII, la mort ; XIV, la tempérance ; XV, le diable ; XVI, la Maison-Dieu ; XVII, l'étoile ; XVIII, la lune ; XIX, le soleil ; XX, le jugement dernier ; XXI, le monde.

Il existe aussi un jeu florentin, les *minchiate*, qui

appartient à la classe des tarots ; il se compose de 97 cartes. C'est le premier des tarots ci-dessus auquel, dans les atouts, on a ajouté dix-neuf cartes, savoir : les douze signes du zodiaque et sept autres figures que l'on croit être l'espérance, la prudence, la foi, la charité, le feu, l'eau et la terre, car les minchiate ne portent pas le nom des figures allégoriques. Le pape, la papesse et l'impératrice ne figurent pas non plus dans cette suite ; mais on y voit, outre l'empereur, deux têtes couronnées, sans doute un roi et un duc. Ce jeu est à peu près inconnu hors de l'Italie.

Le tarot de 78 cartes est très répandu en Autriche, en Lombardie, dans diverses parties de l'Allemagne, au Danemark, en Suisse, en Provence et en Franche-Comté. Les cartes de ce jeu sont plus grandes et surtout plus allongées que les cartes numérales. En Italie, en France et en Suisse, ces cartes ont gardé leur physionomie primitive avec les figures allégoriques du Moyen âge. Mais en Allemagne et dans le nord de l'Europe, les coupes, les damiers, etc., ont été remplacés par nos points : pique, trèfle, carreau et cœur ; quant aux figures des atouts, elles varient au gré des fabricants qui mettent tantôt des paysages, tantôt des épisodes de guerre, tantôt même des sujets à la mode.

Parmi les cartes numérales, il faut citer les cartes espagnoles ou cartes d'hombre, au nombre de 48, ayant pour figure quatre rois, quatre cavaliers et quatre valets aux valeurs respectives de 12, 11 et 10, et dans chaque série neuf cartes de point allant de un à neuf. Les dessins des figures sont plus fins que dans les cartes françaises et, comme les joueurs ne les tiennent pas en éventail dans leurs mains, mais l'une sur l'autre en laissant dépasser chaque bord, celui-ci porte un numéro correspondant à la valeur de la carte, qui permet au joueur de voir son jeu sans déployer toutes ses cartes.

Les cartes françaises sont, à coup sûr, les plus répandues ; exclusivement en usage dans la plupart des pays, on les retrouve encore chez les nations qui ont leur jeu propre. Elles ne comprennent en réalité que deux sortes de jeux : le jeu complet de 52 cartes ou jeu de whist, et le jeu de 32 cartes ou jeu de piquet. Le type des cartes françaises actuelles est à peu près le même que celui du XVIe siècle, et la seule véritable innovation qui y ait été apportée, consiste dans l'introduction des types de figurines à deux têtes, qui est une invention belge importée en France, où elle s'est toujours maintenue. Elle est pratique en ce que le joueur ramasse les cartes telles qu'elles lui sont distribuées sans avoir besoin de les redresser pour avoir la tête de la figurine en haut.

A vrai dire, nous possédons en France un jeu de cartes absolument officiel, qu'il soit de 32 ou de 52 cartes, officiel en ce sens que le fabricant n'en peut pas modifier le dessin au moins en ce qui concerne les figurines qui lui sont imposées par l'Administration des Contributions indirectes. En effet, tout fabricant de cartes doit prendre toutes les figures et l'as de trèfle à l'Imprimerie nationale qui lui livre le tout imprimé en noir. C'est-à-dire que les figures ont leurs contours entièrement faits ; quant aux trois autres as et aux points, c'est le fabricant qui les confectionne comme nous le verrons plus loin.

Il se fait néanmoins des cartes dites *de fantaisie*, qui peuvent avoir des dimensions différentes des cartes officielles et qui peuvent avoir aussi des figures autres que celles adoptées par la Régie, mais leur fabrication est excessivement restreinte au moins pour la consommation française et fait l'objet d'une réglementation spéciale.

Le lecteur nous pardonnera de nous être autant étendu sur l'historique de la carte à jouer, mais nous avons pensé qu'avant de traiter la fabrication de cet objet que l'on trouve partout, qui forme la distraction de tout le monde à peu près indistinctement, il était bon de faire connaître l'article de cette fabrication, et comment le connaître mieux qu'en apprenant son histoire ? Histoire bien incomplète à sa genèse, mais cette lacune même éveillera peut-être le désir d'en apprendre davantage, et si quelques esprits chercheurs découvraient une origine plus précise que celle que nous donnons, et qui est la seule connue à ce jour, ils apporteraient une pierre des plus utiles, au moins au point de vue historique, à l'édifice qu'ont déjà bâti des savants de premier ordre, tels que les Menestrier, les Daniel, les Rive, les Court de Gibelin, les Peignot, les Lacroix et tant d'autres, sans omettre Lebrun, qui fit le premier Manuel du Cartier et du Cartonnier, de l'Encyclopédie-Roret, et dont l'ouvrage, signalé par tous les auteurs traitant de la carte à jouer, est aujourd'hui une rareté de la librairie française.

CHAPITRE XIII

Fabrication à la main de la carte à jouer

SOMMAIRE. — I. Des instruments du cartier. — II. Matériaux nécessaires à la fabrication. — III. Fabrication. — IV. Enluminure.

La carte à jouer, comme tous les articles d'un usage très répandu, n'a pas échappé aux effets de la production rapide, économique et à bon marché, c'est-à-dire qu'elle fait aujourd'hui l'objet d'une fabrication fort importante, utilisant les machines les plus perfectionnées, dont nous ferons l'examen au cours du chapitre suivant. Mais comme cet article s'est fait longtemps uniquement à la main et se confectionne encore de cette façon aujourd'hui, nous n'avons pas voulu passer sous silence cette méthode fort intéressante d'ailleurs et aussi des plus délicates. En raison de la date, encore indécise, mais très éloignée de leur apparition en France, les cartes à jouer ont été longtemps fabriquées à la main et, à ce titre seulement, nous ne pourrions pas nous dispenser de parler de ce genre de fabrication, qui a eu ses célébrités, ainsi que nous l'avons dit un peu plus haut.

D'autre part, si la mécanique, d'une façon générale, nous permet de confectionner certains articles avec rapidité, avec économie et avec précision, c'est à la condition de limiter notre fabrication à un modèle défini, fixe et absolument invariable, c'est-à-dire uniforme chez tous les fabricants. Au début de cette fabrication, les cartiers, au contraire, rivalisaient de zèle et de talent pour varier les genres et arriver à créer un modèle qui fût le préféré du public, aussi n'auraient-ils pas pu obtenir ce résultat s'ils avaient dû faire leurs articles à la machine. Et puis les cartes ont commencé par être un article de pur luxe dont il fallait savoir rehausser l'éclat par une valeur artistique que seule la main de l'homme pouvait produire, et l'histoire nous apprend que Phil. Marie Visconti a payé un jeu de cartes 1,500 écus d'or ; que le XVIe siècle connut les cartes brodées sur satin blanc ; que le XVIIe siècle vit paraître des cartes sculptées dans la nacre, et qu'enfin nos différents musées conservent soigneusement des cartes anciennes comme de véritables monuments de l'art ancien. Mais, depuis lors, les cartes à jouer sont devenues un article industriel, dans lequel la partie artistique n'intervient pour ainsi dire plus et qui justifie pleinement l'emploi de la mécanique pour leur fabrication. Cependant cet outillage est important et dispendieux, par conséquent à la portée des grandes manufactures seules, et les cartiers d'importance moyenne devront recourir à la fabrication manuelle.

Tout le monde a plus ou moins touché la carte à jouer, aussi est-il presque inutile de dire que cet objet réclame dans sa fabrication un soin tout particulier en vue d'arriver à la production d'objets absolument uniformes qui, vus à l'envers, ne laissent pas visible le moindre signe caractéristique permettant de reconnaître le point ou la figure indiquée à l'endroit. C'est là un point sur lequel nous aurons souvent à revenir.

La carte à jouer se compose de trois épaisseurs d'un papier différent, à savoir :

1° Le papier qui porte les figures et les points, qui est un papier blanc de bonne qualité, filigrané dans les cartes officielles et papier de bonne qualité dans les cartes de fantaisie, ce premier papier porte le nom de feuille *par devant*.

2° D'un papier qui fait en quelque sorte l'âme de la carte, qui lui donne son épaisseur et son opacité, c'est ce qu'on appelle la feuille *d'étresse*. Cette feuille est variable de qualité et de couleur, suivant les fabricants. Chez les uns c'est une feuille grise de la nuance du carton, chez les autres elle est jaune, chez d'autres enfin elle est d'un blanc sale, elle est bise.

3° Enfin le papier qui forme le dos de la carte et que l'on nomme *tarot*. Cette feuille est généralement en bon papier et porte un dessin quelconque, choisi de préférence pour donner une uniformité absolue entre tous les dos de cartes, ou tout au moins pour empêcher tout point de repère capable de faire reconnaître telle ou telle carte. C'est pourquoi ce dessin est formé, soit par une rayure plus ou ou moins serrée, comportant une ou plusieurs couleurs, soit par des dessins formant des carreaux ou des losanges, mais suffisamment petits pour qu'ils se trouvent répétés en très grande quantité sur une même carte, de façon qu'il soit impossible, même à l'œil le plus exercé, d'en compter le nombre ou de constater la moindre différence dans leur disposition. Enfin certaines cartes, et généralement les cartes de prix, ont comme feuille de tarot un papier généralement très glacé ou même couché, d'une couleur absolument uniforme, blanche ou bleue ou de toute autre nuance.

La fabrication des cartes à jouer étant d'une extrême délicatesse, l'agencement des ateliers qu'elle comporte ne manque pas d'importance, et nous dirons que, suivant son importance, une fabrique de cartes bien installée doit occuper un local suffisamment vaste. Il faut, premièrement, qu'il s'y trouve des caves pour la conservation de la colle, et des greniers ou des galeries pour faire sécher les cartes nouvellement préparées. Ces locaux, que nous appellerons des séchoirs, pourront être, en été, de grands espaces ouverts à l'air libre, dont les baies seront munies de planches inclinées en forme de lames de persiennes, absolument comme les séchoirs des blanchisseries. En hiver, on pourra se servir de ces mêmes locaux, à la condition de fermer les baies et de pouvoir chauffer l'enceinte à l'aide de poêles, en ménageant une bonne ventilation.

Nous insisterons un peu sur ce dernier point, souvent négligé dans bien des industries où l'on doit opérer des séchages. On s'imagine en effet, d'une façon encore trop générale, que pour faire sécher des objets plus ou moins fortement imbibés d'eau, il faut simplement les soumettre à une chaleur aussi forte que possible. Cette condition n'est pas superflue, mais elle n'est pas suffisante. Etant donné que le séchage constitue une opération ayant pour effet d'enlever de l'eau d'un corps qui en contient plus ou moins, il faut non seulement enlever cette eau, mais encore l'empêcher de rentrer dans le corps en question. Si nous supposons que nous enfermions une certaine quantité de carte humide de sa colle dans une pièce fermée, et que nous y entretenions un bon feu, que se passera-t-il? Grâce à notre feu, nous ferons bien sortir l'eau de la carte, et cette eau, si notre séchoir est bien clos, se répandra dans toute l'atmosphère du séchoir, mais ne disparaîtra pas. De sorte que si on laisse tomber le feu, cette eau se condensera, tant sur la carte que sur les parois du séchoir et, si la première est débarrassée d'une partie de son eau, elle contiendra encore celle qui se sera condensée après refroidissement. De plus, les parois du séchoir seront elles-mêmes recouvertes d'eau de condensation et à une seconde opération de séchage, toute cette eau, avec celle provenant des nouvelles cartes mises à sécher, sera remise dans l'atmosphère du séchoir, atmosphère qui, au bout de très peu de temps, deviendra suffisamment humide pour qu'on n'y puisse plus rien mettre à sécher.

Il est donc indispensable qu'un séchoir soit parfaitement ventilé, c'est-à-dire que l'eau qui sort des cartes par l'effet de la chaleur soit enlevée du séchoir au fur et à mesure qu'elle s'y répand. Les dispositions à prendre pour assurer cette ventilation varieront forcément avec les locaux, les modes de chauffage, la quantité de matières mises à sécher, etc.; aussi le cartier aura-t-il soin de s'entourer de conseils, quand il établira son séchoir, pour obtenir cette ventilation.

Donner quelques dispositions de ventilation nous entraînerait très loin et complètement hors de notre sujet; nous nous bornons donc à attirer l'attention des cartiers sur ce point, très important pour la bonne exécution du travail qu'ils se proposent d'accomplir. Nous ferons remarquer également que le cartier peut facilement obvier à cet inconvénient du séchage en hiver, en préparant pendant l'été la quantité de cartes dont il peut avoir besoin pendant la mauvaise saison, et en la faisant sécher, pendant les beaux jours, sans chauffage. C'est une question de prix de revient que le cartier fera bien d'examiner; l'intérêt de l'argent représenté par cette matière et cette main-d'œuvre pouvant être, suivant les circonstances, supérieur ou inférieur à la dépense d'un séchoir bien organisé, comme nous le recommandons.

I. DES INSTRUMENTS DU CARTIER

Après cette digression sur le séchoir, mais dont notre lecteur comprendra l'importance, passons aux divers instruments que le cartier met en œuvre. Il nous sera plus facile, en effet, quand nous les connaîtrons, de suivre la fabrication par leur usage constant. Et puisque nous parlons du séchoir, disons qu'on doit trouver dans celui-ci, toujours en quantités suffisantes, des corbeilles ou paniers remplis d'épingles propres à retenir les feuilles de carte sur les cordes. Les épingles, encore souvent en usage, sont formées d'un bout de laiton recuit, dont la tête est garnie de peau blanche ou de parchemin plié en quatre parties. Le morceau de laiton se recourbe en crochet à moitié environ de la longueur, présentant ainsi la forme d'une S plus ou moins fermée. La feuille de carte est piquée par une des branches de ce genre d'épingles, tandis que l'autre branche ou boucle se pose à cheval sur la corde du séchoir. En général, les feuilles de carte sont prises par deux de ces épingles et pendues ainsi, ce qui leur donne plus de stabilité. On fait usage, plus communément aujourd'hui, d'épingles dites de blanchisseuses, que tout le monde connaît, et qui évitent de percer la carte, opération toujours un peu plus longue que de la pincer avec l'épingle de blanchisseuse. Cette dernière doit être prise de préférence en bois; on en fait aujourd'hui en fer galvanisé, mais, si bien que soit faite la galvanisation, il peut rester des parties de fer mises à nu qui, en contact avec l'humidité de la carte, forment des taches de rouille, lesquelles n'ont pas de conséquences fâcheuses quand elles ne se manifestent que sur le bord de la carte qui sera rogné à l'achèvement, mais qui peuvent s'étendre et se propager sur la feuille par devant ou sur la feuille de tarot.

Toutes ces épingles, comme les cordes, comme les corbeilles, doivent être tenues toujours dans un état de propreté irréprochable. Lorsque le séchoir est vide, il faut le balayer avec soin et le nettoyer à fond périodiquement. D'une façon périodique encore, on devra nettoyer les lames de persiennes qui ferment les baies en été, et sur lesquelles se dépose de la poussière qu'un coup de vent peut envoyer sur la carte en train de sécher, risquant ainsi de salir une fabrication entière. Cet accident, outre qu'il déprécie la marchandise, peut même la mettre hors d'usage complètement, en formant sur la carte des signes distinctifs, qui rendraient les jeux faits avec elle tout à fait invendables.

Si du séchoir nous passons à l'atelier de collage où se prépare la carte, c'est-à-dire le carton léger, les besoins de cette partie de la fabrication nous indiquent qu'il doit contenir des tables longues et solides et des planches de hêtre carrées, unies, parfaitement dressées au rabot, de façon à présenter une surface très lisse. Ces planches ont des dimensions un peu plus fortes que les feuilles du grand papier qu'on aura à coller ensemble pour former la carte, on les appelle encore communément *ais du colleur*. Au moment du travail, elles doivent être disposées en tas à l'une des extrémités des tables. Plusieurs brosses ou pinceaux, plus ou moins forts pour le collage, des pinceaux doux, des linges fins et propres, des pots pour mettre la colle, des poinçons de cartonnier, de très grosses éponges pour nettoyer les ustensiles, de l'eau, pour ainsi dire à discrétion, doivent encore se trouver dans l'atelier de collage.

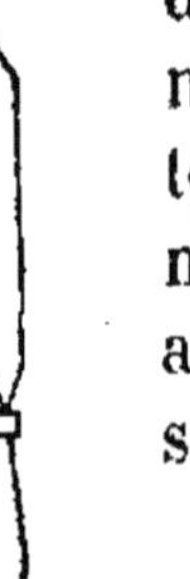

Fig. 85. Coupoir à séparer les étresses.

Un instrument plus important y réclame encore une place, c'est la presse à colonne, dont on fait aujourd'hui les modèles les plus divers, mais dont le principe est toujours le même que celui dont nous avons parlé au chapitre premier, en signalant la presse du cartonnier. Nous n'y reviendrons pas et renverrons le lecteur à la description que nous en avons faite figure 9. Il faut encore le coupoir à séparer les étresses, que nous représentons par notre dessin (fig. 85), suffisamment explicite par lui-même pour nous éviter une description.

Viennent ensuite les moules ou planches (fig. 86) qui servent à imprimer les points sur le carton des cartes. Ces planches servent indistinctement à tous

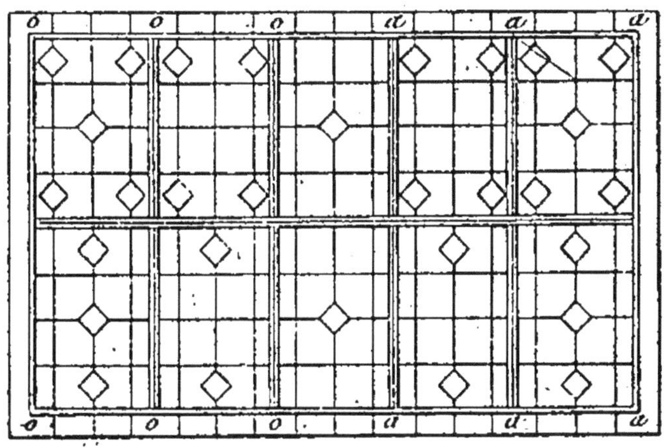

Fig. 86. Moule ou planche.

les cartiers, et n'offrent de différences que par des mentions spéciales propres à chaque cartier en particulier, et dont le lecteur aura toutes les explications dans le chapitre du présent ouvrage, qui contient tous les règlements auxquels sont assujettis les fabricants de cartes à jouer. Règlements très précis et exécutés avec la plus grande rigueur par l'Administration des contributions indirectes, par conséquent que le cartier doit connaître à fond et avoir toujours présents à l'esprit.

L'atelier du collage, comme le séchoir, comme

tous les ateliers occupés à telle ou telle partie de la fabrication de la carte à jouer, doit être constamment tenu dans un parfait état de propreté. Les tables doivent être fréquemment lavées, de façon à présenter une surface irréprochable, il en est de même des ais. Le sol et les parois de l'atelier seront également nettoyés périodiquement, indépendamment du balayage du plancher, qui doit se faire tous les jours. Il faut porter aussi une grande attention à la propreté constante des pots à colle, et ne jamais les laisser en partie vidés, pendant un temps assez long, dans un coin de l'atelier; car la colle se décompose, surit et entraînerait la décomposition de la colle fraîche qu'on viendrait à remettre dans le pot. Cette précaution est à recommander comme très importante, car la présence de colle décomposée dans un endroit quelconque de l'atelier, peut nuire énormément à la conservation de la colle fraîche. De même, quand un pot à colle a été épuisé, il est toujours bon de le laver à fond avant de le remplir à nouveau. Pour les mêmes raisons, il faut éviter de renverser de la colle à terre, ou sur les tables et ais, ou alors s'astreindre à ne pas l'y laisser séjourner. Sa décomposition serait rapide et entraînerait celle de la colle fraîche.

Après l'atelier de collage, vient l'atelier de l'enlumineur et du chauffeur. A moins d'une fabrique particulièrement importante, il est bon de réunir autant que possible les deux opérations dans un même atelier, afin que les ouvriers passent immédiatement de l'une à l'autre. L'enluminure réclame : 1° des vases, pour contenir les couleurs; on les nomme ordinairement *calottes à couleurs*, en raison de leur forme particulière ; 2° des couteaux pointus, bien coupants, que l'on appelle couteaux à patrons ; 3° des emporte-pièce, ayant chacun la forme d'un point, c'est-à-dire que l'un représente le trèfle, l'autre le cœur, un troisième le pique et le quatrième, enfin, le carreau. Nous en donnons la représentation sur notre dessin, figure 87. Nous avons

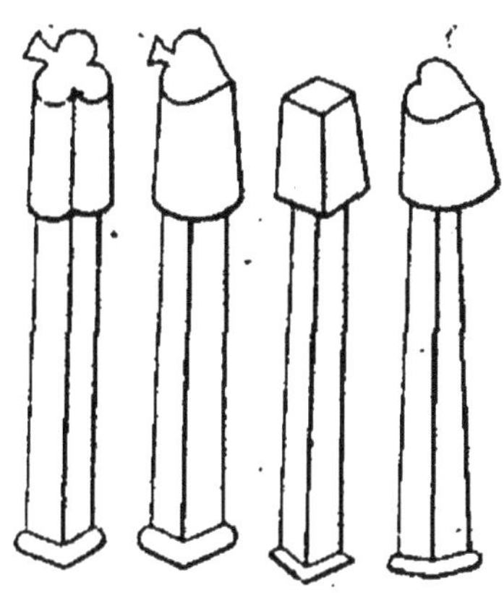

Fig. 87. Emporte-pièce points.

déjà parlé des emporte-pièce, et bien que ceux-ci soient de forme très simple, nous nous appesantirons un peu sur les qualités spéciales qu'ils doivent présenter, en vue d'offrir une très grande exactitude dans le travail qu'ils doivent faire. Il faut, avant tout, qu'ils soient parfaitement exacts, que la tige soit bien au centre de la partie coupante, et il est bon également de maintenir à l'extrémité de cette tige, une partie élargie, telle qu'on la voit figurée sur notre dessin; de manière, non seulement à offrir une surface plus grande au coup de maillet, mais encore à répartir l'effort produit par ce coup, sur toute la surface coupante de l'outil. Cette condition doit toujours être remplie pour assurer un coupage très net et très exact, comme il le faut dans cette fabrication spéciale, ainsi que nous le verrons plus loin.

Des pinceaux spéciaux qu'on a longtemps surnommés goupillons, de grosses brosses à poils courts et serrés dans le genre des brosses à parquet, appelées brosses à couleur ; des planches légères, lisses, ayant la forme de parallélogrammes, faisant l'office de la palette du peintre et portant le nom de platines, tels sont encore les instruments qui servent à l'enluminure. Pour cette partie encore, nous recommanderons l'excessive propreté et le bon entretien. Les pots de couleurs doivent être souvent nettoyés, les enlumineurs doivent faire attention de ne pas laisser la couleur s'écouler sur la paroi extérieure du pot. Ils doivent prendre le plus grand soin quand ils posent leurs cartes ou leurs outils pour ne pas tacher les premières et pour que les seconds ne répandent pas leur couleur sur les tables.

Les outils du chauffeur sont moins nombreux, mais plus compliqués. Le principal est un réchaud formé d'une caisse carrée en tôle et nommé chauffoir. Nous représentons cet appareil, figure 88, dans lequel la caisse en tôle *dd* est placée sur quatre pieds *eeee*, assemblés comme les pieds d'une table. Sur les bords de la caisse, on pose une espèce de cage, composée de quatre bandes de fer *aaaa*, *bbbb*, posées les unes sur les autres ; ces bandes sont recourbées par les extrémités inférieures *cccc*, qui présentent deux crochets sur chaque côté du chauffoir. On établit sous ces crochets quatre planches minces destinées à concentrer dans la caisse des charbons ardents.

De chaque côté du chauffoir doit se trouver une chaise grossière dont le dos est en X, ou bien un banc élevé et presque carré, ayant aussi le dos de

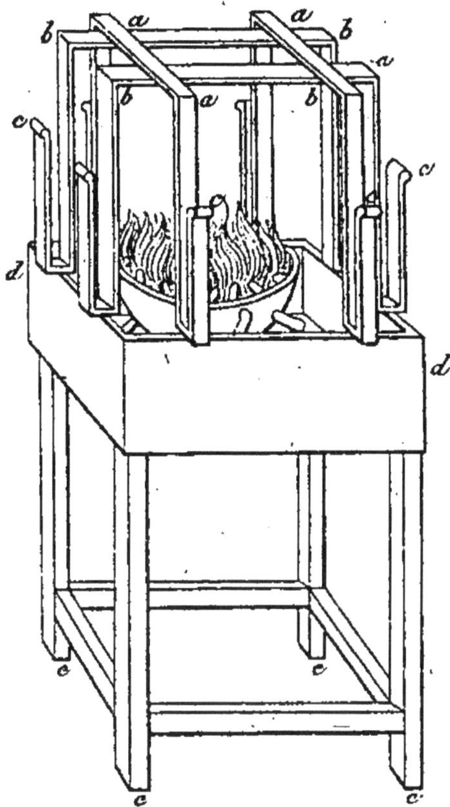

Fig. 88. Chauffoir du cartier.

forme semblable à celui de la chaise. Le banc ou la chaise, qu'on nomme chevalet, porte une demi-boîte en bois, un peu plus grande que les cartons qu'elle doit recevoir, afin qu'on puisse les y mettre et les en ôter commodément. Nous avons à dessein représenté un chauffoir des plus primitifs, pour bien faire voir au lecteur la simplicité de cet appareil, qui a été le seul en usage fort longtemps chez les cartiers et non les moins réputés. Mais on comprend qu'aujourd'hui, avec les ressources nouvelles mises à la disposition de toutes les industries, on peut, et à très bon compte, perfectionner avec la plus grande facilité cet appareil rudimentaire. D'abord, un fourneau à gaz, ou même une simple lampe à gaz, remplacera avantageusement les charbons ardents, toujours sujets à faire tomber leurs cendres sur le travail mis près du chauffoir. Si le cartier n'a pas la disposition du gaz, il peut combiner pour le chauffoir un de ces fourneaux d'usage très répandu, soit à l'essence, soit au pétrole; enfin, comme autre source calorique, il peut encore recourir à l'alcool dénaturé, d'un prix si bas à notre époque. En tout cas, l'un quelconque de ces modes de chauffage apporte toujours un progrès notable, en supprimant la production de la cendre de charbon qui peut voltiger dans tout l'atelier et se déposer non seulement sur le travail en cours d'exécution, mais encore sur les outils qui, s'en trouvant souillés, risquent à leur tour de communiquer leur malpropreté à la carte en fabrication.

Après cet atelier, nous passons à celui du frotteur, du lisseur et du coupeur. Les outils que ces trois genres d'ouvriers emploient sont ordinairement voisins. L'outil du premier s'appelle frotton ou savonnoir, et sa confection très simple lui permet d'être exécuté à l'atelier même; c'est un as-

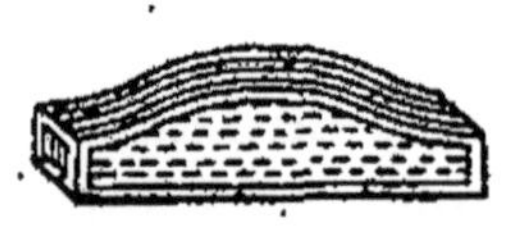

Fig. 89. Frotton.

semblage de plusieurs pièces de vieux feutre (dans le temps on employait même exclusivement à cet effet de vieux chapeaux) cousues fortement les unes aux autres sur une épaisseur d'environ deux centimètres, sur une largeur égale à celle de la feuille de carte. Nous représentons cet appareil fort simple figure 89.

Le lissoir, que représente la figure 90, est un appareil, une véritable machine, fort important dans

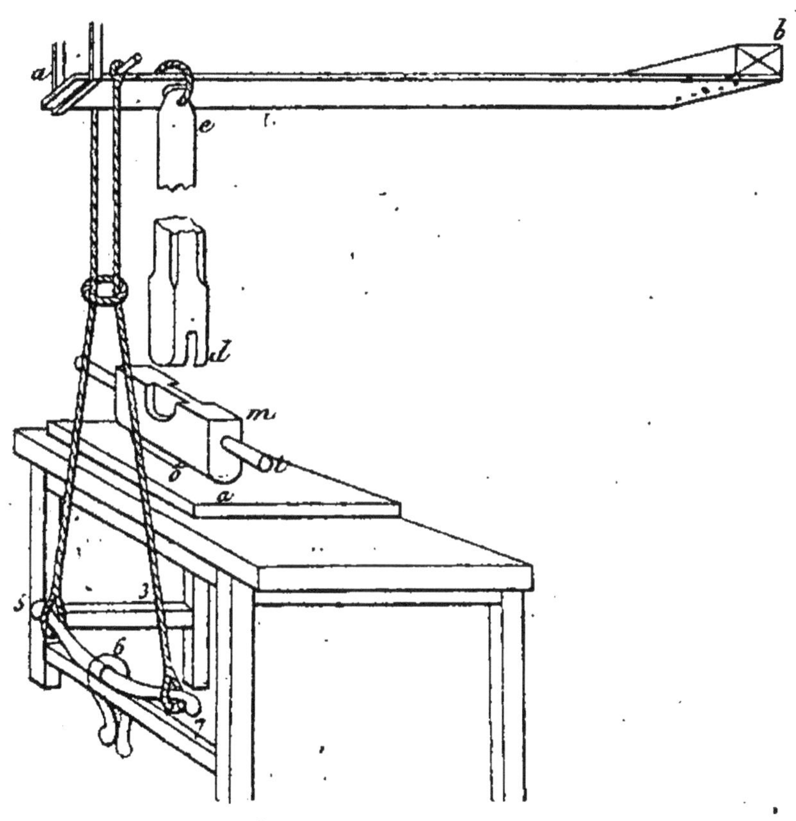

Fig. 90. Lissoir.

le métier, et auquel nous consacrons une description plus détaillée, en prenant comme exemple un lissoir ancien, par conséquent absolument démodé aujourd'hui, mais qui offre l'avantage de faire du bon travail et celui très considérable encore de pouvoir être établi par le cartier lui-même, aidé d'un menuisier quelconque, sans avoir à recourir au mécanicien. Il se compose d'une perche dont l'extrémité supérieure *e* est rattachée à une planche fixée aux solives *ab* du plafond, ou tout autre point d'appui solide, et dont l'autre bout *d* est appuyé sur la table où on lisse. On voit en *m* la boîte qui se fixe à l'extrémité inférieure de la perche, et nous la représentons sous toutes ses formes, figure 91 ; cette boîte est garnie d'une pierre que l'on voit légèrement au-dessus d'une des vues de la boîte. Cette pierre est un gros caillou noir de la nature du silex ou du jaspe ; on l'aiguise sur un grès fort dur, et on donne une forme arrondie à la face inférieure qui doit porter sur le carton. Ce caillou, qu'on garnit par le haut d'un peu de maculature, c'est-à-dire de papier gâché et qui ne peut servir, entre à force dans la mortaise *m* que l'on voit au-dessous de la pierre, figure 91, et s'y ajuste de façon à former une saillie d'un demi-point. On voit, figure 90, la boîte *m* en position ; la même figure montre l'assemblage de la boîte et de la perche. Les deux poignées sont nommées manchereaux ou mains *tt* ; on les tient à deux mains pour faire agir la lisse ; l'extrémité supérieure de la perche, arrondie en *e*, est reçue dans une calotte de bois ajustée à la planche *ab* qu'on nomme l'aviron et qui, étant attachée aux solives par son extré-

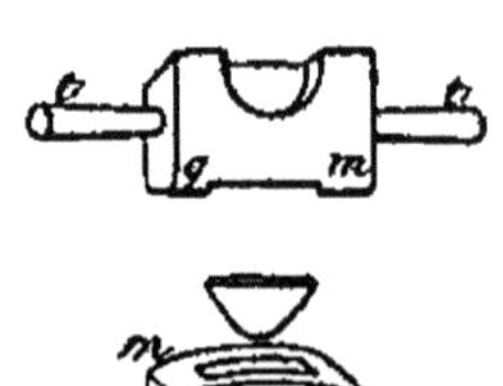

Fig. 91.
Boite du lissoir.

mité *b*, fait ressort et applique continuellement le caillou contre le marbré *a*. Suivant 3, 5 et 7, on voit une corde qui passe sur l'aviron *ab*, et de là va s'attacher aux deux bouts de la marche ou de l'étrier 6.

Cette corde sert à charger ou décharger la lisse, suivant que le carton a besoin d'un effort plus ou moins grand.

Après la lisse vient le coupoir, qui sert à diviser le carton suivant les dimensions des cartes à jouer qu'il renferme. Nous ne parlerons pas ici de cet appareil, qui primitivement se rapprochait beaucoup de ce qu'on fait aujourd'hui comme cisaille à main.

Nous renverrons donc le lecteur aux différents appareils à couper, que nous avons signalés dans notre chapitre premier et que représentent les figures 15, 16 et 17. Chacun de ces appareils peut être utilement employé. Nous ferons observer, toutefois, qu'il faut ici apporter les plus grands soins à l'exactitude du coupage. Du reste, dans un atelier où la fabrication sera de quelque importance, on devra confier ce travail toujours au même homme, de manière à avoir un ouvrier très rompu à son métier et parfaitement habile. Ce que nous disons du coupage s'applique également à toutes les différentes spécialités de la fabrication de la carte à jouer, car il est de toute rigueur que chaque phase du travail soit menée d'une façon absolument identique à elle-même pendant toute l'année, d'où la nécessité, au moins dans la fabrication manuelle, de la confier toujours à la même main.

II. MATÉRIAUX NÉCESSAIRES A LA FABRICATION

Maintenant que nous connaissons l'outillage du cartier, nous allons examiner les matériaux nécessaires à sa fabrication.

Les premiers qui se présentent à l'idée sont les différents papiers. Si nous commençons par le papier qui forme le dos de la carte ou le tarot, nous avons vu que c'est un papier de bonne qualité, soit uni, très glacé ou même couché et de nuances variées, soit un papier imprimé, c'est-à-dire comprenant les dessins les plus variés, mais dont les motifs sont choisis de telle sorte que le dessin n'offre à l'œil aucun point de repère capable de faire distinguer une carte d'une autre. C'est pourquoi l'on donne la préférence à des rayures plus ou moins serrées, dont les traits présentent souvent des écartements dissemblables, de manière à dérouter encore le regard dans les différences qu'il pourrait établir entre deux cartes successives. Les dessins qui figurent maintenant au dos des cartes à jouer n'ont pas toujours existés, et pendant longtemps, jusque même vers le milieu du XIXe siècle, on ne faisait la feuille de tarot qu'en papier blanc uni.

C'est à peu près vers 1840 à 1845 que quelques cartiers ont imaginé de faire le tarot avec un dessin, et cela pour obvier au gros inconvénient que présentaient les cartes à dos blanc de se salir rapidement. Cette tentative n'a pas été couronnée d'un plein succès au début, mais, depuis, l'usage s'en est généralisé, et il n'y a plus que les cartes tout à fait de luxe dont le dos soit en papier glacé ou couché, de nuance unie.

Pour le cartier fabricant à la main, il aura avantage à utiliser le papier uni. Cependant, en raison des qualités exceptionnelles qu'il doit présenter dans ce cas, et celle, entre autres, de ne porter aucune tache, aucune souillure, même si légère qu'elle soit, il lui sera souvent avantageux de renoncer au papier uni pour adopter un tarot portant un dessin quelconque. Dans ce cas, il devra avoir affaire à un imprimeur qui lui tirera son papier de tarot, c'est-à-dire qui le couvrira du dessin en question, à l'aide de clichés spéciaux, qui peuvent même servir en quelque sorte de marque de fabrique au cartier. Cette mesure lui permettra de ne pas mettre au rebut une certaine quantité de feuilles, qui, pour n'être pas franchement tachées, portent souvent des marbrures qui seraient gênantes ; l'application d'un dessin et surtout d'un dessin serré, compact, lui permettra d'utiliser ces feuilles qu'il aurait dû autrement mettre au rebut.

Après la feuille de tarot vient la feuille d'étresse. Celle-ci, nous l'avons déjà dit, est un papier commun de nuance grise ou jaunâtre, elle peut être faite d'une seule feuille ou de deux feuilles collées ensemble ; on ne saurait, à ce point de vue, fournir de règle générale. C'est au cartier à voir ce qui lui convient le mieux, soit comme commodité de travail, soit encore comme prix de revient. Ce que nous pouvons donner comme règle pour cette sorte de papier, c'est qu'il doit être peu collé au cours de sa fabrication, de façon à ce que, dans la fabrication de la carte, il s'imbibe bien de colle pour le collage de la feuille d'étresse et de la feuille de par devant.

Vient enfin le papier de par devant. Nous le diviserons en deux classes, suivant qu'il doit faire la carte officielle ou ce que nous avons appelé dans notre historique la carte de fantaisie, mais dont le véritable nom est *carte à portrait étranger*, tandis que la carte que nous avons dite officielle porte, suivant le cas, *carte à portrait français intérieur* ou *carte à portrait français extérieur*. Nous renvoyons le lecteur au chapitre des règlements du cartier, pour lui indiquer les différences qui existent entre ces différentes cartes, et dans le cours de la fabrication, pour plus de simplicité, nous maintiendrons les termes de carte officielle et carte de fantaisie.

Donc, suivant que le cartier fera l'une ou l'autre de ces cartes, il aura du papier de par devant différent. Pour les cartes officielles, ce sera toujours du papier filigrané, fourni par la Régie, et en tous points semblable au papier timbré ordinaire, sauf en ce qui concerne l'épaisseur et l'encollage. Son épaisseur est fixe pour les jeux de toutes sortes ; quant à son encollage, il est moins fort que celui dont est muni le papier timbré sur lequel on doit écrire, et cela parce que s'agissant dans la fabrication des cartes d'avoir un papier qui prenne facilement la colle quand on fabriquera le carton, on en met moins dans la pâte au cours de la fabrication. Il en résulte donc que dans la fabrication de cette catégorie de cartes à jouer, l'industriel sera toujours en présence de la même sorte de papier de par devant.

Dans les cartes de fantaisie, le fabricant prend ce qu'on appelle, dans le métier, du papier libre, c'est-à-dire le papier qu'il veut ; à lui donc de faire son choix suivant ses besoins, c'est-à-dire suivant le résultat auquel il veut arriver comme fini de travail et aussi suivant le prix de revient qu'il veut obtenir. A ce point de vue, nous ne saurions lui donner des indications très précises, nous ne pouvons que le conseiller dans un sens tout à fait général, lui indiquant succinctement les propriétés principales d'un papier capable de faire de la bonne carte à jouer. Ce papier de par devant, qu'on appelait jadis le papier pot, provenant du pot à peinture du cartier, était fait spécialement à cet usage ; aujourd'hui le papier pot est ce qu'on nomme communément le papier écolier et ne saurait convenir au cartier. A ce dernier il faut, comme papier de par devant, un papier suffisamment solide ; le papier à la forme (fait à la main) est le meilleur parce que, comme nous avons eu occasion de le dire, il présente une résistance égale dans les deux sens, et il n'a pas, comme dans le papier fait à la machine, un sens déterminé. En tant que force, c'est-à-dire en tant qu'épaisseur, il aura celle en rapport avec la qualité de carte que voudra faire le cartier. Ce papier ne devra recevoir, dans la fabrication, qu'une petite quantité de colle pour les raisons que nous avons déjà données. Il ne devra pas être d'une blancheur éclatante et mieux vaudra qu'il soit ce qu'on appelle légèrement crème. Cette condition de teinte mérite quelques explications que voici : pour les figures qui contiennent plusieurs couleurs alliées les unes aux autres, l'excès de la blancheur est sans conséquence ; mais pour les cartes de point dont les unes ne portent que du rouge et les autres que du noir, la blancheur exagérée a l'inconvénient de ressortir beaucoup plus avec les points noirs qu'avec les points rouges. Et c'est pour donner à chaque couleur un éclat uniforme sur le fond, qu'il est à recommander que celui-ci ne soit pas absolument blanc, mais légèrement coloré. D'ailleurs le fabricant de papier sera, sous ce rapport, le meilleur conseiller du cartier.

Le cartier aura soin de tenir son papier, surtout le papier de tarot et le papier de par devant, toujours bien emballé et bien enfermé, de manière à le soustraire à la poussière, non seulement sur le dessus mais encore sur les tranches. Il sera bon, à cet effet, que les tas de feuilles soient très bien faits et que les tranches se trouvent toutes sur une même ligne. Malgré que le papier soit un produit lourd, il sera toujours prudent de ne pas compter sur la faveur de ce poids pour croire que les tranches ne laisseront pas s'infiltrer de poussière entre les feuilles. Il sera donc bon de garantir la surface comme les tranches ; ce que le cartier réalisera en enfermant le papier dans des armoires à portes bien jointives. Il devra encore surveiller très attentivement son papier de par devant quand il s'agira du papier fourni par la Régie, parce que celle-ci n'admet que difficilement la perte de ce papier et en tous cas ne le rembourse jamais (voir les règlements). L'endroit où s'emmagasine le papier doit être parfaitement sec ; la moindre humidité pouvant faire piquer le papier, c'est-à-dire faire de petites taches jaunâtres qui le rendraient impropre à la fabrication des cartes à jouer. Enfin, dernière recommandation qui n'est pas sans importance, se défier des souris ou autres rongeurs de la même espèce.

Après le papier, la matière dont le cartier fait le plus grand usage, c'est la colle de pâte : colle de farine ou colle d'amidon. Nous ne parlerons pas de sa préparation qui a été traitée dans le chapitre deuxième, à la fabrication de la carte.

Enfin viennent les couleurs. Signalons d'abord celles qui étaient employées autrefois et qui n'étaient certes pas les plus mauvaises : 1° le cinabre ou sulfure de mercure pour le rouge ; 2° l'indigo pour le bleu ; 3° la graine d'Avignon pour le jaune ; cette dernière est une baie d'un vert jaunâtre foncé, produite par le *rhamus infestorius*, originaire du Gard, et qui a la forme d'un cœur. Enfin le noir dont nous ne parlons pas comme couleur, mais dont le cartier fait un grand usage pour tous les points. Ces couleurs, le cartier les délayait lui-même et les préparait pour son travail. Aujourd'hui, il pourrait sans nul doute se procurer les mêmes bases pour ses colorations, mais nous pensons que si elles seraient les meilleures elles seraient également les plus élevées comme prix, et dans bien des cas il devra se rabattre sur des produits qu'on obtient à meilleur compte et dont les sortes sont excessivement variables. Enfin, puisque nous en sommes aux couleurs, recommandons la plus grande attention aux sortes vénéneuses qui sont d'autant plus dangereuses pour le cartier fabricant à la main, qu'il les touche toujours et quoi qu'il fasse. Aussi devra-t-il toujours se renseigner sur leur degré de toxicité pour se prémunir en conséquence, ainsi que son personnel.

Avec les couleurs le cartier aura à employer divers autres produits tels que de l'alun, de la colle forte, de la colle de peau et de la gomme arabique. Enfin, comme produits accessoires, signalons des pains de savon bien sec, de l'huile à peinture, du charbon, etc.

Nous connaissons maintenant tout ce dont le cartier a besoin pour sa fabrication, tant au point de vue de l'outillage que des matériaux, nous pouvons donc aborder la fabrication proprement dite. Bien que la première partie de cette industrie soit à peu près ce qu'est la fabrication de la carte décrite au chapitre deuxième de la première partie de cet ouvrage, nous décrirons le travail de la confection de la carte sans renvoyer le lecteur à ce chapitre, dussent nos descriptions faire double emploi au moins comme principe.

III. FABRICATION

Mêlage

La première chose à faire dans la fabrication du carton pour carte à jouer, c'est le mêlage. Cette opération est généralement faite par le colleur et consiste à disposer les feuilles des différents papiers en tas où elles se trouvent disposées dans l'ordre dans lequel il faudra qu'elles se présentent dans le carton. Ainsi, en supposant que la carte à faire comporte une étresse faite de deux papiers collés, on fera les tas de la manière suivante : une feuille de par devant, deux feuilles d'étresse et une feuille de tarot, puis on continuera à empiler dans le même ordre et en même quantité, en ayant soin que les bords ne soient ni collés, ni pliés les uns sur les autres, de manière à ce qu'au moment du collage, le colleur puisse prendre ses feuilles même sans regarder le tas et qu'il ne risque jamais d'en saisir plus d'une à la fois.

Quand les étresses sont grises on dit que l'on fait le mêlage en gris; quand ces feuilles sont blanches, comme dans certaines cartes, on dit que l'on fait le mêlage en blanc.

Pour faire le mêlage, l'ouvrier se place devant une table et pose à sa droite, sur des planches à terre, les tas de papier qu'il doit mêler. A mesure qu'il prend les feuilles, il les regarde et les examine; s'il en trouve de cassées, froncées, ayant des plis ou déchirées, il les met au rebut. Il doit faire cet examen très rapidement, et un ouvrier exercé perçoit toutes ces défectuosités dans le seul temps qu'il prend pour saisir une feuille et la porter au tas.

Le mêlage, et par suite la composition du carton, varie quelque peu suivant les fabricants : parfois, pour faire de très belles cartes, on mêle seulement en blanc, substituant à l'étresse une ou plusieurs feuilles de papier blanc ordinaire, non collé; mais ce cas est assez rare. D'ordinaire, on confectionne le carton des cartes à jouer de la façon suivante :

Ce carton est composé de quatre feuilles, deux d'étresse, une de papier de tarot et une de papier par devant; le mêleur, qui a fait trois piles de ces diverses sortes de papier, lorsqu'il a fait le mêlage de chacune d'elles ou le triage, c'est-à-dire mêlage en gris et mêlage en blanc, s'apprête alors à faire le *mêlage en ouvrage*, et place une planche ou ais de colleur au devant des trois piles. Cette planche, nous l'avons vu, est de plus grande dimension que les feuilles de papier. Il pose sur cette planche une feuille de par devant, deux feuilles d'étresse, une feuille de tarot, et ainsi de suite jusqu'à ce qu'il ait utilisé les trois tas, ou, comme l'on dit dans le métier, qu'il ait mêlé en ouvrage ses trois tas de papier. Il arrive ainsi à constituer le tas dont nous parlions plus haut et sur lequel il va prendre au fur et à mesure pour faire le collage, en un mot pour fabriquer la carte.

Collage du carton à carte

La manœuvre du mêlage terminée, l'ouvrier pose ce tas de feuilles de papier sur la table, à sa gauche, et met à sa droite un pot à colle et le pinceau ou brosse pour l'étendre. Auparavant, il bat la colle avec un gros pinceau, y ajoute de l'eau s'il est nécessaire, et l'amène au degré de fluidité voulue pour le travail. Devant lui est une seconde planche de colleur semblable à celle qui porte le tas. L'ouvrier la mouille avec une éponge ou une brosse humide ; il étend sur la planche ainsi humectée une mauvaise feuille de papier blanc, puis il étend bien sur cette feuille la première feuille du tas, en la prenant des deux mains ; il prend la brosse par le manche, l'applique sur le pot à colle, sans trop l'appuyer, afin de ne pas trop la charger, et néanmoins répartir très également la colle sur toute la brosse ; puis il encolle la feuille en promenant sur sa surface la brosse de gauche à droite et de droite à gauche. S'il rencontre quelques grumeaux ou ordures de la colle, ou encore quelque soie détachée de la brosse, il les enlève avec soin de dessus la surface, de façon à ne pas percer ou déchirer la feuille qui, fortement humidifiée par la colle, devient très fragile. Sur la première feuille placée, l'ouvrier dépose une feuille d'étresse qu'il étend avec précaution pour éviter la formation de plis ou de froissure ; il recouvre cette seconde feuille d'une couche de colle comme il a fait de la première, puis étend dessus sa seconde feuille d'étresse qu'il traite comme la première, et enfin dépose dessus la feuille de par devant. Celle-ci, bien entendu, ne reçoit de colle que sur un côté, et encore ne la reçoit-elle que du contact qu'elle subit avec la feuille précédente. Il continue ensuite en posant d'abord une feuille de tarot sur la précédente et poursuivant toujours de la même façon, en reprenant identiquement le même ordre dans le collage. On conçoit facilement que, par cette disposition, et pourvu que le colleur suive bien la même marche, les cartons se trouvent séparés entre les deux feuilles non collées, et le travail fini, le paquet de feuilles de papier s'est transformé en paquet de cartons qui forcément sont collés par leurs bords, mais qu'on détache facilement à la fin des opérations subséquentes.

Pressage

Lorsque les cartons sont tous collés, on couvre le tas avec une mauvaise feuille de papier, comme la première qu'on a mise à même sur la planche humide, et l'on recouvre le tout d'un ais de colleur. Tout ce tas est soumis à la presse, et l'on serre légèrement, afin de ne pas exprimer une trop grande quantité de colle avant qu'elle ait fait prise; on serre de quart d'heure en quart d'heure, jusqu'à ce que la presse refuse de comprimer. On laisse quelques moments le tas sous la presse ainsi serrée et l'on ne dépresse que lorsqu'un second tas, qu'on a préparé pendant le pressage, est prêt à remplacer le premier sous la presse.

Torchage

Aussitôt que l'on a dépressé, on remet le tas ou pressée sur la table, et l'on enlève la planche qui se trouve placée sur le haut du tas; ensuite on s'occupe à torcher. Cette opération est fort simple. Il suffit de tremper un pinceau bien doux dans de l'eau propre, et de s'en servir pour enlever les bavures de colle que la pression a fait sortir d'entre les feuilles. L'application de l'eau froide délaie la colle, la rend moins forte, et fait qu'elle n'adhère que très légèrement aux bordures des feuilles qui, par ce moyen, se séparent ensuite avec beaucoup de facilité.

Nous venons d'expliquer l'une des manières dont opèrent les cartiers et qui est celle à la fois la plus rapide et la plus économique. Mais il y a des fabricants qui préfèrent commencer par faire la carte, ne comprenant que le tarot et l'étresse, puis quand celle-ci est ainsi confectionnée, ils collent le papier par devant. Cette manière de procéder nécessite une main-d'œuvre en plus, consistant en un second pressage, mais il ménage le papier par devant, et l'impression qu'il porte. Néanmoins, quand cette impression est bien faite et surtout peu chargée, le premier moyen donne de très bons résultats et réalise une économie notable dans la fabrication.

A ce point de la fabrication, le carton s'appelle souvent, chez les cartonniers, du nom, impropre d'ailleurs, d'étresses, et il nous arrivera souvent de le désigner ainsi. Donc, les paquets formés comme nous venons de le dire et après torchage, il faut en séparer les feuilles de cartes une à une. Pour cela, un ouvrier se place devant la pressée; et la main droite tenant le couteau en bois représenté fig. 85, il l'introduit par un coin du bord du carton. A mesure qu'on sépare les feuilles de carton, on en fait des *mains*, c'est-à-dire qu'on en fait des tas de six ou huit, et on les livre aux éplucheuses. Ces ouvrières, au moyen de petites pointes à éplucher, ou éplucheirs du cartonnier, épluchent les cartons des cartes à jouer comme nous l'avons déjà vu faire dans le chapitre premier, à la fabrication du carton. Mais, ici, le travail doit être fait avec le plus grand soin, et l'on doit recommander plus que jamais aux éplucheuses qu'emploie le cartonnier d'enlever très légèrement les ordures ou aspérités qui peuvent se rencontrer sur le carton, soit qu'elles proviennent de l'extérieur, telles que grosses poussières, débris de papier ou tout autre, soit qu'elles proviennent du papier même qui a servi à faire la carte. Dans ce dernier cas, l'éplucheuse doit reconnaître de suite si cette ordure peut être enlevée sans entamer le carton ou non; dans cette dernière éventualité, elle doit, avec l'ongle ou le doigt, refouler légèrement l'impureté dans la pâte même du carton, lequel est encore mou, mais en prenant soin de ne pas faire, dans cette opération, une cavité dans la carte. Si, au contraire, l'impureté peut s'enlever, il faut la détacher soigneusement et au besoin recourir à l'usage de ciseaux, s'il s'agit par exemple d'une fibre un peu longue et forte. Ce travail d'épluchage, on le voit, demande à être fait avec un très grand soin; c'est ce que des cartiers appellent encore aujourd'hui du nom ancien *triller en étresse.*

Séchage

Les cartons bien épluchés passent alors au séchage, et pour subir ce traitement ils doivent être pendus, soit à l'aide d'épingles en laiton, soit à l'aide d'épingles dites de blanchisseuses. Lorsqu'on utilise les premières, on opère de la façon suivante : avec un petit poinçon de deux à trois centimètres de longueur, l'ouvrier perce le carton à une distance de 18 à 25 millimètres du bord. Au fur et à mesure qu'on pique les étresses, on les enlève et l'on fait pénétrer une épingle dans le trou, ce qu'on nomme souvent *épingler*. On suspend, par ce moyen, les cartons sur les cordes du séchoir, et de manière à ce qu'ils ne se touchent pas. Si l'on se sert d'épingles de blanchisseuses, on pince chaque feuille de carton par deux épingles, mises à égale distance à peu près sur la largeur de la feuille, et prenant celle-ci de 15 à 20 millimètres du bord. Il y a des cartiers qui se contentent de ne prendre qu'une épingle, mais nous ne croyons pas que cette manière de faire soit à recommander; d'abord parce que la feuille se tient moins d'aplomb sur la corde du séchoir, ensuite parce que si l'épingle vient à manquer pour une raison quelconque, la feuille de carton tombe à terre et est perdue, tandis qu'avec deux épingles, s'il en est une qui échappe, il reste toujours la seconde qui retient la feuille sur la corde.

Quand la dessiccation des cartons est complète, on *dépingle*, c'est-à-dire que l'on retire les épingles qui retenaient les feuilles de carton sur les cordes du séchoir.

Division des cartes têtes

Les cartes, comme chacun sait, portent différentes figures : les unes se nomment têtes et les autres points ; les têtes sont les rois, les dames et les valets. Il y a un roi, une dame et un valet pour chaque forme de points, qui sont au nombre de quatre : les cœurs, les carreaux, les piques et les trèfles. Chaque tête a un nom particulier : le roi de cœur se nomme *Charles*, le roi de carreau *César*, le roi de pique *David* et le roi de trèfle *Alexandre*; la dame de cœur se nomme *Judith*, celle de carreau *Rachel*, celle de pique *Pallas*, et *Argine* celle de trèfle ; quant aux valets, celui de cœur prend le nom de *Lahire*, celui de carreau *Hector*, celui de pique *Hogier* et celui de trèfle *Lancelot*. Il n'y a pas très longtemps, ce dernier ne portait pas de nom, cette carte mentionnait le nom du fabricant et quelquefois son enseigne. Aujourd'hui, il reçoit le nom ci-dessus, et sur le bouclier qu'il tient à la main, on lit la mention : *Administ. des Contrib. Indir., 1853*, ce qui, on l'a déjà compris, signifie Administration des contributions indirectes, 1853. Ceci s'adresse aux cartes que nous avons désignées sous le nom général de cartes officielles. Ce n'est guère que vers 1825 ou 1830 que les cartes à jouer prirent pour leurs figures et leurs costumes ce que nous voyons aujourd'hui. Avant cette époque, elles étaient, à vrai dire, moins confuses et moins grotesques au point de vue des figures, et représentaient des rois, des guerriers, des grands hommes grecs, égyptiens ou romains, ainsi que nous l'avons dit dans l'historique qui commence le présent chapitre. Les dames rappelaient des reines célèbres de l'histoire grecque; c'est ainsi que la dame de trèfle se nommait *Stratonice*, celle de cœur *Aspasie*, et les noms de Rachel et de Pallas avaient fait place à ceux de *Cornélie* et de *Lucrèce*; on a eu les rois des points rouges portant les noms de *Scipion* et d'*Aristide*; ceux des points noirs : *Ptolémée*, *Antiochus*; les noms des valets étaient aussi changés : Hector, Hogier, Lahire étaient *Polyclète*, *Alcibiade*, *Aratus*; seul le valet de trèfle n'avait pas son nom pour la raison que nous avons donnée plus haut. Du reste, si l'on voulait faire des recherches à ce sujet, on trouverait bien d'autres noms et il n'y a pas longtemps encore qu'on a fabriqué des cartes, pas officielles, il est vrai, portant les noms de *Thiers*, *Gambetta*, *Grévy*, etc.; ces derniers noms étaient pris pour honorer la mémoire de fidèles serviteurs de notre troisième République. Quant à certains noms anciens, on se perd en conjectures sur l'origine de plusieurs d'entre eux, et l'on en est réduit à dire qu'ils ont été choisis au hasard d'une pure fantaisie. D'ailleurs, ces noms ne servent en rien aux joueurs, et l'on pourrait citer plus d'un passionné des cartes ignorant totalement les divers noms des figures.

Ordre des points

On distingue les points en points noirs et en points rouges, parce que les piques et les trèfles se peignent en noir, les cœurs et les carreaux en rouge. Tous les points se marquent sur chaque carte, depuis le n° 1, qu'on appelle *as*, jusqu'au n° 10, qui est le point le plus élevé.

Voici comment les points sont ordonnés :

L'as est au milieu de la carte, c'est-à-dire à l'intersection des diagonales du rectangle qui la forme.

Les deux et les trois sont sur une rangée longitudinale dans l'axe du rectangle.

Les quatre ont un point à chaque coin de la carte.

Les cinq sont rangés comme les quatre, avec un point au milieu de la carte, comme l'as.

Les six sur deux rangées longitudinales sur les bords de la carte, soit trois d'un côté et trois de l'autre.

Les sept sont sur deux rangées, comme les six, et un point placé de telle sorte qu'il se trouve à la rencontre des diagonales du rectangle formé en prenant deux points sur chaque rangée verticale.

Les huit ressemblent aux sept, et n'en diffèrent que par le huitième point, placé au bas de la carte, comme est le septième en haut de celle-ci.

Les neuf ont deux rangées longitudinales de quatre points vers les bords, et un neuvième point au milieu de la carte.

Les dix ont deux rangées longitudinales de quatre points, comme le neuf, et deux points placés, l'un au centre des quatre points d'en haut, et l'autre au centre des quatre points du bas, ce qui fait que ces deux points sont à une distance plus grande l'un de l'autre que du bord de la carte.

Nous verrons plus loin comment on donne ces différentes figures aux cartes.

Achèvement des cartes à jouer

Les cartes, en tant que représentant les têtes, sont des estampes enluminées, où toutes les figures sont faites en deux fois, c'est-à-dire que les contours et les principaux traits sont d'abord imprimés en noir, et que les vides sont ensuite remplis par de la couleur, au moyen de patrons; or, le papier de par devant ne peut pas facilement recevoir l'impression des traits et des contours de figures propres à diriger les opérations des enlumineurs, s'il est collé aux étresses ou s'il fait partie d'un carton solide; il faut donc qu'on l'imprime avant de le coller. Cette remarque, cependant, n'est pas absolument juste aujourd'hui, car les machines à imprimer ont fait d'assez grands progrès pour permettre de faire de très belles impressions sur le carton léger ou carte; il y a donc surtout la raison que les figures sont livrées toutes imprimées par la Régie et sur papier simplement.

Cette observation nécessaire une fois faite, ajoutons que, d'un autre côté, la carte se prête mieux à l'enluminure que du simple papier; l'impression et l'enluminure se trouvent donc séparées par le collage.

Les planches ou moules, qui servent à l'impression des contours et des premiers traits des figures sur le papier filigrané que l'Administration des contributions indirectes fournit, d'après la loi, aux cartiers, sont en bois ou en cuivre; les parties qui forment les traits sont en relief; les espaces qui doivent rester blancs sont creusés profondément dans la planche; les noms des figures sont en relief; il en est de même de la légende des contributions indirectes figurant dans un écusson que soutient le valet de trèfle.

Dans ce qui suit, nous allons indiquer la vieille méthode de tirage des figures; elle n'est plus usitée aujourd'hui, comme nous le verrons plus loin, mais nous avons cru bon de la rappeler, non pas tant pour faire de l'histoire rétrospective que pour fournir une manière de travail qui se fait entièrement à la main. Les figures sont ordinairement distribuées sur les moules, à quatre de hauteur sur cinq de largeur. Souvent cette distribution se fait ainsi : un des moules contient les deux rois et les deux dames de cœur et de carreau, les deux rois et les deux dames de trèfle et de pique, enfin les valets de trèfle et de pique. L'autre moule renferme les traits des deux valets rouges et contient dix valets de cœur et dix valets de carreau. La raison qui détermine à distribuer ainsi les figures des têtes sur deux moules différents, c'est qu'on enlumine de cinq couleurs les figures contenues dans le premier moule, savoir : le rouge, le bleu, le jaune, le gris et le noir; au lieu que les figures renfermées dans le second moule ne reçoivent que quatre couleurs, parce qu'on supprime le noir pour les valets rouges. Ceci n'a rien d'absolu, mais reste vrai en principe, en ce sens que deux figures ne comportent pas, dans l'enluminure, la couleur noire, et nous voyons des jeux où ces dernières se trouvent être le roi de carreau et le valet de trèfle. On imprime alors cinq feuilles avec le premier moule ou cliché, et une avec le second, ce qui donne la quantité de figures nécessaires pour dix jeux.

Voyons, maintenant que le moule est connu, la manière de préparer l'encre ou la couleur noire dont on l'enduit. Sa composition est des plus simples. On délaie, dans la même colle dont on se sert pour coller les cartons, une certaine quantité de noir de fumée, et on laisse digérer quelque temps ce mélange. On peut ajouter un peu de fiel de bœuf, afin de rendre le noir plus coulant. On peut obtenir le même résultat en laissant longtemps vieillir le noir. A l'époque où l'on n'employait que le procédé de fabrication à la main, des cartiers prétendaient se bien trouver de garder un pied de noir trois ou quatre ans.

Quand on a du noir convenable, il reste à préparer le papier, à le moitir, c'est-à-dire à le mettre tremper dans l'eau pour qu'il reçoive mieux l'impression. L'ouvrier chargé de cette opération place à sa droite, sur une table, un baquet plein d'eau, et à sa gauche le papier par devant qu'il veut moitir; il prend six à sept feuilles de papier, les passe dans l'eau, et les pose sur un ais qui est devant lui : ensuite il prend le même nombre de feuilles sèches qu'il place sur les feuilles mouillées, et sur celles-ci cinq ou six autres qu'il a trempées de même, et ainsi de suite jusqu'à ce qu'il ait épuisé tout le tas par des additions successives de feuilles sèches et de feuilles mouillées; enfin il porte le tout sous la presse, et, en la faisant agir doucement, il fait pénétrer l'eau également tant dans les feuilles sèches que dans les feuilles qui ont été trempées. Pour que tout le tas soit bien également pénétré d'eau et propre à recevoir les impressions du moule, on le laisse sous presse pendant six heures au moins. Le plus souvent on moitit la veille la quantité de papier que l'on se propose d'imprimer le lendemain.

Pour imprimer, l'ouvrier commence par assujettir le moule sur quatre pieds qui entrent dans des trous pratiqués à la table sur laquelle on met le cliché. Les deux pieds qui sont du côté de l'ouvrier sont plus hauts que les deux autres. Il a devant lui un pot de noir où il prend avec un pinceau de quoi garnir la surface d'une pierre, puis il passe une brosse sur cette pierre pour qu'elle se charge également bien de couleur noire, et l'applique aussitôt sur le moule; ensuite il étend sur ce moule une feuille de papier par devant toute moite, et avec un frotton qu'il passe plusieurs fois sur ce papier, il fait qu'elle adhère exactement au moule; elle est, ce qu'on appelait du temps de cette fabrication : moulée. Le frotton, qui fait la fonction de la presse d'imprimerie, est une balle composée de plusieurs lisières ou d'un tissu de crin roulé de manière que la face qu'on applique sur le papier soit plate et unie, et que le haut par où l'ouvrier la saisit ait la forme d'un sphéroïde allongé.

On humecte de temps en temps le frotton avec un peu d'huile, pour qu'il n'adhère pas à la feuille qu'il presse, et pour qu'il ne la déchire pas. On évite avec soin d'employer dans le moulage une colle trop chargée de noir, ou d'en mettre sur le moule une couche trop épaisse; car alors l'impression des traits est sujette à contre-marquer quand on met les cartons sous la presse lorsqu'on a collé; d'ailleurs le noir trop épais est sujet à s'étendre sous la lisse.

Telles sont les opérations auxquelles devait se livrer l'ancien cartier, lorsque chaque fabricant avait ses moules déposés à la Régie, et si nous les avons reproduits dans tous leurs détails, c'est parce que le cartier moderne peut avoir à les employer lorsqu'il fait des cartes de fantaisie, dont le vrai nom au point de vue légal est le *portrait étranger* (voir règlements), fabrication dans laquelle les moules appartiennent au fabricant mais sont déposés à la Régie. Pour la carte officielle (*portrait français intérieur* et *portrait français extérieur*, voir aux règlements), le cartier n'a plus ni ce travail, ni tout autre analogue à faire, car les figures ainsi que l'as de trèfle lui sont fournis tout imprimés en noir sur papier filigrané par la Régie. L'impression en noir est faite par l'Imprimerie nationale et les différents cartiers reçoivent ces impressions par les soins du bureau de la Régie duquel ils ressortent.

La fabrication manuelle complète, telle que nous venons de la décrire, ne saurait être employée aujourd'hui que dans le cas d'une production très faible ou tout à fait spéciale. Mais si cette fabrication devait atteindre une importance tant soit peu considérable, sans s'outiller mécaniquement comme les très grands cartiers, ainsi que nous le ferons voir dans le chapitre suivant, le cartier modeste même fera bien de renoncer à cette pratique d'un ancien âge. Ainsi les moules qu'il déposera à la Régie seront de véritables clichés typographiques, et, au lieu de s'astreindre à préparer lui-même son noir, il aura grand avantage à le prendre tout prêt chez un fabricant d'encres d'imprimerie. Enfin, il pourra aussi se munir d'une faible presse d'imprimerie, d'une presse à bras, par exemple, et alors son travail sera très simplifié, beaucoup plus rapide et aussi énormément plus économique. Sans nous étendre très longuement sur les opérations qui constituent ce genre de travail, et que nous trouverons plus détaillées dans le chapitre suivant, nous en dirons cependant quelques mots.

Le papier est préparé comme nous l'avons vu précédemment et nous le supposons prêt à servir. Quant à l'impression, voici comment on doit opérer : on prend le moule et avant de le poser sur la presse on le nettoie bien avec de l'essence de térébenthine ou de l'essence de pétrole, pour enlever toute l'encre qui aurait pu rester d'une impression précédente, et ce n'est que lorsque le moule est irréprochable comme propreté qu'on le met sur la presse. A côté de la presse, sur une table, on a, soit une pierre un peu plus grande que le moule, soit une feuille de zinc épaisse et parfaitement unie, sur laquelle, à l'aide d'une petite spatule en bois, on étale de l'encre d'imprimerie en la répartissant aussi uniformément que possible. Puis on a un rouleau formé d'un moyeu en bois et recouvert d'une couche de gélatine, ce qu'on appelle en imprimerie un rouleau pour épreuve. Si ce rouleau n'est pas trop grand, il est pris par une fourchette en fer, sur ses axes, de façon à ce qu'il puisse tourner librement, cette fourchette se terminant par une poignée. Si le rouleau est un peu grand, et il faut qu'il ait une longueur un peu supérieure à la largeur du moule, il se termine à chacune de ses extrémités par une poignée. Donc, l'encre étant grossièrement disposée sur la pierre ou la feuille de zinc, un ouvrier roule dessus le rouleau de gélatine, de façon à étaler l'encre uniformément sur la pierre et aussi sur toute la périphérie du rouleau. Quand ce résultat est obtenu, l'ouvrier passe ce rouleau sur le moule et s'assure que tous les reliefs sont bien couverts d'encre. Il fait alors la mise en train, c'est-à-dire qu'il pose sur le moule une feuille de papier ordinaire humectée, ferme sa presse et donne une pressée. Il ouvre la presse, enlève la feuille de papier et l'examine. Il voit ainsi que des places manquent d'encre, que d'autres en ont trop, que certaines parties du cliché sont bien venues, que d'autres sont à peine marquées. Il remédie au premier inconvénient en s'appliquant à distribuer l'encre d'une façon uniforme partout. Quant au second inconvénient, il provient de ce que le moule ou même le plateau de la presse, ou encore les deux, ne sont pas sur un plan bien horizontal, ce qui fait appuyer le moule plus d'un côté que de l'autre. L'ouvrier obvie à cet inconvénient en garnissant le dessous de son moule, c'est-à-dire en collant sous le moule, à l'endroit ou aux endroits qui ne portent pas, une ou plusieurs épaisseurs de papier, en limitant ces papiers à l'espace exact qui manque de touche. Ayant ainsi remédié aux inconvénients divers, il tire une seconde épreuve qu'il examine encore et rectifie comme nous venons de le dire, jusqu'à ce qu'il obtienne une épreuve tout à fait satisfaisante. Lorsqu'il en est là, il peut, comme on dit en imprimerie, rouler; c'est-à-dire qu'il met alors les feuilles du papier qui doit être imprimé, met de l'encre à chaque coup de presse et achève le tirage de toute sa provision de papier.

Ce procédé, bien qu'encore assez primitif, est déjà beaucoup plus sûr, plus efficace et plus économique que le premier. C'est du reste, très simplifié, celui que nous verrons utilisé industriellement et par des machines perfectionnées dans la fabrication mécanique de la carte à jouer au chapitre suivant.

Les moules qui servent à imprimer les cartes à jouer, et dont nous donnons la représentation (voir fig. 86), portent des traits, indiqués dans notre dessin par des lignes parallèles et serrées *aaa* et *ooo*, qui marquent la séparation des cartes. Ces traits se nomment souvent *guides* en raison du service qu'ils rendent au coupeur chargé de séparer les cartes entre elles. Ce moule montre simplement les as, les deux, les trois, les quatre et les cinq de carreau, parce qu'il donne une idée très suffisante de ce peuvent être les autres cartes de ce point et toutes celles des autres points : cœur, trèfle et pique. Le cartier a nécessairement une planche pour chaque point, ainsi que pour les figures qui se présentent en nombre et en points comme nous l'avons indiqué plus haut. Dans la figure 86, nous avons fait figurer des traits simples divisant les cartes en casiers ; ces traits n'existent pas sur le moule, nous les avons représentés simplement pour indiquer comment sont disposés les points par rapport aux axes de la carte. On voit, d'après ce tracé, que la carte se divise d'abord en quatre parties égales sur sa hauteur et en trois parties de même dimension sur la largeur ; la troisième partie étant répartie par moitié de chaque côté du bord longitudinal de la carte. Cette disposition figurée indique très exactement au cartier la place précise de chaque point.

IV. ENLUMINURE

On dit souvent aussi peinture de la carte, mais le mot enluminure est plus exact, c'est pourquoi nous l'avons employé ; mais à l'une et à l'autre de ces dénominations le cartier préfère le terme *habiller*, qui est resté l'expression du métier, même dans nos grandes fabriques modernes. Avant donc d'enluminer ou d'habiller les cartons, on les redresse en les aplatissant avec le coupoir afin de leur ôter la forme qu'ils ont prise au séchage. On enlumine avec des couleurs en détrempe, auxquelles on donne la consistance nécessaire avec de la colle de peau ou de la gomme arabique. On emploie les cinq couleurs suivantes :

Jaune. — On fait une forte décoction de graine d'Avignon, à laquelle on ajoute un huitième de son poids d'alun.

Rouge. — Il se prépare avec le cinabre broyé et délayé dans une forte solution de gomme.

Bleu. — Pour l'obtenir on broie de l'indigo avec une très forte dissolution de colle de peau.

Gris. — On délaie la couleur précédente dans de l'eau gommée, de manière à avoir du bleu dont la teinte est très légère.

Noir. — Il se prépare d'avance, comme nous l'avons vu, avec du noir de fumée et de la colle forte.

Patrons

Pour appliquer ces couleurs sur les dessins, les cartiers font eux-mêmes des patrons avec un papier spécial qui est enduit sur chaque face d'une peinture à l'huile. Il leur faut autant de patrons qu'il y a de couleurs différentes à placer, c'est-à-dire que, pour la planche sur laquelle sont les rois, les dames et les valets noirs, il en faut cinq, tandis que l'autre planche ne demande que quatre couleurs. Le cartier découpe ses patrons à l'aide de pointes à patrons, semblables à celles des éplucheuses. Un seul exemple indiquera la manière de faire les patrons et montrera combien ils sont multipliés.

Le cartier s'assied devant une table sur laquelle

il a étendu une feuille à patrons et sur celle-ci une feuille de cartes en figures toutes peintes, c'est-à-dire la feuille imprimée, peinte, représentant des figures, et n'attendant plus que le coupage pour produire la carte définitive. Il applique cette dernière feuille sur la première, la fixe aux quatre coins à l'aide d'un porte-épingle ou d'une punaise, puis s'occupe à découper une des figures. Supposons que ce soit le roi de cœur : le cartier commence par enlever avec la pointe de son couteau toutes les parties de la feuille qui sont peintes d'une même couleur, et en même temps celle de la feuille de papier à patron qui se trouve au-dessous, et forme ainsi un trou dans cette partie. Ainsi, pour faire les patrons du roi de cœur, il enlève : 1° les découpures de la couronne ; 2° les cheveux ; 3° la croix ; 4° le globe que porte le roi ; 5° la bande noire courte ; 6° la bande noire longue ; 7° le devant de la poitrine, etc. On voit par là qu'il faut autant de patrons qu'il y a de couleurs à placer. Les patrons présentent les figures à jour. Le point qui se trouve à l'angle de la carte près de la tête du roi, de la dame ou valet, se découpe à l'emporte-pièce.

L'opération nécessaire pour obtenir les patrons est longue et minutieuse ; mais, en soignant et rangeant convenablement les patrons, on peut les conserver longtemps. Il ne faut jamais les replier sur eux-mêmes, car les parties délicates dont ils se composent se briseraient, ce qui amènerait une confusion telle, qu'il faudrait recommencer à faire de nouveaux patrons. Il faut les ranger dans un carton à dessin de dimensions convenables.

Les patrons pour les points sont plus expéditifs, car le travail du couteau est remplacé par celui des emporte-pièce (fig. 87). On n'a pas besoin d'une feuille de cartes. On place sur un plateau de plomb ou de carton une ou plusieurs feuilles de papier à patrons, on marque les points d'une façon régulière, selon l'ordre que nous avons indiqué. Un trait de crayon, de plume, une marque arbitraire, grossière, tout est bon, pourvu qu'il y ait de la régularité, puisqu'on applique l'emporte-pièce sur cette marque qui disparaît nécessairement : on nomme quelquefois ces marques, points ronds ; alors chaque feuille a la figure d'un as, d'un deux, d'un trois, etc., à jour. Chaque feuille ne renferme qu'une sorte de points ; ainsi il y a la feuille des cœurs, celle des carreaux, etc. Ces points sont répétés deux fois sur chaque feuille pour les jeux entiers, c'est-à-dire les jeux qui ont tous les points depuis l'as jusqu'au dix.

Les patrons achevés, nous allons examiner la manière d'enluminer.

Le cartier commence d'abord à étendre sur une table, devant lui, une feuille de cartes à figures imprimées ; il pose sur cette feuille sa feuille de patrons, de manière que les endroits qui doivent recevoir la couleur soient bien à découvert, et qu'il n'y ait pas de fenêtres, c'est-à-dire d'interruptions entre les couleurs ; il met à sa droite une calotte à couleur remplie d'une couleur quelconque, rouge par exemple, et à côté de ce récipient la planche appelée platine, sur laquelle on étend uniformément la couleur à l'aide du goupillon, ainsi que ce dernier et la grosse brosse à poils courts ; à sa gauche, il met une feuille de cartes peintes, qui lui sert de modèle. Il est bon que cette feuille soit collée sur une planchette soutenue par un petit bâton, faisant ainsi une sorte de petit pupitre.

Les choses ainsi préparées, le cartier prend de la couleur dans la calotte à l'aide du goupillon et l'étend uniformément sur la platine ; il passe et repasse la brosse à couleurs sur la couleur qu'il vient de mettre. Cette brosse, qui ne prend de la couleur qu'à sa superficie, est passée à plusieurs reprises sur le patron, dans tous les endroits évidés ou dans les jours qui veulent du rouge, ce qu'indiquent en même temps le modèle et la figure non coloriée que l'on voit très bien sous le patron découpé à jour. Le rouge mis, le cartier passe au jaune, qu'il applique de la même manière, c'est-à-dire en prenant un autre patron, celui qui donne les jours du jaune, le pot de couleur jaune, une autre platine, un autre goupillon et une autre brosse, car chaque couleur doit avoir son matériel propre. Le noir vient ensuite ; il faut prendre garde de le ménager, parce que cette couleur s'étend facilement, c'est-à-dire qu'elle maculerait ou tacherait sous la lisse, si elle était trop chargée. On finit par poser le bleu, puis le gris ; il faut éviter qu'ils se confondent avec le jaune, ce qui produirait des tons verts que l'on remarque quelquefois sur des cartes de qualité inférieure.

La manière d'enluminer les points est analogue à celle employée pour les figures ; mais elle est beaucoup plus expéditive et plus facile, puisqu'il ne faut employer qu'une couleur. On sait que les cœurs et carreaux sont rouges, les piques et les trèfles noirs.

Quand le cartier a peint un carton, il enlève avec précaution le patron des deux mains, avec le bout des doigts, ou même une pince légère ; il pose ce carton peint à sa gauche, sur une planche, bien propre, afin que la couleur sèche pendant qu'il en peint un second. Il ne devra pas placer ce second carton sur le premier, même si la couleur de celui-ci lui paraît sèche, car il peut arriver que quelques parties encore humides viennent tacher le dos du carton ; le noir surtout pourrait avoir cet inconvénient, qui serait sans remède, car l'on sait que le dos des cartes, surtout, doit indispensablement n'offrir aucune marque ni tache, même très légère. Il sera donc prudent de mettre sécher à part chaque carton ; on devra les étendre sur deux cordeaux convenablement rapprochés ; une troisième corde placée à quelque distance serait utile pour soutenir mieux encore le carton mis à sécher.

Chauffage des cartons

Non seulement les cartons ne prennent pas un beau vernis sous la lisse lorsqu'ils n'ont pas été chauffés, mais encore la peinture s'étend (macule) de la manière la plus désagréable ; il est donc indispensable de les exposer à l'action du chauffoir, dont nous avons donné la description plus haut, figure 88.

Quand les cartons enluminés sont suffisamment secs, on allume le chauffoir. Pour cela, on dispose dans le milieu de la cage du chauffoir des gros charbons de bois, on les range debout de manière à former une espèce de faisceau terminé en cône, puis l'on prend les cartons peints en quantité déterminée formant un certain nombre de jeux, ordinairement trois cents jeux. On place alors ces cartons dans la demi-boîte placée à droite du chauffoir sur le chevalet. Le chauffeur, debout devant le réchaud, place les cartons dans les deux crochets *c c* des côtés de la caisse du chauffoir, en tournant la partie peinte du côté du feu. Quelques instants suffisent pour chauffer les cartons, et l'ouvrier doit les surveiller très attentivement pour les empêcher de roussir. Dès qu'il s'aperçoit que le carton posé le premier est assez chauffé, il le retire des crochets, et le pose horizontalement sur la cage; ainsi ce carton se trouve à plat sur les barres *a a b b* (fig. 88), toujours la face peinte tournée du côté du feu. On prend de suite un autre carton dans la demi-boîte et on le met à la place de celui qu'on vient de retirer, il y a alors cinq cartons sur le chauffoir; bientôt on enlève le carton placé le second, et on le met sur les barres et sous celui qu'on y a placé d'abord. Le second carton se remplace par un nouveau, de manière que les crochets ne restent jamais vides; on retire le troisième carton des crochets, on le met sous les deux autres placés sur les barres, et la place qu'il laisse dans les crochets est immédiatement remplie par un autre carton. Cette manœuvre se réitère pour les quatre crochets, de façon qu'il se trouve alors huit cartons autour du chauffoir, quatre sur les crochets et quatre en tas sur les barres; on ôte ces quatre derniers, et on les pose dans la boîte du chevalet placé à gauche,

On continue l'opération du chauffage toujours de la même manière, jusqu'à ce que tout le tas soit chauffé. Le chauffeur doit agir avec beaucoup de précaution et de rapidité.

Savonnage des cartons

Lorsque tous les cartons d'un tas sont chauffés, on les porte au savonneur. Celui-ci place le tas à sa gauche sur une table devant laquelle il est assis, à sa droite un pain de savon bien sec et le frotton ou savonnoir. Entre le tas et ces derniers objets, il place un ais à colleur parfaitement propre, il étend le premier carton du tas sur cet ais, de manière à ce que la face peinte soit tournée de son côté; il passe le frotton sur le pain de savon, puis s'en sert pour frotter la surface du carton ; ce simple frottement produit une impression de savon suffisante pour faire couler la pierre du lissoir. A mesure que le savonneur frotte les cartons, il en fait un nouveau tas qu'il porte au travail de la lisse.

Lissage

On commence par garnir la boîte *o* (fig. 90) et *n* (fig. 91) d'un caillou plus ou moins arrondi, suivant que l'on doit lisser le dos ou la face du carton; on soulève un peu la boîte en tirant la corde au moyen de l'étrier 6, sur lequel on appuie fortement le pied, ou à l'aide d'un poids convenable; on passe le carton sous la boîte, et on l'étend sur le marbre *a*; ensuite on lâche la corde, afin que le caillou porte sur le carton ; on prend à deux mains les poignées ou manchereaux *t* et *t* de la boîte et l'on fait agir jusqu'à ce que le carton soit lissé. On l'ôte après quelques tours, en soulevant de nouveau la boîte et tirant la corde sur l'étrier, comme on a fait pour pouvoir placer le carton.

Quand les cartes ont été lissées du côté de la peinture, on les fait chauffer de nouveau, en présentant toujours la face colorée au feu. Après cela, on les livre encore au savonneur, qui les travaille sur le dos, comme il l'a fait sur la face ; on lisse ensuite cette seconde surface, mais bien plus fortement que la première. A cet effet, on emploie un caillou plus arrondi que celui qui a servi à lisser le côté peint.

Le lissage étant terminé, on s'occupe immédiatement après de redresser les cartes, non plus avec le coupoir, comme on l'a vu plus haut, mais au moyen de la presse, sous laquelle on laisse quelque temps un tas ou un demi-tas de cartons. Cette manière de redresser est plus puissante que la précédente, et fait beaucoup mieux disparaître le pli qu'a laissé le séchage ; aussi faut-il n'avoir recours qu'à elle seulement.

Coupage

La suite des opérations que nous venons de signaler a fait obtenir des feuilles de cartes très bien préparées ; il ne s'agit plus maintenant que de diviser ces feuilles en cartes, qui, toutes, tant celles des figures que des points, doivent être exactement de la même grandeur. Cette précision dépend moins de l'adresse du coupeur que des traits ou guides du moule et surtout de l'appareil à découper (fig. 15, 16 et 17).

Avant de porter le travail à l'appareil à couper, on tâche de rendre les cartes un peu concaves du côté de la face peinte ; ce qu'on obtient assez facilement au moyen d'un petit rouleau en bois, que l'on passe légèrement sur le dos de la carte, comme si l'on voulait calandrer à la manière des repasseuses.

Le coupeur commence d'abord par rogner les cartes, c'est-à-dire par enlever ce qui excède les traits du moule, des deux côtés qui forment l'angle supérieur à droite de la feuille. Pour suivre ce trait exactement, il faut placer la face peinte en dessus, sans cela le coupeur ne serait pas guidé par le trait de moule.

Quand le coupeur a rogné, il traverse, c'est-à-dire qu'il divise la feuille de carton en tranches contenant six cartes sur la longueur avec une seule en hauteur; par conséquent, il y a quatre bandes dans une feuille. On place ces bandes dans une boîte spéciale qui n'a qu'un fond et trois côtés et que le coupeur doit avoir près de lui. Puis, lorsqu'il a coupé toutes ses bandes, qui, s'il a bien réglé son appareil de coupage, doivent avoir une largeur identique, il procède de la même façon pour couper les cartes dans l'autre sens.

Triage des cartes

Il ne reste plus qu'à trier les cartes ainsi qu'à les assortir. On commence par mettre ensemble tous les rois, toutes les dames, tous les valets de chaque couleur; on agit de même avec les points et l'on forme ainsi des tas de chaque sorte de cartes. Il est indispensable d'avoir les mains parfaitement propres et sèches pour cette opération qui peut être très bien effectuée par des ouvrières. A mesure que l'on fait ces tas, on regarde les cartes à contre-jour, du côté du dos, afin d'en voir tous les défauts. Celles qui sont défectueuses sont mises de côté pour être détruites comme vieux papier.

On prend ensuite les différents paquets pour en former les diverses sortes de jeux : 1° les jeux complets de cinquante-deux cartes ayant toutes les têtes et tous les points de chaque couleur; 2° les jeux de piquet qui sont de trente-deux cartes seulement, parce que les deux, les trois, les quatre, les cinq et les six sont enlevés. Il existe bien d'autres jeux qui ne comprennent ni les cinquante-deux cartes du jeu complet, ni les trente-deux cartes du jeu de piquet, mais c'est aux joueurs à les composer à leur guise, et ce n'est pas l'affaire du cartier.

Les cartes triées, surtout celles faites à la main comme nous venons de le décrire, sont ensuite examinées pour former divers choix. Les plus blanches, les plus fines, les mieux colorées, et par conséquent, les plus belles forment le premier choix, puis, suivant les cartiers, on établit des cartes de deuxième ou de troisième choix, et même plus, choix qui diffèrent de qualités et se vendent par conséquent à des prix plus ou moins élevés.

Après le choix vient l'empaquetage qui, pour les

cartes officielles, exige que l'as de trèfle soit tout à fait sur le dessus du paquet de chaque jeu avec une bande spéciale ou timbre humide mis par les employés de la Régie (voir le chapitre des règlements). Enfin les jeux s'assemblent ensuite par paquets de six formant ce qu'on appelle le *sixain*.

On voit, par tout ce qui précède, que l'on peut donc faire les cartes à jouer entièrement à la main, depuis le carton ou carte jusqu'à l'empaquetage donnant le produit prêt à être livrer. Sans entrer complètement dans la fabrication purement mécanique, on peut néanmoins améliorer cette fabrication toute manuelle en utilisant, si ce n'est des machines spéciales, du moins des machines qu'on trouve couramment dans le commerce et qui permettent au cartier de produire plus rapidement et plus facilement. C'est ainsi que la fabrication des points à la main peut être avantageusement remplacée par l'impression à la presse à bras, comme nous l'avons indiqué, pour l'impression en noir des figures. Ceci évite déjà la fabrication des différents points et des moules ou clichés reproduisant en relief les points combinés, comme nous l'avons vu, figure 86, en permettant d'obtenir d'un coup toute une série de cartes; ces moules, qui peuvent s'obtenir aujourd'hui à très bon compte, ont une durée très longue, beaucoup plus longue que celle des patrons et reviennent par suite à bien plus bas prix.

La lisse que nous avons décrite est également un appareil des plus primitifs et que le cartier moderne remplacera avantageusement par un petit laminoir dont les cylindres peuvent être chauffés, soit avec du charbon de bois placé à l'intérieur de ces cylindres, soit avec une rampe à gaz. C'est encore un appareil courant dont le prix ne sera certainement pas supérieur à celui d'un lissoir et qui donnera un meilleur travail puisqu'il lissera en même temps les deux faces de la carte, diminuant ainsi de moitié le travail du chauffeur et diminuant surtout de moitié les chances de roussir les cartons une fois peints.

La question des patrons est également à examiner de près, et nous ne voulons parler que de ceux qui servent aux figures. En effet, nous avons vu dans les chapitres afférents aux cartonnages divers qu'on y faisait un très grand usage des emporte-pièce et que ceux-ci s'établissent aujourd'hui avec la plus grande facilité par des spécialistes; le cartier pourra donc essayer, souvent avec grand profit, de faire, sinon tous ses patrons, du moins le plus grand nombre avec des emporte-pièce appropriés. Ce procédé lui permettrait encore de faire plusieurs patrons à la fois s'il possède une petite presse à découper.

On voit donc que, de proche en proche, on en arrive tout naturellement à la fabrication complète d'une façon mécanique, de beaucoup la plus usitée aujourd'hui et qui va faire l'objet de notre chapitre suivant. Cependant, avant de l'aborder, nous voulons dire quelques mots de la carte à jouer faite à la main. Comme inconvénients, au point de vue purement industriel, la fabrication manuelle offre principalement ceux d'une main-d'œuvre excessive et très variée, nécessitant un personnel assez nombreux, étant donnée la différence très marquée qui existe entre les différentes phases de la fabrication; de plus, l'ensemble d'une même opération n'a jamais l'homogénéité d'une fabrication mécanique, d'où résultent ces différentes catégories de cartes classées par ordre de qualité. Par contre, la fabrication manuelle permet d'arriver à un plus grand degré de perfection que la fabrication mécanique. Alors que cette dernière donne bien naissance à un produit industriel, la première lui donne un cachet plus artistique. Le fait est surtout appréciable dans les cartes à figures. Pour celles-ci, la fabrication à la main donne une très grande précision dans la superposition des couleurs; le jaune, le rouge, le bleu, etc., sont bien mieux à leur place d'une façon constante. Dans la fabrication mécanique, au contraire, il est très rare de voir cette superposition bien exacte, et l'on remarque souvent un déplacement uniforme de toutes les couleurs, soit vers le haut, soit vers le bas, soit vers la gauche ou la droite. Ceci provient d'un mauvais réglage de la machine, et comme il faut très peu de choses pour déranger ce réglage d'une part, que d'autre part, une fois la machine en marche, elle débite les cartes par quantités, on peut avoir presque d'un coup un grand nombre de celles-ci absolument manquées. Elles passent tout de même à la consommation, parce que les règlements de la Régie sont très sévères (voir les règlements) et que le cartier est dans l'impossibilité de mettre au rebut toutes les cartes qui mériteraient d'y être envoyées.

Dans l'enluminure à la main, l'homme joint l'intelligence à l'adresse, et, en cas d'imperfection sur une carte, il peut rectifier à la carte suivante.

CHAPITRE XIV

Fabrication mécanique des cartes à jouer

SOMMAIRE. — I. Impression mécanique du tarot. — II. Habillage mécanique des cartes (chromolithographie). — III. Habillage mécanique des cartes (chromotypographie).

Si nous récapitulons les opérations qui constituent la fabrication manuelle de la carte à jouer, nous voyons facilement qu'on peut les ranger en deux classes bien distinctes : la première qui comprend la fabrication ou pour mieux dire la préparation de la carte ou carton qui portera les emblèmes formant le jeu, la seconde qui consiste à appliquer sur le carton ces emblèmes coloriés, points ou figures. Les quelques autres manœuvres par lesquelles passent les cartes à jouer au cours de leur fabrication ne sont qu'accessoires, telles : le triage, la formation des jeux et l'empaquetage.

Cette classification très sommaire est encore bien plus marquée dans la fabrication mécanique, parce que dans celle-ci on peut faire usage de machines plus ou moins compliquées, capables de faire plusieurs opérations simultanément ou successivement mais par une seule manœuvre. De la première classe nous ne dirons rien pour le moment ; quant à la seconde classe, il vient à l'idée du lecteur que puisque l'on sait aujourd'hui faire mécaniquement de véritables petites merveilles en chromolithographie ou en chromotypographie, autrement dit en impression de couleurs, rien ne s'oppose à traiter les cartes à jouer comme de simples impressions en couleurs. C'est en effet ce qui s'est produit grâce aux progrès constants de la fabrication des machines à imprimer ; aussi peut-on dire que le cartier moderne est un fabricant de carte ou carton doublé d'un imprimeur ou lithographe. Nous dirons même qu'il doit être aujourd'hui plus imprimeur que cartier, la première de ces deux spécialités exigeant plus de savoir faire et d'expérience que la seconde.

Dans la fabrication mécanique de la carte à jouer comme dans la fabrication manuelle, le carton utilisé est formé de trois épaisseurs de papier qui portent les mêmes noms que ceux déjà donnés et occupent la même place : c'est le papier par devant, sur lequel seront marqués les points et les figures ; l'étresse ou papier très ordinaire de nuance grise ou brune servant à donner l'opacité ; et la troisième, devant former le dos de la carte, c'est la feuille de tarot. Nous ne nous occuperons dans tout ce qui suit que de la fabrication de la carte officielle, c'est-à-dire de la carte à *portrait français*, qui utilise le papier filigrané fourni par la Régie, et dont les figures ainsi que l'as de trèfle sont livrés également par la Régie, imprimés en noir. La fabrication des cartes de fantaisie ne diffèrera de celle que nous allons examiner qu'en ce qu'elle emploie comme papier par devant du papier libre, que le fabricant choisit à sa guise suivant ses goûts, ses besoins et le prix de revient qu'il veut obtenir. Dans ce cas encore, le fabricant doit faire lui-même l'impression des traits noirs des figures et de l'as de trèfle, mais cette opération rentre absolument dans le genre de celles que nous allons examiner.

La première idée de simplification dans le travail qui vient à l'esprit, c'est la fabrication mécanique du carton, sur laquelle nous ne reviendrons pas, l'ayant indiquée dans le chapitre traitant de la fabrication de la carte; puis de fabriquer ce carton à des dimensions plus grandes, de façon à faire plus de travail à la fois. En ce qui concerne ce dernier point, le fabricant n'est pas libre de faire ce qu'il veut, parce que son papier par devant lui étant imposé par la Régie, il doit le prendre aux dimensions qu'il a, et son carton doit donc avoir les mêmes. Muni de ses trois sortes de papier, le fabricant procède au *mêlage* que nous avons déjà décrit et qui consiste à faire un tas des trois sortes de papier, rangées de telle façon que le colleur, si le travail se fait à la main, ou l'ouvrière chargée d'alimenter la machine à faire la carte (fig. 18), si la fabrication est mécanique, puisse prendre les feuilles une à une en les trouvant dans l'ordre qu'elles doivent occuper dans la carte finie.

La carte collée est mise à sécher après être passée à la presse, et l'on procède généralement par *boutée*, c'est-à-dire par quantité de cartons permettant de faire 312 jeux; la boutée est en quelque sorte l'unité de fabrication des cartes à jouer. Après séchage, le carton est prêt à être habillé, et c'est surtout à partir de ce moment que la fabrication change totalement et devient une véritable question d'imprimerie ou de lithographie.

I. IMPRESSION MÉCANIQUE DU TAROT

Comme nous l'avons dit plus haut, seules les cartes à jouer de tout premier luxe ont la feuille de tarot en papier uni, parfaitement glacé et le plus souvent maintenant en papier couché. Celui-ci offre, en effet, plusieurs qualités très recherchées par le cartier : 1° il est très beau d'aspect, qu'il soit blanc ou coloré ; 2° il est très glissant, qualité fort appréciée des joueurs ; 3° il est opaque. Mais le papier couché ou fortement glacé est cher et de plus, très salissant. Aussi est-il le moins employé, et le plus en usage est un papier ordinaire portant un dessin quelconque, suffisamment serré et uniforme pour qu'il masque bien la couleur blanche primitive et ne fournisse aucun moyen de distinction. Le cartier a donc besoin d'imprimer le tarot, et comme pour ce travail il est tout à fait libre de faire ce qu'il entend, il en profite pour le faire le plus économiquement possible. A ce point de vue, la machine lui vient en aide, d'une façon très efficace, en lui permettant d'imprimer rapidement le tarot.

L'impression de la feuille de tarot se fait en général, dans les fabriques importantes, à l'aide d'une machine qui présente les plus grandes analogies avec la machine rotative servant à imprimer les journaux, mais simplifiée de beaucoup, puisqu'elle n'a ici besoin d'imprimer que sur une face de la feuille, et un dessin toujours le même. Il nous est difficile d'en donner une image jointe à notre description, attendu que ce genre de machines n'est pas répandu dans le commerce, et que chaque cartier la fait exécuter un peu à sa guise et réalisant le mieux ses besoins. Nous allons en donner simplement les principes essentiels, d'après lesquels le lecteur se rendra très bien compte de ce que peut être une machine de ce genre.

Elle comprend un cylindre, d'un diamètre tel que sa surface développée soit égale à la longueur de la feuille de tarot. Ce cylindre est gravé et porte en relief les dessins que l'on veut reproduire. A une place quelconque, au-dessus, au-dessous, ou de côté, le cylindre gravé rencontre des rouleaux encreurs qui enduisent ses reliefs d'une encre de couleur quelconque et le rendent prêt à fournir l'impression. A l'arrière de ce cylindre ou de la machine à imprimer, on place une bobine d'un papier sans fin, tel que le produisent couramment toutes les papeteries, et cette bobine reçoit deux tourillons qui posent sur des supports, véritables paliers. Les choses étant ainsi disposées, on prend l'extrémité du papier enroulé sur la bobine, et on le fait passer sur le cylindre muni de l'encre voulue. Si ce cylindre vient à tourner et que l'on fasse avancer le papier avec la même vitesse que celle de la rotation du cylindre imprimeur, ce dernier déposera sur le papier l'empreinte colorée des reliefs qu'il présentait. Tel est dans son principe, en quelque sorte théorique, la machine continue à imprimer les feuilles de tarot, le reste n'est plus qu'accessoires de dispositifs permettant d'effectuer le travail soigneusement et régulièrement.

Le papier est forcé de s'appuyer sur le cylindre; grâce à un jeu de rouleaux qui font pression et qu'on peut régler de telle sorte que cette pression soit exactement celle nécessaire pour produire une bonne impression, sans déchirer le papier et sans que les reliefs du cylindre le creuse, effet qu'en terme d'imprimerie on désigne sous le nom de foulage. Enfin, un dispositif spécial, fonctionnant par la marche même de la machine, coupe la feuille continue ainsi imprimée à la longueur spécifiée d'avance. Disons aussi que c'est au figuré que nous prenons, dans notre description, un cylindre gravé; ce moyen, en effet, augmenterait considérablement le prix de la machine; en réalité, c'est toujours le même cylindre qui reste sur la machine, il est seulement établi de manière à pouvoir recevoir des clichés circulaires de peu d'épaisseur obtenus mécaniquement, et dont le cartier peut avoir un assez grand nombre, portant des dessins différents, sans que cette provision constitue une trop grande avance de fonds.

Nous le répétons, la machine rotative ou continue, pour l'impression des feuilles de tarot, ne peut trouver utilement sa place que dans des fabriques importantes; les maisons d'importance moyenne pourront faire l'impression du tarot sur la *machine en blanc*, dont nous parlerons un peu plus loin; enfin, les maisons moins importantes auront toujours la ressource de faire imprimer les feuilles de tarot chez un imprimeur.

II. HABILLAGE MÉCANIQUE DES CARTES (CHROMOLITHOGRAPHIE)

On peut faire l'habillage mécanique des cartes, soit par la chromolithographie, soit par la chromotypographie ; nous allons examiner ces deux procédés en commençant par le premier, comme l'indique le titre de ce paragraphe.

Le mot chromolithographie vient de trois mots grecs assemblés qui veulent dire, dans l'ordre où nous les avons placés en français : couleur, pierre, dessiner, soit en texte clair, dessin en couleur sur pierre. Le procédé que nous allons indiquer consiste donc à faire un dessin en couleur sur pierre, qui nous servira à être reproduit sur les cartes à l'aide de la machine lithographique, dont nous donnerons la description. Cependant, avant de passer à l'application du procédé, il nous faut donner les principes sur lesquels il repose et qui sont très simples, surtout appliqués à la fabrication des cartes officielles qui, comme colorations, n'offrent rien de bien joli ni rien de fort recherché, et nous envisagerons de suite l'habillage des figures qui seul présente quelques difficultés ; l'habillage des points se comprendra ensuite avec la plus grande aisance.

Certaines personnes étrangères à cet art croient que dans l'impression en chromolithographie l'on dessine sur la pierre à l'aide de crayons ou d'encre de différentes couleurs. C'est une erreur que nous croyons bon de rectifier ; en principe, on fait la même quantité de dessins en noir sur autant de pierres qu'il y a de couleurs différentes devant entrer dans l'image finie; cette première observation nous montre donc que, pour habiller les figures d'un jeu de cartes, nous aurons besoin de cinq pierres, reproduisant identiquement le même dessin en noir. C'est l'encre d'impression seule qui varie de ton et qui est appliquée au rouleau par l'ouvrier, si le travail se fait à la presse à bras, ou par la machine, si le travail est mécanique.

La première opération, qu'on peut dire préparatoire, consiste dans le dessin du trait de l'œuvre qu'on se propose de reproduire. Ce trait s'exécute à l'aide d'un papier végétal encollé ou d'un papier spécial appelé *papier-glace*, sur lesquels il faut décalquer très soigneusement et très minutieusement, avec de l'encre lithographique très liquide, tous les contours du dessin et indiquer très exactement la place que doit occuper chaque couleur de l'image finie que l'on veut obtenir. On peut encore graver à la pointe sèche le papier-glace. Dans la chromolithographie artistique, ce premier travail doit être une véritable œuvre d'art; nous verrons plus loin que pour la carte à jouer ordinaire, la carte à jouer officielle, il n'y a pas lieu de faire cette recherche tout à fait artistique. Ce calque établi, l'artiste qui l'a fait prend soin de mettre en dehors du cadre du dessin ce qu'on appelle le repère, et qui se compose de deux petits traits, se coupant à angle droit comme le signe + et situé de chaque côté du cadre à la même hauteur.

Une fois le trait dessiné à l'encre lithographique ou gravé, il se décalque sur la pierre, car le trait à l'encre lithographique se transporte directement sur la pierre par simple pression, suffisamment énergique. Si l'on opère avec le papier-glace, le trait gravé s'encre comme s'il s'agissait de la gravure en taille-douce, et se reporte sur la pierre encore simplement par pression.

Lorsque le trait existe sur la pierre, on peut tirer autant d'exemplaires qu'on veut de ce trait noir ; il suffit de passer le rouleau d'encre d'imprimerie sur la pierre, l'encre se dépose seulement sur les traits et n'adhère pas à la pierre en dehors des parties empreintes, surtout si l'on a soin de mettre un peu d'essence dans l'encre employée. On décalque le même trait, comme nous venons de le dire, sur autant de pierres qu'il y a de couleurs différentes à employer, et l'on a ce qu'on appelle les planches. Il est bon d'ajouter, cependant, qu'avant de passer le rouleau d'encre, il faut traiter la pierre pour fixer le trait ; cette opération consiste à passer sur la pierre une solution d'eau gommée, additionnée d'acide nitrique ou chlorhydrique. Par suite d'une réaction chimique spéciale, la gomme qui imprègne toutes les parties de la pierre non atteinte par le dessin, et qui a touché directement la pierre, devient insoluble dans l'eau ; la pierre est ensuite lavée à l'eau de puits et elle est prête au tirage. Au moment de faire le tirage, l'ouvrier passe sur la pierre une éponge humide, et quand il met ensuite l'encre, celle-ci ne porte exclusivement que sur le trait, et il tire. Il regarde l'épreuve, force en encre, nettoie à l'essence les places qui ont pris indûment de l'encre et repasse ces places à l'eau gommée acidifiée, puis recommence, et ainsi de suite, jusqu'à l'obtention de bonnes épreuves;

c'est ce qui correspond à la mise en train en typographie. Nous sommes entrés dans ces détails parce qu'ils nous serviront à comprendre les autres opérations, car dans le tirage des cartes à jouer l'impression du noir n'est pas reproduite, puisque le cartier la reçoit toute faite de la Régie.

Nous avons vu plus haut que l'artiste, en faisant son calque, doit indiquer très exactement la place des différentes couleurs. Suivons-le donc dans ce travail, étant donné que les couleurs doivent se suivre à l'impression, en commençant par les nuances les plus tendres pour finir par les plus fortes ; pour la carte à jouer, elles se succèderont dans l'ordre suivant : le jaune, le rouge, le bleu, le gris et le noir. Si nous prenons donc le roi de cœur comme exemple, qui comporte l'ensemble de ces couleurs, et que nous le supposions tracé en noir sur cinq pierres, l'artiste désignera d'abord l'emplacement de la couleur jaune, ce qu'il fera sur une première pierre en passant le crayon lithographique sur tout le contour de la couronne, de la poignée de l'épée, du plastron, des épaules et de la barre transversale qui sépare la figure en deux parties égales. Cette première pierre sera traitée comme nous l'avons vu précédemment par l'eau gommée acidulée et lavée. Si l'on passe dessus un rouleau contenant de l'encre grasse jaune et que l'on tire à la presse, on aura une image dans laquelle on ne verra figurer que le jaune.

Prenons une seconde pierre sur laquelle l'artiste aura fait le même travail que précédemment, sauf que la couleur sera cette fois le rouge. Après préparation de la pierre pour le tirage, on aura une carte sur laquelle ne figurera que le rouge. Mais si nous prenons la première carte, celle sur laquelle est déjà le jaune, et que nous l'appliquions sur notre pierre à rouge, en ayant soin de raccorder bien exactement les deux signes de repère + dont deux sont sur la pierre et deux sur la carte qui porte déjà le jaune, les deux images coïncideront d'une façon mathématique, et après le tirage notre carte portera bien exactement le jaune et le rouge à leurs places respectives. Une troisième planche portant le bleu nous donnera une couleur de plus après tirage; une quatrième portant le gris et une cinquième portant le noir, nous fourniront nos cinq couleurs bien à la place qu'elles doivent occuper si le décalque a été minutieusement fait et si, dans les tirages successifs, la position des repères a été scrupuleusement observée.

Nous n'avons pas la prétention d'avoir fait, dans l'exposé ci-dessus, un cours bien complet de chromolithographie, car ce que nous venons d'en dire serait complètement insuffisant pour faire les fort jolies reproductions qu'on obtient aujourd'hui à l'aide de ce procédé d'impression; mais notre carte française officielle est loin d'être un chef-d'œuvre de trait et de coloris, nous avons donc cru bon de négliger toute la partie vraiment artistique de la chromolithographie bien exécutée (1). Il est à remarquer que le procédé tel que nous venons de le décrire présente, en résumé, de grandes analogies avec l'usage des patrons de la fabrication manuelle;

(1) Pour plus de détails à ce sujet, se reporter au Manuel complet de *Lithographie*, faisant partie de l'Encyclopédie Roret.

car dans les deux on cherche à délimiter d'une façon très exacte la place de chacune des couleurs.

Maintenant que nous connaissons le principe de reproduction, nous allons l'appliquer à la fabrication de la carte dans sa réalité, étant bien entendu que nous ne nous occupons exclusivement que des figures.

Dans la carte officielle, le trait noir n'est pas à reproduire, d'abord parce qu'il est fourni, tout prêt, au cartier, ensuite parce que la Régie n'autoriserait pas cette reproduction qui, en somme, laisserait au cartier la possibilité de faire une imitation absolument parfaite du travail que produit spécialement l'Imprimerie nationale, dans le but, précisément, d'empêcher toute fraude; les traits noirs livrés portent simplement les traits de repères en dehors du cadre de l'impression, pour faciliter le travail ultérieur du cartier. Donc, dans son travail préparatoire, le cartier devra se contenter d'indications plus sommaires que le dessin complet du trait de la figure, mais empressons-nous de dire qu'il ne trouvera pas, dans cette circonstance, des difficultés bien grandes, attendu que la Régie lui fournit l'impression en noir dans laquelle figurent toutes les lignes de démarcation des couleurs entre elles. Le calque à reporter sur la pierre sera donc très simplifié et, dans le cas présent, le cartier prendra un premier calque sur lequel il dessinera très exactement les seules lignes limitant le jaune; puis un second calque, qui ne limitera que le rouge; un troisième pour le bleu, puis pour le gris et enfin pour le noir. Chacun de ces calques reproduira aussi le signe de repère, et le tout reporté sur pierre, comme nous l'avons dit précédemment, constituera les cinq planches dont a besoin le fabricant pour habiller ses figures. L'Administration des contributions indirectes est sauvegardée quant à la fraude, parce que, de cette façon, le cartier ne possède pas, même en assemblant toutes ses planches, le dessin complet d'une carte, car la tête des figures n'est indiquée sur aucune planche, puisqu'elle ne reçoit pas de couleurs; en outre, dans le costume même des figurines, sous la couleur, apparaissent des dessins en traits noirs que le cartier ne reproduit pas, mais qui, étant fournis par la Régie, doivent se retrouver dans toutes les cartes officielles, sous peine de voir celles-ci considérées comme frauduleuses.

Les planches préparées comme nous venons de l'expliquer durent fort longtemps et permettent de faire de très nombreux tirages, aussi leur préparation n'est-elle pas très fréquente. De plus, on peut les conserver, sans y toucher, pendant plusieurs années et les retrouver en état de fournir de nouveaux tirages, avec la précaution suivante : le dernier tirage fini, on passe la pierre à l'*encre de conservation*, qui est beaucoup plus grasse que l'encre d'impression et sèche bien moins vite; on étend ensuite une couche de gomme avec une éponge fine, et on tamponne avec un linge propre. Il n'y a plus qu'à ranger les pierres à l'abri de la poussière et surtout des chocs.

Pierres lithographiques

Dans un atelier de chromolithographie, et même chez le cartier, la pierre lithographique constitue un fonds de matériel d'une valeur quelquefois très importante; quelques mots à son sujet ne seront donc pas déplacés ici. La pierre lithographique est un calcaire spécial d'un grain très fin et très poreux, dont on trouve des carrières dans différents pays; en France, nous en avons dans les Vosges et près de Châteauroux, mais les meilleures, au point de vue de l'impression, sont celles qui nous viennent des bords du Danube, et elles peuvent être prises comme type, sous le rapport de la finesse de leur pâte; la composition en a été déterminée et comprend : 97 0/0 de carbonate de chaux et 3 0/0 d'un mélange comportant de la silice, de l'alumine et de l'oxyde de fer. La pierre, étant dégrossie, est soumise à l'essai, afin de vérifier si elle est bien homogène, sans cassure, sans taches ou corps étrangers. Il suffit ordinairement de la soumettre à un simple mouillage pour rendre tous ces défauts visibles. Pour dresser la pierre, on la couvre de grès pulvérisé et mouillé, puis on frotte en tournant constamment avec une autre pierre de même dimension jusqu'à ce que le grès soit usé; on change alors les pierres de place, mettant dessus celle qui était dessous, on garnit de nouveau avec du grès pulvérisé, et on recommence l'opération de frottement jusqu'à ce que le dressage soit parfait. Le dressage ainsi fait est un travail pénible et long, aussi a-t-on tenté avec succès de dresser les pierres lithographiques à la machine, à l'aide d'un plateau rectangulaire en fonte, reposant sur un bâti à coulisse; un autre plateau circulaire également en fonte et garni de grès en poudre, vient se mettre en contact avec toutes les parties de la pierre lithographique, solidement maintenue à l'aide de vis sur le plateau rectangulaire. La pression peut être réglée par un contrepoids agissant sur un levier mobile. La pierre dressée est ensuite lavée à grande eau et débarrassée soigneusement de tout le sable qui peut encore rester dessus, et enfin elle est poncée avec le plus grand soin.

Pour l'emploi en lithographie ou en chromolithographie, le dressage doit être fait très exactement, c'est-à-dire que les deux faces dressées doivent être bien parallèles, en d'autres termes, la pierre doit avoir une égale épaisseur dans toute son étendue. Une seule de ses faces dressées est poncée, c'est sur celle-ci que se fera le dessin à reproduire, soit directement pour l'impression monochrome ou en une seule couleur, soit pour l'impression polychrome qui est celle dont nous venons de parler; l'autre face, bien dressée, n'est pas poncée, car c'est elle qui porte sur le marbre de la presse. Quant aux côtés latéraux, deux sont grossièrement dressés à l'outil, et présentent une série de cassures concoïdes, qui sont la caractéristique de ce genre de produit minéral; les deux autres le sont un peu mieux, mais moins finement que les premières surfaces, il suffit qu'ils soient à peu près droits. Les angles sont généralement arrondis, pour qu'en cas de chocs il ne se produise point d'éclats qui pourraient se prolonger fâcheusement jusqu'assez avant dans la pierre, pour la rendre impropre aux travaux d'impression.

Lorsque le dessin d'une pierre n'est plus propre à fournir de bons tirages, on débarrasse cette dernière convenablement de toute l'encre colorée ou noire qu'elle a gardée, par un bon lavage à l'essence, puis on la lave bien avec une eau légèrement alcalinée par du carbonate de soude, puis à grande eau, et elle est de nouveau apte à recevoir un dessin pour la reproduction. Elle n'aura besoin d'être poncée à nouveau que si, par suite d'accident, elle se trouvait rayée ; c'est même là l'accident le plus grave qui puisse arriver, et le lithographe doit y veiller avec une très grande attention, sous peine de perdre tout le prix, non pas de la pierre, mais du dessin qu'elle supporte, et qui coûte souvent beaucoup plus cher que la pierre.

Presse lithographique

Connaissant tout le travail préparatoire du dessin, de la mise en couleur, de la préparation de la pierre, nous pouvons supposer que notre dessin est prêt ; il s'agit de le reporter, avec sa série de couleurs, sur la carte que nous avons à habiller. Pour cela, nous nous servirons d'une machine spéciale, qui prend le nom de presse, parce que son rôle est en effet de presser la carte contre la pierre et de forcer, par conséquent, cette dernière à céder à la première l'encre de couleur qu'elle a reçue, sur les parties à reproduire sur la carte. Les modèles de ces machines sont très nombreux, et chaque constructeur a ses dispositions plus ou moins ingénieuses. Il ne nous est pas possible de les signaler tous, et encore moins de les décrire, nous devons donc nous borner à indiquer une de ces machines, construite sur d'excellents principes, et que nous devons à l'obligeance de la maison Marinoni.

Cette presse (fig. 92) se compose d'un bâti en fonte A, rectangulaire, et de deux flasques verticaux également en fonte, très ajourés pour les rendre plus légers, en même temps que pour permettre de voir le mécanisme et de le rendre accessible en tous points. Ces flasques sont munis de fortes nervures, tout autour des parties vides, de façon à donner à l'ensemble une solidité et une rigidité absolues. Une platine K, ou marbre en fonte, parfaitement dressée, est placée à la partie supérieure de la machine, entre les deux flasques et un peu au-dessous de leur niveau supérieur. C'est sur cette platine que reposera la pierre, et pour faciliter la compréhension de ce qui va suivre, disons de suite que, pendant le fonctionnement de la machine, cette platine est munie d'un mouvement de va-et-vient, qui est assuré de la façon suivante : la platine repose sur un châssis qui, lui-même, porte, par l'intermédiaire d'une série de galets, sur un chemin de roulement placé le long et intérieurement des flasques. Le châssis est muni en dessous d'une crémaillère, dont les dents sont tournées vers le sol ; une autre crémaillère, identique à la première, et tournée en sens contraire, est placée sur le bâti A et au milieu des deux flasques latéraux. Une roue d'engrenage C, actionnée par une bielle B, engrène avec ces deux crémaillères. Quand la roue C tourne, elle fait avancer la crémaillère du châssis dans un sens, et celle du fond dans le sens opposé ; lorsque son mouvement change de direction, les deux crémaillères prennent une marche en sens opposé à celui qui vient d'être indiqué ; on voit donc que le châssis, et par suite le

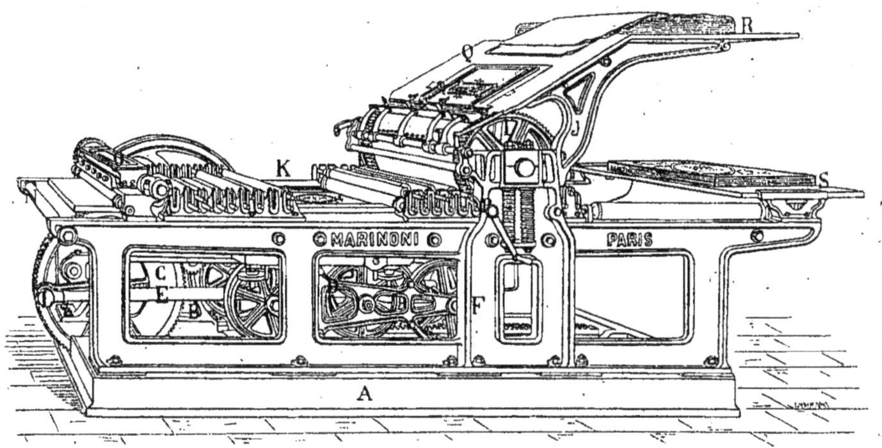

Fig. 92. Presse lithographique.

marbre et la pierre qu'il supporte, est bien doué du mouvement de va-et-vient dont nous parlions.

Vers la droite de la machine est un grand cylindre creux I ; c'est sur ce cylindre que va se placer la carte à imprimer; ce cylindre, on le voit sur le dessin, est muni à ses deux extrémités d'une couronne dentée, chacune d'elles engrène avec une crémaillère placée sur le châssis, de sorte que ce dernier et le cylindre, dans son mouvement de rotation, ont exactement la même vitesse. Sans pousser plus loin notre description, le lecteur a déjà compris que le cylindre portant la carte va la présenter par tous ses points sur la pierre, et comme celle-ci avance sous le cylindre avec la même vitesse que celui-ci, l'ensemble de ces deux mouvements équivaut absolument à celui qu'on ferait en tournant le cylindre sur toute la longueur de la pierre, celle-ci étant supposée immobile. Comme les deux mouvements sont combinés, l'exécution est plus rapide; de plus, comme la pression entre le cylindre et la pierre se fait toujours au même endroit, elle est tout à fait régulière pendant l'impression dans son entier. Tout le principe de la machine est là. Le restant de la machine comporte des détails fort intéressants destinés à faciliter le travail, mais ne constituant pas de principes spéciaux. Nous allons les examiner rapidement.

A l'extrémité à gauche de la machine est l'encrier O, qui est un récipient en fonte régnant sur toute la largeur de la machine et présentant à sa partie inférieure une ouverture demi-circulaire dans laquelle peut tourner un rouleau que l'on nomme *preneur*. Lorsque l'encrier est plein d'encre de la couleur voulue, elle ne peut pas s'écouler par l'ouverture inférieure qui se trouve bouchée par le rouleau, mais celui-ci, en tournant continuellement, prend d'une façon continue un peu d'encre qu'il porte au dehors contre un autre rouleau dit *toucheur* qui dépose l'encre sur une platine en bois ou en fonte, sur laquelle roulent d'autres rouleaux libres qui étalent uniformément l'encre sur la platine tout en s'en couvrant eux-mêmes d'une façon aussi très uniforme. Or, la platine fait partie du châssis qui porte le marbre et la pierre K; elle participe donc à son mouvement de va-et-vient et après avoir passé sous les rouleaux distributeurs continue son chemin pour sortir à la gauche de la machine, mais alors c'est la pierre qui vient en contact avec les rouleaux et s'y couvre d'encre aux places voulues. Le mouvement dans ce sens étant terminé, l'ensemble se met en route dans la direction opposée et la pierre va passer sous le cylindre, mais avant elle rencontre un nouveau jeu de rouleaux qui parachève l'œuvre des premiers en égalisant encore la couche d'encre sur la pierre; elle est alors bonne à passer sous le cylindre où elle produira l'impression sur la carte qui tourne sur le cylindre. Dans ce second mouvement, la platine repassera sous les rouleaux distributeurs, se recouvrira d'une nouvelle couche d'encre, et ainsi de suite. Des dispositifs spéciaux, dans les détails desquels nous ne pouvons pas entrer, sous peine de nous étendre indéfiniment, permettent de régler le débit de l'encre plus ou moins fort suivant les besoins.

Si nous passons au cylindre I, il nous offre

également des particularités fort intéressantes. Il est muni, à l'endroit d'une génératrice, d'une assez large rainure qui règne sur toute sa longueur. Dans cette rainure est logé un arbre muni de petites palettes en bronze et qui est lié solidement au mouvement du cylindre, de telle sorte qu'au moment où le cylindre se met en marche, les petites palettes, qu'on nomme *pinces*, saisissent le carton et l'appliquent sur le cylindre, de sorte que quand celui-ci va continuer son mouvement de rotation, il entraînera la feuille de carton qui est fixée sur lui par ces pinces; en même temps qu'une série de bras placés en dehors et le long du cylindre abattront le carton sur le cylindre au fur et à mesure de sa rotation, d'où le nom d'abat-feuilles donné à ces bras. Enfin la machine se complète par une grande console en fonte J qui supporte la table de marge Q et la table à papier R. A droite est la table S du receveur où viennent s'amasser les cartons imprimés.

Quant au fonctionnement de la machine, le voici en quelques mots : par l'intermédiaire d'une transmission placée en arrière du plan de notre dessin, tout le mécanisme qui est sous la machine est mis en action et lui-même donne le mouvement de va-et-vient au châssis et à ses annexes, et le mouvement de rotation au cylindre. Si nous supposons la machine mise en marche, un ouvrier appelé *margeur* se place sur un marchepied à hauteur de la table Q. Il prend de la main droite un carton sur la table R et le place sur la table Q contre deux butoirs ou repères placés d'avance, le cylindre dans son mouvement de rotation présente au bord de la table Q sa rainure avec les pinces ouvertes ; celles-ci se referment emmenant le carton qui s'imprime et passe sur la table S desservie par un second ouvrier qui prend le nom de receveur et dont la fonction, comme l'indique son nom, est de recevoir les cartons imprimés et aussi de les examiner, en signalant s'il y a trop d'encre, s'il n'y en a pas assez, s'il y a des défauts, des maculatures, etc., de façon à ce que le margeur, qui est aussi chargé de la conduite de la machine, la rectifie dans le sens voulu. Ajoutons, pour terminer sur ce sujet, que si le mouvement de la machine est parfaitement continu, celui du cylindre est combiné de telle sorte qu'il présente un moment d'arrêt à l'instant où il va prendre une feuille, moment qui coïncide avec celui où il lâche une feuille précédente. Ceci est combiné à dessein : 1° pour que le margeur ait le temps nécessaire pour présenter convenablement la feuille de carton aux pinces avant que celles-ci ne se rabattent ; 2° pour que le receveur ait le temps d'enlever la feuille terminée et de la mettre en ordre sur sa table.

Mise en place et calage de la pierre

La mise en place et le calage de la pierre constituent une opération assez délicate en ce sens que c'est d'eux souvent que dépend la bonne exécution du travail final ; nous croyons donc utile d'indiquer la meilleure manière d'y procéder. La pierre étant placée sur le marbre, il faut, avant de la caler, s'assurer que les pinces ne viendront pas appuyer dessus au moment de son passage sous le cylindre. Pour cela, la machine porte à l'intérieur du châssis, de chaque côté, près des premières vis de calage, un cran à la lime qui correspond au bout des pinces au moment du passage des châssis sous le cylindre. Il faudra donc faire attention que la pierre ne dépasse pas les crans en question une fois calée.

Pour régler la hauteur et le niveau de la pierre, il faut placer sur les parties dressées du châssis, qui sont au-dessus des vis de calage de l'avant et de l'arrière, une règle qui a dans ses deux extrémités une partie rapportée (fig. 93); c'est cette

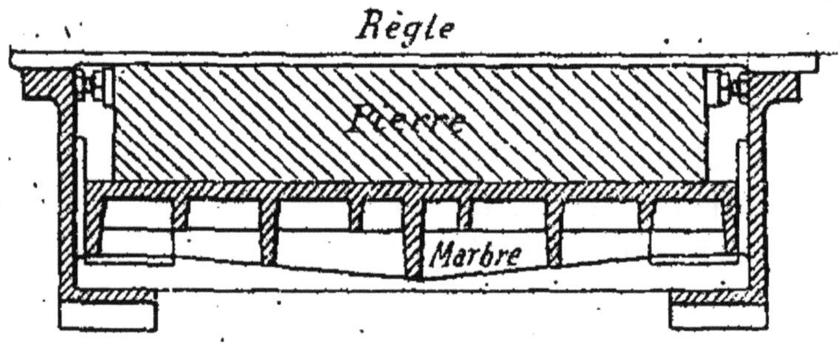

Fig. 93. Mise en place et calage de la pierre.

partie qui doit venir sur les parties dressées du châssis; il suffit ensuite de remonter le marbre à l'aide de vis de réglage ménagées dans la machine aux quatre coins du marbre et que l'on actionne par des manivelles placées au bout du châssis, du côté opposé à la table à encrer, jusqu'à ce que la pierre vienne bien à fleur de la règle; il faut faire cette opération des deux côtés de la machine en plaçant la règle d'un côté, puis de l'autre, et la pierre se trouvera bien à hauteur et de niveau. Il n'y a plus qu'à la caler en serrant les vis qu'on voit à droite et à gauche de la pierre sur notre dessin (fig. 93) et qui s'appuient sur la pierre et le châssis.

Repérage ou pointure

Nous avons dit que pour assurer l'exacte superposition des couleurs sur leurs places respectives dans la figure que porte le carton, il fallait repérer la feuille de façon qu'elle prenne toujours la même position par rapport aux figures identiques dessinées sur les différentes pierres, c'est ce qu'on appelle en imprimerie la *pointure*, du mot pointe, qui, comme nous l'allons voir, est l'organe principal du repérage. L'invention de la pointure est due à Godefroi Engelmann, et l'on peut dire que c'est, depuis lui, toujours le même système qui est employé, sauf modifications de dispositifs conçus de manières différentes, suivant le genre de machine sur laquelle la pointure est employée. Le principe de la pointure est le suivant, nous le donnons à dessein d'une façon en quelque sorte théorique pour mieux le faire comprendre.

Lorsqu'on a fait les dessins au trait en nombre égal à celui des pierres qu'on doit employer, on a eu soin de placer de chaque côté de l'image un signe de repère +; après transport sur les pierres, ce signe se trouve reproduit sur toutes les pierres et occupant exactement la même position par rapport à chaque image. Servons-nous maintenant de ce signe pour nous repérer. La première pierre bien posée et calée sur le châssis, on place, peu importe par quel moyen, deux pointes venant très exactement à l'intersection des deux lignes +

de la pierre; celle-ci convenablement encrée, posons notre feuille de papier ou de carton encore blanc sur la pierre, les deux pointes en question le perceront en deux points; ce premier tirage fait, relevons la feuille. Pour passer au second tirage, nous allons placer la seconde pierre sur la machine et la caler convenablement, puis, à l'intersection des deux lignes +, nous plaçons à nouveau les deux premières pointes; puis, en mettant la feuille de papier ou carton qui a été déjà imprimée, en prenant soin de la placer sur la pierre de façon à ce que les trous qu'elle porte, faits par la première pointure, viennent dans les pointes de la deuxième pierre, notre feuille se trouvera dans sa position très exacte par rapport à l'image de la pierre, et si le jaune a été imprimé la première fois et le rouge la seconde, ce dernier va se trouver très exactement aux différentes places qu'il doit occuper. Opérant de même pour la troisième, puis la quatrième et la cinquième couleurs, la carte sera habillée d'une façon absolument régulière.

Tout ceci, nous le répétons, n'est que l'indication pour ainsi dire théorique de la pointure; en pratique, il faut adopter des dispositions qui en rendent l'application possible; les pointes doivent pouvoir être fixées au premier tirage de telle sorte qu'elles se trouvent exactement à leur même place aux pierres suivantes, c'est-à-dire très exactement à l'intersection des lignes du repère +; elles doivent disparaître d'une façon quelconque au moment où soit l'ouvrier, soit la machine, passe les rouleaux sur la pierre pour l'encrer; elles doivent pouvoir ne pas être écrasées ni même touchées par la partie (plateau ou cylindre) de la machine qui opère la pression du papier sur la pierre. Toutes ces conditions se réalisent d'une façon plus ou moins compliquée suivant les modèles de machines, mais nous devions les indiquer pour que le lecteur puisse nous suivre dans l'explication de la pointure appliquée à la presse Marinoni que nous venons de décrire.

Dans cette machine, la pointure est rendue solidaire de la marche du cylindre, puisque c'est lui qui porte la feuille de papier ou de carton à imprimer, et elle est combinée de telle sorte dans sa position sur le cylindre, que l'imprimeur n'a qu'un soin à prendre, celui de placer sa pierre convenablement sur le marbre. A cet effet, celui-ci porte deux traits gravés sur sa longueur, qui correspondent exactement à la pointure sur le cylindre; c'est-à-dire que le cartier, en plaçant sa pierre sur le marbre, devra en assurer la position de telle sorte que les lignes de repère coïncident avec les lignes tracées sur le marbre, le cylindre fera la pointure automatiquement comme nous l'allons voir.

Notre dessin (fig. 94) montre la disposition du cylindre pour faire la pointure sur la première feuille, ou, pour mieux dire, au premier tirage. Y est le cylindre vu en coupe, présentant vers la droite la solution de continuité dont nous parlions plus haut et dans laquelle manœuvrent les pinces dont une est représentée sur notre dessin. Une pièce A de forme spéciale se termine à ses deux extrémités par une partie cylindrique; d'un côté elle porte un ressort en spirale C qui s'appuie sur une butée maintenue par une rondelle R goupillée dans un trou O de la pièce A. De l'autre côté elle est rendue solidaire de l'abat-feuilles dont nous avons parlé et qui peut prendre un mouvement de rotation autour d'un axe X. Un galet B, solidaire du cylindre, tourne avec lui dans le sens indiqué par la flèche.

Lorsqu'on fait passer la feuille pour la première fois, la pointure doit percer dans cette feuille le trou qui servira pour le second passage et les suivants. La pointure sort alors après la fermeture de la pince au moment du départ du cylindre. Elle sort, par des trous ménagés à cet effet, sur un cercle du cylindre coïncidant exactement avec le trait du marbre, et la première pointure se trouve assez près des pinces pour ne pas être touchée par la pierre au moment de son passage sous le cylindre, comme nous l'avons vu plus haut pour les pinces. C'est le cylindre lui-même qui, entraînant le galet B, l'amène en contact avec la partie *a* de la pièce A, le galet en s'abaissant fait sortir la pointure. La pièce A reste immobile grâce à la rondelle R.

Lorsque la feuille doit passer la seconde fois, c'est-à-dire pour l'impression suivante, rien n'est modifié à ce dispositif, si ce n'est que la rondelle R est goupillée dans le trou O'. Afin de laisser au receveur le temps suffisant pour enlever la feuille, la pointure doit sortir seulement un peu après l'arrêt du cylindre. Dans ce cas, c'est le déplacement de la pièce A qui fait fonctionner la pointure. Lorsque l'abat-feuilles est relevé, il repousse la pièce A en comprimant le ressort. Aussitôt après l'arrêt du cylindre, l'abat-feuilles a un petit mouvement d'abaissement qui dégage la pièce A ; le ressort C

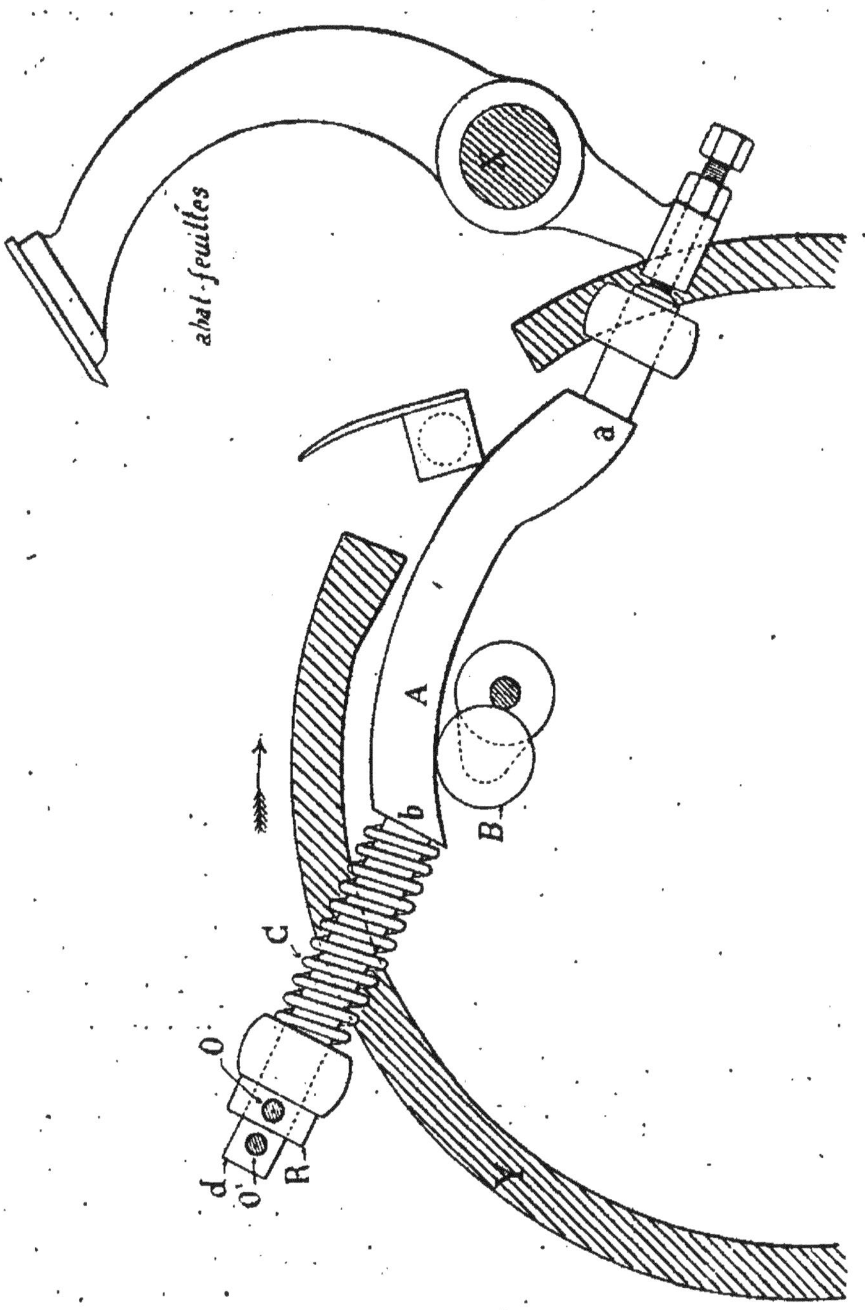

Fig. 94. Pointure (1re impression).

agit alors pour ramener la pièce A vers la droite ; dans ce mouvement, la partie *b* de la pièce A vient rencontrer le galet B. Celui-ci, en s'abaissant, fait sortir la pointure.

On voit ainsi que les machines actuelles sont suffisamment perfectionnées pour répondre à toutes les exigences d'un bon travail ; il n'y a plus qu'à mettre à la machine un bon margeur pour obtenir d'excellents résultats. La grande qualité du margeur dans ces opérations doit être une attention soutenue, une grande vivacité sans brusquerie, de façon à bien placer les feuilles exactement dans le trou fait par le premier tirage, car la moindre irrégularité sous ce rapport ferait perdre au travail toute sa perfection, attendu que les couleurs chevaucheraient l'une sur l'autre, produisant ainsi le plus mauvais effet. De plus, dans la fabrication de la carte, surtout en ce qui concerne les figures, toute pièce manquée est non seulement perdue, mais entraîne le cartier à des formalités spéciales de destruction sous les yeux des employés de la Régie, ce qui constitue une très grande perte de temps, venant s'ajouter à la perte de matière et de main-d'œuvre.

Sachant comment se font les figures, la fabrication des points s'imagine seule, puisqu'ici il n'y a plus qu'une impression ; dans ce cas plus de calque à établir, des dessinateurs spéciaux dessinent directement les points des cartes sur la pierre et ce d'autant plus facilement que les cartes de points n'ont ni endroit ni envers, c'est-à-dire qu'on peut les dessiner absolument comme on le ferait sur du papier ; tandis que s'il s'agissait d'un texte, il faudrait le dessiner à l'envers, de manière qu'après le tirage il revienne à l'endroit et puisse se lire. C'est une observation que nous n'avions pas encore faite parce que nous n'avons encore pas parlé de calque; or le calque reporté sur la pierre s'y trouve à l'envers, ce qu'il faut pour le tirage.

La chromolithographie, ou chromo, comme l'on dit souvent, donne au cartier le moyen de faire des cartes ravissantes, et un bon nombre d'entre eux y réussissent d'une façon tout à fait exceptionnelle; malheureusement nous ne les voyons pas en France, car elles sont destinées à l'exportation; sur le territoire français, les jeux émanant de la Régie étant seuls admis et ces jeux sont aussi laids que grotesques, leurs modèles n'ayant reçu aucune amélioration comme traits et comme coloris, et se trouvant fidèlement recopiés toutes les fois que des planches ou moules sont usés. Il semble cependant que le fisc ne perdrait rien à perfectionner les cartes, et qu'au contraire, à notre avis du moins, il pourrait y gagner. Si ces petites vignettes en effet offraient quelque valeur artistique, il y a lieu de penser que la consommation ne pourrait qu'augmenter, ce qui donnerait lieu à un excédent de recettes dans la contribution imposée à l'usage de ce petit objet de luxe.

III. HABILLAGE MÉCANIQUE DES CARTES (CHROMOTYPOGRAPHIE)

Comme l'on fait couramment aujourd'hui de très belles choses en chromotypographie, il était tout indiqué que le cartier utilisât ce procédé pour faire l'habillage des cartes, et dans ce qui va suivre nous n'allons encore examiner que l'impression des couleurs sur les cartes à figures, celles-ci présentant seules quelques difficultés spéciales. La fabrication des cartes de points par ce procédé s'expliquera d'elle-même.

Les avantages de la chromotypographie sur la chromolithographie sont assez nombreux et assez précieux pour le fabricant. D'abord il n'a plus à manier la pierre, matière lourde, encombrante et en somme assez fragile. Pour la pierre il est obligé de recourir à de véritables artistes pour faire les calques du trait, les reporter sur la pierre et enfin délimiter la place des différentes couleurs sur la vignette. Avec la chromotypographie, le cartier peut faire établir les clichés dont il aura besoin par des procédés mécaniques et chimiques, qui n'exigent aucunement l'intervention d'une main artistique. Enfin par la typographie, qui imprime sur des reliefs, on n'a pas ces empâtements de l'encre de couleur, qui poisse aux doigts et force à sécher très soigneusement les feuilles imprimées. La typographie fournit donc un travail achevé plus rapidement, ce qui est précieux en matière d'industrie.

En principe, le cartier qui habille ses cartes par les procédés typographiques doit, pour une même carte, avoir autant de clichés que de couleurs à poser, soit cinq si nous prenons le même exemple que précédemment, le roi de cœur. Son premier cliché, en admettant le même ordre que précédemment, portera en relief toutes les parties devant imprimer le jaune, tout le restant sera en creux ou même n'existera pas. Pour le rouge il en sera de même, et pareillement pour les autres couleurs.

La fabrication des clichés est fort intéressante, mais nous ne saurions la donner en détail ici, car elle emprunte ses opérations à un métier tout à fait spécial dans lequel la photographie joue un rôle très actif, et la description détaillée nous entraînerait beaucoup trop loin (1). Nous dirons donc simplement que, par des procédés photographiques spéciaux, on reproduit l'objet à imprimer en couleurs; on reporte ce cliché sur du zinc et l'on couvre toute la partie qui doit rester en relief d'une matière inattaquable aux acides (vernis spécial). Cette série d'opérations achevées, on soumet le zinc à l'action corrosive d'un acide qui s'attaque à toutes les parties laissées nues, alors qu'il respecte la partie couverte de l'enduit protecteur. Cette dernière reste donc en relief par suite de la corrosion des autres parties attaquées. L'attaque du zinc, comme nous venons de le dire, exige des soins tout particuliers pour donner de bons résultats, et suivant les clicheurs elle se fait généralement en plusieurs fois. Lorsqu'elle est jugée suffisante, on l'arrête, on lave bien le zinc pour qu'il ne continue pas à s'attaquer et il n'y a plus qu'à placer ce zinc sur une plaque de bois de hauteur voulue ou même à le souder sur un support en matière de caractères d'imprimerie pour que le cliché soit prêt à être mis sur la presse.

Comme dans la chromolithographie, chaque cliché est repéré pour recevoir bien exactement les couleurs aux places qui leur sont dévolues. Le res-

(1) Ces opérations sont décrites dans le Manuel du *Graveur*, 2 vol., 6 fr., faisant partie de l'Encyclopédie-Roret.

tant de l'opération n'est plus qu'une question d'imprimerie. On peut facilement juger de l'économie de ce procédé, si nous disons que l'on obtient facilement aujourd'hui ce genre de cliché au prix de quelques centimes le centimètre carré. Il ne faudrait pas conclure pourtant de ce que nous venons de dire, que l'impression en couleurs par la typographie ne peut servir qu'à l'exécution d'œuvres sans valeur; bien au contraire, et certainement un côté de sa supériorité sur la chromolithographie, c'est qu'elle se prête à des travaux très ordinaires comme l'habillage des cartes à jouer, tout en donnant lieu à des prix minimes; elle permet aussi l'exécution des travaux les plus artistiques, mais alors les clichés deviennent de véritables documents artistiques, dans lesquels la photographie, comme la chimie, réclame encore le concours du graveur pour parachever l'œuvre obtenue par des procédés mécaniques. Ce genre de cliché ne s'évalue plus au centimètre carré. La typographie en couleurs permet aussi d'obtenir des effets d'intensité que ne saurait donner la chromolithographie. Dans cette dernière, en effet, l'action de la presse est limitée à une pression déterminée qui doit se répartir très uniformément sur la surface unie encrée de la pierre, tandis qu'avec la typographie, grâce à des artifices spéciaux, on peut faire varier la pression sur le cliché complètement à volonté, c'est-à-dire qu'un même cliché, sous le même coup de presse, peut recevoir sur l'ensemble de sa surface des pressions assez différentes les unes des autres pour que, le tirage terminé, les effets obtenus soient nettement différenciés. On comprend, en effet, que si l'on soumet un relief encré à une pression très forte, alors que son voisin, au contraire, ne recevra qu'une pression faible, les deux parties se présenteront sous un aspect différent. La première, fortement encrée, donnera un ton déterminé ; la seconde, très peu encrée, aura la même nuance, mais beaucoup moins épaisse, et il y aura dans cet effet une illusion de différence de ton permettant de croire à deux impressions différentes faites par deux clichés différents.

Mais nous aurions matière à nous étendre fort loin sur ce sujet sans même l'épuiser, et si nous l'avons effleuré c'est pour montrer que si la chromotypographie convient très bien à l'impression de travaux fort ordinaires, elle est loin de se trouver limitée à ce genre et elle aborde aujourd'hui des impressions très artistiques, reproduisant des aquarelles ou autres peintures avec une telle fidélité, qu'il peut arriver à bien des personnes de ne pouvoir distinguer le modèle de la copie.

Cette digression nécessaire étant faite, nous allons ramener le lecteur chez le cartier habillant les cartes par la typographie et dont les clichés sont préparés comme nous l'avons dit au début de ce paragraphe. Pour faire le tirage ou impression, le cartier aura besoin d'une presse dite *machine en blanc*, ainsi nommée parce qu'elle n'imprime que sur un côté de la feuille, laissant l'autre face en blanc. Ce genre de presse, que nous empruntons encore à la maison Marinoni, qui la désigne sous le nom de presse « indispensable », est représenté par notre dessin, figure 95.

Son premier aspect fait déjà voir une machine

plus simple et moins massive que la presse lithographique, ce qui est exact, l'impression typographique réclamant des efforts moindres. Cette machine se compose d'un bâti intérieur A, placé sous la machine et de deux flasques verticaux B et C très dégagés dans leurs formes, laissant toutes les parties mécaniques parfaitement accessibles ; ils sont reliés entre eux par des entretoises E et F. Dans une glissière D, ménagée des deux côtés de la machine, circule un train de galets dont nous verrons l'utilité. En G se trouve le marbre en fonte sur lequel seront placées les *formes* dans lesquelles seront soigneusement calés les clichés ; ce marbre se continue vers la gauche par la table à encrer, au-dessus de laquelle nous voyons, en H, l'encrier. Le cylindre sur lequel doit venir le carton à imprimer est représenté en N, au-dessous de la table de marge S, la machine se terminant par la table du receveur U, au-dessus de laquelle nous voyons une série de lattes en bois situées dans le même plan et qu'on appelle la *raquette* ; cette pièce est munie d'un mouvement de rotation qui lui permet de venir horizontalement à droite pour recevoir la feuille imprimée qui se dépose dessus, un mouvement de rotation vers la gauche vient déposer la feuille sur la table du receveur. Enfin, en P, sous la table de marge, se trouve la tringle de pointure.

Si nous passons au mécanisme figuré en dessous de la machine, nous trouvons d'abord un grand balancier X, attelé à une bielle V et à une autre Z, tandis qu'en L nous avons un arbre portant des excentriques ; cet arbre est commandé par la transmission formée d'un train d'engrenages située à l'arrière du plan de notre dessin et dont on aperçoit la grande roue dentée M et le volant Q. Lors-

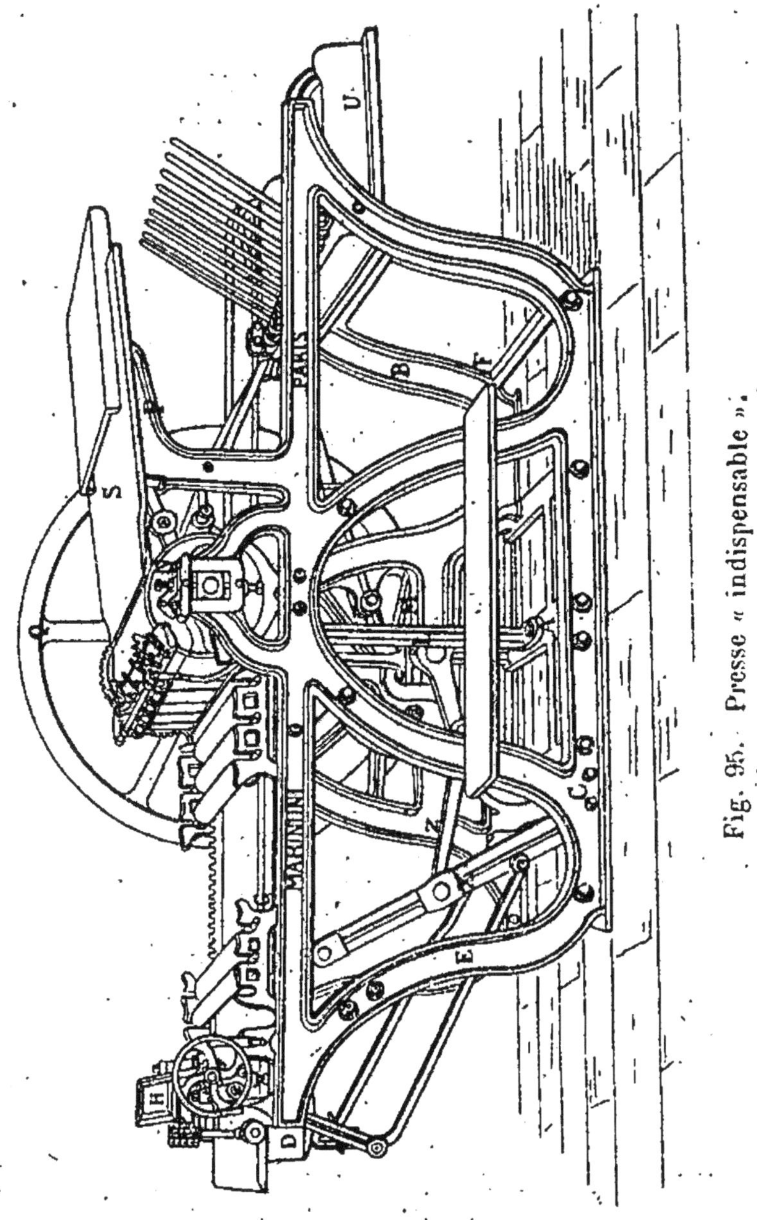

Fig. 95. Presse « indispensable ».

qu'on met la transmission en marche, elle donne au châssis du marbre G, un mouvement de va-et-vient, par l'intermédiaire des excentriques, des bielles VZ et du balancier X. Comme dans la machine lithographique, le cylindre tourne à une vitesse égale à celle à laquelle marche l'arbre dans son mouvement d'aller et de retour ; cette égalité de vitesse est obtenue grâce à une couronne dentée fixée à chaque extrémité du cylindre engrenant avec une crémaillère placée de chaque côté du châssis du marbre.

Quant à la manœuvre de cette machine, elle est fort simple : le margeur, monté sur la marche de la machine, se tient contre la table de marge et y pose la feuille à imprimer pendant que le cylindre tourne ; lorsque ce dernier a accompli son évolution, il s'arrête un instant pendant lequel le margeur a le temps suffisant pour repérer sa feuille sur la pointure, les pinces s'abattent, entraînent la feuille qui passe sur le cliché, s'imprime et va se déposer sur la raquette, laquelle tourne vers la table S et y dépose la feuille imprimée. Nous ne dirons rien ici de l'encrage et du fonctionnement des rouleaux *toucheurs*, *preneur* et *distributeurs*, qui fonctionnent identiquement comme dans la presse lithographique.

La machine est pourvue de pointures permettant de repérer exactement la feuille aux tirages suivants ; nous n'insisterons pas sur leur fonctionnement qui présente de grandes analogies de principe avec ce que nous avons dit en détail au sujet de la presse lithographique. Pour les utiliser, on procède comme nous l'avons dit en mettant toujours les formes contenant les clichés bien à la même place par rapport aux traits de pointures gravés sur le marbre ; au premier tirage, les pointures percent la feuille en deux endroits sur sa longueur et, aux tirages suivants, le margeur doit prendre bien soin de remettre ces trous sur les pointures. Opérant ainsi, on imprimera exactement les couleurs aux places qui leur sont destinées, et les cartes se trouveront habillées.

En ce qui concerne les cartes de points, l'impression est encore plus simple; pour elles, inutile de faire des clichés, il suffit d'avoir les points en relief absolument comme des caractères d'imprimerie, de les disposer dans une forme en bloquant les vides par des pièces en métal de caractères (*garnitures* en terme d'imprimerie), et il n'y a plus qu'à rouler. Cette disposition a l'avantage de permettre de changer tel ou tel point quand il est usé ou simplement abîmé, sans être obligé de changer ou de mettre au rebut tout un cliché. Les cartes de points s'impriment par couleurs, c'est-à-dire que lorsque la machine roule sur le rouge on fait les unes après les autres les cartes de cœur et les cartes de carreau. Ceci évite de nettoyer la machine : encrier, table à encre, rouleaux, etc., nettoyage qui se fait à l'essence de térébenthine, à l'essence de pétrole ou à la benzine; en outre, on a plus de chance d'avoir ainsi tous les points rouges indistinctement, présentant bien la même teinte.

Dans l'impression en typographie, comme nous venons de l'indiquer, et surtout avec les clichés de zinc cloués sur bois, il y a une mise en train assez délicate à faire, car le bois qui supporte les clichés joue toujours plus ou moins et ne présente pas sous le cylindre une hauteur uniforme, de sorte que des parties du cliché viennent trop encrées, tandis que d'autres viennent trop peu chargées d'encre. Donc, aussitôt la forme posée et calée sur le marbre, on tire une première épreuve et l'on voit les parties trop pâles ou trop peu chargées d'encre ; on se reporte au cliché à ces endroits, et l'on colle dessous du papier découpé, affectant autant que possible le contour de toute la portion de cliché qui n'est pas venue ou mal venue ; on tire une seconde épreuve qu'on examine encore en les améliorant progressivement, comme nous venons de le dire, jusqu'à ce que l'on obtienne une épreuve tout à fait satisfaisante.

Si nous insistons tout particulièrement sur la mise en train, dont nous avons déjà parlé au chapitre précédent, c'est qu'elle est très importante pour le cartier qui imprime sur du papier filigrané, celui-ci lui étant vendu assez cher par la Régie. Le conducteur de la machine fait donc ses premières épreuves sur un papier ordinaire, et il doit avoir assez l'habitude de son travail pour savoir que telle épreuve est juste et convenable pour le papier filigrané, avant même de passer une feuille de ce dernier à la machine (1).

Quand les cartes sont ainsi préparées, elles passent aux opérations suivantes ; mais avant de les signaler, disons en passant que la machine typographique en blanc, que nous venons de décrire, peut également servir à imprimer les feuilles de tarot, il suffit d'avoir les clichés voulus. Or, comme dans cette impression on recherche surtout la netteté et rare-

(1) Pour d'autres détails sur l'impression typographique, consulter le Manuel du *Typographe*, faisant partie de l'Encyclopédie-Roret.

ment un dessin artistique; les clichés peuvent être nombreux sans grever énormément le fabricant.

Après l'impression, vient le lissage ou finissage, qui, dans les fabriques travaillant mécaniquement, se fait en passant les cartons entre deux cylindres chauffés à la vapeur et suffisamment serrés; ces appareils sont très analogues à la calandre ou laminoir dont nous avons donné un modèle figure 14; cette opération a pour but de faire disparaître toutes les aspérités du carton et de donner en même temps le plus grand degré de glaçage aux deux faces de la carte.

Les cartes, après le lissage, sont débitées, et dans ce travail, la machine qui convient le mieux est la cisaille circulaire (fig. 17), qui, réglée une fois pour toutes, permet un débit très considérable. Dans certaines fabriques importantes, ces outils sont en assez grand nombre pour que chacun d'eux soit réglé d'une façon permanente pour une seule et même coupe. Dans ce cas, un premier ouvrier reçoit les cartons et les débite par bandes; celles-ci réunies sont remises à une autre cisaille, sur laquelle l'ouvrier opère le débit par cartes.

Au sortir de la cisaille, les cartes passent entre les mains d'une ouvrière nommée *tableuse*, qui a pour fonction de ranger les cartes par sortes, c'est-à-dire par valeur de figures et de points; ce classement est fait d'après les tons de couleur, en commençant par le plus foncé, pour arriver au plus pâle. Lorsqu'après ce travail on forme les jeux définitivement, on doit trouver une grande uniformité de tons pour chaque jeu. Pour remplir aussi bien que possible cette condition, une autre ouvrière, nommée *recouleuse*, est chargée de vérifier minutieusement les cartes pour mettre de côté toutes celles qui présentent, soit des défectuosités de fabrication, soit des taches ou des marques capables de les faire distinguer. Le terme de recouleuse vient de ce que l'ouvrière qui en remplit les fonctions doit accomplir son travail très rapidement, les cartes lui coulant des mains. Il est inutile de dire qu'il est indispensable que la recouleuse ait les mains très propres et sèches. Les jeux étant réunis ensuite par paquets de 52 ou de 32 cartes, on en arrondit les coins avec une machine en tous points semblable à celle que représente notre dessin figure 48. On forme enfin les paquets en *sixains*, comme nous l'avons dit en procédant à leur emballage, sous papier, conformément aux prescriptions fournies par la Régie, et qu'on trouvera au chapitre suivant (voir règlements).

Nous en avons fini avec cette fabrication qui, en résumé, offre, comme condition tout à fait spéciale, d'exiger des objets d'une similitude absolue. En dehors de ce point, la fabrication ne présente aucune difficulté spéciale, surtout aujourd'hui avec les moyens perfectionnés dont disposent tous les genres d'industrie. On est même surpris que dans cette branche particulière, qui exige du bon goût et beaucoup de soins, la France soit fortement distancée par plusieurs autres nations sur le marché du monde. La seule raison de cette infériorité provient, croyons-nous, du fait de l'Administration des Contributions indirectes, ou, pour mieux dire, du fisc qui a gardé, pour surveiller la fabrication des cartes et sauvegarder ses droits, des mesures qui ne sont pas sans apporter de très grandes entraves à ce genre d'industrie, sans compter que les modèles imposés sont tout à fait défectueux. Le fait est d'autant plus regrettable que c'est la carte française, c'est-à-dire du modèle français, qui est la plus répandue dans l'univers entier et qu'il serait d'autant plus naturel que ce soit la France qui en soit le plus grand pourvoyeur du monde. Nous ne pensons pas qu'il soit impossible de remédier à cet état de choses, car dans tous les pays ou presque dans tous, la carte à jouer est un article frappé d'impôts et dont la fabrication fait l'objet d'une étroite surveillance ; il y a donc tout lieu de croire que nos concurrents subissent des règlements mieux conçus, puisqu'ils peuvent faire mieux que nous.

CHAPITRE XV

De la législation spéciale à laquelle sont soumis les fabricants de cartes à jouer

---

Il ne suffit pas, pour le cartier, de préparer de bons produits et d'exercer loyalement son industrie. S'il ne connaissait bien la législation spéciale qui régit sa fabrication et la gêne sans cesse, il se trouverait exposé, malgré sa bonne foi, à une ruine certaine. Les procès-verbaux des employés des contributions indirectes l'auraient bientôt instruit de son ignorance et rendu plus habile dans la science des lois fiscales.

Pour que cet ouvrage soit complet et satisfasse à tous les besoins de ceux à qui il s'adresse, il faut donc qu'il fasse connaître les entraves spéciales que le fisc a imposées aux fabricants de cartes. Pour cela, après avoir rapidement exposé l'origine et l'ancien état de cette législation, nous faisons connaître la législation nouvelle, en y joignant toutes les explications nécessaires pour la bien faire comprendre.

On ne saurait trop recommander aux cartiers de prendre connaissance et de s'assimiler tous les chapitres de ces règlements, car il ne peut pas être mis à leur disposition une pièce officielle nette et précise leur définissant tous leurs droits et toutes leurs obligations. Leur seule ressource, en cas d'hésitation, est de s'adresser au contrôleur des contributions, qui est chargé de les renseigner et de les guider. Mais cette ressource reste assez précaire et, de la meilleure foi du monde, un cartier peut accomplir une opération qui peut lui faire encourir les peines les plus sévères, en vertu d'une législation non abolie et remontant au commencement du siècle dernier. Or, personne n'ignore que le fisc est impitoyable, et pour se donner gain de cause, il n'hésite pas à faire appel à des règlements depuis longtemps tombés en désuétude, mais conservant leur valeur parce qu'ils ne sont pas abolis. Il est donc indispensable que le fabricant de cartes à jouer connaisse tous ces vieux décrets, toutes ces vieilles ordonnances, s'il veut s'éviter de graves désagréments.

Nous ne pouvons nous empêcher de dire en passant qu'il est inconcevable que toute cette réglementation n'ait pas été revue, refondue, éclaircie et surtout remise au niveau de nos connaissances modernes, étant donné qu'il s'agit, en l'espèce, de la réglementation d'une industrie qui, comme toute autre, a le droit de n'être pas entravée dans la voie du progrès et qui, comme toute autre aussi, a le droit de chercher à développer ses débouchés sur tous les marchés du monde.

Avant de passer à la réglementation proprement dite, nous résumons ci-dessous la classification, adoptée par la loi, des cartes fabriquées sous son contrôle. Cette classification comporte les trois sections suivantes :

1° Les cartes *à portrait français intérieur*. Ce sont celles que nous avons désignées sous le nom générique de cartes officielles, dans le cours de la troisième partie de cet ouvrage. Ce sont les cartes fabriquées avec du papier filigrané fourni par la Régie (décret du 1er germinal an XIII, art. 12) et au moyen de moulages dont l'Administration des contributions indirectes a le monopole (décret du 16 juin 1808, art. 2, et du 9 février 1810, art. 1). La Régie fournit donc aux cartiers : 1° le papier filigrané blanc, qui doit leur servir de papier de devant, pour faire les cartes de points; 2° le papier filigrané portant en traits noirs les figures et l'as de trèfle. L'impression de ces figures en noir est confiée à l'Imprimerie nationale, qui les livre au ministère des finances, d'où le service des contributions indirectes les répartit, suivant les demandes, chez les différents fabricants de cartes à jouer de

France. L'as de trèfle, quoique carte de point, est également fourni imprimé; il est représenté au centre de la carte entouré d'une couronne de feuilles de chêne (ordonnance du 18 juin 1817, art. 1). Au-dessous de cette vignette figure un timbre humide rond, d'un diamètre de 0m0195, représentant une tête de la République en Cérès, avec la légende « *République Française* en haut, *décret du 12 avril 1890* en bas » (Décret du 12 avril 1890).

2° Les cartes *à portrait français extérieur*. La fabrication de ces cartes est soumise aux mêmes règles que les précédentes, dont elles ne diffèrent que par l'absence du timbre ci-dessus mentionné et par l'impression du mot *extérieur* au milieu des perles qui séparent les figures en biais en deux parties identiques et sur le champ de la carte au-dessous de chaque figure.

3° Les cartes *à portrait étranger*. La fabrication de ces cartes a été maintenue pour la satisfaction de certains besoins locaux; il existe, en effet, des régions en France dont la population se sert de cartes avec des figures et des emblèmes spéciaux, à l'aide desquelles elle joue à certains jeux nationaux; elle a été maintenue aussi pour l'exportation. Cette carte est fabriquée avec du papier de devant libre et des moules ou clichés appartenant aux fabricants, mais déposés dans les bureaux de la Régie, et les tirages ont lieu sous la surveillance de l'Administration (1er germinal an XIII, art. 11, et 16 juin 1808, art. 3).

Les moules ou clichés des cartes à portrait étranger doivent être agréés par la Régie, car les formes et les dimensions de ce genre de cartes doivent être différentes de celles des cartes à portrait français. Elles doivent porter sur toutes les figures la légende *France* et le nom du fabricant, sauf dans le cas où elles sont destinées à l'exportation (art. 4 et 5 de juin 1808, art. 1 et 2 du décret du 26 mars 1889). Lorsque ces cartes sont fabriquées en vue de la consommation intérieure, l'une d'elles, spécialement désignée par l'Administration pour chaque espèce de jeu, est marquée du timbre humide que nous signalons plus haut, imposé par le décret du 12 avril 1890..

Tarifs. — Il nous reste à parler des droits qui frappent actuellement les cartes ; ils sont fixés, par les lois du 30 décembre 1873 et 1er septembre 1871, de la façon suivante :

0 fr. 625 par jeu à portrait français.
0 fr. 875 par jeu à portrait étranger.

La matière première, c'est-à-dire le papier filigrané, livré par la Régie aux cartiers, est tarifée de la façon suivante :

Pour 1,000 feuilles à portrait français esquissé.	30 francs.
Pour 1,000 feuilles à as de trèfle. . .	30 —
Pour 1,000 feuilles blanches pour les points.	22 —

L'Administration admet que les cartes de rebut soient passées en décharge au compte de fabrication, après qu'elles auront été détériorées par les employés de la Régie, mais le prix du papier ne sera jamais remboursé.

LOIS ET LÉGISLATION

Origine et ancien état de la législation sur les cartes à jouer

Le premier document historique dans lequel il soit question de cartes à jouer, est un compte de Charles Poupart, surintendant des finances et argentier de Charles VI. On y lit : « Donné cinquante-six sols parisis à Jaquemin Gringonneur, peintre, pour trois jeux de cartes, à or et à diverses couleurs, de plusieurs devises, pour porter devers ledit seigneur Roi, pour son esbatement ».

Ce compte est de 1392, et bien des années s'écoulèrent sans qu'on soupçonnât que ce jeu pouvait fournir l'assiette d'un impôt lucratif. On commença à s'en apercevoir en 1581. Par une déclaration du 21 février de cette année, on établit un droit d'un écu sou pour chaque caisse de cartes, du poids de 200 livres, expédiée hors du royaume.

Une autre déclaration du 22 mai 1583 ordonna la perception d'un sou parisis, sur chaque jeu de cartes dont on faisait usage dans l'intérieur de la France.

Par une nouvelle déclaration du 14 janvier 1605, le droit d'exportation fut supprimé. Par compensation, le droit sur les cartes consommées à l'intérieur, fut réduit à un sou trois deniers. Comme on s'était aperçu que le nombre des fabriques rendait la perception des droits difficile, on décida que la fabrication des cartes ne pourrait avoir lieu que dans les villes de Paris, Rouen, Lyon, Toulouse, Troyes, Limoges et Thiers en Auvergne. Bientôt Orléans, Angers, Romans et Marseille furent associées à ce monopole ; et pour consoler les autres villes, on décida que l'impôt serait employé à l'encouragement des manufactures.

Comme il y avait des cartes de trois qualités, les fines, les moyennes et les petites, on ne trouva pas juste qu'elles fussent toutes taxées au même prix ; en conséquence, il fut réglé, en 1607, que celles de la première qualité le seraient à deux sous le jeu, les moyennes à un sou, et les petites à six deniers.

On fut successivement obligé de prendre beaucoup de précautions pour assurer la perception de l'impôt. On désigna les heures auxquelles on pourrait travailler ; on voulut qu'il ne fût permis de le faire qu'à boutiques ouvertes, qu'on tînt registre des opérations, qu'on déclarât le nom et la demeure des ouvriers, etc.

En 1661, on fixa les droits sur les cartes à deux sous six deniers par chaque jeu, sans distinction de cartes fines ou autres, et, sur ce droit, dix-huit deniers furent attribués à l'Hôpital général de Paris.

Par un édit de 1701, le Roi révoqua toutes les concessions qu'il avait faites sur les cartes, et ordonna qu'il serait perçu, au profit du Trésor, dix-huit deniers sur chaque jeu de cartes qui se débiterait dans le royaume ; et par un arrêt du Conseil du 6 mai 1702, il fut dit que ceux qui se serviraient de moules et de cachets contrefaits, seraient punis, pour la première fois, d'une amende de 1,000 livres et du carcan, et qu'en cas de récidive, ils encourraient la peine des galères à perpétuité.

Comme le droit de dix-huit deniers était alors excessif, par rapport à la valeur des cartes, dont il égalait presque le prix, et qu'il présentait un appât considérable à la fraude, ce droit fut modéré à douze deniers, par une déclaration du 17 mars 1703, mais il fut rétabli à dix-huit deniers le 16 février 1745.

En 1751, le Roi ayant établi une école militaire, le produit des cartes fut attribué au soutien de cet établissement. Léonard Maratray fut commis pour faire la régie de ce droit. Un arrêt du Conseil, du 16 novembre, introduisit un règlement qui avait pour but de rendre la fraude plus difficile.

En voici la substance :

On ne devait employer d'autre papier que celui qui était à la marque de la Régie, pour les figures et pour les points. Celui qui contrefaisait la marque de ce papier était poursuivi comme faussaire.

Le droit d'un denier par chaque carte devait être payé comptant, lors de la livraison du papier, outre le prix marchand, à la déduction d'un droit de dix feuilles au-dessus de chaque cent. Dans le cas où le régisseur faisait crédit, il pouvait poursuivre la rentrée de ses fonds par voie de contrainte.

Les moulages devaient être faits au bureau de la Régie.

Il fut défendu de recouper les cartes, et de les vendre réassorties ou recoupées.

Il fut défendu pareillement à toute personne de prêter sa maison pour fabriquer les cartes en fraude, à peine de 3,000 francs d'amende.

Les cartiers, ainsi que leurs compagnons et apprentis, devaient se faire inscrire au bureau de la Régie ; ils ne pouvaient fabriquer ailleurs que dans leur domicile déclaré.

Il fut défendu à toutes personnes, autres que les maîtres cartiers, de vendre des cartes sans la permission de la Régie.

Les enveloppes des jeux et des sixains devaient être collées par les commis du régisseur, avec la bande de contrôle à sa marque. Sur ces enveloppes étaient le nom, la demeure, l'enseigne et les bluteaux des maîtres cartiers.

Tous ceux qui tenaient académies, cafés, cabarets, tabagies, jeux de paume, de billard ou de boule ; les épiciers, chandeliers, graineticrs, merciers, regrattiers ; ensemble tous ceux qui font usage de vieilles cartes, furent assujettis à souffrir les visites des commis, à peine de 500 livres d'amende. Il leur fut défendu, et à toutes autres personnes de quelque condition qu'elles fussent, d'acheter, de vendre et de tenir dans leur maison, ou de souffrir qu'il y soit présenté aucun jeu de cartes qui ne soit pas fabriqué avec du papier de la Régie, et qui ne porte pas la bande du contrôle du régisseur, à peine de 1,000 livres d'amende.

Les cartiers devaient s'abstenir de confondre, dans leurs boutiques, les différentes natures de jeux et de papiers, et il fut sévèrement défendu à tous graveurs, tant en cuivre qu'en bois, de graver aucun moule ou autre planche propre à imprimer les cartes, sans la permission par écrit du régisseur. La contrefaçon des filigranes, timbres, cachets et autres marques, était punie, pour la première fois, du carcan et de 3,000 livres d'amende, et, en cas de récidive, de même amende et de neuf années de galères.

Ces divers règlements furent confirmés par arrêt du Conseil, du 21 avril 1776, qui fixa les villes dans lesquelles la fabrication est permise.

Le 26 novembre 1778, il fut ordonné que des droits sur les cartes seraient perçus et régis pour le compte du Roi, à dater du 1er janvier 1779 ; l'aliénation faite de ce droit à l'Ecole militaire fut révoquée.

Telle était la législation sur les cartes lorsque, le 2 mars 1791, parut un décret de l'Assemblée Constituante, dont l'article premier était ainsi conçu : A compter du 1er avril prochain, les droits connus sous le nom de droits d'aides..... les droits d'inspecteur aux boucheries, tous autres droits d'aides ou réunis aux aides, et perçus à l'exercice dans toute l'étendue du royaume ; les droits sur les papiers et cartons ; le droit maintenant perçu sur les cartes à jouer et autres, dépendant de la Régie générale, sont abolis.

Législation actuelle

La grande consommation des cartes à jouer, leur destination, l'état de fortune des personnes qui s'en servent le plus souvent, en faisaient une matière trop convenable à l'assiette d'un impôt, pour que la suppression prononcée par la loi du 2 mars 1791 fût de longue durée.

Au bout de six ans, l'impôt sur les cartes fut rétabli en principe par l'article 56 de la loi du 9 vendémiaire an VI, portant que les cartes à jouer, et autres objets pareils, sont assujettis au timbre fixe ou de dimension.

Le mode de perception de cet impôt a été réglé par un grand nombre de lois, arrêtés, décrets et ordonnances, à la date des 3 pluviôse et 19 floréal an VI, 30 thermidor an XII, 1er germinal an XIII, 4 prairial an XIII, 10 brumaire an XIV, 16 juin 1808, 9 février 1810, 28 avril 1816, 18 juin 1817, 4 juillet 1821.

Ces monuments législatifs contiennent presque tous des dispositions abrogées et des dispositions en vigueur. Si nous nous fussions bornés à transcrire le tout, ceux à qui cet ouvrage est adressé auraient eu peine à distinguer ce qui est obligatoire de ce qui ne l'est pas.

Nous avons cru leur rendre service en faisant le choix de toutes les dispositions encore en vigueur; et en les classant dans un ordre méthodique, comme si toutes ces lois n'en faisaient qu'une seule. Autant que la chose a été possible, nous avons scrupuleusement conservé les expressions employées par le législateur, et indiqué à la suite de chaque disposition la source d'où elle est tirée. Sous chaque article nous avons placé la notice exacte du petit nombre d'arrêts intervenus sur la matière, en renvoyant, pour le texte même des arrêts, à l'auteur qui le rapporte avec le plus de fidélité. Enfin nous avons fait figurer, à la suite de ce long règlement, les modifications dernières que l'Administration a été autorisée à apporter ; modifications qui n'ont en rien changé l'esprit de la loi en matière de fabrication des cartes à jouer, mais ont apporté quelques novations purement matérielles.

Il nous a paru intéressant de présenter ces règlements sous cette forme pour montrer que, malgré son ancienneté, c'est encore la vieille législation qui régit la matière.

Avant de lire l'espèce de règlement qui va suivre, on ne doit pas perdre de vue que tout est de rigueur en cette matière ; que la bonne foi du délinquant pourrait bien atténuer sa faute aux yeux de l'Administration, mais non pas le faire absoudre par les tribunaux ; enfin que les procès-verbaux de contraventions, régulièrement dressés par les employés de l'Administration des contributions indirectes, font foi jusqu'à inscription de faux.

Article premier. — Les fabricants de cartes sont soumis au paiement annuel d'un droit de licence, fixé à 50 francs par le tarif annexé à la loi du 28 avril 1816 (Loi du 28 avril 1816, art. 164).

II. — La licence ne sera valable que pour un seul établissement et pour l'année où elle aura été délivrée. Il sera payé comptant, pour droit de licence, la somme fixée au tarif, à quelque époque de l'année que soit faite la déclaration. Toute contravention au droit de licence sera punie d'une amende de 300 francs, laquelle, en cas de fraude, sera augmentée du quadruple des droits fraudés (Loi du 28 avril 1816, art. 171).

III. — Il est perçu, par chaque jeu de cartes, un droit de 15 centimes, de quelque nombre de cartes qu'il soit composé (Loi du 28 avril 1816, art. 150).

IV. — Nul fabricant de cartes ne pourra s'établir à l'avenir hors des chefs-lieux de direction de l'Administration des contributions indirectes (Décret du 1er germinal an XII, art. 10).

V. — Nul citoyen ne pourra fabriquer des cartes qu'après avoir fait inscrire ses nom, prénom, surnom et domicile à la Régie, et en avoir reçu une commission, qu'elle ne pourra refuser (Arrêté du 3 pluviôse an VI, art. 9).

VI. — Chaque fabricant sera tenu de déclarer encore les différents endroits où il entend fabriquer, et le nombre de ses ouvriers actuels dont il donnera les noms et signalements. Il ne pourra fabriquer en d'autres lieux que ceux qu'il aura déclarés (Arrêté du 19 floréal an VI, art. 12).

VII. — Il est fait défense à toute personne de tenir dans ses maison et domicile aucun moule propre à imprimer des cartes à jouer, d'y retirer ni laisser travailler à la fabrique et recoupe des cartes et tarots, aucuns cartiers, ouvriers et fabricants qui ne seraient pas pourvus d'une commission de la Régie (Arrêté du 19 floréal an VI, art. 16).

Lorsque la maison dans laquelle on découvre une fabrique clandestine de cartes, est le domicile commun du père et du fils, ce dernier ne peut se prétendre exempt des peines de la contravention, à raison de sa qualité de fils de famille, lorsqu'il est majeur, et qu'il exerce un état indépendant pour son propre compte. Ainsi jugé par la section criminelle de la Cour de cassation, le 25 mai 1809 (Voy. Dalloz, *Jurisprudence générale*, t. IV, p. 168).

VIII. — Les fabricants sont tenus de faire imprimer les cartes à figures dans le principal bureau du lieu de la fabrique (Décret du 1er germinal an XIII, art. 11).

IX. — La Régie des droits réunis fera faire des moules uniformes pour la fabrication des cartes à jouer. Ces moules seront de vingt-quatre cartes. Les figures porteront le nom du fabricant et un numéro particulier pour chaque lieu de fabrication (Décret du 16 juin 1808, art. 1).

X. — La Régie des droits réunis fera déposer au greffe des tribunaux l'empreinte des cartes à figures (Décret du 9 février 1810, art. 12).

XI. — Aussitôt l'émission des nouveaux moules, les

anciens seront supprimés (Décret du 16 juin 1808, art. 2).

XII. — Il est défendu de conserver ou de recéler des moules faux ou contrefaits (Décret du 9 février 1812, art. 10).

XIII. — Sont exceptés de la suppression, et demeureront déposés dans les bureaux de la Régie, les moules des tarots et autres, dont la forme et la dimension diffèrent des cartes usitées en France (Décret du 16 juin 1808, art. 3).

XIV. — Il est défendu aux graveurs, tant en cuivre qu'en bois, et à tous autres, de graver aucun moule ni aucune planche propre à imprimer des cartes, sans avoir déclaré au bureau de la Régie les nom et demeure du fabricant qui aura fait la demande, et avoir pris la reconnaissance du préposé sur la remise de ladite déclaration (Arrêté du 19 floréal an VI, art. 13).

XV. — Il ne sera rien exigé des fabricants pour le moulage des cartes à figures (Décret du 9 février 1810, art. 6).

XVI. — Le papier de devant de toutes les cartes à jouer est fourni par la Régie et timbré à son filigrane (Arrêté du 19 floréal an VI, art. 1).

XVII. — Il ne pourra être fabriqué aucune carte à jouer, tarot et autres, avec d'autre papier que celui ci-dessus désigné (Même arrêté, art. 2).

XVIII. — La Régie fournira les feuilles de moulage aux fabricants, dans les bureaux établis à cet effet au chef-lieu de chaque direction (Décret du 9 février 1810, art. 3).

XIX. — L'as de trèfle, ou tout autre au besoin, sera désormais assujetti à une marque particulière et distinctive, que la Régie des contributions indirectes est autorisée à faire imprimer sur le papier qu'elle fournit aux cartiers (Ordonnance du 18 juin 1817, art. 1).

XX. — Il est défendu aux fabricants de cartes à jouer d'employer, pour les as de trèfle, dans la composition du jeu français, d'autre papier que celui qui leur a été livré pour cet objet. Toute contravention à cet égard sera punie conformément aux dispositions de la loi du 28 avril 1816 (Même ordonnance, art. 2).

XXI. — Le prix de chaque espèce de papier sera déterminé chaque année par le Ministre des Finances, et devra être payé par les fabricants à l'instant de la livraison (Loi du 28 avril 1816, art. 162). Ce papier sera conforme aux échantillons approuvés par le Ministre et déposés à la Régie : en cas de plainte, la vérification en sera faite, et il en sera rendu compte au gouvernement (Décret du 13 fructidor an XIII, art. 1). Voir LII.

XXII. — Les fabricants pourront faire usage de papiers tarotés ou de couleur pour le dessous de leurs cartes (Loi du 28 avril 1816, art. 165).

XXIII. — Les cartes mentionnées en l'article 13 seront fabriquées en papier libre, et ne pourront circuler dans l'intérieur, qu'autant qu'elles porteront sur toutes les cartes à figure la légende France et le nom du fabricant. Ces cartes acquitteront le même droit que celles en papier filigrané, et seront soumises à la bande du contrôle de la Régie (Décret du 16 juin 1808, art. 4).

XXIV. — Toutes les cartes fabriquées en papier filigrané sont soumises à la bande du contrôle à timbre sec, qui est apposée chez les fabricants par les commis, qui en dresseront des actes réguliers (Décret du 13 fructidor an XIII, art. 8).

XXV. — Les jeux seront vérifiés avant d'être revêtus de la bande sur laquelle est apposé le timbre de la Régie. Cette formalité sera remplie sans frais (Arrêté du 3 pluviôse an VI, art. 5).

XXVI. — Le nombre des cartes formant le jeu, et le nom du fabricant seront inscrits à côté de l'empreinte du timbre (Même arrêté, art. 6).

XXVII. — Les fabricants mettront sur chaque jeu une enveloppe qui indiquera leurs noms, demeures, enseignes et signatures en forme de griffe, de laquelle enveloppe ils seront tenus de déposer une empreinte, tant au greffe du tribunal de première instance, que dans les bureaux de la Régie.

Ils ne pourront changer la forme de leurs enveloppes, sans en faire la déclaration auxdits bureaux, et sans faire les mêmes dépôts de celles qu'ils substitueront aux précédentes.

Tout emploi et entrepôt de fausses enveloppes est prohibé.

Seront réputées fausses les enveloppes non conformes à celles déposées, ou qui seraient trouvées chez des fabricants autres que ceux y indiqués,

Les cartiers qui feront des enveloppes par sixains ne pourront les employer qu'en forme de bandes, de manière à laisser apparentes celles du contrôle, apposées par les préposés de la Régie, après vérification des cartes à figure (Décret du 9 février 1810, art. 4).

XXVIII. — L'empreinte du timbre de l'Administration des contributions indirectes, destiné à frapper les bandes de contrôle, sera déposée au greffe de la Cour royale de Paris (Ordonnance du 4 juillet 1820, art. 1).

XXIX. — Nul ne pourra vendre des cartes, même frappées du filigrane de la Régie, que sous la bande timbrée (Arrêté du 3 pluviôse an VI, art. 8).

XXX. — La recoupe des cartes est interdite aux fabricants et débitants, ainsi que la vente, entrepôt et colportage, sous bandes ou sans bandes, des cartes recoupées ou réassorties (Décret du 16 juin 1808, art. 6).

XXXI. — Le préposé à la distribution des feuilles timbrées en filigrane tiendra registre de sa distribution; celui qui appliquera le timbre sur la bande scellant chaque jeu, inscrira aussi sur un registre le nombre des jeux et les noms des fabricants qui les auront présentés (Arrêté du 3 pluviôse an VI, art. 7).

XXXII. — Chaque fabricant de cartes tiendra trois registres, cotés et paraphés par le Directeur de la Régie, et timbrés conformément à la loi : le premier pour inscrire, jour par jour, les achats de feuilles timbrées en filigrane, qu'il aura levées au bureau de la Régie ; le second pour y porter ses fabrications, à mesure qu'elles sont parachevées ; et le troisième pour les ventes qu'il fera, soit en détail, soit aux marchands commissionnés (Arrêté du 3 pluviôse an VI, art. 10).

XXXIII. — Les fabricants tiendront séparés, dans leurs boutiques et magasins, les différentes natures de jeux et de papiers ; ils ne confondront jamais le papier filigrané avec celui qui forme le dessous de la carte, et ni l'un ni l'autre avec l'étresse ou main-brune. Les feuilles de figures et valets, les cartons de points peints ou non peints, seront également distincts et séparés (Décret du 13 fructidor an XIII, art. 3).

XXXIV. — Les fabricants qui ne pourront justifier de l'emploi ou de l'existence du papier qui leur aura été délivré, seront censés avoir employé à des jeux de trente-deux cartes toutes les feuilles manquantes ; le décompte en sera fait d'après cette base, et ils acquitteront, par chaque jeu, le double du droit établi (Loi du 28 avril 1816, art. 163).

XXXV. — En conséquence de la réduction du droit sur les cartes à 15 centimes, il ne sera plus accordé aux fabricants de cartes aucune déduction sur le montant du droit, ni sur le papier qui leur sera délivré par la Régie, sous prétexte d'avarie, de déchet, ou pour quelque autre motif que ce soit.

Par cette disposition est abrogé l'article 2 du 13 fructidor an XIII, ainsi conçu : « Il est accordé au fabricant une déduction de 10 feuilles au-dessus de chaque cent, pour tenir lieu de tout déchet dans la fabrication, sous la condition qu'il ne sera admis aucune carte en garenne à l'époque des inventaires de fin d'année ; et que, préalablement à cette opération, toutes les cartes seront levées, formées en jeux, soumises à la nouvelle bande de contrôle et paiement du droit. »

XXXVI. — Nul ne pourra vendre des cartes à jouer, en tenir entrepôt, ni afficher les marques indicatives de leur débit, s'il n'est fabricant patenté, à moins d'avoir été agréé et commissionné par la Régie, qui pourra révoquer sa commission en cas de fraude (Décret du 9 février 1810, art. 8).

XXXVII. — Le marchand non fabricant tiendra deux registres, cotés et paraphés par le Directeur de la Régie, et en papier timbré ; sur l'un seront portés les achats ; il ne pourra les faire que chez le fabricant directement ; l'autre servira pour la vente journalière (Arrêté du 3 pluviôse an VI, art. 11).

XXXVIII. — Les entrepreneurs et directeurs de bals, fêtes champêtres, réunions, clubs, billards, cafés et autres maisons où l'on donne à jouer, auront également un registre coté et paraphé, sur lequel seront inscrits tous leurs achats de jeux de cartes, avec indication des noms et domiciles des vendeurs (Arrêté du 3 pluviôse an VI, art. 12).

XXXIX. — Les préposés de la Régie de l'enregistrement sont autorisés à se présenter, toutes les fois qu'ils le jugeront convenable, chez les fabricants et marchands de cartes, et dans les lieux désignés par l'article 38, pour s'assurer de l'observation des règlements et prendre communication des registres, dont l'exhibition leur sera faite, et en retenir telles notes et extraits qu'ils aviseront.

XL. — Il est défendu aux commis des maisons de jeu, aux serviteurs et domestiques, et à tous particuliers, de vendre aucun jeu de cartes, soit sous bande ou sans bande, neuves ou ayant servi (Arrêté du 16 floréal an VI, art. 11).

La vente, sans autorisation de la Régie, de quelques jeux de cartes, constitue une contravention passible de 1,000 fr. d'amende, encore qu'il s'agisse de vieilles cartes au filigrane de la Régie, non recoupées ni réassorties (Arrêt de cassation du 25 avril 1822. Voy. Dalloz, *Jurisprudence générale*, t. IV, p. 169).

Il s'agissait, dans cette espèce, de deux jeux de vieilles cartes, vendus 15 centimes chacun.

XLI. — Les marchands non fabricants et les maîtres de jeux et locataires des maisons désignées en l'article 38, seront tenus, lorsqu'ils feront leurs achats, chez les fabricants, de présenter le registre qui leur est prescrit par les articles 37 et 38, sur lequel le fabricant inscrira les quantités qui auront été livrées.

XLII. — Les cartes usitées en France ne pourront circuler qu'autant qu'il en sera fait déclaration au bureau des droits réunis du lieu de l'expédition, et qu'elles seront accompagnées d'un congé, portant le nom de l'expéditeur, le lieu de la destination, et le nom de celui à qui elles sont destinées (Décret du 16 juin 1808, art. 166).

XLIII. — Tout individu qui fabriquera des cartes à jouer, ou qui en introduira dans le royaume, ou qui en distribuera ou colportera sans y être autorisé par la Régie, sera puni de la confiscation des objets de fraude et d'une amende de 1,000 à 3,000 francs (Loi du 28 avril 1816, art. 166).

Le transport de jeux de cartes par un individu faisant le métier de colporteur, et non autorisé par la Régie, constitue le délit de colportage prévu par l'article 166 de la loi du 28 avril 1816, alors surtout qu'ils sont de fausse fabrique, sans bandes et mêlés avec d'autres articles de son commerce.

Il y a dans ce transport présomption légale de vente,

et aucune allégation ne saurait infirmer cette présomption (Arrêt du 28 novembre 1822, Cour de cassation, section criminelle. Voy. Dalloz, *Jurisprudence générale*, t. IV, p. 169).

XLIV. — Les mêmes peines seront appliquées à ceux qui tiennent des cafés, des auberges, des débits de boissons, et en général des établissements où le public est admis, s'ils permettent que l'on se serve chez eux de cartes prohibées, lors même qu'elles auraient été apportées par les joueurs. Les personnes désignées au présent article sont tenues de souffrir la visite des préposés à la Régie (Loi du 28 avril 1816, art. 167).

XLV. — Ceux qui auront contrefait ou imité les moules, timbres et marques employés par la Régie pour distinguer les cartes légalement fabriquées, et ceux qui se serviront de véritables moules, timbres ou marques, en les employant d'une manière nuisible aux intérêts de l'Etat, seront punis, indépendamment de l'amende de 1,000 à 3,000 francs, des peines portées par les articles 142 et 143 du Code pénal (1) (Loi du 28 avril 1816, art. 168).

XLVI. — Toutes autres contraventions aux lois sur les cartes, des 9 vendémiaire an VI et 5 ventôse an XII, ainsi qu'aux règlements des 3 pluviôse et 19 floréal an VI, et aux décrets des 1er germinal et 13 fructidor an XIII, 16 juin 1808 et 9 février 1810, seront punies, indépendamment de la confiscation des objets de fraude, ou servant à la fraude, de 1,000 francs d'amende (Décret du 4 prairial an XIII, art. 1 ; décret du 13 fructidor an XIII, art. 9 ; décret du 16 juin 1808, art. 11 ; décret du 9 février 1810, art. 11).

XLVII. — La Régie pourra conclure, suivant l'exigence

(1) Code pénal, art. 142 : Ceux qui auront contrefait les marques destinées à être apposées au nom du gouvernement sur les diverses espèces de denrées ou de marchandises, ou qui auront fait usage de ces fausses marques,..... seront punis de la réclusion.

Art. 143. — Sera puni du carcan quiconque s'étant indûment procuré les vrais sceaux, timbres ou marques ayant l'une des destinations exprimées en l'article 142, en aura fait une application ou usage préjudiciable aux droits ou intérêts de l'Etat, d'une autorité quelconque ou même d'un établissement particulier.

des cas, à ce que le jugement de condamnation soit imprimé et affiché. En cas de récidive par un marchand ou fabricant, il ne pourra continuer son exercice, et la commission de la Régie lui sera retirée.

XLVIII. — Les employés des contributions indirectes, des douanes ou des octrois ; les gendarmes, les préposés forestiers, les gardes champêtres, et généralement tout employé assermenté, pourront constater la vente en contravention, le colportage, les circulations illégales, et généralement les fraudes sur les cartes ; procéder à la saisie des cartes, ustensiles et mécaniques prohibés, à celles des chevaux, voitures et bateaux, et autres objets servant au transport, et constituer prisonnier les fraudeurs et colporteurs dans les cas prévus (Loi du 28 avril 1816, art. 169, 223).

XLIX. — Lorsque les employés auront arrêté un colporteur ou fraudeur, ils seront tenus de le conduire sur-le-champ devant un officier de police judiciaire, lequel statuera de suite, par une décision motivée, sur son emprisonnement ou sa mise en liberté. Néanmoins, si le prévenu offre bonne et suffisante caution de se présenter en justice, ou d'acquitter l'amende encourue, ou s'il consigne lui-même le montant de ladite amende, il sera mis en liberté s'il n'existe aucune autre charge contre lui (Loi du 28 avril 1816, art. 169, 224).

L. — Tout individu détenu pour fait de contrebande en cartes sera détenu jusqu'à ce qu'il ait acquitté le montant des condamnations prononcées contre lui. Cependant le temps de la détention ne pourra excéder six mois, sauf le cas de récidive, où le terme pourra être d'un an (Loi du 28 avril 1816, art. 169, 225).

LI. — La contrebande en cartes, avec attroupement et à main armée, sera poursuivie et punie comme en matière de douanes (Loi du 28 avril 1816, art. 169, 226).

LII. — L'article XXI, signalé plus haut, a été ainsi modifié : « ..... Ces bandes sont apposées par les commis des contributions indirectes qui les marquent en même temps d'un timbre humide d'oblitération » (Décision ministérielle du 12 mars 1872).

LIII. — Décret du 12 avril 1890 :

Article premier. — L'as de trèfle des jeux à portrait français intérieur sera frappé d'un timbre spécial dont l'empreinte sera déposée au greffe de la Cour d'appel de Paris. Le même timbre sera apposé, pour chacun des jeux de cartes au portrait étranger destiné à l'intérieur, sur une carte, toujours la même, pour chaque portrait dont la désignation sera faite par la Régie des contributions indirectes.

La carte marquée du timbre sera placée la première du côté opposé à la bande de contrôle. Une découpure pratiquée dans l'enveloppe devra permettre de constater la présence du timbre sans rompre la bande.

Art. 2. — Les jeux, tant au portrait français qu'au portrait étranger, envoyés à l'exportation, ne devront pas porter le timbre institué par le présent décret.

Art. 3. — Il est accordé aux fabricants jusqu'au 1er janvier 1891 et aux marchands jusqu'au 1er juillet de la même année pour écouler les cartes fabriquées antérieurement.

Tels sont les règlements, toujours applicables, dont quelques-uns plus ou moins profondément modifiés par les dernières législatures.

Nous terminerons par une petite statistique destinée à montrer que les droits successifs qui ont frappé les cartes à jouer aux différentes époques, et qui, bien entendu, ont été constamment majorés, n'ont pas augmenté les recettes du fisc ; en effet :

En 1860, les droits étaient fixés à 0 fr. 25 par jeu à portrait français ; à 0 fr. 40 par jeu à portrait étranger, et la perception de ces droits a donné 3,412,533 francs.

En 1872, les droits étaient uniformément de 0 fr. 50 par jeu ; la perception a produit 2,304,364 francs.

Enfin, depuis 1875, les droits sont respectivement portés à 0 fr. 625 et 0 fr. 875, et la perception a toujours produit des recettes décroissantes tombant en 1889 à 2,240,440 francs.

On voit donc que dans ce cas, comme dans bien d'autres, la majoration d'impôt n'a produit qu'une diminution de recettes.

FIN

TABLE DES MATIÈRES

DEUXIÈME PARTIE

Fabrication des cartonnages

FIN DE LA TABLE DES MATIÈRES

BAR-SUR-SEINE. — IMP. Vve C. SAILLARD.

1928

Les prix sont sans engagements

EXTRAIT DU CATALOGUE

DE LA

LIBRAIRIE ENCYCLOPÉDIQUE

RORET

L. MULO, SUCC[r]

12, rue Hautefeuille, 12

PARIS-VIe

Registre du Commerce Paris N° 31.821

Compte Chèques Postaux Paris 654.62

NOUVELLE COLLECTION DE

L'ENCYCLOPÉDIE-RORET

COLLECTION DES MANUELS-RORET

OUVRAGES DIVERS

Sur l'Industrie et les Arts et Métiers

SUITES A BUFFON

Divers. — Bibliothèque des Arts et Métiers

Ce Catalogue est envoyé *franco* sur demande

Voir au verso conditions d'expédition

ENCYCLOPÉDIE-RORET

CONDITIONS D'EXPÉDITION

Tous les ouvrages peuvent être expédiés *franco* aux conditions suivantes :

Pour la *France* et ses *Colonies*. . port 10 0/0.

Pour l'*Etranger*, port 20 0/0,

en sus des prix portés au catalogue.

Les frais de *Remboursement* sont à la charge du destinataire, aussi nous engageons à joindre à la commande un mandat-poste ou un chèque postal :

COMPTE CHÈQUES POSTAUX PARIS n° 654.62

Les abonnements doivent toujours être accompagnés de leur valeur

---

Nous nous chargeons de procurer tous ouvrages techniques ou industriels et de donner tous renseignements bibliographiques (Joindre timbre pour la réponse).

Le service régulier du Catalogue sera fait à toute personne qui en fera la demande.

Nouvelle Collection de l'Encyclopédie-Roret

Format in-18 Jésus 19 × 12

Les ouvrages précédés d'un astérisque (*) ont été honorés d'une souscription des Ministères du Commerce, de l'Instruction publique et des Beaux-Arts, et de l'Agriculture.

Manuel de l'**Agriculteur**, contenant : agriculture générale, engrais, aménagements des eaux, labours, semences, machines, agriculture spéciale, industries agricoles, zootechnie, comptabilité, etc., par Louis Beuret et Raymond Brunet. 1 vol. in-18 jésus orné de 117 fig. 15 fr.

— de l'**Apiculteur Mobiliste**, nouvelles Causeries sur les Abeilles en 30 leçons, par l'abbé Duquesnois. 1 vol. in-18 jésus, orné de 20 figures dans le texte. (*Médaille d'argent* à Bar-le-Duc.) 9 fr.

— de l'**Eleveur de Chèvres**, contenant : description des races, aménagement, soins généraux, alimentation, reproduction, élevage, produits, maladies, etc., par H.-L.-Alph. Blanchon. 1 vol. in-18 jésus, orné de 12 fig. dans le texte. (*En préparation.*)

*— de l'**Eleveur de Faisans**, contenant : races, faisanderies, nourriture, élevage, maladies, par H.-L.-Alph. Blanchon, 1 vol. in-18 jésus, orné de 31 figures dans le texte. (*En préparation.*)

— de l'**Eleveur de Poules**, contenant : choix d'une race, installation, hygiène, nourriture, ponte, conservation des œufs, élevages naturel et artificiel, engraissement, maladies, etc., par H.-L.-Alph. Blanchon. Troisième édition, revue et corrigée. 1 vol. in-18 jésus, orné de 67 figures dans le texte. 12 fr.

— du **Pisciculteur**, contenant : l'exploitation des étangs, lacs, cours d'eau, espèces à introduire, multiplications artificielle et naturelle, culture de l'écrevisse, par H.-L.-Alph. Blanchon, 2e édition, revue, corrigée et augmentée de l'**Elevage de la Grenouille**. 1 vol. in-18 jésus, orné de 65 figures dans le texte. 12 fr.

*— de l'**Eleveur de Pigeons, Pigeons voyageurs**, contenant : races, habitation, tenue du pigeonnier, nourriture et soins, élevage, produits, maladies, règlement, par H.-L.-Alp. Blanchon. 1 vol. in-18 jésus, orné de 44 fig. dans le texte. (*En préparation.*)

*— de l'**Eleveur de Lapins**, contenant : races, choix des reproducteurs, élevage, engraissement, alimentation, hygiène, maladies, garennes forcées, législation, etc., par WILLEMIN, 2e édit. 1 vol. in-18 jésus, orné de 24 figures dans le texte. 7 fr.

— **Eléments Culinaires** (les) à l'usage des jeunes filles, par Auguste COLOMBIÉ. 1 vol. in-18 jésus. 8 fr.

— **100 Entremets**, par Auguste COLOMBIÉ. 1 vol. in-18 jésus. 7 fr.

*— de **Jardinage et d'Horticulture**, contenant : notions générales, multiplication des végétaux, cultures potagère et fruitière, culture d'agrément, ornementation des jardins, etc., par Albert MAUMENÉ, avec la collaboration de Claude TRÉBIGNAUD, arboriculteur. 3e édition. 1 vol. in-16 jésus, orné de 275 figures dans le texte, 900 pages. 20 fr.

— **Artichaut et de l'Asperge** (de la Culture de l'), par R. BRUNET, ingénieur agronome. 1 vol. orné de 13 fig. dans le texte. 6 fr.

— **Champignons et de la Truffe** (de la Culture des), par R. BRUNET, ingénieur agronome. 1 vol. orné de 15 figures dans le texte. 7 fr.

— **Châtaignier** (Culture, Exploitation et Utilisations), par H. BLIN. 1 vol. in-18 jésus orné de 36 fig. 5 fr.

— **Fraisier** (de la Culture du), par R. BRUNET, ingénieur agronome. 1 vol. orné de 28 fig. dans le texte. 6 fr.

— **Groseillier, du Cassissier et du Framboisier** (de la Culture du), par R. BRUNET, ingénieur agronome. 1 vol. orné de 7 fig. dans le texte. 5 fr.

— **Melon, de la Citrouille et du Concombre** (de la Culture du), par R. BRUNET, ingénr agronome. 1 vol. orné de 25 fig. dans le texte. 6 fr.

— **d'Ostréiculture et de Myticulture**, par A. LARBALÉTRIER. 1 vol. orné de 22 fig. dans le texte. 5 fr.

— **Tabac** (Culture et Fabrication du), contenant : historique, caractères, monopole, statistiques, actions, culture, récolte, ennemis, fabrication, etc., par R. BRUNET, ingénr agron. 1 vol. orné de 23 fig. dans le texte. 9 fr.

COLLECTION DES MANUELS-RORET

Manuel de l'Accordeur de Pianos, traitant de la Facture des Pianos anciens et modernes et de la Réparation de leur mécanisme, contenant des Principes d'Acoustique, des Notions de Musique, les Partitions habituelles, la Théorie et la Pratique de l'Accord, à l'usage des Accordeurs et des Amateurs, par M. G. Huberson. 1 vol. orné de figures et de musique et accomp. de planches. 10 fr.

— **Ajusteur-Mécanicien**, Apprenti, Ouvrier, Contremaître, contenant : rudiments mathématiques, notions de mécanique, ajustage complet, procédés et recettes d'ajustage, organisation, hygiène et sécurité, par Paul Blancarnoux, ingénieur des arts et métiers. 2 vol. ornés de 230 figures dans le texte. (*En préparation.*)

— **Alcoométrie**, contenant la description des appareils et des méthodes alcoométriques, les Tables de Force de Mouillage des Alcools, le Remontage des Eaux-de-Vie, et des indications pour la vente des alcools au poids, par MM. F. Malepeyre et Aug. Petit. 1 vol. 6 fr.

— **Alimentation**, par M. W. Maigne.

— *Première partie*, Substances alimentaires, leur origine, leur valeur nutritive, falsifications qu'on leur fait subir et moyens de les reconnaître. 1 vol. (*En prép.*).

— *Deuxième partie*, Conserves alimentaires, contenant tous les procédés en usage pour conserver les Viandes, le Poisson, le Lait, les Œufs, les Grains, les Légumes verts et secs, les Fruits, les Boissons, etc., suivi du Bouchage des boîtes, des vases et des bouteilles, par Blin. 1 vol. orné de figures. 15 fr.

— **Amidonnier et Fabricant de Pâtes alimentaires**, traitant de la Fabrication de l'Amidon et des Produits obtenus des Fruits et des Plantes qui renferment de la Fécule, par MM. Morin, F. Malepeyre et Alb. Larbalétrier. 1 vol. avec figures et planches (1890). 10 fr.

— **Arpentage**, Art de lever les plans, contenant : signes et formules, géométrie, instruments, procédés généraux de lever des terrains, application des instruments et des méthodes, bornages et formules, par P. Bourgoin, géomètre topographe. 1 vol. avec 255 fig. 15 fr.

— **Artificier** (Pyrotechnie civile), contenant l'Art de confectionner et de tirer les feux d'artifice, par A.-D. Vergnaud, colonel d'artillerie et P. Vergnaud, lieutenant-colonel. 1 vol. orné de fig. Nouvelle édition, refondue, par Georges Petit, ingénieur civil. 11 fr.

— **Automobiles** (De la construction et du montage des), contenant l'historique, l'étude détaillée, des pièces constituant les automobiles, la construction des voitures à pétrole, à vapeur et électriques, les renseignements sur leur montage et leur conduite, par N. Chryssochoïdès, ingénieur des Arts et Manufactures, professeur à la Fédération générale française des Chauffeurs, Mécaniciens, Electriciens. 2 vol. ornés de 340 figures dans le texte. 20 fr.

— **Bijoutier-Joaillier** et Sertisseur, traitant des Pierres précieuses, de la Nacre, des Perles, du Corail et du Jais, contenant l'Art de les tailler, de les sertir, de les monter, de les imiter, suivi de la description des principaux Ordres et la fabrication de leurs décorations, par MM. Julia de Fontenelle, F. Malepeyre et A. Romain. 1 vol. accompagné de planches. 15 fr.

— **Bijoutier-Orfèvre**, traitant des Métaux précieux, de leurs Alliages, des divers modes d'Essai et d'Affinage, du Titre et des Poinçons de garantie de l'Or et de l'Argent, des divers travaux d'Orfèvrerie en or, en argent et en plaqué, du Niellage et de l'Emaillage des Métaux précieux, de la Bijouterie en vrai et en faux, de la fabrication des bijoux de fantaisie, en fer, en acier, en aluminium, etc., par J. de Fontenelle, F. Malepeyre et A. Romain. 2 vol. avec fig. et pl. (*En prép.*).

— **Blanchiment et Blanchissage**, Nettoyage et Dégraissage des fils de lin, coton, laine, soie, etc., par G. Petit, ing. civ. 2 vol. ornés de 112 fig. dans le texte. 20 fr.

— **Bonneterie et Tricotage mécaniques**, par D. de Prat, ingénieur civil. 1 vol. orné de 103 figures dans le texte. 11 fr.

— **Boucher**, voyez *Charcutier*.

Tableau figuratif des diverses Qualités de la Viande de Boucherie, in-plano colorié. 5 fr.

— **Bougies stéariques et Bougies de paraffine**, traitant de la fabrication des Acides gras concrets, de l'Acide oléique, de la Glycérine, etc., par M. F. Malepeyre. Nouv. éd. rev. et corrig. par G. Petit, ing. civil. 2 vol. ornés de 179 figures dans le texte. 20 fr.

— **Boulanger**, ou Traité pratique de la Panification française et étrangère, contenant la connaissance des farines, les moyens de reconnaître leur mélange et leur altération, les principes de la Boulangerie, la construction des pétrins et des fours, la fabrication de toute espèce de pains et du biscuit, par J. Fontenelle et F. Malepeyre. Nouvelle édition entièrement refondue et mise au courant de l'état actuel de cette industrie, par Schield-Treherne. 2 vol. ornés de 220 figures dans le texte. 20 fr.

— **Bourrelier-Sellier-Harnacheur**, contenant la description de tout l'outillage moderne. Les renseignements sur les marchandises à employer. Fabrication du harnais, équipement, sellerie, garniture de voitures. Recettes diverses. Vocabulaire des termes en usage dans cette profession, par L. Jaillant. 1 vol. orné de 126 fig. dans le texte. 10 fr.

— **Brasseur**, ou l'Art de faire toutes sortes de Bières françaises et étrangères, par F. Malepeyre. Nouvelle édition, entièrement revue et complétée par Schield-Treherne, 2 gros vol. accompagnés d'un Atlas de 14 pl. 30 fr.

— **Briquetier, Tuilier**, Fabricant de Carreaux, de tuyaux de Drainage et de Creusets réfractaires, contenant la fabrication de ces matériaux à la main et à la mécanique, par F. Malepeyre et A. Romain. Nouv. édit., rev., cor. et augm., par G. Petit, ingén. civil. 2 vol. (*En préparation.*)

— **Briquets, Allumettes chimiques**, soufrées, phosphorées, amorphes, etc., *Briquets électriques*, *Lumière électrique* et appareils qui la produisent, par MM. Maigne et A. Brandely. Edition entièrement refondue par Georges Petit, ingénieur civil 1 vol. orné de 67 figures. 9 fr.

— **Bronzage des Métaux et du Plâtre**, contenant les divers procédés de bronzage des métaux à l'Or vrai, à l'Argent, à l'Etain, à l'Or faux et aux poudres de Bronze, etc., par Debonliez, Malepeyre, et Lacombe. 1 vol. 5 fr.

— **Cadres** (Fabricant de), Passe-Partout, Châssis, Encadrements, suivi de la restauration des tableaux et du nettoyage des gravures, estampes, etc., par J. Saulo et de Saint-Victor. Edition entièrement refondue, par E.-E. Stahl. 1 vol. orné de 27 illustrations. 6 fr.

— **Calculateur**, ou Comptes-Faits utiles aux opérations industrielles, aux comptes d'inventaire, etc., par M. Aug. TERRIÈRE. 1 gros vol. 15 fr.

— **Calligraphie,** ou l'Art d'écrire en peu de leçons, d'après la méthode de CARSTAIRS. 1 Atlas in-8 obl. 8 fr.

— **Cannage des Sièges** (voir *Vannerie*).

— **Caoutchouc, Gutta-percha, Gomme factice,** Tissus imperméables, Toiles cirées et gommées. par M. MAIGNE. Nouvelle édition, revue et augmentée, par G. PETIT, ingénieur civil. 2 vol. (*En préparation.*)

— **Cartes Géographiques** (Construction et Dessin des), par PERROT. Nouvelle édition par BOURGOIN. 1 vol. orné de 148 figures. 7 fr.

— **Cartonnier,** Fabricant de Carton, de Carte, de Cartonnages et de Cartes à jouer. par Georges PETIT, ingénieur civil. 1 vol. orné de 95 fig. dans le texte. 12 fr.

— **Chamoiseur, Maroquinier, Mégissier, Teinturier en peaux, Fabricant de Cuirs vernis, Parcheminier et Gantier,** traitant de l'outillage à la main, des machines nouvelles, et des procédés les plus récents en usage dans ces diverses industries, par MM. JULIA DE FONTENELLE, MAIGNE et VILLON. (*En préparation.*)

— **Chandelier et Cirier,** contenant : composition et fonte du suif, fabrication des chandelles, graissage et lubrification, composition et propriétés de la cire, fabrication des cierges, des bougies, usages divers de la cire, encaustiques, cire à cacheter. Nouvelle édition par Georges PETIT, ingénieur civil. 1 vol. orné de 85 figures dans le texte. (*En préparation.*)

— **Charcutier, Boucher et Equarrisseur,** traitant de l'Elevage moderne du Porc, par G. HENNEQUIN, et contenant les meilleures manières de tuer et de dépecer le Porc, le Bœuf, le Veau, le Mouton et le Cheval et d'en apprêter les morceaux pour la consommation, suivies de considérations pratiques sur le rendement des animaux équarris et sur l'utilisation des Débris d'Equarrissage, par LEBRUN et MAIGNE. 1 vol. avec 41 figures, et tableau en noir des qualités de viande. 15 fr.

On vend séparément :

TABLEAU DES QUALITÉS DE VIANDE, in plano col. 5 fr.

— **Charpentier,** ou Traité complet et simplifié de cet Art, traitant de la Charpente en bois et en fer et de la Manipulation des diverses pièces de Charpente, par

Hanus, Biston, Boutereau et Gauché. Nouvelle édition refondue, corrigée et augmentée par N. Chryssochoïdès. 2 vol. ornés de 94 fig. dans le texte et accompagnés d'un Atlas de 22 planches. 40 fr.

— **Charron-Forgeron**, traitant de l'Atelier, de l'Outillage, des Matériaux mis en œuvre par le Charron, du Travail de la forge, de la Construction du gros et du petit matériel, etc., par M. G. Marin-Darbel. 1 volume orné de 171 figures. 15 fr.

— **Chaudières à vapeur** (Conducteur de) contenant la description, la conduite, l'entretien, les accidents des chaudières, par P. Blancarnoux, ingénieur des Arts et Métiers. 1 vol. orné de 110 fig. dans le texte. 9 fr.

— **Chaudronnier**, contenant l'Art de travailler au marteau le cuivre, la tôle et le fer-blanc, ainsi que les travaux d'Estampage et d'Etampage, l'Etamage, la fabrication des Chaudières et des Appareils d'évaporation, de liquéfaction et de chauffage, par MM. Jullien, Valério et Casalonga, ingénieurs civils. Nouvelle édition entièrement refondue et augmentée du *Tracé en chaudronnerie*, par Georges Petit, ingén. civil. 1 vol. orné de 86 figures et accompagné d'un Atlas de 20 pl. 25 fr.

— **Chauffage et Ventilation** des Bâtiments publics et privés, au moyen de l'air chaud, de l'eau chaude et de la vapeur, Chauffage des Bains, des Serres, des Vins, et des Vagons de chemins de fer, par M. A. Romain. 1 vol. accompagné de planches et orné de figures. (*En prép.*).

— **Chaufournier, Plâtrier, Carrier et Bitumier**, contenant l'exploitation des Carrières et la fabrication du Plâtre, des différentes Chaux, des Ciments, Mortiers, Bétons, Bitumes, Asphaltes, etc., par MM. D. Magnier et A. Romain. Nouvelle édition. 1 vol. accompagné de planches. (*En préparation.*)

— **Chemins de Fer**, contenant des études comparatives sur les divers systèmes de la voie et du matériel, le Formulaire des charges et conditions pour l'établissement des travaux, etc., par M. E. With (1857). 2 volumes avec atlas. 7 fr.

— **Cheval** (**Education et dressage du**) monté et attelé, traitant de son hygiène et des remèdes qui lui conviennent, par M. de Montigny. 1 vol. avec pl. 8 fr.

— **Chimie du Praticien**, contenant ce que doivent

savoir de la Chimie tous les professionnels des technologies industrielles ou artisanes, par A. CHAPLET, ingénieur chimiste. 1 vol. orné de 44 fig. dans le texte. 10 fr.

— **Chocolatier**, voyez *Confiseur et Chocolatier*.

— **Cidre et Poiré** (Fabricant de), traitant de la Culture et de la Greffe des meilleures variétés de fruits propres à faire le Cidre et le Poiré, ainsi que des Méthodes nouvelles et des Appareils perfectionnés employés dans cette industrie, par MM. DUBIEF, F. MALEPEYRE et le Comte DE VALICOURT. 1 vol. orné de figures. 9 fr.

— **Ciseleur**, contenant la description des procédés de l'Art de ciseler et repousser tous les métaux ductiles, bijouterie, orfèvrerie, armures, bronzes, etc., par M. Jean GARNIER, ciseleur-sculpteur. Nouvelle édition, revue, corrigée et augmentée, par C. CHOUARTZ, ciseleur. 1 vol. orné de 60 figures dans le texte. (*En préparation.*)

— **Colles** (Fabrication de toutes sortes de), comprenant colles de matières végétales, animales et composées, essai et applications des colles et fabrication de la gélatine alimentaire, par MALEPEYRE. Nouvelle édition entièrement refondue par H. BERTRAN, ingénieur des Arts et Manufactures. 1 vol. (*En préparation.*)

— **Confiseur et Chocolatier**, contenant les derniers perfectionnements apportés à ces Arts, par MM. CARDELLI, LIONNET-CLÉMANDOT et VILLON. Nouvelle édition complètement refondue par H. BLIN. 1 vol. orné de 100 fig. dans le texte. (*En préparation.*)

— **Conserves alimentaires**, voyez *Alimentation*.

— **Construction moderne** (La), ou Traité de l'Art de bâtir avec solidité, économie et durée, comprenant la Construction, l'histoire de l'Architecture et l'Ornementation des édifices, par BATAILLE, architecte, anc. professeur. Nouvelle édition, revue, corrigée et augmentée par N. CHRYSOCHOÏDÈS. 1 vol. orné de 224 fig. dans le texte et accompagné d'un Atlas grand in-8° de 44 planches. 45 fr.

— **Constructions agricoles**, traitant des matériaux et de leur emploi dans les Constructions destinées au logement des Cultivateurs, des Animaux et des Produits agricoles dans les petites, les moyennes et les grandes exploitations, par M. G. HEUZÉ, inspecteur de l'agriculture. 1 vol. accomp. d'un Atlas de 16 pl. gr. in-8°. 25 fr.

— **Contributions directes** (Réclamations contre les), par Aimé IRBALD. 1 fr.

— **Cordier**, contenant la culture des Plantes textiles, l'extraction de la Filasse, et la fabrication de toutes sortes de cordes et câbles, applications, essais, nœuds, par G. LAURENT, ingénieur des Arts et Manufactures. 1 vol. orné de 115 figures. 12 fr.

— **Couleurs** (Fabricant de) à l'huile et à l'eau, Laques, Couleurs hygiéniques, Couleurs fines, etc., par MM. RIFFAULT, VERGNAUD, TOUSSAINT et MALEPEYRE. 2 volumes accompagnés de planches. (*En préparation.*)

— **Coupe des Pierres**, contenant des notions de Géométrie élémentaire et descriptive, ainsi que l'art du Trait appliqué à la Stéréotomie, par MM. TOUSSAINT et H. M.-M., architectes. Nouvelle édition, augmentée d'un Appendice sur le transport et le travail de la pierre, par FROMHOLT. 1 vol. avec Atlas. 22 fr.

— **Couvreur**, voyez *Plombier*.

— **Cubage des Bois** en grume ou écorcés au 1/4 et au 1/5 réduits, de 1m à 10m90 de longueur inclus, et de 0m40 à 4m de circonférence inclus ; donnant tous les cubes par fraction de 0m10 en 0m10 pour la longueur et de 0m05 en 0m05 pour la circonférence, et permettant d'obtenir les cubes de toutes longueurs, par G HAUDEBERT, ancien marchand de bois à Vendôme. 1 vol. 5 fr.

— **Dessin Linéaire**, par M. ALLAIN, entrepreneur de travaux publics. 1 vol. avec Atlas de 20 pl. 25 fr.

— **Dessinateur**, ou Traité complet du Dessin, par M. BOUTEREAU, professeur. 1 volume accompagné d'un Atlas de 20 pl., dont quelques-unes coloriées. (*En prép.*)

— **Distillateur-Liquoriste**, contenant les Formules des Liqueurs les plus répandues, les parfums, substances colorantes, etc., par MM. LEBEAUD, JULIA DE FONTENELLE et MALEPEYRE. 1 gros volume. 15 fr.

— **Distillation de la Betterave, de la Pomme de terre**, du Topinambour et des racines féculentes, telles que la carotte, le rutabaga, l'asphodèle, etc., par HOURIER et MALEPEYRE. Nouvelle édition entièrement refondue par LARBALÉTRIER. 1 vol. acc. de 3 pl. gravées sur acier. 10 fr.

— **Distillation des Grains et des Mélasses**, par MM. F. MALEPEYRE et ALB. LARBALÉTRIER. 1 vol. accompagné d'un Atlas de 9 planches in-8°. 15 fr.

— **Distillation des Vins,** des Marcs, des Moûts, des Fruits, des Cidres, etc., par M. F. MALEPEYRE. Nouvelle édition revue, corrigée et considérablement augmentée par M. Raymond BRUNET. (*En préparation*).

— **Dorure, Argenture, Nickelage, Platinage sur Métaux,** au feu, au trempé, à la feuille, au pinceau, au pouce et par la méthode électro-métallurgique, traitant de l'application à l'Horlogerie de la dorure et de l'argenture galvaniques, et de la coloration des Métaux par les oxydes métalliques et l'Electricité, par MM. MATHEY, MAIGNE, A. VILLON et Georges PETIT, ingénieur civil. 1 vol. orné de 36 figures dans le texte. 12 fr.

— **Dorure sur bois** à l'eau et à la mixtion, par les procédés anciens et nouveaux, traitant des Peintures laquées sur Meubles et sur Sièges, par M. SAULO. 1 vol. 4 fr. 50

— **Eaux et Boissons Gazeuses,** ou Description des méthodes et des appareils les plus usités dans cette industrie, le bouchage des bouteilles et des siphons, la Gazéification des Vins, Bières et Cidres, etc. Nouv. édit. augmentée des Boissons angl. et améric., par L. GASQUET, ingénieur des Arts et Manufactures, et JARRE, ingénieur. 1 vol. orné de 140 fig. dans le texte. 1[illegible] fr.

— **Eaux-de-Vie (Négociant en),** Liquoriste, Marchand de Vins et Distillateur, par MM. RAVON et MALEPEYRE. Nouvelle édition revue, corrigée et augmentée par RAYMOND BRUNET, ingénieur-agronome. 1 vol. 3 fr.

— **Ebéniste et Tabletier,** traitant des Bois, de leur Teinture et de leur Apprêt, de l'Outillage, du Débitage des bois de placage, de la fabrication et de la réparation des Meubles de tout genre et du travail de la Tabletterie, par MM. NOSBAN et MAIGNE. 1 vol orné de figures et accompagné de planches. (*En préparation.*)

— **Electriques particulières** (Installations), contenant : sonneries, lumière, ventilateurs, téléphones d'intérieur et la manière de faire *soi-même* ces installations, par F. LAPEYRE. 1 vol. orné de 25 figures. 3 fr.

— **Electricité,** contenant : électricité statique, électricité dynamique, distribution de l'énergie électrique, utilisation du courant, producteurs d'énergie électrique, traction électrique, courants alternatifs, transport de l'énergie électrique à grande distance, applications diverses de l'électricité, par G. PETIT, ingénieur civil. 2 vol. ornés de 285 figures dans le texte. (*En préparation.*)

— **Encres** (**Fabricant d'**) de toute sorte, telles que Encres d'écriture, Encres à copier, Encres d'impression typographique, lithographique et de taille douce, Encres de couleurs, Encres sympathiques, Encres stylographiques, etc., par MM. de CHAMPOUR, F. MALEPEYRE et A. VILLON. Revu par A. CHAPLET. 15 fr.

— **Engrais** (FABRICATION ET APPLICATION DES) animaux, végétaux et minéraux et des Engrais chimiques, ou Traité théorique et pratique de la nutrition des plantes, par MM. Eug. et Henri LANDRIN et M. Alb. LARBALÉTRIER. 1 vol. orné de figures. (*En préparation.*)

— **Equarrisseur**, voyez *Charcutier*.

— **Escaliers en Bois** (Construction des), traitant de la manipulation et du posage des Escaliers à une ou plusieurs rampes, de tous les modèles et s'adaptant à toutes les constructions, par M. BOUTEREAU. 1 vol. et Atlas grand in-8° de 20 planches gravées sur acier. 22 fr.

— **Ferblantier-Lampiste**, ou Art de confectionner tous les Ustensiles en fer-blanc, de les souder, de les réparer, etc., suivi de la fabrication des Lampes et des Appareils d'éclairage, par MM. LEBRUN, MALEPEYRE et A. ROMAIN. Nouv. édit. complètement refondue par G. PETIT, ingén. civ. 1 vol. orné de 178 fig. 15 fr.

— **Filature**, 1re *partie*. FIBRES ANIMALES ET MINÉRALES, contenant : étude des fibres animales et minérales, leur conditionnement ; filature de la laine peignée et cardée ; fils d'animaux divers ; élevage des vers à soie; filature de la soie; soie artificielle; amiante, par D. DE PRAT, ingénieur civil, directeur de filature. 1 vol. orné de 106 fig. dans le texte. (*En préparation.*)

— **Filature**, 2e *partie*. FIBRES VÉGÉTALES, contenant : étude des fibres végétales, filature du coton, filature du lin et de l'étoupe, filature du chanvre, du jute, de la ramie ; fabrication de l'ouate et des ouates hydrophiles, par D. DE PRAT. 1 vol. orné de 101 figures. 18 fr.

— **Filetage**, contenant Méthode très pratique permettant à tout ouvrier tourneur de trouver toutes les roues nécessaires pour reproduire tous les pas : métriques, périodiques, bâtards et anglais, avec n'importe quelle vis-mère, par G. BARATTE, ouvrier mécanicien. 4 fr. 50

— **Fleuriste artificiel et Feuillagiste**, ou l'Art d'imiter toute espèce de Fleurs, de Feuillage et de Fruits, par Mme CELNART. 1 vol. orné de 50 figures. 8 fr.

— **Fondeur**, traitant de la Fonderie du fer, de l'acier, du cuivre, du bronze et du laiton, de la fonte des statues, des cloches, etc., par MM. A. Gillot et L. Lockert, ingénieurs. Nouvelle édition revue, corrigée et augmentée par N. Chryssochoïdès, ingénieur des Arts et Manufactures. 2 vol. ornés de 253 figures dans le texte. 25 fr.

— **Fontainier**, voy. *Mécanicien-Fontainier*.

— **Forges** (Maître de), ou Traité théorique et pratique de l'Art de travailler le fer, la fonte et l'acier; traitant des minerais de fer, des machines soufflantes et des appareils à chauffer l'air, des combustibles et fondants, des fours et des hauts fourneaux, des convertisseurs, des laminoirs et des différents appareils employés pour le travail du fer et de l'acier. Nouvelle édition, par N. Chryssochoïdès, ing. des Arts et Manufactures. 2 vol. ornés de 312 fig. dans le texte. 30 fr.

— **Froid artificiel** (Applications du), contenant la description des machines frigorifiques; leur conduite et leur entretien; la fabrication de la glace; la conservation des denrées; l'utilisation du froid dans les diverses industries, par A. Blanchet, directeur du frigorifique des Halles centrales. 1 vol. orné de 74 fig. dans le texte. (*En préparation.*)

— **Galvanoplastie**, ou Traité complet des Manipulations électro-métallurgiques, contenant tous les procédés les plus récents et les plus usités, par M. A. Brandely. Nouvelle édition revue et corrigée par G. Petit, ingén. civil. 2 vol. ornés de 81 figures. (*En préparation.*)

— **Gardes Champêtres, Gardes Forestiers, Gardes-Pêche, et Gardes-Chasse**, par M. Boyard, anc. prés. à la C. d'Orléans, M. Vasserot, anc. sous-préfet, M. V. Emion et M. L. Crevat, juges de paix. 1 vol. 7 fr.

— **Gaz** (Appareilleur à), voyez *Plombier*.

— **Gaz** (Eclairage et Chauffage au), ou Traité élémentaire et pratique destiné aux Ingénieurs, aux Directeurs et aux Contre-Maîtres d'Usines à Gaz, mis à la portée de tout le monde, suivi d'un *Aide-Mémoire de l'Ingénieur-Gazier*, par M. D. Magnier, ingénieur-gazier. Nouvelle édition corrigée, augmentée et entièrement refondue, par E. Bancelin, ancien élève de l'Ecole polytechnique, ancien sous-régisseur d'usine de la Cie Parisienne du Gaz. 2 vol. ornés de 322 figures dans le texte. 20 fr.

On a extrait de ce Manuel l'ouvrage suivant :

AIDE-MÉMOIRE DE L'INGÉNIEUR-GAZIER, contenant les Notions et les Formules nécessaires aux personnes qui s'occupent de la Fabrication et de l'Emploi du Gaz. Br. in-18. 3 fr.

— **Graveur,** ou Traité complet de la Gravure en creux et en relief, Eau-forte, Taille douce, Héliogravure, Gravure sur bois et sur métal, Photogravure, Similigravure, Procédés divers, Clichage des gravures en plomb et en galvanoplastie, Fabrication des Cartes à jouer, Gravure de la musique, etc., par M. VILLON. Nouvelle édition. 2 vol. ornés de figures. 20 fr.

— **Horloger,** comprenant la Construction détaillée de l'Horlogerie ordinaire et de précision, et, en général, de toutes les machines propres à mesurer le temps ; par LENORMAND, JANVIER et MAGNIER, revu par L. S.-T. Nouvelle édition entièrement refondue et augmentée de l'Horlogerie Electrique, l'Horlogerie Pneumatique et la Boîte à Musique, par E. STAHL. 2 vol. accompagnés d'un Atlas de 15 planches. (*En préparation.*)

— **Horloger-Rhabilleur,** traitant du rhabillage et du réglage des Montres et des Pendules, augmenté de : **Corrélation du Pendule au rochet** avec le levier de la Force motrice. Etude mécanique appliquée à l'Horlogerie, par M. J.-E. PERSEGOL. 1 vol. orné de 59 fig. 9 fr.

On vend séparément :

CORRÉLATION DU PENDULE AU ROCHET. 0 fr. 50

— **Huiles minérales,** leur Fabrication et leur Emploi à l'Eclairage et au Chauffage, par D. MAGNIER, ingénieur. Nouvelle édition par N. CHRYSSOCHOÏDÈS. 1 vol. orné de 70 figures. 12 fr.

— **Huiles végétales et animales** (Fabricant et Epurateur d'), comprenant la Fabrication des Huiles et les méthodes les plus usuelles de les essayer et de reconnaître leur sophistication, par J. DE FONTENELLE, F. MALEPEYRE et AD. DALICAN. Nouvelle édition revue, corrigée et augmentée par N. CHRYSSOCHOÏDÈS, ingénieur des arts et manufactures. 2 vol. ornés de 190 fig. dans le texte. 20 fr.

— **Jeux de Cartes,** contenant les jeux anciens, jeux de combinaisons, jeux mixtes, jeux de sociétés, jeux de hasard, par E. LANES. 1 vol. orné de figures. 11 fr.

— **Laiterie**, ou Traité de toutes les méthodes en usage pour traiter et conserver le Lait, faire le Beurre, confectionner les Fromages français et étrangers, et reconnaître les Falsifications de ces substances alimentaires, par M. MAIGNE. 1 vol. orné de figures. (*En préparation.*)

— **Lampiste**, voyez *Ferblantier*.

— **Levure (Fabricant de)**, traitant de sa composition chimique, de sa production et de son emploi dans l'industrie, principalement dans la Brasserie, la Distillation, la Boulangerie, la Pâtisserie, l'Amidonnerie, la Papeterie, par F. MALEPEYRE. Nouvelle édition revue et corrigée par R. BRUNET, ingénr agronome. 1 vol. orné de fig. 8 fr.

— **Limonadier**, Glacier, Cafetier et Amateur de thés, contenant la fabrication de la Glace et des Boissons frappées, rafraîchissantes et hygiéniques, par CHAUTARD et JULIA DE FONTENELLE. Nouvelle édition entièrement refondue par CHRYSSOCHOÏDÈS, ingénieur des Arts et Manufactures. 1 vol. orné de 76 figures dans le texte. 10 fr.

— **Linotypie**. *La Linotype à la portée de tous*, contenant description, fonctionnement, avaries et réparations, instructions aux opérateurs, par H. GIRAUD, mécanicien-électricien au journal *La Dépêche de Brest*. 1 vol. orné de 36 figures. 5 fr.

— **Liquides (Amélioration des)**, tels que Vins, Alcools, Spiritueux divers, Liqueurs, Cidres, Bières, Vinaigres, Laits, par V.-F. LEBEUF ; 6e éd., entièrement refondue, par le Dr-E. VARENNE I. P. ✿, ancien distillateur, négociant en vins et spiritueux, membre de la commission extraparlementaire de l'alcool, etc., rédacteur scientifique à la *Revue Vinicole* 10 fr.

— **Lithographe** (Imprimeur et Dessinateur), traitant de l'Autographie, la Lithographie mécanique, la Chromolithographie, la Lithophotographie, la Zincographie, et des procédés nouveaux en usage dans cette industrie, par M. VILLON. 2 volumes et Atlas in-18. (*En préparation.*)

— **Luthier**, ou Traité de la construction des Instruments à cordes et à archet, tels que le Violon, l'Alto, le Violoncelle, la Contrebasse, la Guitare, la Mandoline, la Harpe, les Monocordes, la Vielle, etc., traitant de la Fabrication des Cordes harmoniques en boyau et en métal, par MM. MAUGIN et MAIGNE. Nouvelle édition suivie du mémoire sur la construction des instruments à cordes et à archet, par F. SAVART. 1 vol. avec fig. et planches. (*En prép.*).

— **Maçon, Stucateur, Carreleur et Paveur**, contenant l'emploi, dans ces industries, des matières calcaires et siliceuses, ainsi que la construction des Bâtiments de ville et de campagne, et les méthodes de Pavage expérimentées dans les grandes villes, par MM. TOUSSAINT, D. MAGNIER, G. PICAT et A. ROMAIN. 1 vol. orné de figures et accompagné de 6 planches. (*En préparation.*)

— **Maîtresse de Maison**, ou Conseils et Recettes sur l'Économie domestique, comprenant l'organisation de la maison, l'entretien des vêtements et du linge, l'éclairage et le chauffage, l'alimentation, les éléments d'hygiène et de puériculture, par Mmes PARISET et CELNART. 1 vol. orné de fig. dans le texte. 12 fr.

— **Marbrier**, contenant Etude et Travail des Marbres, série des Prix, Vocabulaire, et donnant les Modèles les plus variés de Monuments funèbres, Chambranles, Cheminées, etc., par Henry GUÉDY, architecte. 1 vol. et atlas grand in-8° de 20 planches, gravées sur acier. 20 fr.

— **Marqueteur et Ivoirier**, traitant de la fabrication des meubles et des objets meublants en marqueterie et en incrustation, de la Tabletterie-Ivoirerie, du travail de l'Ivoire, de l'Os, de la Corne, de la Baleine, de la Nacre, de l'Ambre, etc., par MM. MAIGNE et ROBICHON. 1 vol. orné de figures. (*En préparation.*)

— **Mécanicien-Fontainier**, comprenant la Conduite et la Distribution des Eaux, le mesurage aux Compteurs et à la Jauge, la Filtration, la fabrication des Robinets, des Fontaines, des Bornes, des Bouches d'eau, des Garde-robes, etc,, par MM. BISTON, JANVIER, MALEPEYRE et A. ROMAIN. 1 vol. avec figures et planches. 10 fr.

— **Mécanique**, ou Exposition élémentaire des lois de l'Equilibre et du Mouvement des Corps solides, par M. TERQUEM. Nouvelle édition par M. LALLIÉ. (*En préparation*).

— **Menuisier en bâtiments, Layetier-Emballeur**, traitant des Bois employés dans la menuiserie, de l'Outillage, du Trait, de la Construction des Escaliers, du Travail du Bois, etc., par MM. NOSBAN et MAIGNE. Nouvelle édition revue et corrigée par J. LEFORT. 2 vol. accompagnés de planches et ornés de fig. (*En préparation.*)

— **Meunier, négociant en grains et constructeur de moulins**, contenant : nettoyage du blé, mouture, plan du moulin, moulins à vent, etc., par N. CHRYSOCHOÏDÈS. 2 vol. ornés de 140 fig. dans le texte. (*En prép.*)

— **Mines** (**Exploitation des**).

2e *partie*, Métaux précieux et industriels, Soufre, Sel, Diamant, par M. L. Knab, ingénieur. 1 vol. avec pl. 6 fr.

— **Modelage, Moulage et Patine,** par F. Michot, ancien élève de l'École nationale des Beaux-Arts. 1 vol. orné de 27 figures. 3 fr.

— **Moteurs Modernes** (Conducteur de), contenant description, montage, conduite et essais des moteurs modernes à gaz, à pétrole, à alcool, à eau, à air, etc., par Blancarnoux. 1 vol. orné de 144 fig. (*En préparation.*)

— **Mouleur,** ou Art de mouler en Plâtre, au Ciment, à l'argile, à la cire, à la gélatine, traitant du Moulage du carton, du carton-pierre, du carton-cuir, du carton-toile, du bois, de l'écaille, de la corne, de la baleine, du celluloïd, etc., contenant le moulage et le clichage des médailles, par MM. Lebrun, Magnier, Robert et De Valicourt. 1 vol. orné de figures. 12 fr.

— **Naturaliste préparateur,** 1re *partie* : Classification, Recherche des Objets d'histoire naturelle et leur emballage, Disposition et Conservation des Collections, par M. Boitard. 1 vol. orné de figures. 10 fr.

— *Seconde partie* : Art de préparer et d'empailler les Animaux, de conserver les Végétaux et les Minéraux, de préparer les Pièces d'Anatomie normale et d'embaumer les corps, par MM. Boitard et Maigne. 1 vol. orné de figures. 12 fr.

*— **Numismatique ancienne,** par M. A. de Barthélemy, Membre de l'Institut. 1 gr. vol. accomp. d'un Atlas renfermant 12 pl. où sont représentées 433 pièces. 20 fr.

*— **Numismatique moderne et du moyen âge,** par M. Ad. Blanchet. 3 vol accompagnés d'un Atlas renfermant 14 pl. où sont représentées 645 pièces. 35 fr.

— **Oiseaux (Eleveur d'),** ou Art de l'Oiselier, contenant la Description des principales espèces d'Oiseaux indigènes et exotiques susceptibles d'être élevés en captivité; leur nourriture, leur reproduction, leurs maladies et leurs remèdes, etc., par M. G. Schmitt. 1 vol. 6 fr.

— **Oiseleur,** ou Secrets anciens et modernes de la Chasse aux Oiseaux, traitant de la Fabrication et de l'emploi des Filets et des Pièges, par J. G. et Conrard. 1 vol. orné de planches et de 48 figures dans le texte. Nouvelle édition. (*En préparation.*)

— **Organiste**, contenant l'expertise de l'Orgue, sa description, la manière de l'entretenir et de l'accorder soi-même, suivi de Procès-verbaux pour la réception des Orgues de toute espèce et d'un dictionnaire des termes employés dans la facture d'orgues, par J. GUÉDON. 1 vol. orné de 94 figures dans le texte. 9 fr.

— **Orgues** (Facteur d'), ou Traité théorique et pratique de l'Art de construire les Orgues, contenant le travail de DOM BÉDOS et les perfectionnements de la facture jusqu'à nos jours, par HAMEL. Nouvelle édition revue et augmentée d'un Appendice donnant les nouveautés apportées dans la fabrication depuis la dernière édition, par J. GUÉDON. 1 vol. grand in-8 jésus, orné de 64 fig. dans le texte et accompagné d'un Atlas de 43 planches. 80 fr.

— **Parfumeur**, ou Traité complet de toutes les branches de la Parfumerie, contenant les procédés nouveaux, employés en France, en Angleterre et en Amérique, à l'usage des chimistes-fabricants et des ménages, par MM. PRADAL, F. MALEPEYRE, et A. VILLON. Nouvelle édition corrigée, augmentée et entièrement refondue, par J. BRODERS, ingénieur-chimiste. 2 vol. ornés de fig. (*En préparation.*)

— **Pâtes alimentaires**; voyez *Amidonnier.*

— **Pâtissier**; ou Traité complet et simplifié de Pâtisserie de ménage, de boutique et d'hôtel, par M. LEBLANC. 1 vol. orné de figures. (*En préparation.*)

— **Pêcheur**, ou Traité général de toutes les pêches *d'eau douce et de mer*; contenant l'histoire et la pêche des animaux fluviatiles et marins, les diverses pêches à la ligne et aux filets en rivière et en mer; *fabrication du filet*, etc., par PESSON-MAISONNEUVE et MORICEAU. Nouvelle édition entièrement refondue par G. PAULIN. 1 vol. orné de 207 figures dans le texte. (*En préparation.*)

— **Pêcheur-Praticien**, ou les Secrets et les Mystères de la Pêche à la ligne dévoilés, par M. LAMBERT. Nouvelle édition par L. JAILLANT. 1 vol. orné de 96 figures dans le texte. (*En préparation.*)

— **Peintre en Bâtiments**, Vernisseur et Vitrier, traitant de l'emploi et du mélange des Couleurs et des Vernis pour l'assainissement et la décoration des habitations; de la pose des Papiers de tenture et du Vitrage, par RIFFAULT, VERGNAUD, TOUSSAINT et F. MALEPEYRE. Nouvelle édition revue et augmentée du Peintre d'enseignes, de la Pose des vitraux, etc. 1 vol. orné de 44 figures. 12 fr.

— **Peintre-Décorateur de théâtre**, utile aux décorateurs, aux auteurs dramatiques, aux acteurs et aux amateurs de théâtre, par Gustave Coquiot, préface de M. L. Jusseaume. 1 vol. orné de 50 figures. 9 fr.

— **Peintre de Lettres**, chiffres, attributs, armoiries, sous-verre, par Védère. 1 vol. in-8° contenant 40 planches de modèles 30 fr.

— **Peintre en Voitures**, wagons, omnibus, tramways, contenant matières colorantes, huiles, gommes et vernis, opérations de la peinture en voitures, peinture des différents véhicules, par V. Thomas, maître de conférences à la Faculté des Sciences de Rennes. 1 vol. orné de 54 figures. 12 fr.

— **Peinture à l'Aquarelle**, Gouache, Miniature, Peinture à la cire, procédé Raffaëlli, etc. Nouvelle édition, par Henry Guédy. 1 vol. (*En préparation.*)

— **Peinture sur Verre, Porcelaine, Faïence et Email**, traitant de la décoration de ces matières, ainsi que de la fabrication des Emaux et des Couleurs vitrifiables et de l'Emaillage sur métaux précieux ou communs et sur terre cuite, par MM. Reboulleau, Magnier et Romain. 1 vol. avec figures. Nouvelle édition revue par H. Bertran. 15 fr.

— **Peinture et Vernissage des Métaux et du Bois**, traitant des Couleurs et des Vernis propres à décorer les Métaux et les Bois, de l'imitation sur métal des bois indigènes et exotiques, de l'ornementation des Articles de ménage et des Objets de fantaisie, suivi de l'imitation des Laques du Japon sur menus articles, par MM. Fink et Lacombe. 1 vol. orné de figures. 6 fr.

— **Pelletier-Fourreur**, traitant de l'apprêt et de la conservation des Fourrures, par M. Maigne. 1 vol. orné de figures. 3 fr.

— **Perspective** appliquée au Dessin et à la Peinture, par M. Vergnaud. 1 vol. accomp. de planches. (*En préparation.*)

— **Photographie.**

— Supplément à la Photographie sur Papier et sur Verre, par M. G. Huberson. 1 vol. (1883). 3 fr. 50

— **Plombier, Zingueur, Couvreur, Appareilleur à Gaz**, contenant la fabrication et le travail du

Plomb et du Zinc et la manière de les souder, la Couverture des Constructions et l'Installation des Appareils et des Compteurs à Gaz, par M. Romain. Nouvelle édition, refondue, corrigée et augmentée, par N. Chryssochoïdès. 1 vol. orné de 266 figures dans le texte. 20 fr.

— **Poêlier-Fumiste**, traitant de la construction des Cheminées de tous modèles, des Fourneaux et des Poêles en terre, de l'agencement et de la Tuyauterie des Fourneaux en maçonnerie et des Poêles en terre, en fonte et en tôle; et du Ramonage des divers appareils de Chauffage, par MM. Ardenni, J. de Fontenelle, F. Malepeyre et A. Romain. 1 vol. orné de figures. (*En préparation.*)

— **Poids et Mesures** (Fabrication des). *Voir Potier d'étain.*

— **Pompes (Fabricant de)** de tous les systèmes, rectilignes, centrifuges, à diaphragme, à vapeur, à incendie, d'épuisement, de mines, de jardins, etc., traitant des principales Machines élévatoires autres que les Pompes, par MM. Janvier, Biston et A. Romain. 1 vol. orné de figures et accompagné de planches. 9 fr.

— **Ponts et Chaussées** : *Première partie*, Routes et Chemins, par M. de Gayffier, ingénieur en chef des Ponts et Chaussées. 1 vol. avec planches. (*En prép.*).

— *Seconde partie*, Ponts et Aqueducs en maçonnerie, par M. de Gayffier. 1 vol. avec planches (1881). 7 fr.

— *Troisième partie*, Ponts en bois et en fer, par M. A. Romain. 1 vol. avec figures et planches (1884). 7 fr.

— **Porcelainier, Faïencier, Potier de Terre**, contenant des notions pratiques sur la fabrication des Grès cérames, des Pipes, des Boutons, des Fleurs en porcelaine et des diverses Porcelaines tendres, par D. Magnier, ingénieur civil. Nouvelle édition revue et augmentée par Bertran, ingénieur des Arts et Manufactures. 1 vol. orné de 148 figures dans le texte. (*En préparation.*)

— **Potier d'Etain** et de la fabrication des **Poids et Mesures**, contenant la fabrication de la poterie d'Etain, Etains d'art ; poids et mesures de tous genres, balances, bascules, alcoomètres. Nouvelle édition par G. Laurent, ingénieur des Arts et Manufactures. 1 vol. orné de 227 figures dans le texte. 12 fr.

— **Prestidigitation** (de), Traité complet de Tours de cartes à l'usage des gens du monde, par Roger Bar-

BAUD, Chevalier de la Légion d'honneur. 1 vol. orné de 75 figures. (*En préparation.*)

— **Prestidigitation et de Magie blanche** (de), 2e série. Tours de cartes avec appareils, par R. BARBAUD, Chevalier de la Légion d'honneur. 1 vol. orné de 98 figures dans le texte. (*En préparation.*)

— **Relieur** en tous genres, contenant les Arts de l'Assembleur, du Satineur, du Brocheur, du Rogneur, du Cartonneur et du Doreur, par MM. Séb. LENORMAND et W. MAIGNE. 1 vol. avec figures et planches. 14 fr.

— **Sapeurs-Pompiers communaux** (*Manuel complet des*), rédigé par une Commission nommée par décret du Ministre de l'Intérieur et composée d'officiers du Régiment des Sapeurs-Pompiers de Paris et des membres du Comité exécutif de la Fédération nationale des Sapeurs-Pompiers français, publié par *ordre du Ministre de l'Intérieur.* 1 vol. in-16, 133 fig. 9 fr.

— **Sapeurs-Pompiers** (*Manuel des Concours*) (Fédération nationale des Sapeurs-Pompiers français). 1 vol. orné de 105 figures. 6 fr.

— **Sapeur-Pompier** (Nouveau Manuel *abrégé* du) composé par une Commission d'officiers du Régiment de Paris et de la Province, publié par *ordre du Ministère de l'Intérieur.* 1 vol. orné de nombr. fig. dans le texte, 1896. 2 fr. 50

— **Sapeurs-Pompiers** (THÉORIE DES), contenant les Manœuvres de la Pompe à bras et des Echelles. 1 vol. orné de nombreuses fig. dans le texte, 1896. 1 fr. 50

— **Sapeurs-Pompiers**. Régiment de Sapeurs-Pompiers de Paris, Règlements, Ecole du Sapeur-Pompier, Service d'Incendie et de Sauvetage, 1921. 1 vol. in-16 cartonné, 8 fr.

— **Sapeurs-Pompiers**, manuel des premiers secours par le Dr CH. LE PAGE. 1 vol. in-16 orné de 83 illust. dans le texte. 2 fr.

— **Sapeurs-Pompiers**, voir Service d'incendie dans les Villes et les Campagnes et page 29 : Incendies.

— **Savonnier**, ou Traité de la Fabrication des Savons, contenant des notions sur les Alcalis et les Corps gras saponifiables, ainsi que les procédés de fabrication et les appareils en usage dans la Savonnerie, par M. E. LORMÉ. 3 vol. accompagnés de planches. (*En prép.*)

— **Sculpture sur bois**, contenant l'outillage et les moyens pratiques de Sculpture, les Styles de l'Ornementation, l'Art de Découper les Bois, l'Ivoire, l'Os, l'Ecaille et les Métaux, la Fabrication des Bois comprimés, etc., par M. S. Lacombe. 1 vol. orné de figures. (*En prép.*).

— **Serrurier**, ou Traité complet et simplifié de cet art, traitant des Fers, des Combustibles, de l'Outillage, du Travail à l'atelier et sur place, de la Serrurerie du carrossage, et des divers Travaux de Forge, par Paulin-Désormeaux et H. Landrin. Nouvelle édition entièrement refondue par Chryssochoïdès, ingénieur des Arts et Manufactures. 1 vol. orné de 106 fig. dans le texte et accompagné d'un Atlas de 16 planches. 25 fr.

— **Service d'Incendie** dans les Villes et les Campagnes, en France et à l'Etranger, par le lieutenant-colonel Raincourt, ancien Chef de Bataillon au Régiment des Sapeurs-Pompiers, Président d'honneur du Congrès international des Sapeurs-Pompiers en 1889, et M. Marcel Grégoire, Sous-Préfet de Pontoise. 1 vol. in-18 orné de 77 fig. dans le texte. 7 fr.

— **Sommelier et Marchand de Vins**, contenant des notions sur les Vins rouges, blancs et mousseux, leur classification par vignobles et par crus, l'Art de les déguster, la description du matériel de cave, les soins à donner aux Vins en cercles et en bouteilles, l'art de les rétablir de leurs maladies, les coupages, les moyens de reconnaître les falsifications, etc., par M. Maigne. Nouvelle édition, revue, corrigée et augmentée, par R. Brunet. 1 vol. orné de 97 figures dans le texte. 14 fr.

— **Sucre (Fabricant et Raffineur de)**, contenant la fabrication actuelle des sucres coloniaux et indigènes, de toutes substances saccharifères, par F.-S. Zoéga. Nouvelle édition, entièrement refondue, par G. Laurent. 2 vol. ornés de 111 figures dans le texte. 25 fr.

— **Tanneur, Corroyeur et Hongroyeur**, contenant toutes les découvertes et les perfectionnements faits en France et à l'Etranger dans ces différentes industries, suivi de la fabrication des Courroies par Maigne, nouvelle édition, entièrement refondue, par G. Petit, ingénieur civil. 2 vol. ornés de 85 figures. (*En préparation.*)

— **Tapissier Décorateur**, par H. Lacroix, professeur technique. 1 vol. orné de 81 figures dans le texte. 7 fr.

— **Technologie physique et mécanique**, ou FORMULAIRE ANNOTÉ à l'usage des Ingénieurs, des Architectes, des Constructeurs et des Chefs d'usines, par H. GUÉDY, architecte. 1 vol. 12 fr.

* — **Teinture moderne.** Voir page 27.

— **Teinturier, Apprêteur et Dégraisseur**, ou Art de teindre la Laine, la Soie, le Coton, le Lin, le Chanvre et les autres matières filamenteuses, ainsi que les tissus simples et mélangés, au moyen des COULEURS ANCIENNES animales, végétales et minérales, par MM. RIFFAUT, VERGNAUD, JULIA DE FONTENELLE, THILLAYE, MALEPEYRE, ULRICH et ROMAIN. 2 vol. (*En préparation.*)

— *Supplément*, traitant de l'emploi en Teinture des COULEURS D'ANILINE et de leurs dérivés, par M. A.-M. VILLON, chimiste. 1 vol. 8 fr.

— **Télégraphie électrique**, contenant la description des divers systèmes de Télégraphes et de Téléphones, et leurs applications au service des Chemins de fer, des Sonneries électriques et des Avertisseurs d'incendie, par ROMAIN. 1 vol. orné de figures et accompagné de planches (1882). 3 fr. 50

— **Télégraphie sans fil** à la portée de tous, signaux horaires, etc., par Charles LEGRAND, ingénieur. 1 vol. orné de 40 figures. (*En préparation.*)

— **Teneur de Livres**, renfermant la Tenue des Livres en partie simple et en partie double, par TRÉMERY et A. TERRIÈRE, suivi de la Comptabilité agricole, par R. BRUNET. 1 vol. 10 fr.

— **Terrassier** et Entrepreneur de terrassements, traitant des divers modes de transport, d'extraction et d'excavation, et contenant une description sommaire des grands travaux modernes, par CH. ETIENNE, AD. MASSON et D. CASALONGA. Nouvelle édit. revue et augmentée par N. CHRYSSOCHOÏDÈS. 2 vol. ornés de 63 fig. dans le texte et accompagnés d'un atlas de 22 pl. gravées sur acier. 30 fr.

— **Tissage mécanique**, contenant l'étude des divers textiles, les préparations du tissage, la description, montage et réglage des métiers à tisser, etc., par R. LARIVIÈRE [illegible] A., ingénieur civil, directeur de tissage, et F. JACOBS, ancien élève de l'École polytechnique, sous le patronage de Monsieur A. SCRIVE-LOYER, président du Comité de filature et tissage de la Société industrielle du Nord de la France. 1 vol. orné de 106 figures dans le texte. (*En préparation.*)

— **Tonnelier**, contenant la fabrication des Tonneaux, des Cuves, des Foudres et des autres vaisseaux en bois cerclés, suivi du *Jaugeage* des fûts de toute dimension, par P. Désormeaux, Ott et Maigne. Nouvelle édition revue et corrigée par Chollot. 1 vol. (*En préparation.*)

— **Tonnellerie** (voir page 27).

— **Topographie** (Modèles de), par Chartier, 1 pl. coloriée. 3 fr.

— **Tourneur**, ou Traité théorique et pratique de l'art du Tour, contenant la description des appareils et des procédés les plus usités pour tourner les Bois et les Métaux, les Pierres, l'Ivoire, la Corne, l'Ecaille, la Nacre, etc.; ainsi que les notions de Forge, d'Ajustage et d'Ebénisterie indispensables au Tourneur, par E. de Valicourt. 1 vol. grand in-8, contenant 27 planches de figures, édition, revue et corrigée. (*En préparation.*)

— **Tours de cartes** (Voir *Prestidigitation*).

— **Treillageur**, *Seconde partie*, traitant de l'outillage, de la fabrication à la main et à la mécanique, de la confection des Grillages, Claies, Jalousies, etc., par M. E. Darthuy. 1 vol. avec figures et planches. (*Epuisé.*)

— **Typographie** (de). Historique. Composition. Règles orthographiques. Imposition. Travaux de ville. Journaux. Tableaux. Algèbre. Langues étrangères. Musique et plain-chant. Machines. Papier. Stéréotypie. Illustration, par Emile Leclerc, ancien directeur de l'Ecole professionnelle Lahure prote de l'imprimerie Frazier-Soye. 1 vol. orné de 100 figures dans le texte et de planches en couleurs. 20 fr.

On vend séparément les Signes de correction. 1 fr.

— **Vannerie (Fabrication de la)**, Cannage et Paillage des Sièges, par A. Audiger. 1 volume orné de 134 figures. (*En préparation.*)

— **Vélocipédie (de)**, Locomotion, Vélocipèdes, Construction, etc., par Louis Lockert, ingénieur diplômé de l'Ecole centrale. 1 volume orné de 58 figures dans le texte. Terminé par l'art de monter à Bicyclette, par Rivierre (1896). 2 fr. 50

— **Vernis** (**Fabricant de**), contenant les formules les plus usitées de vernis de toute espèce, à l'éther, à l'alcool, à l'essence, vernis gras, etc., par M. A. Romain. 1 vol. orné de figures. 15 fr.

— **Verrier et Fabricant de cristaux.** Pierres précieuses factices, Verres colorés, Yeux artificiels, par Julia de Fontenelle et Malepeyre. Nouvelle édition entièrement refondue par Bertran, ingénieur des Arts et Manufactures. 2 vol. ornés de 235 fig. (*En préparation.*)

— **Vétérinaire,** à l'usage des Fermiers et des Propriétaires d'animaux domestiques, contenant les principales Maladies et leurs Remèdes ; Age, Alimentation, Engraissement ; Soins à donner aux animaux reproducteurs ; Ventes, etc., suivi d'un Formulaire des principaux médicaments vétérinaires, par P. Canal, médecin-vétérinaire. 1 vol. orné de figures. 10 fr.

— **Vigneron,** ou l'Art de cultiver la Vigne, de la protéger contre les insectes qui la détruisent, et de faire le Vin, contenant les meilleures méthodes de Vinification, traitant du chauffage des Vins, etc., par Thiébaut de Berneaud et F. Malepeyre. 1 vol. orné de 40 figures. Nouvelle édition, revue par R. Brunet. (*En préparation.*)

— **Vinaigrier et Moutardier,** contenant la fabrication de l'acide acétique, de l'acide pyroligneux, des acétates, et les formules de Vinaigres de table, de toilette et pharmaceutiques, l'analyse chimique de la graine de moutarde, ainsi que les meilleures recettes pour la préparation de la moutarde, par MM. J. de Fontenelle et F. Malepeyre. 1 vol. orné de figures. (*En préparation.*)

— **Vins** (Calendrier des) (*Epuisé*). (Voir *Sommelier*).

— **Vins de Fruits et Boissons économiques,** contenant l'Art de fabriquer soi-même, chez soi et à peu de frais, les Vins de Fruits, les Vins de Raisins secs, le Cidre, le Poiré, les Vins de Grains, les Bières économiques et de ménage, les Boissons rafraîchissantes, par M. F. Malepeyre. 1 vol. 9 fr.

— **Vins mousseux** (Voyez *Eaux et Boissons gazeuses*).

— **Zingueur**, voyez *Plombier*.

INDUSTRIE, ARTS ET MÉTIERS

* **Guide pratique de Teinture moderne**, suivi de l'Art du Teinturier-Dégraisseur, contenant l'étude des fibres textiles et des matières premières utilisées en Teinture, et des procédés les plus récents pour la fixation des couleurs sur laine, soie, coton, etc., par V. Thomas, docteur ès-sciences, préparateur de Chimie appliquée à la Faculté des Sciences de l'Université de Paris. 1 vol. grand in-8 raisin, orné de 133 figures dans le texte. 40 fr.

Art du Peintre, Doreur et Vernisseur, par Watin ; 15e édition. 1 vol. in-8°. (*En préparation.*)

Calcul des essieux pour les Chemins de Fer ; Coup d'œil sur les roues de vagons, par A.-C. Benoit-Duportail, 1856. Brochure in-8°. 1 fr. 75

Contribution à l'étude de la Lutte contre les Incendies dans les Forêts de Pins, par Ferrand et Laborde. Bordeaux, 1917, 1 vol. in-8°. 3 fr.

Filetage (Alphabet du) à l'usage des Tourneurs-Mécaniciens et des Conducteurs de Machines-Outils, par Louis Arnaudon. 4e éd., 1919, in-18. 8 fr.

Fractions (Alphabet des) à l'usage des Mathématiciens, par Louis Arnaudon, in-18. 6 fr.

Incendies des matières dangereuses et explosives (Les) (dangers, précautions, moyens et appareils), *les extincteurs d'incendie*, par Daniel Pierre, ingénieur-chimiste, 1 vol. in-8°, avec figures. 2 fr.

Levés à vue (Des) et du Dessin d'après nature, par Leblanc. Brochure in-18 avec planche. 2 fr.

Manuel de la Filature du Lin et de l'Etoupe, Application du Système métrique au Calcul du mouvement différentiel, par Delmotte. 2e *éd.*, 1878. 1 vol. in-12. 2 fr. 50

Mémoire sur l'Appareil des voûtes hélicoïdales et des voûtes biaises à double courbure, par A.-A. Souchon. 1 vol. in-4° renfermant 8 planches. 3 fr. 50

Sapeurs-Pompiers communaux (Les). Commentaire du décret du 18 août 1925, par Ch. Rabany. 5e édition, mise à jour au 1er décembre 1926. 1 vol. (14 × 18) 394 pages. 15 fr.

Tonnellerie à la portée de tous, par André Renard. 1 vol. in-8° avec fig. dans le texte. 15 fr.

Traité des Echafaudages, ou Choix des meilleurs modèles de Charpentes, par J.-Ch. KRAFFT. 1 vol. in-folio relié, renfermant 51 planches gravées sur acier. 50 fr.

Usage de la Règle logarithmique, ou Règle-calcul. In-18. 1 fr.

OUVRAGES D'ASSORTIMENT

Faune entomologique de Madagascar, Bourbon et Maurice. — *Lépidoptères*, par le docteur BOISDUVAL ; avec des notes sur leurs métamorphoses, par M. SGANZIN. Huit livraisons, format grand in-8, papier vélin. Planches noires 10 fr.

Icones historiques des Lépidoptères nouveaux ou peu connus, collection, avec figures coloriées, des papillons d'Europe nouvellement découverts, par M. le docteur BOISDUVAL. Ouvrage formant le complément de tous les auteurs iconographes. Cet ouvrage se compose de 42 livraisons grand in-8, comprenant chacune *deux planches coloriées* et le texte correspondant.

Les 42 livraisons réunies. Noires. 25 fr.

Nota. — Tome 2. Le texte s'arrête page 208. Toutes les fig. des planches 48 à 70 inclusivement sont décrites.

Les fig. des planches 71 à la fin ne sont pas décrites.

Monographie des Erotyliens, famille de l'ordre des Coléoptères, par M. Th. LACORDAIRE. In-8. 9 fr.

NOUVEAUX PROCÉDÉS

DE

TAXIDERMIE

Accompagnés de Photographies des principaux types de la collection de l'auteur à Makri-Keui, près Constantinople, de Physionomies de Rapaces sur nature, et suivis de quelques impressions ornithologiques, par le COMTE ALLÉON, commandeur de l'ordre du Mérite civil de Bulgarie, chevalier de l'ordre de St-Grégoire, officier du Medjidié, membre du Comité international permanent ornithologique de Vienne, médaille d'or à l'exposition de Vienne 1883. 1 vol. in-8° jésus, 32 p. de texte, 132 fig. tirées sur papier couché. 25 fr.

SUITES A BUFFON

Formant avec les Œuvres de cet auteur

UN

COURS COMPLET D'HISTOIRE NATURELLE

EMBRASSANT

LES TROIS RÈGNES DE LA NATURE

Belle Édition, format in-octavo

DIVISION DE L'OUVRAGE

Cétacés (Baleines, Dauphins, etc.), par M. F. Cuvier, membre de l'Institut, professeur au Muséum d'Histoire naturelle. 1 vol. avec 2 livraisons de planch. Fig. noires. 20 fr.

Poissons, par M. A.-Aug. Duméril, professeur au Muséum d'Histoire naturelle, professeur agrégé libre à la Faculté de Médecine de Paris. Tomes I et II (en 3 volumes) avec 2 livraisons de planches. (*En publication*).
Fig. noires. 40 fr.

Entomologie (Introduction à l'), par M. Lacordaire, professeur à l'Université de Liège. 2 vol. et 2 livraisons de planches.
Fig. noires. 30 fr.

Insectes Coléoptères (Cantharides, Charançons, Hannetons, Scarabées, etc.) par M. Lacordaire, professeur à l'Université de Liège, et M. le Dr Chapuis, membre de l'Académie royale de Belgique. 14 vol. avec 13 livraisons de planches.
Fig. noires. 200 fr.

Annelés marins et d'eau douce (Annélides, Géphyriens, Sangsues, Lombrics, etc.), par M. de Quatrefages, membre de l'Institut, professeur au Muséum d'Histoire naturelle, et M. Léon Vaillant, professeur au Muséum d'Histoire naturelle. Tomes I et II (en 3 vol.) avec 2 livraisons de planches.
Fig noires. 40 fr.
Tome III (en 2 vol.) avec 1 livraison de planches.
Fig. noires. 30 fr.

Zoophytes Acalèphes (Physales, Béroés, Angèles, etc.), par M. Lesson, cor-

respondant de l'Institut, pharmacien en chef de la Marine, à Rochefort. 1 vol. avec 1 livraison de pl.
Fig. noires... 20 fr.

— **Echinodermes** (Oursins, Palmettes, etc.), par MM. Dujardin, doyen de la Faculté des Sciences de Rennes, et Hupé, aide-naturaliste au Muséum de Paris. 1 vol. avec 1 livraison de planches.
Fig. noires. 20 fr.

— **Coralliaires** ou Polypes proprement dits (Coraux, Gorgones, Eponges, etc.), par MM. Milne-Edwards, membre de l'Institut, professeur au Muséum d'Histoire naturelle, et J. Haime, aide-naturaliste au Muséum d'Histoire naturelle. 3 vol. avec 3 livraisons de pl.
Fig. noires. 50 fr.

Botanique (Introduction à l'étude de la), par M. de Candolle, profess[r] d'Histoire naturelle à Genève. 2 vol. et 1 livraison de planches noires. 25 fr.

Végétaux phanérogames (Organes sexuels apparents : Arbres, Arbrisseaux, Plantes d'agrément, etc.), par M. Spach, aide-naturaliste au Muséum d'Histoire naturelle. 14 vol. avec 15 livraisons de pl.
Fig. noires. 200 fr.

Minéralogie (Pierres, Sels, Métaux, etc.), par M. Delafosse, membre de l'Institut, professeur au Muséum d'Histoire naturelle et à la Sorbonne. 3 vol. et 4 livraisons de planches noires.
Fig. noires. 50 fr.

PETITES SUITES A BUFFON

Format in-18

Histoire des Insectes, composée d'après Réaumur, Geoffroy, De Geer, Roesel, Linné, Fabricius, et les meilleurs ouvrages qui ont paru sur cette partie, rédigée suivant les méthodes d'Olivier, de Latreille, avec des notes, plusieurs observations nouvelles et des figures dessinées d'après nature, par F.-M.-G. de Tigny et Brongniart, pour les généralités. Edition augmentée par M. Guérin. 10 vol. ornés de planches. Fig. noires. 25 fr.

Histoire des Crustacés, contenant leur description, leurs mœurs et leurs usages, par MM. Bosc et Desmarest. 2 vol. accompagnés de 18 planches.
Fig. noires. 10 fr.

OUVRAGES DIVERS D'HISTOIRE NATURELLE

Arachnides (Les) de France, par M. E. SIMON, membre de la Société entomologique de France.

Tome 1er, contenant les Familles des Epeiridæ, Uloboridæ, Dictynidæ, Enyoidæ et Pholcidæ. 1 vol. in-8°, accompagné de 3 planches. (*Epuisé.*) Remplacé par le tome VI (2e partie).

Tome 2, contenant les Familles des Urocteidæ, Agelenidæ, Thomisidæ et Sparassidæ. 1 vol. in-8°, accompagné de 7 planches. 24 fr.

Tome 3, contenant les Familles des Attidæ, Oxyopidæ et Lycosidæ. 1 vol. in-8°, accompagné de 4 planches. 24 fr.

Tome 4, contenant la Famille des Drassidæ. 1 vol. in-8°, accompagné de 5 planches. 24 fr.

Tome 5 (1re partie), contenant la Famille des Epeiridæ (supplément) et des Theridionidæ. 1 vol. in-8°, accompagné de planches. 24 fr.

Tome 5 (2e partie), contenant la Famille des Theridionidæ (suite). 1 vol. in-8°, accompagné de planches et orné de figures. 24 fr.

Tome 5 (3e partie), contenant la Famille des Theridionidæ (fin). 1 vol. in-8°, accompagné de planches et orné de figures. 24 fr.

Tome 6 (1re partie), contenant le Synopsis général et le catalogue des espèces françaises de l'ordre des Araneæ. 1 vol. in-8°, orné de figures. 24 fr.

Tome 6 (2e partie), contenant le Synopsis général et le catalogue des espèces françaises de l'ordre des Araneæ. Œuvre posthume publiée par L. BERLAND et L. FAGE. 1 vol. in 8°, orné de figures. 25 fr.

Tome 6 (3e partie). (*En préparation.*)

Tome 7, contenant les Familles des Chernetes, Scorpiones et Opiliones. 1 vol. in-8°, accompagné de planches. 24 fr.

Histoire naturelle des Araignées, par M. EUG. SIMON, *Deuxième édition.*

Tome premier, *1er fascicule* contenant 215 figures intercalées dans le texte. 1 vol. gr. in-8° de 256 pages. 12 fr.

Tome premier, 2e *fascicule* contenant 275 figures intercalées dans le texte. 1 vol. grand in-8°. 12 fr.

Tome premier, 3e *fascicule* contenant 347 figures intercalées dans le texte. 1 vol. grand in-8°. 12 fr.

Tome premier, *4e et dernier fascicule* (du tome 1er), contenant 261 figures 1 vol. grand in-8°. 12 fr.

Tome second, *1er fascicule* contenant 200 figures intercalées dans le texte. 1 vol. grand in-8°. 12 fr.

Tome second, 2e *fascicule* contenant 184 figures intercalées dans le texte. 1 vol. grand in-8°. 12 fr.

Tome second, *3e fascicule* contenant 407 figures. 12 fr.

Tome second, *4e et dernier fascicule* contenant 329 figures. 12 fr.

Catalogue des espèces actuellement connues de la famille des Trochilides, par Eugène Simon. Brochure in-8°. 5 fr.

Histoire naturelle des Trochilidæ (Oiseaux-Mouches), par Eugène Simon, correspondant de l'Académie des Sciences, 1921, fort vol. gr. in-8°, 420 p. 60 fr.

BAR-SUR-SEINE. IMP. SAILLARD. — L. GOUSSARD, SUCCr

ENCYCLOPÉDIE-RORET

COLLECTION

DES

MANUELS-RORET

FORMANT UNE

ENCYCLOPÉDIE DES SCIENCES & DES ARTS

FORMAT IN-18

Par une réunion de Savants et d'Industriels

Tous les Traités se vendent séparément.

La plupart des volumes, de 300 à 400 pages, renferment des planches parfaitement dessinées et gravées, et des vignettes intercalées dans le texte.

Les Manuels épuisés sont revus avec soin et mis au niveau de la science à chaque édition. Aucun Manuel n'est cliché, afin de permettre d'y introduire les modifications et les additions indispensables.

Cette mesure, qui met l'Éditeur dans la nécessité de renouveler à chaque édition les frais de composition typographique, doit empêcher le Public de comparer le prix des *Manuels-Roret* avec celui des autres ouvrages, tirés sur cliché à chaque édition, et ne bénéficiant d'aucune amélioration.

Pour recevoir chaque volume franc de port, on joindra, à la lettre de demande, un mandat sur la poste (de préférence aux timbres-poste) équivalant au prix porté au Catalogue.

Cette franchise de port ne concerne que la **Collection des Manuels-Roret** et n'est applicable qu'à la France et à l'Algérie. Les volumes expédiés à l'Etranger seront grevés des frais de poste établis d'après les conventions internationales.

Bar-sur-Seine. — Imp. Ve C. SAILLARD.

www.ingramcontent.com/pod-product-compliance
Ingram Content Group UK Ltd.
Pitfield, Milton Keynes, MK11 3LW, UK
UKHW020119240726
13926UKWH00011B/2319